Vorwort.

Der Zweck dieses Buches ist es, die Berechnung und Beherrschung der bei Kolbenmaschinenanlagen besonders wichtigen Drehschwingungen einem größeren Kreis zu ermöglichen. Es sollte nämlich bereits beim Entwurf einer Kolbenmaschinenanlage ihr Schwingungsverhalten ebenso sorgfältig überprüft werden wie z. B. das sichere Zusammenarbeiten aller Triebwerksteile oder die Wahl geeigneter Werkstoffe.

Das vorliegende Buch wendet sich vor allem an diejenigen, die sich erstmals mit Drehschwingungen befassen, mögen sie noch an technischen Schulen studieren oder schon im Berufsleben stehen.

Der behandelte Stoff ist ein Teilgebiet meiner an der Technischen Hochschule Berlin gehaltenen Vorlesung über Maschinendynamik. Die Gliederung des Buches in drei Hauptabschnitte entstand nach Erfahrungen des Unterrichts. Der erste Abschnitt vermittelt Grundbegriffe der technischen Schwingungslehre und führt in die mathematische Behandlung von Drehschwingungssystemen ein. Im zweiten Abschnitt wird die Berechnung der Drehschwingungen in Kolbenmaschinen behandelt. Auf Ausführlichkeit in der Darstellung wurde in diesem Teil besonderer Wert gelegt. Im dritten Abschnitt wird auf die Gestaltung von Kolbenmaschinenanlagen im Hinblick auf Drehschwingungen eingegangen und es werden die Maßnahmen zur Vermeidung gefährlicher Schwingungen behandelt. Im Anschluß an die theoretischen Betrachtungen wird jeweils der praktische Rechnungsgang an einem Zahlenbeispiel erläutert.

Mit diesem Buch, welches wohl alles vermittelt, was zur Beherrschung der Drehschwingungen in Kolbenmaschinenanlagen erforderlich ist, hoffe ich, den Bedürfnissen der Praxis weitgehend Rechnung zu tragen.

Es ist mir eine angenehme Pflicht, allen denen zu danken, die mich bei der Durchführung der Korrekturen unterstützt haben. Dieser Dank gilt vor allem Herrn Dipl.-Ing. H. Baumert in Paris für die kritische Durchsicht der Druckfahnen und vielfältige Anregungen, sowie Herrn Dr.-Ing. G. Denkhaus in Karlsruhe für die Korrektur der Revisionsbogen und wertvolle fachliche Hinweise. Sehr verpflichtet bin ich ferner Herrn Ing. F. Sorg in Madrid, der sich der mühevollen Arbeit unterzogen hat, die Formeln im einzelnen nachzuprüfen, und schließlich Herrn Dipl.-Math. E. A. Eichelbrenner in Paris für die letzte Durchsicht des Textes und die Aufstellung des Sachverzeichnisses.

Der Verlag hat durch verständnisvolles Eingehen auf meine oft umfangreichen Wünsche das Seine getan, diesem Band die an den Springer-Büchern gewohnte vorbildliche äußere Form zu geben.

Lindau, im Dezember 1951.

Kurt Haug.

Inhaltsverzeichnis.

Konstruktionsbücher
Herausgeber Professor Dr.-Ing. E.-A. Cornelius, Hamburg
8/9

Die Drehschwingungen in Kolbenmaschinen

Von

Dr.-Ing. Kurt Haug
Lindau/Bodensee

Mit 134 Abbildungen

Springer-Verlag Berlin Heidelberg GmbH

ISBN 978-3-642-52952-8 ISBN 978-3-642-52951-1 (eBook)
DOI 10.1007/978-3-642-52951-1

Ursprünglich erschienen bei Springer-Verlag OHG., Berlin/Göttingen/Heidelberg. 1952

1. Grundlagen der Schwingungslehre.

In diesem ersten Abschnitt behandeln wir die *Kinematik* und *Dynamik* der mechanischen Schwingungen. Hierbei werden wir nur auf *die* Begriffe und Erscheinungen der technischen Schwingungslehre näher eingehen, die im Rahmen dieses Buches von Bedeutung sind.

1,1. Die Kinematik der Schwingungen.

Wir betrachten zunächst die Schwingungsvorgänge hinsichtlich ihres zeitlichen Ablaufs, ohne die dabei auftretenden Kräfte zu berücksichtigen.

1,11. Periodische Schwingung, Schwingungsdauer, Frequenz.

Periodische Schwingungen sind solche, bei denen nach Ablauf einer gewissen Zeit, der *Schwingungsdauer* T, der Vorgang sich erstmalig vollständig mit allen Nebenumständen wiederholt, so daß die Gleichung

$$x = F(t + T) = F(t)$$

für alle Zeiten t besteht und T zugleich die kleinste positive Zahl ist, für die diese Beziehung erfüllt ist. Der Teilvorgang von der Dauer T heißt eine einzelne Schwingung oder *Periode*.

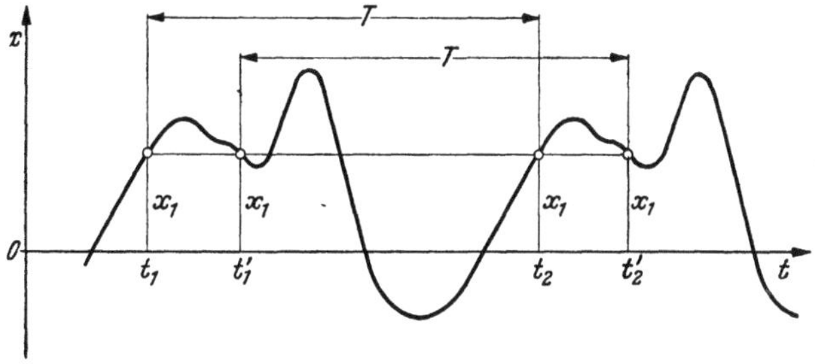

Abb. 1. Zeitlicher Verlauf einer periodischen Schwingung.

Trägt man die Auslenkung x (schwingende Größe) abhängig von der Zeit t auf, so erhält man eine Kurve, die innerhalb einer Periode beliebig verlaufen kann, z. B. nach Abb. 1. Zu Beginn der Beobachtung zur Zeit t_1 hat die Auslenkung den Wert x_1 und ihre Ableitungen nach der Zeit ebenfalls bekannte Werte, es herrscht also ein eindeutig bestimmter Bewegungszustand. Dieser Bewegungszustand kehrt offensichtlich zur Zeit t_2 zum erstenmal wieder. Es ist also:

$$T = t_2 - t_1.$$

Gemäß der Definition kann man die Schwingungsdauer T von irgendeinem beliebigen Zeitpunkt aus messen. Wie aus der Abb. 1 ersichtlich ist, gilt z. B. ebenfalls

$$T = t_2' - t_1'.$$

Zur Festlegung der Schwingungsdauer genügt es nicht, daß die Auslenkung x ihre ursprüngliche Größe wieder annimmt, sondern es müssen auch ihre Ableitungen nach der Zeit (Geschwindigkeit, Beschleunigung und höhere

Ableitungen) dieselben sein. In den Zeitpunkten t_1 und t_1' sind z. B. wohl die Ausschläge gleich groß, nicht aber die zeitlichen Ableitungen. Das Zeitintervall $t_1' - t_1$ ist also nicht gleich der Schwingungsdauer T.

In der Technik gibt man im allgemeinen nicht die Schwingungsdauer T an, sondern ihren Kehrwert, den man mit *Schwingungszahl* oder *Frequenz* f bezeichnet.

Es ist also:

$$f = \frac{1}{T} \quad \text{und} \quad T = \frac{1}{f}. \tag{1}$$

Die übliche Einheit von f ist s^{-1}, wofür man Hertz (Hz) sagt. Der Zahlenwert von f gibt dann an, wieviel einzelne Schwingungen oder Perioden in einer Sekunde erfolgen.

1,12. Die Sinusschwingung oder harmonische Schwingung.

Die einfachste periodische Bewegung ist die, deren zeitlicher Verlauf sich durch eine Sinusfunktion (oder Kosinusfunktion) darstellen läßt, für die also

$$x = A \sin(\omega t + \alpha) \tag{2}$$

ist, wobei A, ω und α feste Werte sind. Einen solchen Vorgang nennen wir eine *Sinusschwingung* oder *harmonische Schwingung*.

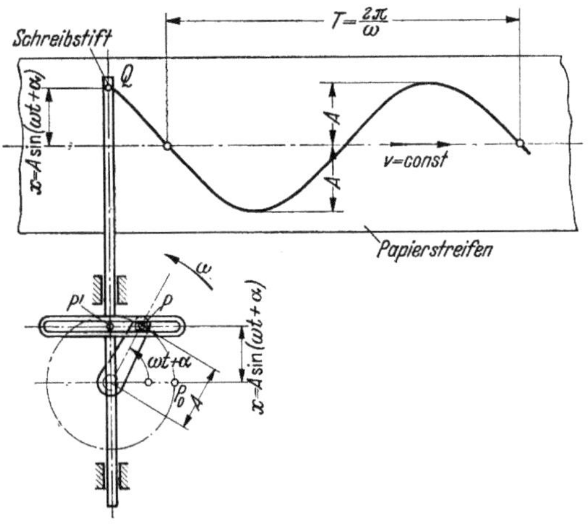

Abb. 2. Erzeugung der harmonischen Schwingung durch eine Kurbelschleife.

Man nennt A die Amplitude oder Schwingungsweite, ω die Kreisfrequenz und α den Nullphasenwinkel. Bedeutung und Bezeichnungen dieser drei Bestimmungsstücke der harmonischen Schwingung werden wir in folgendem verstehen lernen.

Die erzeugende Kreisbewegung. Jede harmonische Schwingung läßt sich auffassen als Projektion einer gleichförmigen Kreisbewegung auf eine Gerade. Sie kann z. B. in sehr anschaulicher Weise durch eine Kurbelschleife erzeugt werden (Abb. 2). Durchläuft der Punkt P den Kurbelkreis vom Halbmesser A mit der konstanten Winkelgeschwindigkeit ω, so bewegt sich seine Projektion P' auf der Senkrechten harmonisch, wie die Abbildung veranschaulicht.

Der Verlauf des von Punkt P' bzw. Q zurückgelegten Weges x in Abhängigkeit von der Zeit t ergibt sich, wenn man im Punkt Q einen Schreibstift anbringt, der gemäß Abb. 2 auf ein senkrecht zu seiner Bewegungsrichtung mit gleichbleibender Geschwindigkeit v vorbeibewegtes Papierband zeichnet. Die so erhaltene Weg-Zeit-Kurve ist eine Sinuslinie.

Das Vektorbild der Sinusschwingung. Dem anschaulichen Bild der Kurbelschleife für die Darstellung der harmonischen Bewegung entspricht eine in der Schwingungslehre übliche und bewährte Darstellung der Schwingbewegung. Gemäß Abb. 3 betrachtet man den Augenblickswert der schwingenden Größe x

als Projektion eines *umlaufenden Vektors* (Zeigers), dessen Länge der Amplitude A entspricht und der mit konstanter Winkelgeschwindigkeit ω umläuft. Man wählt üblicherweise die Drehrichtung des Vektors entgegen dem Uhrzeigersinn. Diese anschauliche Darstellung der Schwingung durch einen umlaufenden Vektor ist für den Schwingungstechniker ein unentbehrliches Hilfsmittel.

Amplitude oder Schwingungsweite. Die Extremwerte, die der Ausschlag x erreichen kann, sind $+A$ bzw. $-A$ [vgl. Gl. (2)]. Sie kehren in gleichen Zeitabständen, nämlich der halben Schwingungsdauer $T/2$, immer wieder. Der absolute Betrag von A heißt *Amplitude* oder Schwingungsweite.

Kreisfrequenz. Die Winkelgeschwindigkeit ω der erzeugenden Kreisbewegung bzw. des umlaufenden Vektors ist identisch mit der *Kreisfrequenz* ω der Schwingung. Die Einheit der Kreisfrequenz ist also s^{-1}. Die Bezeichnung Kreisfrequenz weist auf den eben an der Kurbelschleife veranschaulichten Zusammenhang der harmonischen Schwingung mit der Kreisbewegung hin.

Zwischen der Kreisfrequenz ω, der Schwingungsdauer T und der Frequenz f bestehen folgende Beziehungen: T ist die Zeit, die der umlaufende Vektor zu einer vollen Umdrehung benötigt, ω die Winkelgeschwindigkeit, mit der der Vektor umläuft. Es ist also:

$$\omega T = 2\pi$$

oder

$$\omega = \frac{2\pi}{T} = 2\pi f. \tag{3}$$

Anmerkung: ω und f haben die Einheit s^{-1}. Die Einheit für f bezeichnet man, wie bereits erwähnt, als ein Hertz (Hz), dagegen gibt man ω in s^{-1} an. Durch diese Unterscheidung in der Benennung beugt man Verwechslungen vor.

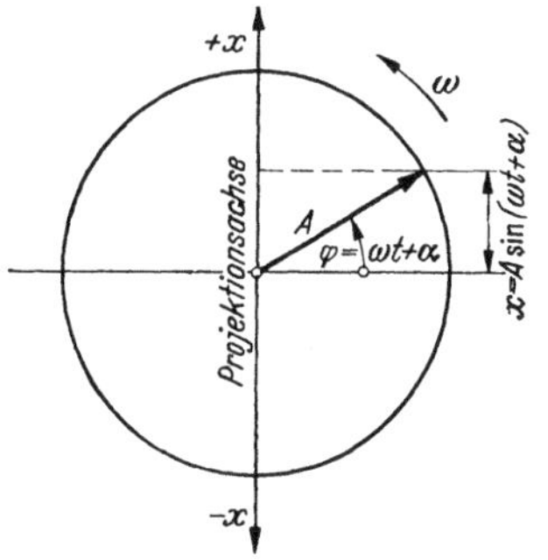

Abb. 3. Vektorbild der harmonischen Schwingung.

Phasenwinkel. Der augenblickliche Zustand einer Schwingung, der *Phase* genannt wird, ist bei gegebener Amplitude A und Kreisfrequenz ω eindeutig bestimmt, wenn man den Winkel φ kennt, den der umlaufende Vektor mit der zur Projektionsachse senkrechten Achse bildet. Diesen Winkel nennt man den *Phasenwinkel.*

In jedem beliebigen Augenblick ist $\varphi = \omega t$, wenn zu Beginn der Zeitzählung der umlaufende Vektor senkrecht auf der Projektionsachse steht, also zur Zeit $t = 0$ die schwingende Größe $x = 0$ ist. Der Phasenwinkel ist $\varphi = \omega t + \alpha$ [vgl. Gl. (2)], wenn zu Beginn der Zeitzählung der umlaufende Vektor mit der Senkrechten zur Projektionsachse den Winkel α einschließt, also zur Zeit $t = 0$ die schwingende Größe $x = \sin\alpha$ ist. Der konstante Winkel α ist also der Phasenwinkel zur Zeit $t = 0$, und heißt daher *Nullphasenwinkel.*

Phasenwinkeldifferenz oder Phasenverschiebungswinkel. Laufen zwei Vektoren A und B als Erzeugende von zwei Schwingungen derart um, daß sie stets gleichgerichtet sind, also stets denselben Phasenwinkel φ aufweisen, so sind die beiden Schwingungen *phasengleich* oder kurz *in Phase.* Die Schwingungen erreichen mithin im gleichen Zeitpunkt ihre Größtwerte und nehmen im gleichen Zeitpunkt den Wert Null an. Sie unterscheiden sich nur durch die von der Zeit unabhängige Länge der Vektoren. In Abb. 4a sind die beiden Vektoren A und B in ihren Ausgangslagen zur Zeit $t = 0$ gezeichnet. Die durch die Projektion auf die Senkrechte erzeugten Schwingungen verlaufen nach den Gleichungen:

$$x_1 = A \sin\omega t \quad \text{und} \quad x_2 = B \sin\omega t.$$

Haben die erzeugenden Vektoren A und B zweier Schwingungen verschiedene Richtung (Abb. 4b), so sind sie, wie man sagt, *in der Phase* gegeneinander *verschoben*. In der Abbildung sind die beiden Vektoren A und B in ihren Ausgangslagen zur Zeit $t = 0$ gezeichnet. Die durch die Projektion auf die Senkrechte erzeugten Schwingungen verlaufen nach den Gleichungen

$$x_1 = A \sin \omega t + \alpha \quad \text{und} \quad x_2 = B \sin \omega t$$

und es ist für jeden Zeitpunkt der Phasenwinkel

$$\varphi_1 = \omega t + \alpha \quad \text{und} \quad \varphi_2 = \omega t.$$

Der konstante Winkel α, den die erzeugenden Vektoren A und B einschließen, wird mit *Phasenwinkeldifferenz* oder *Phasenverschiebungswinkel* der beiden Schwingungen bezeichnet. Ist der Winkel α positiv, so sagt man, die Schwingung 1

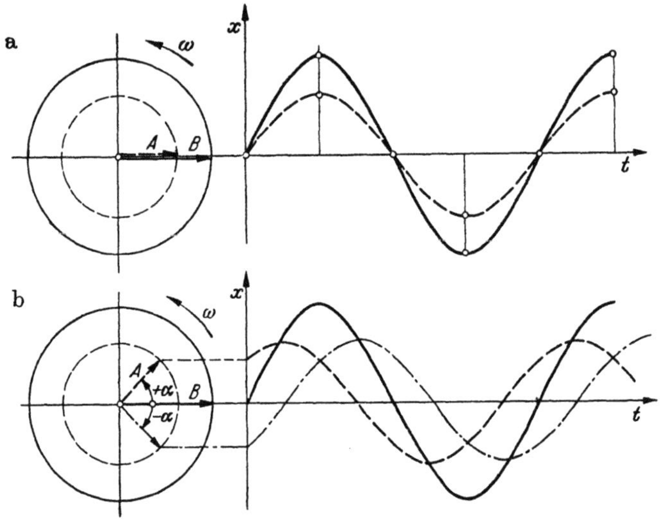

Abb. 4. Harmonische Schwingungen verschiedener Amplitude und ihre erzeugenden Vektoren.
a phasengleiche und
b phasenverschobene Schwingungen.

eilt der Vergleichsschwingung 2 vor, ist α negativ (in der Abbildung strichpunktiert gezeichnet), so eilt die Schwingung der Vergleichsschwingung nach. Demzufolge spricht man auch kurz vom *Voreilwinkel bzw. Nacheilwinkel.*

Die Vektoren von Ausschlag, Geschwindigkeit und Beschleunigung. Der zeitliche Verlauf des Schwingungsausschlags ist gegeben durch die Gleichung:

$$x = A \sin \omega t,$$

wenn zur Zeit $t = 0$ der Phasenwinkel gleich Null ist. Die erste und die zweite Ableitung des Ausschlags x nach der Zeit t bestimmen den Verlauf der Geschwindigkeit $v = dx/dt = \dot{x}$ und der Beschleunigung $b = d^2x/dt^2 = \ddot{x}$. Es ist:

$$(4) \qquad \begin{cases} \dot{x} = \omega A \cos \omega t = \omega A \sin\left(\omega t + \dfrac{\pi}{2}\right), \\ \ddot{x} = -\omega^2 A \sin \omega t = +\omega^2 A \sin(\omega t + \pi). \end{cases}$$

In Abb. 5 sind x, $\dot{x}$ und $\ddot{x}$ abhängig von der Zeit t dargestellt[1]. Die Längeneinheiten der Vektoren A, ωA und $\omega^2 A$ sind beliebig gewählt.

[1] Es ist üblich, die Ableitungen einer Funktion nach der Zeit durch übergesetzte Punkte zu bezeichnen. Diese vereinfachte Schreibweise wollen wir in der Regel beibehalten.

Die Gln. (4) besagen, daß die Ableitungen einer harmonischen Schwingung wieder harmonisch sind. Die erste Ableitung (die Geschwindigkeit) eilt der ursprünglichen Schwingung (dem Ausschlag) um den Phasenverschiebungswinkel $\pi/2$, die zweite Ableitung (die Beschleunigung) um den Phasenverschiebungswinkel π voraus.

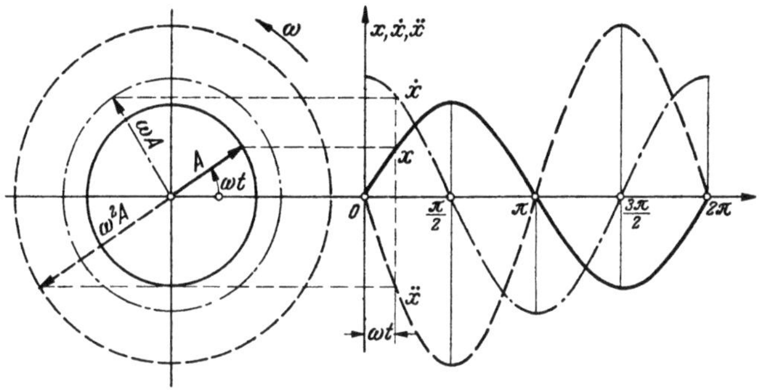

Abb. 5. Zeitlicher Verlauf von Ausschlag x, Geschwindigkeit $\dot{x}$ und Beschleunigung $\ddot{x}$ einer harmonischen Schwingung.

1,13. Zusammensetzung von harmonischen Schwingungen.

Ein Körper kann unter dem Einfluß mehrerer bewegender Ursachen zu gleicher Zeit mehrere Schwingungen ausführen, die sich einfach überlagern. Das Bewegungsschaubild ergibt sich dann als Projektion der Summe der Vektoren der einzelnen Schwingungen.

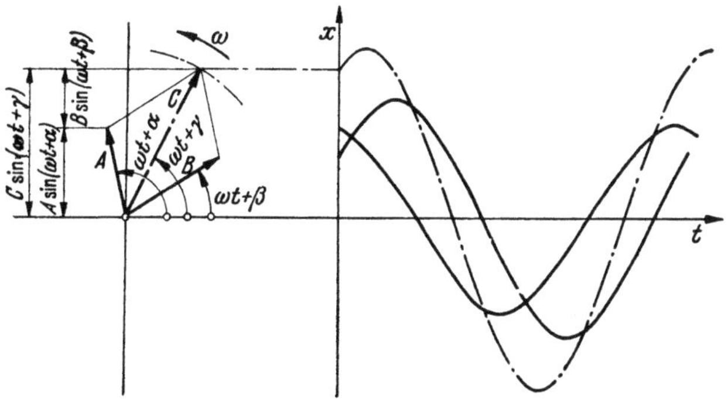

Abb. 6. Zusammensetzung von harmonischen Schwingungen gleicher Frequenz.

Zusammensetzung von Schwingungen gleicher Frequenz: Verlaufen z. B. zwei Schwingungen mit derselben Kreisfrequenz ω, dann drehen sich die sie erzeugenden Vektoren A und B gleich schnell und behalten also ihre gegenseitige Lage bei. In diesem Fall ist die resultierende Schwingung wieder eine harmonische Schwingung, die durch Projektion des Summenvektors C entsteht. Es ist nach Abb. 6:

(5a)
$$C \sin(\omega t + \gamma) = A \sin(\omega t + \alpha) + B \sin(\omega t + \beta),$$
wobei
$$C^2 = A^2 + B^2 + 2AB\cos(\beta - \alpha)$$
und
$$\operatorname{tg}\gamma = \frac{A \sin\alpha + B \sin\beta}{A \cos\alpha + B \cos\beta}.$$

Ein besonderer Fall der Vektorsummenbildung kommt in den späteren Abschnitten mehrfach vor, nämlich die

Zusammensetzung einer Sinus- und einer Kosinusschwingung gleicher Kreisfrequenz, aber verschiedener Amplituden. In diesem Fall stehen die Vektoren A und B senkrecht aufeinander, und es ergibt sich nach Abb. 7:

$$(5\text{b})\quad \left\{ \begin{aligned} & C \sin(\omega t + \gamma) = A \cos \omega t + B \sin \omega t. \\ & \text{wobei} \\ & C = \sqrt{A^2 + B^2} \quad \text{und} \quad \operatorname{tg} \gamma = \frac{A}{B}. \end{aligned} \right.$$

Zusammensetzung von Schwingungen verschiedener Frequenz: Verlaufen die Teilschwingungen mit verschiedenen Kreisfrequenzen, so drehen sich die Vektoren A und B verschieden schnell, und ihre gegenseitige Lage bleibt somit nicht mehr die gleiche. Als resultierende Schwingung ergibt sich in diesem Fall keine harmonische Schwingung, da der Summenvektor seinen Betrag ändert. Die Bewegung bleibt periodisch, solange das Kreisfrequenzverhältnis ω_1/ω_2 durch das Verhältnis zweier ganzer Zahlen ausgedrückt werden kann. Sind die Kreisfrequenzen der beiden Teilschwingungen nur wenig voneinander verschieden, so entsteht eine sog. *Schwebung*. Diese Bewegung ist keine harmonische Schwingung, da weder die Kreisfrequenz noch der Betrag des Summenvektors C konstant sind.

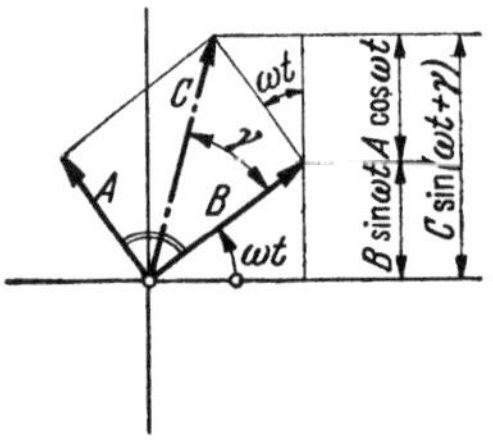

Abb. 7. Zusammensetzung einer Sinus- und Kosinusschwingung.

1,14. Nichtharmonische periodische Schwingung. Harmonische Analyse.

Die periodischen Vorgänge weichen im allgemeinen von der harmonischen Bewegungsform ab. Sie lassen sich zumeist nicht in einfacher Form darstellen, weswegen man bei ihrer Berechnung zunächst auf mathematische Schwierigkeiten stößt. Über diese hilft indessen der *Satz von* FOURIER hinweg, nach welchem sich jede periodische Funktion $y = f(x)$ mit der Periode 2π darstellen läßt durch eine unendliche Reihe:

$$(6)\quad \begin{aligned} y = f(x) &= A_0 + \sum_{k=1}^{\infty} C_k \sin(kx + \gamma_k) \\ &= A_0 + C_1 \sin(x + \gamma_1) + C_2 \sin(2x + \gamma_2) + \cdots, \end{aligned}$$

d. h. die periodische Funktion $y = f(x)$ läßt sich aufbauen aus gegeneinander phasenverschobenen harmonischen Schwingungen mit den Kreisfrequenzen x, $2x$, $3x, \ldots$, den Amplituden C_1, C_2, $C_3, \ldots$ und den Phasenverschiebungswinkeln $\gamma_1, \gamma_2, \gamma_3, \ldots$, die dem konstanten Gliede A_0 (schwingungsfreies Glied) überlagert sind.

Die Zerlegung eines periodischen Vorganges in seine harmonischen Bestandteile oder „*Harmonischen*" bezeichnet man als „*harmonische Analyse*".

Unter Berücksichtigung der Gl. (5b) kann Gl. (6) auch in der Form geschrieben werden:

$$(7)\quad \begin{aligned} y = f(x) = A_0 &+ A_1 \cos x + A_2 \cos 2x + \cdots \\ &+ B_1 \sin x + B_2 \sin 2x + \cdots \end{aligned}$$

Die *Aufgabe der harmonischen Analyse* ist nun die Bestimmung der sog. Fourier-Beiwerte A_0, A_1, $A_2, \ldots$ und B_1, B_2, $B_3, \ldots$. Multipliziert man Gl. (7) mit

$\cos kx$ bzw. mit $\sin kx$ und integriert die so erhaltenen Ausdrücke zwischen den Grenzen 0 und 2π, so ergibt sich:

$$\left.\begin{aligned} &(8\text{a}) \qquad A_k = \frac{1}{\pi}\int_0^{2\pi} f(x)\cos kx\,dx, \\ &(8\text{b}) \qquad B_k = \frac{1}{\pi}\int_0^{2\pi} f(x)\sin kx\,dx. \end{aligned}\right\} k = 1, 2, \ldots$$

Für das konstante Glied, den Mittelwert der Funktion, folgt:

$$(8\text{c}) \qquad A_0 = \frac{1}{2\pi}\int_0^{2\pi} f(x)\,dx.$$

Wegen der Periodizität der Funktion $y = f(x)$ und der trigonometrischen Funktionen braucht man die Integration nicht gerade von 0 bis 2π zu erstrecken. Es kommt nur darauf an, daß sie über eine ganze Periode von der Länge 2π durchgeführt wird, so z. B. auch von $-\pi$ bis $+\pi$. Ist die Periode der zu entwickelnden Funktion nicht 2π, sondern hat sie ein beliebiges Intervall, z. B. $2m$, so muß man in den Gleichungen für x den Wert $\frac{2\pi}{2m}x = \frac{\pi}{m}x$ einsetzen. Die Gln. (8) gehen dann über in:

$$(9) \qquad \left\{\begin{aligned} &\left.\begin{aligned} A_k &= \frac{1}{m}\int_0^{2m} f(x)\cos\frac{k\pi x}{m}\,dx, \\ B_k &= \frac{1}{m}\int_0^{2m} f(x)\sin\frac{k\pi x}{m}\,dx, \end{aligned}\right\} k = 1, 2, \ldots \\ &A_0 = \frac{1}{2m}\int_0^{2m} f(x)\,dx. \end{aligned}\right.$$

Numerische und instrumentelle Verfahren. Für periodische Funktionen, die nur empirisch gegeben sind (z. B. die Drehkraftlinie eines Verbrennungsmotors), bestimmen wir die Fourier-Beiwerte entweder mittels angenäherter Rechenverfahren oder mittels geeigneter mechanischer Geräte.

Zur numerischen Ermittlung der Beiwerte mit möglichst geringem Rechenaufwand hat C. Runge [76] ein Verfahren ausgearbeitet, das auch die Grundlage einer Reihe von schematischen Verfahren bildet. Die gebräuchlichsten unter diesen sind das Verfahren von L. Zipperer [100] und das von P. Terebesi [93], die beide auf die ersten 12 Harmonischen zugeschnitten sind. Das Verfahren von Zipperer wurde von M. Tessarotto [94] vereinfacht. Dieses Verfahren wird weiter unten erörtert.

Die näherungsweise rechnerische Bestimmung der Fourier-Beiwerte bis zur 12. Harmonischen nach den erwähnten Verfahren ist nicht immer ausreichend. Neben der Kenntnis höherer Harmonischer ist bisweilen eine größere Genauigkeit erforderlich. Für solche Fälle hat A. Hussmann [45] das Verfahren von Runge erweitert und Rechentabellen bis zur 36. Harmonischen aufgestellt.

Ein in der Praxis bewährtes mechanisches Gerät zur Durchführung der harmonischen Analyse bis zur 36. Harmonischen ist der Analysator von Mader-Ott [68], bei dem nach Umfahren der zu analysierenden Kurve mit einem Fahrstift an der Meßrolle eines Planimeters der gesuchte Beiwert unmittelbar abgelesen werden kann. Weitere Analysatoren siehe W. Meyer zur Capellen [69]. Mit diesen Geräten lassen sich die einzelnen Harmonischen genauer ermitteln als mit

Hilfe der numerischen Schemaverfahren, da erstere den gesamten Verlauf der gegebenen Funktion erfassen, während bei den Rechenverfahren aus praktischen Gründen nur eine begrenzte Anzahl äquidistanter Ordinaten berücksichtigt werden kann.

Anmerkung: Die Drehschwingungen in Kolbenmaschinen werden durch die periodischen Gas- und Massenkräfte erregt, und zwar sind es einzelne in der periodischen Drehkraft enthaltene, harmonische Teilkräfte, die bei ganz bestimmten Drehzahlen große Schwingungsausschläge verursachen (Resonanz!). Unter der Voraussetzung, daß die Schwingungsdifferentialgleichungen linear sind — wir beschränken uns auf diesen Fall —, dürfen die Wirkungen der einzelnen, in der Drehkraft „verborgenen" Harmonischen getrennt bestimmt und überlagert werden.

1,15. Harmonische Analyse nach Zipperer-Tessarotto.

Die numerischen Verfahren zur harmonischen Analyse beruhen darauf, die empirisch gegebene Funktion, statt durch die Gl. (7), näherungsweise durch eine *endliche* Reihe darzustellen, von der Form:

$$y = f_m(x) = A_0 + A_1 \cos x + A_2 \cos 2x + \cdots + A_{m-1} \cos (m-1)x + A_m \cos m x$$
$$+ B_1 \sin x + B_2 \sin 2x + \cdots + B_{m-1} \sin (m-1)x .$$

Durch passende Wahl der hierin auftretenden $2m$ Konstanten $A_0, A_1, \ldots, A_m, B_1, \ldots, B_{m-1}$ wird erreicht, daß diese Näherungsfunktion $f_m(x)$ mit der zu analysierenden Funktion in $2m$ äquidistanten Ordinaten *genau* übereinstimmt.

Man teilt das der Periode entsprechende Intervall in $2m$ gleiche Teile und bestimmt für die einzelnen Teilpunkte (Abszissen x_q) die zugehörigen Ordinaten y_q der Kurve. Also für die Abszissen:

$$x_1 = \frac{2\pi}{2m} \cdot 1 \quad \text{die Ordinate} \quad y_1,$$

$$x_2 = \frac{2\pi}{2m} \cdot 2 \quad \text{die Ordinate} \quad y_2,$$

. . . .

$$x_q = \frac{2\pi}{2m} q \quad \text{die Ordinate} \quad y_q,$$

für $q = 1, 2, 3, \ldots, 2m$. Damit erhält man folgende einfache Summenausdrücke für die Fourier-Beiwerte:

$$(10) \quad \left\{ \begin{aligned} &\left. \begin{aligned} A_k &= \frac{1}{m} \sum_{q=1}^{2m} y_q \cos k \frac{\pi}{m} q, \\ B_k &= \frac{1}{m} \sum_{q=1}^{2m} y_q \sin k \frac{\pi}{m} q, \end{aligned} \right\} k = 1, 2, \ldots, m-1 \\ &A_0 = \frac{1}{2m} \sum_{q=1}^{2m} y_q, \qquad A_m = \frac{1}{2m} \sum_{q=1}^{2m} (-1)^q y_q . \end{aligned} \right.$$

Die auf diese Weise numerisch ermittelten Fourier-Beiwerte sind um so genauer, je größer die Anzahl $2m$ der Ordinaten ist. Man wählt für diese ein Vielfaches von 4, um die Rechenarbeit wie folgt zu verringern:

Setzen wir z. B. $2m = 24$, so wird $\frac{\pi}{m} = 0{,}2618$ [$= 15°$] und die Gln. (10) lauten in diesem Sonderfall:

$$(11)\qquad \begin{cases} A_k = \dfrac{1}{12}\sum\limits_{q=1}^{24} y_q \cos(k\,q\cdot 15)^\circ, \\ B_k = \dfrac{1}{12}\sum\limits_{q=1}^{24} y_q \sin(k\,q\cdot 15)^\circ, \end{cases} k = 1, 2, \ldots 11$$

$$A_0 = \frac{1}{24}\sum_{q=1}^{24} y_q, \qquad A_{12} = \frac{1}{24}\sum_{q=1}^{24}(-1)^q y_q .$$

Für $k = 1$, d. h. für die Grundharmonische, erhält man:

$$A_1 = \frac{1}{12}(y_1 \cos 15^\circ + y_2 \cos 30^\circ + y_3 \cos 45^\circ + \cdots + y_{24} \cos 360^\circ)$$

oder

$$A_1 = \frac{\mathsf{A}_1}{12},$$

wenn man mit A_1 die Summe der Ausdrücke in der Klammer bezeichnet.

Für $k = 2$, d. h. die erste Oberschwingung, ist analog:

$$A_2 = \frac{1}{12}(y_1 \cos 30^\circ + y_2 \cos 60^\circ + y_3 \cos 90^\circ + \cdots + y_{24} \cos 2\cdot 360^\circ)$$

oder

$$A_2 = \frac{\mathsf{A}_2}{12}$$

usw. für die folgenden Harmonischen.

In gleicher Weise geht man bei der Bildung der Koeffizienten $B_1, B_2, B_3, \ldots, B_{m-1}$ vor, die durch den Sinus von 15° und die Mehrfachen davon ausgedrückt werden.

Die in den vorausgehenden Gleichungen auftretenden trigonometrischen Funktionen nehmen, abgesehen vom Vorzeichen, nur folgende 7 Werte an:

$$\begin{aligned} \cos 0^0 &= 1{,}000 = \sin 90^0 \\ \cos 15^0 &= 0{,}966 = \sin 75^0 \\ \cos 30^0 &= 0{,}866 = \sin 60^0 \\ \cos 45^0 &= 0{,}707 = \sin 45^0 \\ \cos 60^0 &= 0{,}500 = \sin 30^0 \\ \cos 75^0 &= 0{,}259 = \sin 15^0 \\ \cos 90^0 &= 0{,}000 = \sin 0^0 \end{aligned}$$

Um die Bildung der Koeffizienten der Fourier-Reihe zu vereinfachen, hat L. Zipperer besondere Rechentabellen entworfen.

Das von Zipperer angegebene Verfahren besteht zunächst in der Anwendung der Tabelle 1 (S. 10). In jedes weiße Feld werden die verschiedenen Produkte aus den Ordinaten y_1, y_2, $y_3, \ldots, y_{24}$ der zu analysierenden Kurve (z. B. der in Abb. 8a dargestellten) und den obenstehenden trigonometrischen Werten eingetragen. Um aus dieser Tabelle die Zahlenwerte, die zur Bildung des Koeffizienten einer bestimmten Harmonischen addiert werden müssen, ermitteln zu können, hat Zipperer durchsichtige Deckblätter entworfen, die über diese Rechentabellen gelegt werden. Diese Methode fordert zur Bildung jedes einzelnen Koeffizienten ein eigenes Deckblatt, in unserem Falle also 24 Blätter.

Zur Vereinfachung des Verfahrens hat nun Tessarotto *eine* Rechenschablone (Tabelle 2) entworfen, die den 24 Deckblättern nach Zipperer entspricht. Diese Schablone verringert außerdem die Rechenarbeit, da sie die Wiederholung einiger algebraischen Summen erspart, die bei den Deckblättern mehrere Male ausgeführt werden müssen (vgl. die Pfeile in den Zeilen der Rechenschablone).

Die gesuchten Koeffizienten A_k und B_k erhalten wir schließlich, indem wir alle in einer vertikalen Spalte der Rechenschablone (Tabelle 2) bezeichneten Werte

Tabelle 1. Rechentabelle zur harmonischen Analyse.

	q	1	2	3	4	5	6	7	8	9	10	11	12	13	14	15	16	17	18	19	20	21	22	23	24	q	
I	$+1{,}00\,y_q$	+14,2	+17,8	+12,2	+8,1	+5,0	+3,3	+2,2	+1,4	0	0	0	0	0	0	0	0	−0,2	−0,6	−1,2	−2,2	−3,6	−5,9	−6,2	0	$+1{,}00\,y_q$	I
II	$+0{,}966\,y_q$	+13,72				+4,83		+2,125				0		0				−0,193		−1,159				−5,99		$+0{,}966\,y_q$	II
III	$+0{,}866\,y_q$	+12,29	+15,41		+7,02	+4,33		+1,905	+1,212		0	0		0	0		0	−0,173		−1,039	−1,905		−5,11	−5,37		$+0{,}866\,y_q$	III
IV	$+0{,}707\,y_q$	+10,04		+8,63		+3,535		+1,555		0		0		0		0		−0,141		−0,848		−2,545		−4,383		$+0{,}707\,y_q$	IV
V	$+0{,}500\,y_q$	+7,10	+8,9		+4,05	+2,50		+1,10	+0,70		0	0		0	0		0	−0,10		−0,60	−1,10		−2,95	−3,10		$+0{,}500\,y_q$	V
VI	$+0{,}259\,y_q$	+3,678				+1,295		+0,57				0		0				−0,052		−0,311				−1,606		$+0{,}259\,y_q$	VI
VII	$-0{,}259\,y_q$	−3,678				−1,295		−0,57				0		0				+0,052		+0,311				+1,606		$-0{,}259\,y_q$	VII
VIII	$-0{,}500\,y_q$	−7,10	−8,9		−4,05	−2,50		−1,10	−0,70		0	0		0	0		0	+0,10		+0,60	+1,10		+2,95	+3,10		$-0{,}500\,y_q$	VIII
IX	$-0{,}707\,y_q$	−10,04		−8,63		−3,535		−1,555		0		0		0		0		+0,141		+0,848		+2,545		+4,383		$-0{,}707\,y_q$	IX
X	$-0{,}866\,y_q$	−12,29	−15,41		−7,02	−4,33		−1,905	−1,212		0	0		0	0		0	+0,173		+1,039	+1,905		+5,11	+5,37		$-0{,}866\,y_q$	X
XI	$-0{,}966\,y_q$	−13,72				−4,83		−2,125				0		0				+0,193		+1,159				+5,99		$-0{,}966\,y_q$	XI
XII	$-1{,}00\,y_q$	−14,2	−17,8	−12,2	−8,1	−5,0	−3,3	−2,2	−1,4	0	0	0	0	0	0	0	0	+0,2	+0,6	+1,2	+2,2	+3,6	+5,9	+6,2	0	$-1{,}00\,y_q$	XII
	q	1	2	3	4	5	6	7	8	9	10	11	12	13	14	15	16	17	18	19	20	21	22	23	24	q	

Tabelle 2. Rechenschablone zur harmonischen Analyse nach TESSAROTTO.

	A_1	B_1	A_2	B_2	A_3	B_3	A_4	B_4	A_5	B_5	A_6	B_6	A_7	B_7	A_8	B_8	A_9	B_9	A_{10}	B_{10}	A_{11}	B_{11}	A_{12}	B_{12}	
I	24	6	12+24	3+15	8+16+24	2+10+18	6+12+18+24		24	6	4+8+12+16+20+24	1+5+9+13+17+21	24	18	3+6+9+12+15+18+21+24		8+16+24	6+14+22	12+24	3+15	24	18	2+4+6+8+10+12+14+16+18+20+22+24		I
II	1+23	5+7			↑				5+19	1+11			7+17	1+11			↑				11+13	5+7			II
III	2+22	4+8	1+11+13+23	2+4+14+16		↓		1+2+7+8+13+14+19+20	10+14	16+20			10+14	4+8		1+4+7+10+13+16+19+22		↓	5+7+17+19	8+10+20+22	2+22	16+20			III
IV	3+21	3+9		↓	1+7+9+15+17+23	1+3+9+11+17+19			9+15	15+21			3+21	15+21			3+5+11+13+19+21	1+3+9+11+17+19		↓	9+15	3+9			IV
V	4+20	2+10	2+10+14+22	1+5+13+17			1+5+7+11+13+17+19+23		4+20	2+10			4+20	14+22					2+10+14+22	1+5+13+17	4+20	14+22			V
VI	5+19	1+11	↑						1+23	5+7			11+13	5+7					↑		7+17	1+11			VI
VII	7+17	13+23		↓					11+13	17+19			1+23	17+19						↓	5+19	13+23			VII
VIII	8+16	14+22	4+8+16+20	7+11+19+23			2+4+8+10+14+16+20+22		8+16	14+22			8+16	2+10	$\sum_{q=1}^{24} y_q$				4+8+16+20	7+11+19+23	8+16	2+10			VIII
IX	9+15	15+21	↑		3+5+11+13+19+21	5+7+13+15+21+23			3+21	3+9			9+15	3+9			1+7+9+15+17+23	5+7+13+15+21+23	↑		3+21	15+21			IX
X	10+14	16+20	5+7+17+19	8+10+20+22		↑		4+5+10+11+16+17+22+23	2+22	4+8			2+22	16+20		2+5+8+11+14+17+20+23		↑	1+11+13+23	2+4+14+16	10+14	4+8			X
XI	11+13	17+19			↓				7+17	13+23			5+19	13+23			↓				1+23	17+19			XI
XII	12	18	6+18	9+27	4+12+20	6+14+22	3+9+15+21		12	18	2+6+10+14+18+22	3+7+11+15+19+23	12	6			4+12+20	2+10+18	6+18	9+21	12	6	1+3+5+7+9+11+13+15+17+19+21+23		XII

der Rechentabelle 1 summieren und die so erhaltenen Werte A_1, $A_2, \ldots, A_{11}$, B_1, $B_2, \ldots, B_{11}$ durch 12, A_{12} durch 24 dividieren. Das folgende Zahlenbeispiel trage zur Erläuterung des Verfahrens bei:

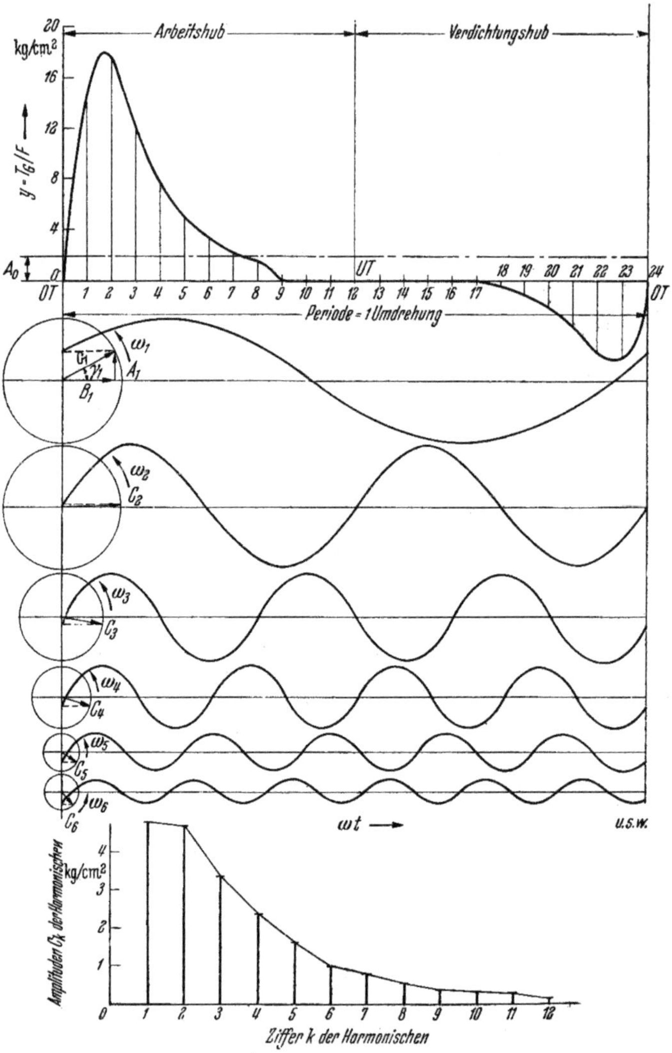

Abb. 8. **Harmonische Analyse eines Drehkraftdiagramms.**
a Gasdrehkraft eines Zweitakt-Ottomotors,
b Verlauf der Harmonischen der Ziffer $k = 1 \div 6$,
c Spektrum der Amplituden ($k = 1 \div 12$).

Beispiel: Harmonische Analyse des Drehkraftdiagramms eines im Zweitakt arbeitenden Verbrennungsmotors.

Drehkraftdiagramm: Abb. 8,
Rechentabelle: Tabelle 1.

Für die Koeffizienten A_k, B_k, die Amplituden C_k und die Phasenverschiebungswinkel γ_k ergibt sich:

$$A_1 = \frac{\mathsf{A}_1}{12} = \frac{1}{12}[(13{,}72 - 5{,}99) + (15{,}41 - 5{,}11) + (8{,}63 - 2{,}545) + (4{,}05 - 1{,}10) +$$
$$+ (1{,}295 - 0{,}311) + (-0{,}57 + 0{,}052) + (-0{,}70)] = +\frac{26{,}831}{12} = \underline{+2{,}236},$$

$$B_1 = \frac{\mathsf{B}_1}{12} = \frac{1}{12}[(+3{,}3) + (4{,}83 + 2{,}125) + (+7{,}02 + 1{,}212) + (+8{,}63) +$$
$$+ (+8{,}90) + (+3{,}678) + (+1{,}606) + (+2{,}95) + (+2{,}545) +$$
$$+ (+1{,}905) + (+0{,}193 + 1{,}159) + (+0{,}6)] = +\frac{50{,}653}{12} = \underline{+4{,}221},$$

$$C_1 = \sqrt{A_1^2 + B_1^2} = \sqrt{5{,}00 + 17{,}8} = \sqrt{22{,}8} = \underline{4{,}775},$$

$$\operatorname{tg}\gamma_1 = \frac{A_1}{B_1} = \frac{2{,}236}{4{,}221} = 0{,}5297; \qquad \gamma_1 = 27{,}91^\circ.$$

$$A_2 = \frac{\mathsf{A}_2}{12} = \frac{1}{12}[(+13{,}72 - 5{,}99) + (+8{,}90 - 2{,}95) + (-4{,}05 - 0{,}70 + 1{,}10) +$$
$$+ (-4{,}33 - 1{,}905 + 0{,}173 + 1{,}039) + (-3{,}3 + 0{,}6)]$$
$$= +\frac{2{,}307}{12} = \underline{+0{,}192},$$

$$B_2 = \frac{\mathsf{B}_2}{12} = \frac{1}{12}[(+12{,}2) + (+15{,}41 + 7{,}01) + (+7{,}10 + 2{,}50 - 0{,}1) +$$
$$+ (-1{,}10 + 0{,}60 + 3{,}10) + (-1{,}212 + 1{,}905 + 5{,}11) + (+3{,}6)]$$
$$= +\frac{56{,}133}{12} = \underline{+4{,}678},$$

$$C_2 = \sqrt{A_2^2 + B_2^2} = \sqrt{0{,}0368 + 21{,}88} = \sqrt{21{,}92} = \underline{4{,}68},$$

$$\operatorname{tg}\gamma_2 = \frac{A_2}{B_2} = \frac{0{,}192}{4{,}678} = 0{,}0411; \qquad \gamma_2 = 1{,}52^\circ.$$

In gleicher Weise errechnen sich die folgenden Harmonischen bis zur Ziffer $k = 11$.

Für die Harmonische der Ziffer $k = m = 12$ ist:

$$A_{12} = \frac{\mathsf{A}_{12}}{24} = \frac{1}{24}(-14{,}2 + 17{,}8 - 12{,}2 + 8{,}1 - 5{,}0 + 3{,}3 - 2{,}2 + 1{,}4 -$$
$$+ 0{,}2 - 0{,}6 + 1{,}2 - 2{,}2 + 3{,}6 - 5{,}9 + 6{,}2) = -\frac{1{,}5}{24} = \underline{-0{,}0208},$$

$$B_{12} = 0,$$

$$C_{12} = \underline{+0{,}0208},$$

$$\operatorname{tg}\gamma_{12} = \frac{A_{12}}{0} = -\infty; \qquad \gamma_{12} = 270^\circ.$$

Die Kurven der Harmonischen der Ziffer $k = 1 \div 6$ sind in Abb. 8b dargestellt, die Amplituden C_k der Harmonischen der Ziffer $k = 1 \div 12$ in Abb. 8c aufgetragen.

Für den konstanten Mittelwert A_0 (mittlere Höhe der Drehkraftlinie) ist nach Gl. (11):

$$A_0 = \frac{1}{24}\sum_{q=1}^{24} y_q = \frac{44{,}3}{24} = 1{,}85.$$

Genauigkeit des Verfahrens: Je höher die Ziffer der Harmonischen ist, um so schlechter wird ihr Verlauf durch die äquidistanten Teilpunkte erfaßt. Wählt man 24 Ordinaten für die Periode, so treffen z. B. bei der 6. Harmonischen nur 4, bei der 8. Harmonischen nur 3 und schließlich bei der 12. Harmonischen nur noch 2 Teilpunkte auf *eine einzelne* Sinusschwingung. Wir erkennen, daß zur Bestimmung der höheren Harmonischen, etwa von der Ziffer $k > 6$ ab, 24 Ordinaten nicht mehr genügen. Es empfiehlt sich, etwa 4mal soviel Ordinaten für die Periode zu wählen als man Harmonische braucht. Das angegebene Verfahren läßt sich ohne weiteres auf mehrere Ordinaten erweitern. Rechenschemata für 48 und 72 Ordinaten liegen bereits vor [45].

1,2. Die Dynamik des einfachen Schwingers mit gerader Federkennlinie.

Im vorhergehenden Abschnitt haben wir die Kinematik der Schwingungen behandelt. Wir betrachteten die Schwingungen nur hinsichtlich ihres zeitlichen Ablaufs, ohne Rücksicht auf die bei der Bewegung auftretenden Kräfte. Diese Kräfte wollen wir nun im Zusammenhang mit der Bewegung untersuchen.

1,21. Einteilung der Schwingungssysteme. Arten von Schwingungen.

Die mechanischen Schwingungssysteme lassen sich allgemein nach der *Zahl der Freiheitsgrade* einteilen; hier unterscheiden wir:

a) Systeme von einem Freiheitsgrad,

b) Systeme von mehreren Freiheitsgraden.

Die Bewegungen dieser Systeme werden durch die *Art der auftretenden Kräfte* charakterisiert; hier unterscheiden wir:

a) freie Schwingungen oder Eigenschwingungen,

b) erzwungene Schwingungen.

Die Anzahl der Freiheitsgrade ist gleich der Mindestzahl der zur Festlegung der Lage oder zur Beschreibung der Schwingungen eines Systems notwendigen Größen (Koordinaten). Ist das Verhalten eines Schwingungssystems durch Angabe des Zeitverlaufs *einer einzigen* Größe bestimmt, so hat der Schwinger *einen* Freiheitsgrad. Beispiele für schwingungsfähige Systeme von einem Freiheitsgrad sind in Abb. 10 dargestellt. Ihre Lage wird durch *eine* Koordinate (x bzw. φ), ihre Bewegung durch *eine* Funktion [$x(t)$ bzw. $\varphi(t)$] beschrieben. Solche schwingungsfähige Systeme von einem Freiheitsgrad bezeichnen wir als *einfache Schwinger.*

Unter den ins Spiel tretenden Kräften unterscheiden wir außer Trägheitskräften zwei Arten:

1. *innere Kräfte,* die entweder von der Auslenkung x oder von der Geschwindigkeit $\dot{x}$ abhängen, das sind die *Rückstellkräfte* und die *Widerstandskräfte* oder *Dämpfungskräfte*;

2. *äußere Kräfte,* das sind von außen auf das System einwirkende Kräfte, die sog. *Erregerkräfte.*

Treten neben den Trägheitskräften nur innere Kräfte auf, so haben wir es mit *freien Schwingungen* oder *Eigenschwingungen* zu tun, treten sowohl innere als auch äußere Kräfte auf, dann handelt es sich um *erzwungene Schwingungen.*

Weiter unterscheiden wir *gedämpfte* (energieverzehrende) und *ungedämpfte* (verlustfreie) Schwingungen, je nachdem Widerstandskräfte vorhanden sind oder nicht.

Nach Art der Rückstellkräfte lassen sich die Schwinger einteilen in *Pendel* und *elastische Schwinger.* Mit Pendel bezeichnet man solche Schwinger, deren Rückstellkräfte von einem Kraftfeld herrühren. Zwei Beispiele, das Körperpendel im Schwerefeld (physikalisches Pendel) und das Körperpendel im Fliehkraftfeld, werden wir in Sonderfällen behandeln (Ziff. 2,32 und Ziff. 3,7). Im folgenden behandeln wir nur elastische Schwinger, deren Rückstellkräfte durch Verformung einer Feder (bzw. elastischen Welle) geweckt werden, wie es bei den drehschwingungsfähigen Systemen der Kolbenmaschinen der Fall ist.

Schwinger mit geraden Kennlinien sind solche, bei denen die vom Ausschlag abhängigen Rückstellkräfte der Feder einem geradlinigen Kraft-Weg-Gesetz folgen. Ein Schaubild, das die Rückstellkräfte in Abhängigkeit vom Federweg angibt, nennt man die Federkennlinie (Abb. 9).

Federn, deren Kennlinien über einen großen Ausschlagbereich gerade verlaufen, sind in der Praxis oft nicht vorhanden. Vielmehr weichen ihre Kennlinien bei großen Ausschlägen in der Regel von der Geraden ab. Man begeht aber *bei kleinen Ausschlägen* praktisch keinen Fehler, wenn man die Kennlinie durch ihre Tangente im Arbeitspunkt ersetzt. Wir können uns auf solche Schwingungssysteme beschränken, die mit praktisch hinreichender Näherung eine gerade Kennlinie aufweisen.

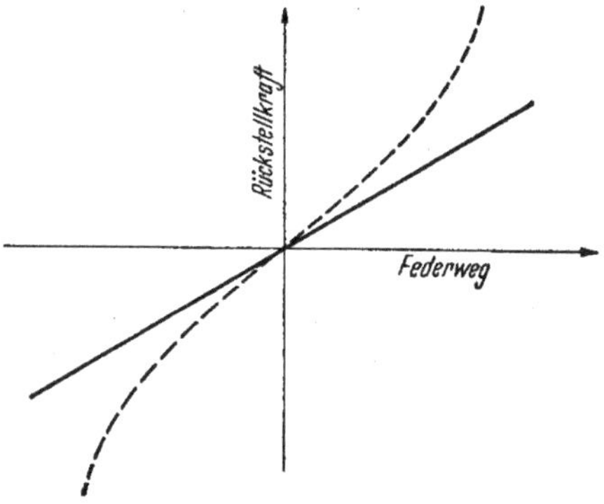

Abb. 9. Gerade und gekrümmte Federkennlinie.

1,22. Freie ungedämpfte Schwingungen des einfachen Schwingers.

Freie ungedämpfte Schwingungen sind solche, bei denen weder äußere Kräfte noch Dämpfungskräfte wirken. Praktisch kommen ungedämpfte (verlustfreie) Schwingungen nicht vor (vgl. Ziff. 1,23). Die Behandlung dieses Sonderfalls ist

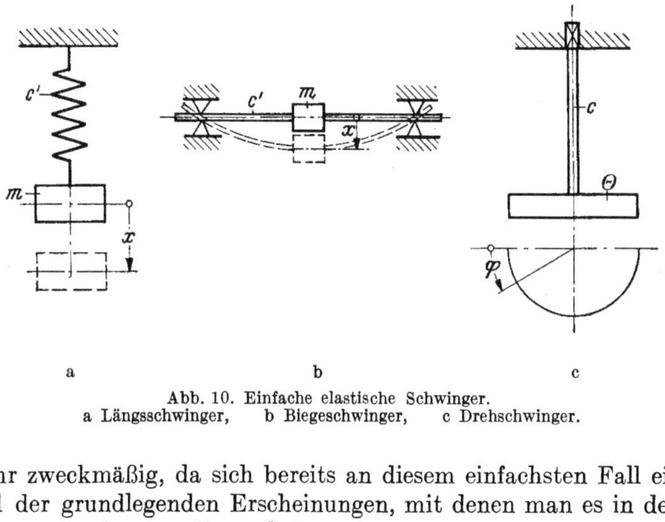

Abb. 10. Einfache elastische Schwinger.
a Längsschwinger, b Biegeschwinger, c Drehschwinger.

jedoch sehr zweckmäßig, da sich bereits an diesem einfachsten Fall ein wesentlicher Teil der grundlegenden Erscheinungen, mit denen man es in der Schwingungslehre zu tun hat, studieren läßt.

In Abb. 10 sind Beispiele von einfachen Schwingern dargestellt, und zwar ein Längsschwinger, ein Biegeschwinger und ein Drehschwinger. Jeder dieser Schwinger besteht aus einer Feder c' bzw. c und einer Masse m bzw. Drehmasse Θ*. Wesentlich ist hier, daß m bzw. Θ gegenüber der Federmasse bzw. deren Massenträgheitsmoment beträchtlich überwiegt, so daß ihr Einfluß vernachlässigt werden darf (andernfalls würde es sich nicht mehr um Systeme von einem Freiheitsgrad handeln). Beim Längsschwinger (ebenso beim Biegeschwinger) führt die Masse *eine* Translationsbewegung (Verschiebung), beim Drehschwinger *eine* Rotationsbewegung (Drehung) aus. Diese einfachen Schwinger sind stets als geführt zu betrachten, so daß sie weitere Bewegungen (Querbewegungen) nicht ausführen können. Im folgenden wollen wir die beiden Grundformen mechanischer Schwinger, den Längsschwinger und den Drehschwinger, zunächst nebeneinander behandeln.

1,221. Energieverhältnisse beim einfachen Schwinger.

Um klare Vorstellungen über den Schwingungsvorgang zu bekommen, wollen wir zunächst die einfachen Schwinger hinsichtlich ihrer Energieverhältnisse betrachten.

Die mechanische Energie kann zwei Grundformen annehmen, nämlich:

a) die Form der potentiellen Energie oder Energie der Lage,

b) die Form der kinetischen Energie oder Energie der Bewegung.

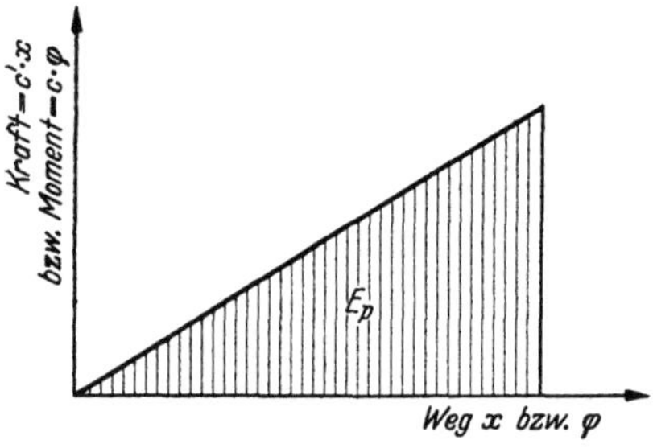

Abb. 11. Kraft-Weg-Schaubild einer Feder. E_p = potentielle Energie.

Ein einfacher Schwinger besteht aus zwei Energiespeichern. Bei den hier interessierenden elastischen Schwingern sind dies: *ein Speicher für die potentielle Energie* und *ein Speicher für die kinetische Energie.* Als Speicher für die potentielle Energie dient die Elastizität des Schwingers, die Feder. Sie speichert die Energie als Formänderungsarbeit im Innern des Federmaterials auf. Die beim Spannen der Feder geleistete und somit in ihr aufgespeicherte potentielle Energie läßt sich darstellen als Fläche unter dem Kraft-Weg-Schaubild (Abb. 11).

Es ist:

(12) $$E_p = \frac{1}{2} c' x^2 \qquad\qquad E_p = \frac{1}{2} c \varphi^2$$

für den Längsschwinger, für den Drehschwinger,

wobei:

c' [kg/cm] die Federzahl, das ist die Kraft, gemessen in kg, die eine Längsfeder um die Einheit des Federwegs, also um 1 cm, auslenkt,

c [cmkg] die Drehfederzahl, das ist das Drehmoment, gemessen in cmkg, das eine Drehfeder um die Einheit des Federwegs, also um den Winkel 1 (Bogenmaß) verdreht (Bogeneinheit = 1 Radiant [rad] = $180°/\pi \approx 57{,}3°$),

x [cm], φ [rad] augenblickliche Auslenkung der Masse bzw. der Drehmasse aus der Ruhelage.

Als Speicher für die kinetische Energie dient die bewegte Masse. Unter der kinetischen Energie versteht man bekanntlich den Ausdruck:

(13) $$E_k = \frac{1}{2} m \dot{x}^2 \qquad\qquad E_k = \frac{1}{2} \Theta \dot{\varphi}^2$$

für den Längsschwinger, für den Drehschwinger,

* Der Ausdruck *Drehmasse* für das Massenträgheitsmoment Θ des Drehschwingers ist üblich. Θ hat die Einheit cmkgs^2.

wobei:

m	[kg s²cm⁻¹]	die Masse,
Θ	[cm kg s²]	das Massenträgheitsmoment,
$\dot{x} = dx/dt$	[cm s⁻¹]	die augenblickliche Geschwindigkeit,
$\dot{\varphi} = d\varphi/dt$	[s⁻¹]	die augenblickliche Winkelgeschwindigkeit.

Eine Schwingung kommt z. B. zustande, wenn man die Feder durch Auslenkung der Masse aus der Ruhelage spannt und die Masse wieder losläßt. Beim ungedämpften (verlustfreien) Schwinger bleibt die auf diese Weise eingeleitete Energiemenge für beliebig lange Dauer erhalten. Die Energie ändert lediglich ihren Sitz, indem sie zwischen beiden Speichern (Feder und Masse) hin- und herwandert. Es findet ein periodischer Energieaustausch zwischen den beiden Speichern statt. Die Summe der in den Speichern steckenden potentiellen und kinetischen Energien ist beim ungedämpften Schwingungsvorgang konstant und gleich der Anfangsenergie E_0. Es ist also:

(14) $$E_0 = E_p + E_k.$$

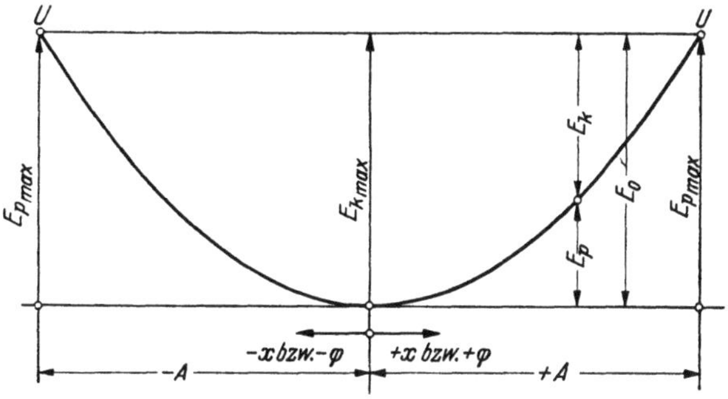

Abb. 12. Energie-Weg-Diagramm des ungedämpften harmonischen Schwingers.

In Abb. 12 ist das Energie-Weg-Diagramm des verlustfreien harmonischen Schwingers dargestellt. Die Energieverteilungskurve (Trennungslinie zwischen E_p und E_k) ist entsprechend den Definitionen Gln. (12) und (13) eine Parabel.

In den Umkehrpunkten U, den Punkten größter Auslenkung der Feder $x = x_{\max} = A$ (Längenmaß) bzw. $\varphi = \varphi_{\max} = A$ (Bogenmaß), ist die Geschwindigkeit x bzw. die Winkelgeschwindigkeit $\dot{\varphi}$ der Masse gleich 0.

Mithin ist die kinetische Energie $E_k = 0$ und die potentielle Energie:

(15) $$E_p = E_{p\,\max} = \frac{1}{2} c' A^2 \quad \text{bzw.} \quad E_p = E_{p\,\max} = \frac{1}{2} c A^2.$$

Beim Durchgang durch die Nullage ist der Ausschlag $x = 0$ bzw. $\varphi = 0$ und die Masse besitzt ihre Höchstgeschwindigkeit $\dot{x}_{\max}$ bzw. $\dot{\varphi}_{\max}$. Mithin ist die potentielle Energie $E_p = 0$ und die kinetische Energie:

(16) $$E_k = E_{k\,\max} = \frac{1}{2} m \dot{x}^2_{\max} \quad \text{bzw.} \quad E_k = E_{k\,\max} = \frac{1}{2} \Theta \dot{\varphi}^2_{\max}.$$

1,222. Die Eigenkreisfrequenz ω des einfachen Schwingers.

Aus den Gln. (14), (15) und (16) folgt:

$$E_0 = E_{p\,\max} = E_{k\,\max}$$

oder

(17) $$\frac{1}{2} c' A^2 = \frac{1}{2} m \dot{x}^2_{\max} \quad \text{bzw.} \quad \frac{1}{2} c A^2 = \frac{1}{2} \Theta \dot{\varphi}^2_{\max}.$$

Da, wie wir weiter unten zeigen (s. Ziff. 1,224), die Bewegung des einfachen Schwingers eine harmonische ist, also

$$x = A \sin(\omega t + \alpha) \quad \text{bzw.} \quad \varphi = A \sin(\omega t + \alpha),$$

gilt für die maximale Geschwindigkeit

$$\dot{x}_{\max} = \omega A \quad \text{bzw.} \quad \dot{\varphi}_{\max} = \omega A .$$

Mit diesen Beziehungen folgt aus den Gln. (17) für die Kreisfrequenz ω des freien, harmonischen Schwingers:

$$(18) \qquad \omega = \sqrt{\frac{c'}{m}} \quad \text{bzw.} \quad \omega = \sqrt{\frac{c}{\Theta}}$$

(Längsschwinger) (Drehschwinger).

Folgerungen aus Gl. (18) für den freien harmonischen Schwinger. Die Kreisfrequenz ω ist eindeutig bestimmt durch die Federzahl c' bzw. c und die Masse m bzw. die Drehmasse Θ. Ein sich selbst überlassenes System, das freie Schwingungen ausführt, kann also nicht mit einer beliebigen Frequenz schwingen, sondern nur mit einer durch die Beschaffenheit des Systems eindeutig bestimmten Frequenz. Diese Frequenz bezeichnet man deshalb mit *Eigenfrequenz.* Ein Schwinger von *einem* Freiheitsgrad hat *eine* Eigenfrequenz.

Die *Eigenkreisfrequenz* ω und damit die Schwingungsdauer T sind unabhängig von den Anfangsbedingungen der Bewegung. Diese bestimmen lediglich die Amplitude A und den Nullphasenwinkel α (s. S. 21). Ganz gleichgültig, wie ein Schwinger auch in Bewegung gesetzt werden mag, die Frequenz seiner freien Schwingung ist stets dieselbe.

Beim *Längsschwinger* ist ω^2 der Federzahl c' direkt und der Größe der Masse m umgekehrt proportional. Beim *Drehschwinger* ist ω^2 der Drehfederzahl c direkt und dem Massenträgheitsmoment Θ, d. h. der Größe *und* Verteilung der Masse, umgekehrt proportional.

Eine Versteifung der Feder c' bzw. c erhöht die Eigenkreisfrequenz ω; eine Vergrößerung der Masse m bzw. des Massenträgheitsmoments Θ erniedrigt die Eigenkreisfrequenz.

1,223. Analogien zwischen dem Längsschwinger und dem Drehschwinger.

Wir haben bisher die beiden Grundformen mechanischer Schwinger, den Längsschwinger und den Drehschwinger, nebeneinander behandelt. Aus der Gegenüberstellung der gewonnenen Beziehungen für den Längsschwinger und den Drehschwinger geht eindeutig hervor, welche Größen beider Schwingungssysteme einander entsprechen:

Längsschwinger		*Drehschwinger*	
Ausschlag (Verschiebung)	x [cm],	Ausschlag (Drehung)	φ [rad],
Geschwindigkeit	$\dot{x}$ [cm/s],	Winkelgeschwindigkeit	$\dot{\varphi}$ [1/s],
Federzahl	c' [kg/cm],	Drehfederzahl	c [cmkg],
Masse	m [kg s²/cm],	Massenträgheitsmoment	Θ [cmkgs²].

Unter Beachtung dieser Analogien zwischen dem Längsschwinger und dem Drehschwinger lassen sich ohne weiteres Gesetzmäßigkeiten, die für den einen Schwinger gelten, auf den anderen Schwinger übertragen. Wir beschränken uns im folgenden entsprechend unserer Aufgabenstellung auf die Behandlung der Drehschwinger.

1,224. Die Differentialgleichung der Bewegung des einfachen Drehschwingers.

Um den Schwingungsvorgang verfolgen zu können, müssen wir die Differentialgleichung der Bewegung aufstellen. Wir gehen hierbei zunächst von der Energiegleichung aus. Setzt man die Gln. (12) und (13) in Gl. (14) ein, so ergibt sich

$$E_0 = E_p + E_k = \frac{1}{2} c\,\varphi^2 + \frac{1}{2}\Theta\dot{\varphi}^2. \tag{19}$$

Hieraus erhält man durch einmalige Differentiation nach der Zeit t und Kürzen durch $\dot{\varphi}$ die Bewegungsgleichung des freien, ungedämpften harmonischen Drehschwingers:

$$(20)\quad \left\{ \begin{array}{l} \underset{\text{Moment infolge Trägheit}}{\Theta\ddot{\varphi}} + \underset{\text{Rückstellmoment}}{c\varphi} = 0 \\ \text{oder unter Berücksichtigung der Gl. (18)} \\ \ddot{\varphi} + \omega^2\varphi = 0. \end{array} \right.$$

Dies ist eine lineare homogene Differentialgleichung 2. Ordnung mit konstanten Koeffizienten [homogen, weil kein Glied ohne φ oder seine Ableitungen auftritt; linear, weil die Gleichung φ und $\ddot{\varphi}$ nur im 1. Grade enthält; 2. Ordnung, weil der zweite Differentialquotient als höchster Differentialquotient auftritt]. Wir bezeichnen im folgenden diese Gleichung mit *Schwingungsdifferentialgleichung* oder kurz mit *Schwingungsgleichung.*

Wir haben die Schwingungsgleichung erhalten, indem wir von der Energiegleichung ausgingen. Diese Gleichung erhält man aber auch in sehr einfacher Weise, wenn man das *Newtonsche Grundgesetz* auf das Schwingungssystem anwendet. Dieses Gesetz lautet bekanntlich:

bei Translationsbewegung (Verschiebung)

$$\text{Kraft} = \text{Masse} \times \text{Beschleunigung},$$

bei Rotationsbewegung (Drehung)

$$\text{Moment} = \text{Massenträgheitsmoment} \times \text{Winkelbeschleunigung}.$$

Im vorliegenden Falle der freien ungedämpften Drehschwingung ergibt sich demnach:

$$-c\,\varphi = \Theta\ddot{\varphi} \quad \text{oder} \quad \Theta\ddot{\varphi} + c\,\varphi = 0.$$

Wir müssen links das negative Zeichen setzen, weil das Rückstellmoment $c\varphi$ der Feder stets nach der Gleichgewichtslage hin gerichtet ist, d. h. also stets das entgegengesetzte Vorzeichen des Winkelausschlags φ hat.

Lösung der Schwingungsdifferentialgleichung. Die Aufgabe, die Schwingbewegung abhängig von der Zeit zu ermitteln, verlangt die Lösung (Integration) der Schwingungsdifferentialgleichung (20).

Unter einer Lösung der Differentialgleichung versteht man eine Beziehung zwischen den Veränderlichen φ und t, welche, in die Differentialgleichung eingesetzt, diese erfüllt.

Die allgemeine Lösung der Gl. (20) lautet:

$$\varphi = C \sin(\omega t + \gamma), \tag{21}$$

wobei C und γ ganz beliebige Zahlenwerte sind und ω die Eigenkreisfrequenz nach Gl. (18) ist.

In der Tat ist:

$$\begin{aligned} \dot{\varphi} &= \omega C \cos(\omega t + \gamma) \\ \ddot{\varphi} &= -\omega^2 C \sin(\omega t + \gamma) = -\omega^2\varphi, \end{aligned}$$

und man sieht durch Einsetzen von φ und $\ddot{\varphi}$ in die Differentialgleichung (20), daß diese erfüllt ist.

Gl. (21) besagt, daß die freie ungedämpfte Bewegung des einfachen Schwingers mit gerader Kennlinie eine harmonische Schwingung ist.

Die Lösung einer Differentialgleichung ist durchaus nicht immer durch bekannte Funktionen möglich. Für viele technisch wichtige Differentialgleichungen hat man Lösungsansätze ermittelt, die den Schlüssel zur Lösung bilden.

Die Lösung der Differentialgleichung (20) kann auch nach dem systematischen Lösungsverfahren für die lineare Differentialgleichung höherer Ordnung mit Hilfe des sog. *e-Ansatzes* gefunden werden.

Man setzt versuchsweise an:

$$\varphi = A\, e^{\lambda t} \tag{22}$$

und man erhält durch Einsetzen dieses Lösungsansatzes und seiner zweiten Ableitung nach der Zeit in Gl. (20):

$$A\, e^{\lambda t}\left(\lambda^2 + \frac{c}{\Theta}\right) = 0.$$

Diese Gleichung ist erfüllt, wenn:

$$\lambda^2 + \frac{c}{\Theta} = 0.$$

Man nennt diese Bedingung die *charakteristische Gleichung* der Differentialgleichung. Es ist eine ohne weiteres zu lösende algebraische Gleichung 2. Grades mit den beiden Wurzeln

$$\lambda_{1,2} \pm i\sqrt{\frac{c}{\Theta}} = \pm\, i\,\omega,$$

wobei

$$i = \sqrt{-1} \quad \text{die imaginäre Einheit}$$

und

$$\omega = \sqrt{\frac{c}{\Theta}} \quad \text{die Eigenkreisfrequenz}$$

bedeutet.

Jeder dieser Werte von λ gibt eine Teillösung (partikuläre Lösung) in der Form der Gl. (22):

$$\varphi_1 = A_1\, e^{\lambda_1 t} = A_1 e^{i\omega t},$$

$$\varphi_2 = A_2\, e^{\lambda_2 t} = A_2\, e^{-i\omega t},$$

wobei A_1 und A_2 willkürliche komplexe Integrationskonstanten bedeuten.

Die allgemeine Lösung ist die Summe dieser beiden Teillösungen. Sie lautet:

$$\varphi = A_1\, e^{i\omega t} + A_2\, e^{-i\omega t}.$$

Mit Hilfe der Beziehungen (Eulersche Formeln)

$$e^{\pm i\omega t} = \cos\omega t \pm i \sin\omega t$$

erhalten wir:

$$\varphi = (A_1 + A_2)\cos\omega t + i\,(A_1 - A_2)\sin\omega t.$$

Mit A_1 und A_2 als konjugiert komplexen Größen, also

$$A_1 + A_2 = A \quad \text{und} \quad i\,(A_1 - A_2) = B,$$

wobei A und B nunmehr reell sind, erhalten wir die Lösung in reeller Form:

$$\varphi = A\cos\omega t + B\sin\omega t. \tag{23}$$

Hierfür kann nach Gl. (5b) auch geschrieben werden:

$$\varphi = C \sin(\omega t + \gamma) \qquad \text{[vgl. Gl. (21)]},$$

wobei

$$C = \sqrt{A^2 + B^2} \quad \text{und} \quad \operatorname{tg} \gamma = \frac{A}{B}.$$

Wie bereits in Ziff. 1,222 hervorgehoben, ist die Eigenkreisfrequenz ω durch die Federzahl c und die Drehmasse Θ, also die Konstanten der Differentialgleichung, festgelegt. Dagegen werden die Integrationskonstanten A und B und damit die Amplitude C und der Nullphasenwinkel γ der Schwingung erst durch die Anfangsbedingungen bestimmt. Ist z. B. zur Zeit $t = 0$

der Winkelausschlag $\varphi = \varphi_0$ und die Winkelgeschwindigkeit $\dot{\varphi} = w_0$, so ist nach Gl. (23) $A = \varphi_0$ und $B = w_0/\omega$ und damit

$$\varphi = \varphi_0 \cos \omega t + \frac{w_0}{\omega} \sin \omega t. \tag{24}$$

An Hand dieser Gleichung bzw. ihrer Ableitungen nach der Zeit ist es möglich, für jeden Augenblick der Bewegung den Ausschlag φ, die Geschwindigkeit $\dot{\varphi}$ und die Beschleunigung $\ddot{\varphi}$ zu berechnen, wenn außer ω die Anfangsbedingungen (φ_0 und w_0) bekannt sind.

1,23. Freie gedämpfte Schwingungen des einfachen Schwingers.

Enthält das Schwingungssystem außer den beiden Energiespeichern (Feder und Masse) noch energieverzehrende Elemente (d. h. irgendwelche die Bewegung hemmende Widerstände, die mechanische Energie in Wärme verwandeln), so spricht man von einem gedämpften System.

1,231. Die Bewegungswiderstände.

Freie ungedämpfte Schwingungen treten in Wirklichkeit nicht auf, vielmehr wird bei jeder Schwingung ein Teil der Anfangsenergie durch Widerstandskräfte verbraucht. Werden diese Verluste nicht laufend durch Zufuhr neuer Energiemengen ersetzt, so vermindert sich der Energieinhalt stetig und die Schwingungen klingen ab.

Je nach Eigenart der Bewegungshemmung betrachtet man die Dämpfungskraft oder die Dämpfungsarbeit (Energiebetrag, der während einer Schwingungsperiode in Wärme umgesetzt wird).

Die **Dämpfungskraft** ist der Bewegung entgegengerichtet; sie hat also in den Formeln das entgegengesetzte Vorzeichen wie die Geschwindigkeit. Das Diagramm der Widerstandskraft in Abhängigkeit von der Geschwindigkeit $\dot{\varphi}$ kann man in Analogie zur Federkennlinie als *Dämpfungskennlinie* bezeichnen, die im allgemeinen beliebig verlaufen kann. Die meisten der vorkommenden Dämpfungskräfte lassen sich jedoch mit ausreichender Näherung erfassen, wenn man diese proportional einer Potenz der Geschwindigkeit ansetzt. Hierbei unterscheidet man folgende drei Fälle:

1. Dämpfungskraft $= -(\operatorname{sign}\dot{\varphi})\, R$ *, also konstant (Abb. 13, Kennlinie *1*), d. h. unabhängig von der Geschwindigkeit. Dies ist annähernd der Fall bei trockener (Coulombscher) Reibung.

2. Dämpfungskraft $= -k_1\dot{\varphi}$, also proportional der Geschwindigkeit (Abb. 13, Kennlinie *2*). Dies ist der Fall bei langsamer Bewegung von Körpern in Flüssig-

* Der Faktor (sign $\dot{\varphi}$) heißt Signum von $\dot{\varphi}$ (Zeichen bzw. Vorzeichen von $\dot{\varphi}$) und hat den Wert $+1$, wenn $\dot{\varphi} > 0$, den Wert -1, wenn $\dot{\varphi} < 0$.

keiten und Gasen sowie bei der Bewegung elektrischer Leiter in magnetischen Feldern (Wirbelstromdämpfung).

3. Dämpfungskraft $= -(\mathrm{sign}\,\dot{\varphi})\,k_2\,\dot{\varphi}^2$, also proportional dem Quadrat der Geschwindigkeit (Abb. 13, Kennlinie *3*). Dieser Fall tritt auf bei raschen Bewegungen von Körpern in Flüssigkeiten und Gasen, spielt also vor allem bei hydrodynamischen Problemen eine Rolle.

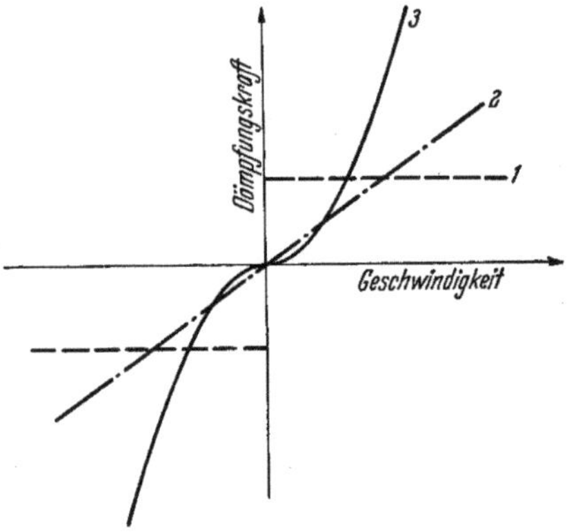

Abb. 13. Dämpfungskennlinien. Dämpfungskraft: *1* konstant, *2* proportional der Geschwindigkeit, *3* proportional dem Quadrat der Geschwindigkeit.

Die **Dämpfungsarbeit** setzt man einer Potenz der Amplitude des Ausschlags proportional. Dies trifft z. B. zu bei der *Werkstoffdämpfung*, wo sich ein Teil der Energie während einer Periode im Werkstoff in Wärme umsetzt. Das Kraft-Verformungs-Diagramm stellt hierbei eine Hysteresisschleife dar, deren Inhalt ein Maß für die Dämpfungsarbeit ist. Meist arbeitet man mit dem Quotienten ψ aus Dämpfungsarbeit und der in der Umkehrlage aufgespeicherten Energie [*18*][1]. Eine der Abb. 13 entsprechende Kennlinie (vgl. Abb. 94) stellt die Werkstoffdämpfung abhängig vom Ausschlag dar.

Ersatzdämpfung (ersetzender Dämpfungsfaktor). Die Differentialgleichung eines gedämpften Schwingers ist nur im Falle geschwindigkeitsproportionaler Dämpfung linear. Die Linearität gestattet einfachere Lösbarkeit. Vor allem aber erlaubt sie die Überlagerung der Wirkungen der einzelnen Harmonischen einer beliebig verlaufenden periodischen Erregerkraft. Man kann jede Harmonische für sich betrachten und hat es somit nur mit harmonischen Schwingungen zu tun. Aus diesen Gründen pflegt man alle übrigen Dämpfungen durch geschwindigkeitsproportionale Dämpfung zu ersetzen, mit der Forderung, daß die Dämpfungsarbeit die gleiche bleibt. Die Dämpfungsarbeit ist bei geschwindigkeitsproportionaler Dämpfung[2] $S = \pi\, k_1\, \Omega\, A^2$, bei konstanter Dämpfung $S = 4\,R\,A$, bei quadratischer Dämpfung $S = (8/3)\,k_2\,\Omega\,A^3$ und bei Werkstoffdämpfung $S = \psi(A)\,A^2(c/2)$. Aus der ersten Formel erhält man für den ersetzenden Dämpfungsfaktor: $k_{ers} = S/\pi\,\Omega\,A^2$, wobei für S der jeweils zutreffende Ausdruck einzusetzen ist.

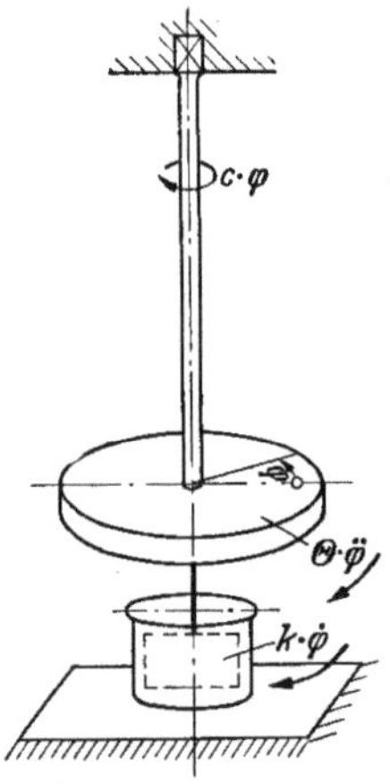

Abb. 14. Momente bei der freien Schwingung am gedämpften Drehschwinger.

1,232. Freie Schwingung mit der Geschwindigkeit proportionale Dämpfungskraft.

Die Schwingungsdifferentialgleichung. In Abb. 14 ist ein gedämpfter Drehschwinger schematisch dargestellt. Insbesondere sind die in einem bestimmten Augenblick der Bewegung am Schwinger angreifenden Momente eingetragen.

Unter Anwendung des Newtonschen Grundgesetzes ergibt sich die Differentialgleichung der Bewegung:

---

[1] Vgl. hierzu Ziff. 3,65, S. 162.

[2] Ableitung der Formel siehe S. 34 oben.

$$(25)\quad \begin{cases} \qquad - \quad k\dot{\varphi} \quad - \quad c\,\varphi \quad = \Theta\ddot{\varphi} \\ \text{oder} \\ \underset{\text{Moment infolge Trägheit}}{\Theta\ddot{\varphi}} \quad + \quad \underset{\text{Dämpfungsmoment}}{k\dot{\varphi}} \quad + \quad \underset{\text{Rückstellmoment}}{c\,\varphi} \quad = 0. \end{cases}$$

Die Differentialgleichung ist wie die der ungedämpften Schwingung (20) eine lineare homogene Differentialgleichung 2. Ordnung mit konstanten Koeffizienten.

Der Koeffizient k der Geschwindigkeit $\dot{\varphi}$ heißt *Dämpfungsbeiwert oder Dämpfungsfaktor.* Er ist ein Maß für das von den Dämpfungskräften hervorgerufene Moment, das auftritt, wenn die schwingende Masse die Winkelgeschwindigkeit $\dot{\varphi} = 1\,\mathrm{s}^{-1}$ besitzt. Seine Einheit ist cmkgs.

Dividiert man Gl. (25) durch Θ und führt zur Vereinfachung die Werte

$\omega = \sqrt{\frac{c}{\Theta}}$ = Eigenkreisfrequenz des ungedämpften Drehschwingers,

$\mathsf{D} = \frac{k}{2\,\Theta\,\omega}$ = Dämpfungsmaß = dimensionsloses Maß für die Stärke der Dämpfung

ein, so ergibt sich für die Schwingungsgleichung:

$$(26)\qquad \ddot{\varphi} + 2\,\mathsf{D}\,\omega\,\dot{\varphi} + \omega^2\varphi = 0\,.$$

Lösungen der Schwingungsgleichung. Die Lösung der Gleichung gelingt durch den bewährten Ansatz [Gl. (22)]:

$$\varphi = A\,e^{\lambda t}.$$

Durch Einsetzen dieses Lösungsansatzes und seiner ersten und zweiten Ableitung in die Gl. (26) und Dividieren durch $A\,e^{\lambda t}$ erhält man die charakteristische Gleichung:

$$\lambda^2 + 2\,\mathsf{D}\,\omega\,\lambda + \omega^2 = 0$$

mit den beiden Wurzeln:

$$\lambda_{1,2} = -\,\mathsf{D}\omega \pm \omega\sqrt{\mathsf{D}^2 - 1}\,.$$

Zu jeder von diesen gehört eine partikuläre Lösung in der Form $\varphi = A\,e^{\lambda t}$. Die Summe der beiden partikularen Lösungen mit den willkürlichen Integrationskonstanten A_1 und A_2 ist die allgemeine Lösung:

$$(27)\quad \begin{cases} \varphi = A_1\,e^{\lambda_1 t} + A_2\,e^{\lambda_2 t}, \\ \varphi = e^{-\mathsf{D}\omega t}\left[A_1 e^{+\omega\sqrt{\mathsf{D}^2-1}\cdot t} + A_2\,e^{-\omega\sqrt{\mathsf{D}^2-1}\cdot t}\right]. \end{cases}$$

Unter der Wurzel steht eine Differenz. Es ist sehr wesentlich, ob diese Differenz positiv, Null oder negativ, das Dämpfungsmaß $\mathsf{D} > 1$, $\mathsf{D} = 1$ oder $\mathsf{D} < 1$ ist. Der Grenzfall $\mathsf{D} = 1$ ist nur von mathematischem Interesse, wir sehen deshalb von seiner Behandlung ab.

Wir haben also grundsätzlich zwei Fälle zu unterscheiden:

a) Starke Dämpfung ($\mathsf{D} > 1$). Ist das Dämpfungsmaß $\mathsf{D} > 1$, so sind die Radikanden $\mathsf{D}^2 - 1$ in Gl. (27) positiv, die Wurzeln daher reell. Setzen wir den positiven Wert

$$\omega\sqrt{\mathsf{D}^2 - 1} = \nu,$$

so lautet die Gl. (27):

$$\varphi = e^{-\mathsf{D}\omega t}\left[A_1\,e^{+\nu t} + A_2\,e^{-\nu t}\right].$$

Mit den Beziehungen (Hyperbelfunktionen)

$$e^{\pm\nu t} = \mathfrak{Cof}\;\nu\,t \pm \mathfrak{Sin}\;\nu\,t$$

erhalten wir die Lösung

$$(28)\qquad \varphi = e^{-\mathsf{D}\omega t}\left[A\;\mathfrak{Cof}\;\nu\,t + B\;\mathfrak{Sin}\;\nu\,t\right],$$

wobei die Konstanten $A = A_1 + A_2$ und $B = A_1 - A_2$ bedeuten. Diese Konstanten werden, wie immer, durch die Anfangsbedingungen bestimmt.

Die Lösung besagt, daß überhaupt keine Schwingung auftritt, sondern die Bewegung nach Art einer Auslaufkurve (Abb. 15) abklingt. Die durch die Gl. (28) beschriebenen stark gedämpften Bewegungen nennt man im Gegensatz zu den Schwingungen *Kriechbewegungen*. Diese interessieren uns hier nicht.

b) Schwache Dämpfung ($\mathsf{D} < 1$). Ist die Dämpfung $\mathsf{D} < 1$, so sind die Radikanden $\mathsf{D}^2 - 1$ negativ, die Wurzeln daher imaginär. Wir setzen

$$\omega \sqrt{\mathsf{D}^2 - 1} = i\,\omega_{\mathsf{D}}\,, \tag{29}$$

wobei $i = \sqrt{-1}$ die imaginäre Einheit bedeutet, und erhalten als allgemeine Lösung

$$\varphi = e^{-\mathsf{D}\omega t}\,[A_1 e^{+i\omega_{\mathsf{D}} t} + A_2 e^{-i\omega_{\mathsf{D}} t}].$$

Mit den Eulerschen Formeln

$$e^{\pm i\omega_{\mathsf{D}} t} = \cos\omega_{\mathsf{D}} t \pm i \sin\omega_{\mathsf{D}} t$$

können wir diese auf die Form

$$\varphi = e^{-\mathsf{D}\omega t}\,[A \cos\omega_{\mathsf{D}} t + B \sin\omega_{\mathsf{D}} t] \tag{30a}$$

bringen, wenn wir für die Konstanten $A_1 + A_2 = A$ und $i\,(A_1 - A_2) = B$ einführen. Unter Berücksichtigung der Gl. (5b) erhalten wir schließlich als Lösung

$$\varphi = e^{-\mathsf{D}\omega t}\, C \sin(\omega_{\mathsf{D}} t + \gamma)\,. \tag{30b}$$

Die Lösung stellt eine Schwingung dar, deren Amplitude C nach der Exponentialfunktion $e^{-\mathsf{D}\omega t}$ abklingt.

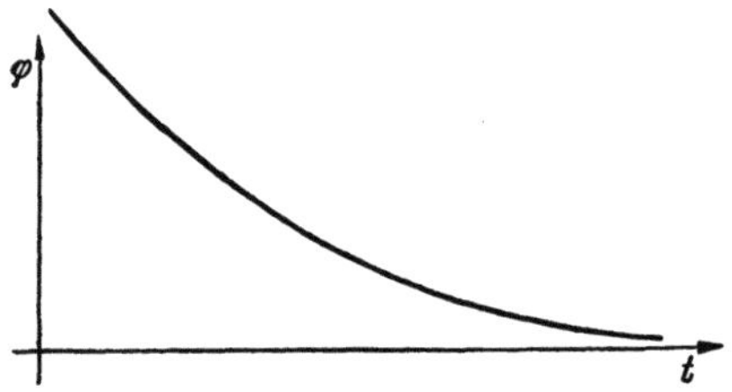

Abb. 15. Weg-Zeit-Diagramm einer Kriechbewegung.

Die Konstanten A und B und damit die Amplitude C und der Phasenverschiebungswinkel γ werden durch die Anfangsbedingungen bestimmt:

Ist z. B. zur Zeit $t = 0$

der Winkelausschlag $\varphi = \varphi_0$,

die Winkelgeschwindigkeit $\dot{\varphi} = w_0$,

so ist:

$$A = \varphi_0 \quad \text{und} \quad B = \frac{w_0 + \mathsf{D}\,\omega\,\varphi_0}{\omega_{\mathsf{D}}}.$$

Eingesetzt in Gl. (30a):

$$\varphi = e^{-\mathsf{D}\omega t}\left[\varphi_0 \cos\omega_{\mathsf{D}} t + \left(\frac{w_0}{\omega_{\mathsf{D}}} + \varphi_0 \frac{\mathsf{D}}{\sqrt{1 - \mathsf{D}^2}}\right) \sin\omega_{\mathsf{D}} t\right]. \tag{31}$$

Nach dieser Gleichung läßt sich der Verlauf der Schwingungskurve $\varphi = f(t)$ für beliebige Anfangsbedingungen und Dämpfungen berechnen.

Die Eigenkreisfrequenz ω_{D}. Aus Gl. (30b) können wir den Verlauf der Schwingung leicht übersehen. Wäre der Faktor $e^{-\mathsf{D}\omega t}$ nicht vorhanden, so erhielten wir eine harmonische Schwingung (Amplitude C, Phasenverschiebungswinkel γ), die mit der Kreisfrequenz ω_{D} verliefe. Wir erkennen, daß ω_{D} die Eigenkreisfrequenz der Schwingung mit geschwindigkeitsproportionaler Dämpfung darstellt. Nach Gl. (29) ist:

$$\omega_{\mathsf{D}} = \omega \sqrt{1 - \mathsf{D}^2}. \tag{32}$$

Die Eigenkreisfrequenz ω_{D} des gedämpften Schwingers ist also kleiner als die Eigenkreisfrequenz ω des ungedämpften Schwingers.

Wesentlich ist, daß ω_D (ebenso wie ω) unabhängig von der Größe der Amplitude ist. Die einzelnen Schwingungen (Abb. 17) besitzen also gleiche Schwingungsdauer, einerlei, welche Werte die Amplitude annimmt. ω_D ist nur abhängig von c, Θ und D.

Unterschied zwischen ω_D und ω. Die Gl. (32) läßt sich in der Form schreiben:

$$D^2 + \left(\frac{\omega_D}{\omega}\right)^2 - 1 = 0.$$

Dies ist die Gleichung eines Kreises mit den beiden Veränderlichen ω_D/ω und D. Der prozentuale Unterschied zwischen der Eigenkreisfrequenz der gedämpften und der ungedämpften Schwingung, abhängig von der Dämpfung D, läßt sich mithin in anschaulicher Weise durch einen Viertelkreisbogen darstellen (Abb. 16). Für kleine Dämpfungen — etwa bis $D \leqq 0{,}1$ — ist:

$$\omega_D \approx \omega \qquad \text{(Fehler} < 0{,}5\,\%\text{)},$$

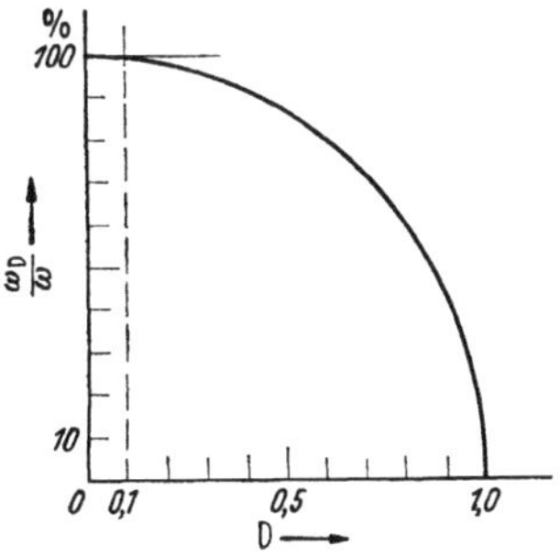

Abb. 16. Eigenfrequenzverhältnis ω_D/ω abhängig vom Dämpfungsmaß D.

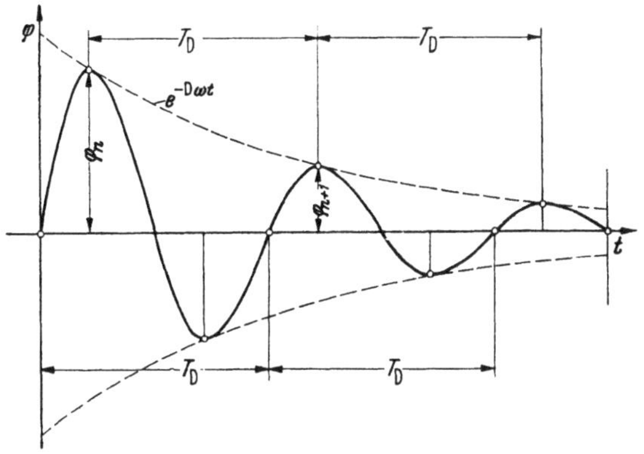

Abb. 17. Weg-Zeit-Diagramm einer freien Schwingung mit geschwindigkeitsproportionaler Dämpfung.

so daß wir mit praktisch hinreichender Näherung $\omega_D = \omega$ setzen können. Die Eigenfrequenz schwach gedämpfter Systeme kann also ohne Berücksichtigung der Dämpfung bestimmt werden. Von dieser Erkenntnis werden wir bei der Berechnung der Eigenfrequenzen von Kolbenmaschinen Gebrauch machen.

Das logarithmische Dekrement. Die Gl. (30b) unterscheidet sich von der Gl. (21) der ungedämpften freien Schwingung nur durch Hinzutreten des Faktors $e^{-D\omega t}$, der bewirkt, daß die Amplituden der Schwingung nicht gleich groß bleiben, sondern nach einem Exponentialgesetz abnehmen (Abb. 17). Die Gesetzmäßigkeit, nach welcher diese Abnahme der Amplituden erfolgt, sei kurz erörtert:

Ist

$$\varphi_n = e^{-D\omega t_1} C \sin(\omega_D t_1 + \gamma)$$

ein Maximalausschlag zur Zeit t_1, so ist der nach der Dauer T_D im Zeitpunkt $(t_2 + T_D)$ folgende Maximalausschlag:

$$\varphi_{n+1} = e^{-D\omega(t_1 + T_D)} C \sin[\omega_D (t_1 + T_D) + \gamma] = e^{-D\omega(t_1 + T_D)} C \sin(\omega_D t_1 + \gamma),$$

da $\omega_D T_D = 2\pi$ ist. Daraus folgt

$$\text{(33)} \qquad \frac{\varphi_n}{\varphi_{n+1}} = e^{D\omega T_D} = \text{konst}.$$

In Worten: Das Verhältnis zweier um die Zeitdauer T_{D} auseinanderliegenden Maximalausschläge ist konstant. Den natürlichen Logarithmus des Quotienten φ_n/φ_{n+1}, nämlich

$$\vartheta = \ln \frac{\varphi_n}{\varphi_{n+1}} = \mathsf{D}\,\omega\,T_{\mathsf{D}} \tag{34}$$

nennt man das *logarithmische Dekrement* der gedämpften Schwingung.

Setzen wir nach Gl. (32) für $\omega = \omega_{\mathsf{D}}/\sqrt{1-\mathsf{D}^2}$ und für $T_{\mathsf{D}} = 2\pi/\omega_{\mathsf{D}}$, so ergibt sich zwischen dem Dekrement ϑ und der Dämpfungszahl D die Beziehung

$$\vartheta = \frac{2\pi\mathsf{D}}{\sqrt{1-\mathsf{D}^2}} \quad \text{oder} \quad \mathsf{D} = \frac{\vartheta}{\sqrt{4\pi^2+\vartheta^2}}, \tag{35a}$$

wofür wir bei sehr kleinen Dämpfungen ($\mathsf{D} \leqq 0{,}01$) angenähert schreiben können

$$\vartheta \approx 2\pi\mathsf{D} \quad \text{oder} \quad \mathsf{D} \approx \frac{\vartheta}{2\pi}. \tag{35b}$$

Das Dekrement ϑ und damit die Dämpfungszahl D können durch Messung zweier um die Zeitdauer T_{D} auseinanderliegender Maximalausschläge an Hand eines Ausschwingversuchs (Aufnahme der Weg-Zeit-Kurve) bestimmt werden.

1,24. Erzwungene Schwingungen des einfachen Schwingers.

Bei den bisher betrachteten Schwingungsvorgängen kam die Bewegung zustande, indem man dem Schwingungssystem zu Beginn der Beobachtung eine bestimmte Energie zuführte und es dann sich selbst überließ. Die auf diese Weise erregten, im Wechselspiel zwischen Trägheits-, Rückstell- und Dämpfungskräften des Systems verlaufenden Schwingungen nannten wir *freie Schwingungen*. Die anfangs vorhandene Energie wird allmählich durch die Bewegungswiderstände aufgebraucht und die Schwingungen klingen ab.

Eine *erzwungene Schwingung* entsteht, wenn neben den Trägheits-, Rückstell- und Dämpfungskräften von außen einwirkende, zeitlich veränderliche Kräfte vorhanden sind. Sind diese äußeren, erzwingenden oder *erregenden Kräfte* periodisch und werden die durch Bewegungswiderstände entstehenden Energieverluste laufend ersetzt, so daß der Schwingungszustand unverändert erhalten bleibt, dann haben wir es mit einer *stationären* erzwungenen Schwingung zu tun.

Die Erregerkräfte können entweder unmittelbar an der schwingenden Masse selbst angreifen oder sie können von der Zwangsbewegung irgendeines Systemteils (Feder, Dämpfer, Masse) herrühren. Demzufolge unterscheidet man Schwinger mit unmittelbarer Erregung, Federkrafterregung, Dämpfungskrafterregung und Massenkrafterregung. Die in Kolbenmaschinen auftretenden Drehschwingungen werden durch die schwankenden Drehkräfte erzwungen. Die erregenden Drehkräfte setzen sich aus Gas- und Massenkräften zusammen. Die Gaskräfte greifen an den Kurbelkröpfungen, also unmittelbar an den schwingenden Massen selbst an. Die Massenkräfte rühren von der Zwangsbewegung der hin und her gehenden Massen her.

Während die Gaskräfte praktisch von der Drehzahl der Maschine unabhängig sind, ändern sich die Massenkräfte mit dem Quadrat der Drehzahl.

Demzufolge müssen wir zunächst bei Kolbenmaschinen unterscheiden:

a) Erregerkräfte bzw. Erregermomente, deren Amplitude von der Drehzahl unabhängig ist;

b) Erregerkräfte bzw. Erregermomente, deren Amplitude sich mit dem Quadrat der Drehzahl ändert.

Das Ziel unserer Untersuchungen ist, die Amplituden der Drehschwingungen in Abhängigkeit von der Drehzahl zu ermitteln. Die Rechnung gestaltet sich im Hinblick auf die beiden erwähnten Möglichkeiten a) und b) grundsätzlich gleich.

1,241. Erzwungene harmonische Schwingungen ohne Dämpfung.

Während die *freien* Schwingungen durch homogene Differentialgleichungen beschrieben werden, sind die Differentialgleichungen der *erzwungenen* Schwingungen inhomogen, d. h. es tritt eine gegebene Funktion der Zeit, eine sog. Störungsfunktion in der Gleichung auf. Diese Störungsfunktion kennzeichnet den Verlauf der Erregerkräfte und heißt in diesem Fall *Erregerfunktion.*

Die Erregerkräfte, mit denen wir es zu tun haben, sind periodisch, also nach FOURIER (Ziff. 1,14) in harmonische Teilkräfte zerlegbar. Da es sich hier um *lineare* Differentialgleichungen handelt, dürfen, worauf wir schon wiederholt hingewiesen haben, die einzelnen Harmonischen getrennt untersucht und ihre Wirkungen überlagert werden. Es genügt deshalb vollständig, wenn wir harmonische Erregerkräfte bzw. Erregermomente untersuchen:

Erregerkraft $P_E = P \sin \Omega t,$

bzw. Erregermoment $M_E = M \sin \Omega t.$

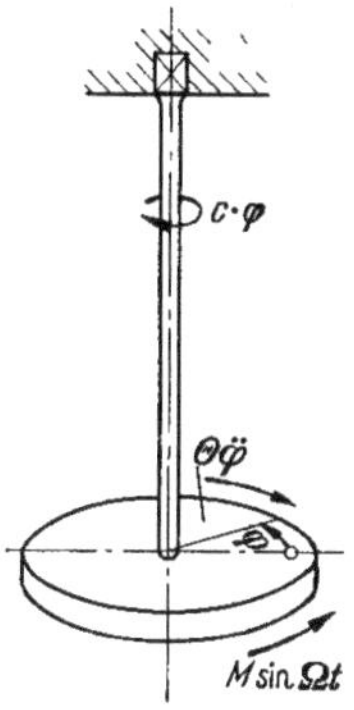

Abb. 18. Momente bei der erzwungenen Schwingung am ungedämpften Drehschwinger.

P bzw. M ist die Amplitude der Erregerkraft bzw. des Erregermoments und Ω die *Erregerkreisfrequenz.*

Die Schwingungsdifferentialgleichung. In Abb. 18 ist beispielsweise ein dämpfungsfreier Drehschwinger dargestellt und die in einem bestimmten Augenblick der erzwungenen Bewegung auftretenden Momente eingetragen. Unter Anwendung des Newtonschen Grundgesetzes ergibt sich die Schwingungsdifferentialgleichung zu:

$$(36)\quad \begin{cases} M \sin \Omega t - c\varphi = \Theta \ddot{\varphi} \\ \text{oder} \\ \underset{\text{Moment infolge Trägheit}}{\Theta \ddot{\varphi}} + \underset{\text{Rückstellmoment}}{c\varphi} = \underset{\text{Erregermoment}}{M \sin \Omega t.} \end{cases}$$

Dies ist eine lineare inhomogene Differentialgleichung 2. Ordnung mit konstanten Koeffizienten. Das Erregermoment $M \sin \Omega t$ ist die Störungsfunktion.

Lösung der Schwingungsdifferentialgleichung. Die allgemeine Lösung einer linearen inhomogenen Differentialgleichung setzt sich aus zwei Anteilen zusammen:

a) Der allgemeinen Lösung φ_h der um die Störungsfunktion *verkürzten* (homogenen) Gleichung ($M \sin \Omega t = 0$ gesetzt) und

b) einem partikulären Integral φ_p der *unverkürzten* (inhomogenen) Gleichung.

Den Lösungsanteil φ_h, die freie ungedämpfte Schwingung haben wir unter Ziff. 1,224 bereits behandelt. Es ist also noch der zweite Lösungsanteil φ_p, die „eigentliche" stationäre erzwungene Schwingung zu untersuchen.

Eine partikuläre Lösung der Gl. (36) ist:

$$(37)\qquad \varphi_p = A \sin(\Omega t - \alpha),$$

wobei A der maximale Schwingungsausschlag und α der Phasenverschiebungswinkel zwischen dem Erregermoment und dem Ausschlag ist.

Der Ansatz (37) erfüllt die Gl. (36) nur dann, wenn A und α bestimmte Werte haben. Diese findet man durch Einsetzen des Lösungsansatzes und seiner zweiten Ableitung

$$\ddot{\varphi}_p = -A\Omega^2 \sin(\Omega t - \alpha)$$

in die Differentialgleichung (36). Man erhält:

$$-\Theta A \Omega^2 \sin(\Omega t - \alpha) + c A \sin(\Omega t - \alpha) = M \sin \Omega t.$$

Dividieren wir durch c und setzen für

$$\frac{c}{\Theta} = \omega^2 \quad (\omega = \text{Eigenkreisfrequenz})$$

und

$\frac{\Omega}{\omega} = \eta$ *Frequenzverhältnis* oder *Abstimmung*, dann ergibt sich für die Amplitude

$$A = \frac{M}{c} \frac{1}{1-\eta^2} \frac{\sin \Omega t}{\sin(\Omega t - \alpha)}.$$

Um mit der in Ziff. 1,12 für die Amplitude A festgelegten Definition, wonach A stets eine absolute Größe ist, in Übereinstimmung zu bleiben, setzen wir für

$$A = \frac{M}{c} \left| \frac{1}{1-\eta^2} \right|. \tag{38}$$

Dann erhält man für den Phasenverschiebungswinkel

$$\alpha = 0, \quad \text{wenn} \quad \eta < 1,$$
$$\alpha = \pi, \quad \text{wenn} \quad \eta > 1;$$

d. h. die Schwingung ist in Phase oder Gegenphase mit dem Erregermoment, je nachdem η negativ oder positiv ist (Abb. 19).

Die gesamte Lösung der Differentialgleichung (36) erhalten wir durch Addition der Gln. (21) und (37) unter Berücksichtigung von Gl. (38):

$$\varphi = \varphi_h + \varphi_p = C \sin(\omega t + \gamma) + \frac{M}{c} \left| \frac{1}{1-\eta^2} \right| \sin(\Omega t - \alpha). \tag{39}$$

Die Bewegung ist demnach eine Überlagerung *zweier* harmonischer Schwingungen mit den Kreisfrequenzen ω und Ω.

Amplitude C und Phasenverschiebungswinkel γ der mit der Kreisfrequenz ω verlaufenden Eigenschwingung werden durch die Anfangsbedingungen bestimmt. Die mit der Erregerkreisfrequenz Ω verlaufende stationäre erzwungene Schwingung hat dagegen die nach Gl. (38) festgelegte Amplitude A und einen festgelegten Phasenverschiebungswinkel α.

Die Eigenschwingung hat im allgemeinen keine praktische Bedeutung, da sie infolge der meist vorhandenen Dämpfung abklingt (Ziff. 1,242). Es verbleibt die „eigentliche" erzwungene Bewegung. Wesentlich ist, daß diese erzwungene stationäre Bewegung eine harmonische Schwingung ist, die mit der Frequenz der Erregung verläuft.

Vergrößerungsverhältnis; Resonanzkurven. Die Amplitude A der erzwungenen Schwingung ist nach Gl. (38) bestimmt durch die Amplitude M des Erregermoments, die Federzahl c und den Faktor

$$V = \left| \frac{1}{1-\eta^2} \right|, \tag{40}$$

der mit *Vergrößerungsverhältnis* (oder auch Vergrößerungs- bzw. Resonanzfunktion) bezeichnet wird. Aus den Gln. (38) und (40) folgt:

$$A = \frac{M}{c}\,V = A_{stat}\,V; \tag{41}$$

d. h. das Vergrößerungsverhältnis gibt an, wievielmal die Amplitude A des erzwungenen Ausschlags, der durch ein harmonisches Moment $M \sin \Omega t$ hervorgerufen wird, größer ist als der statische Ausschlag A_{stat}, der unter Wirkung des statischen Moments M zustande käme.

Da die Beanspruchung proportional dem Ausschlag ist, folgt aus Gl. (41)·

$$\tau = \frac{M}{W}\,V = \tau_{stat}\,V; \tag{42}$$

d. h. das Vergrößerungsverhältnis gibt an, wievielmal die Amplitude τ der Beanspruchung in der Feder, die durch ein harmonisches Moment $M \sin \Omega t$ hervorgerufen wird, größer ist als die Beanspruchung $\tau_{stat} = \frac{M}{W}$ (W = Widerstandsmoment des Federquerschnitts), die unter Wirkung des statischen Moments M auftreten würde.

Für den Konstrukteur ist besonders die letztere Deutung von Wichtigkeit:

Für die Berechnung der Wechselspannungen in einem Bauteil ist nicht die aufgebrachte Wechsellast maßgebend, sondern eine V-mal so große Last.

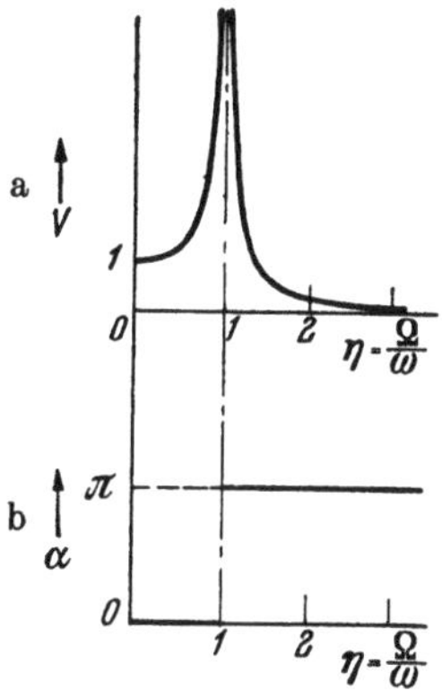

Abb. 19. Resonanzkurve des ungedämpften Schwingers. a Vergrößerungsverhältnis $V(\eta)$, b Phasenverschiebungswinkel $\alpha(\eta)$.

Trägt man die erzwungenen Amplituden A oder die Vergrößerungsverhältnisse V in Abhängigkeit von der Abstimmung $\eta = \Omega/\omega$ oder der Erregerfrequenz Ω auf, so erhält man eine Kurve nach Abb. 19. Für $\eta = 1$, also wenn die Erregerfrequenz Ω gleich der Eigenfrequenz ω ist, wird V und damit die Amplitude A unendlich groß. Man spricht in diesem Fall von *Resonanz* (Einklang der Erregerfrequenz mit der Eigenfrequenz).

Wir sehen nun, weshalb die Kenntnis der Eigenschwingungszahlen notwendig ist. Wenn auch, infolge der bei den mechanischen Schwingern stets vorhandenen Dämpfung, die Ausschläge endlich bleiben (s. Ziff. 1,242), so treten im Resonanzfall jedenfalls besonders große Ausschläge bzw. Beanspruchungen in den Bauteilen auf.

Die Kurve nach Abb. 19 heißt *Resonanzkurve.* Es sei noch besonders erwähnt, daß die Resonanzkurven *punktweise* zu verstehen sind. Es sind *Zustandskurven,* die die Amplituden A bei verschiedenen Erregerfrequenzen Ω angeben. Wir wollen jedoch bemerken, daß sich bei *schnellem Durchfahren* der Resonanzstelle keine besonders großen Ausschläge ausbilden. Die Resonanzstelle läßt sich also auf diese Weise gefahrlos überbrücken.

1,242. Erzwungene harmonische Schwingungen mit geschwindigkeitsproportionaler Dämpfung.

Die Schwingungsdifferentialgleichung. In Abb. 20 ist ein gedämpfter Drehschwinger dargestellt, und es sind die in einem bestimmten Augenblick der erzwungenen Bewegung auftretenden Momente eingetragen.

Unter Anwendung des Newtonschen Grundgesetzes ergibt sich die Schwingungsdifferentialgleichung:

$$(43)\quad \left\{\begin{array}{l} M\sin\Omega t - k\dot\varphi - c\varphi = \Theta\ddot\varphi \\ \text{oder} \\ \underset{\substack{\text{Moment}\\\text{infolge Trägheit}}}{\Theta\ddot\varphi} + \underset{\substack{\text{Dämpfungs-}\\\text{moment}}}{k\dot\varphi} + \underset{\substack{\text{Rückstell-}\\\text{moment}}}{c\varphi} = \underset{\substack{\text{Erreger-}\\\text{moment}}}{M\sin\Omega t}. \end{array}\right.$$

Sie ist — wie die der ungedämpften erzwungenen Schwingung (Ziff. 1,23) — eine lineare inhomogene Differentialgleichung 2. Ordnung mit konstanten Koeffizienten (Erregerfunktion $M \sin \Omega t$).

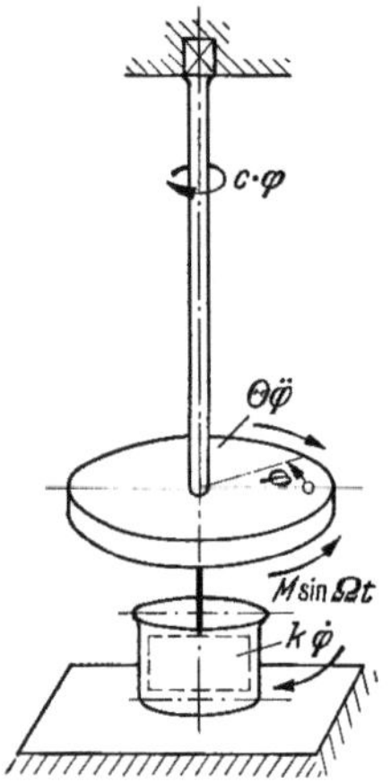

Abb. 20. Momente bei der erzwungenen Schwingung am gedämpften Drehschwinger.

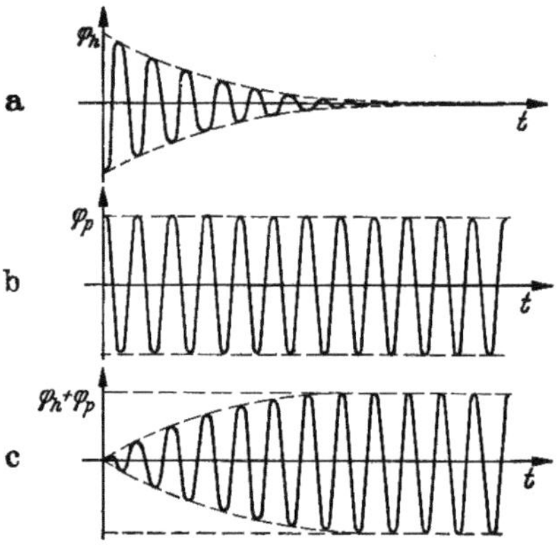

Abb. 21. Beispiel eines Einschwingvorgangs.
a Freie abklingende Schwingung,
b erzwungene stationäre Schwingung,
c Überlagerung von a und b.

Lösung der Schwingungsdifferentialgleichung. Die Lösung der inhomogenen Differentialgleichung setzt sich aus zwei Anteilen φ_h und φ_p zusammen (vgl. Ziff. 1,241).

Den Anteil φ_h erhält man, wenn man die Erregerfunktion Null setzt. Die übrigbleibende Gleichung ist die Differentialgleichung der freien gedämpften Schwingung, die unter Ziff. 1,232 bereits besprochen wurde. Diese freie Schwingung klingt infolge der Dämpfung ab und beeinflußt die sich schließlich einstellende stationäre Schwingung nicht mehr. Der Eigenschwingungsanteil wirkt sich nur auf den Beginn der Bewegung, den Einschwingvorgang, aus und hat im allgemeinen keine praktische Bedeutung. In Abb. 21 ist für den Resonanzfall ($\Omega = \omega$) und bestimmte Anfangsbedingungen ($\varphi = \varphi_h + \varphi_p = 0$ und $\dot\varphi = 0$) die freie abklingende Schwingung, die stationäre erzwungene Schwingung sowie die Überlagerung beider Schwingungen dargestellt.

Zur Bestimmung der Amplitude A der erzwungenen stationären Schwingung und des Phasenverschiebungswinkels α zwischen Erregermoment und dem erzwungenen Ausschlag machen wir, entsprechend dem unter Ziff. 1,241 Gesagten, den Lösungsansatz [Gl. (37)]:

$$\varphi_p = A \sin(\Omega t - \alpha).$$

Setzt man diesen Ansatz und seine Ableitungen

$$\dot\varphi_p = \Omega A \cos(\Omega t - \alpha),$$
$$\ddot\varphi_p = -\Omega^2 A \sin(\Omega t - \alpha)$$

in die Schwingungsgleichung (43) ein, so ergibt sich:

$$(44)\qquad \underbrace{-\Theta\Omega^2 A\sin(\Omega t-\alpha)}_{\text{Trägheit}}+\underbrace{k\Omega A\cos(\Omega t-\alpha)}_{\text{Dämpfung}}+\underbrace{cA\sin(\Omega t-\alpha)}_{\text{Feder}}=\underbrace{M\sin\Omega t}_{\text{Erregung}}.$$

Diese Gleichung, geometrisch abgebildet, ergibt das in Abb. 22 dargestellte Vektorbild. Die Projektionen auf die senkrechte Achse entsprechen den Gliedern der Gleichung. Aus dem Vektorbild ist abzulesen, in welcher Weise Gleichgewicht zwischen Erregermoment und dem Moment der Trägheit, der Dämpfung und der Feder besteht:

Die geometrische Summe aus der Differenz der Scheitelwerte des Rückstellmoments der Feder (cA) und des Moments infolge der Trägheit ($\Theta\Omega^2 A$) einerseits und dem um 90° dazu phasenverschobenen Scheitelwert des Dämpfungsmoments ($k\Omega A$) andererseits ist nur dann mit der Amplitude M des Erregermoments im Gleichgewicht, wenn der Ausschlag gegenüber dem Erregermoment um den Winkel α nacheilt.

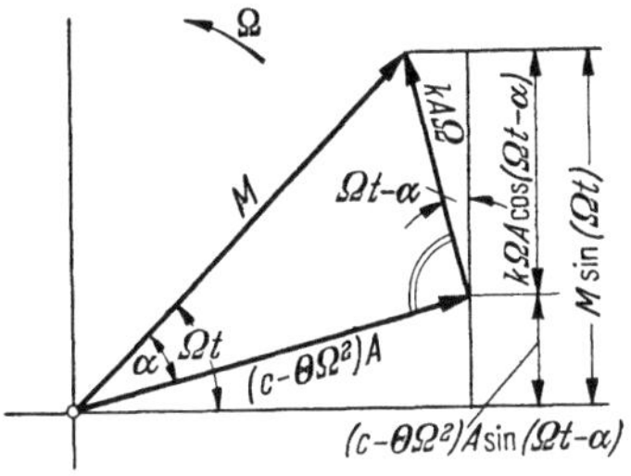

Abb. 22. Vektorbild zur erzwungenen harmonischen Schwingung mit geschwindigkeitsproportionaler Dämpfung.

Aus Abb. 22 ergeben sich ferner folgende Beziehungen für die Amplitude A und den Nacheilwinkel α:

$$(45\text{a})\qquad A=\frac{M}{\sqrt{(c-\Theta\Omega^2)^2+k^2\Omega^2}},$$

$$(46\text{a})\qquad \operatorname{tg}\alpha=\frac{k\Omega}{c-\Theta\Omega^2}.$$

Mit Benutzung der dimensionslosen Abkürzungen

$$\eta=\frac{\Omega}{\omega}\quad=\text{Frequenzverhältnis}$$

$$\mathsf{D}=\frac{k}{2\Theta\omega}=\text{Dämpfungsmaß}$$

lauten diese Beziehungen

$$(45\text{b})\qquad A=\frac{M}{c}\,\frac{1}{\sqrt{(1-\eta^2)^2+4\,\mathsf{D}^2\eta^2}},$$

$$(46\text{b})\qquad \operatorname{tg}\alpha=\frac{2\,\mathsf{D}\,\eta}{1-\eta^2}.$$

Aus Gl. (46b) folgt für $\eta=1$, $\operatorname{tg}\alpha=\infty$. Der Phasenverschiebungswinkel α zwischen dem erregenden Moment und der erzwungenen Schwingung ist also $\pi/2$, d. h. im Resonanzfall eilt das Erregermoment dem Ausschlag um 90° voraus. Von dieser wichtigen Tatsache wird noch öfters die Rede sein.

Vergrößerungsverhältnisse; Resonanzkurven. Aus den Gln. (41) und (45b) folgt für das Vergrößerungsverhältnis:

$$(47)\qquad V=\frac{1}{\sqrt{(1-\eta^2)^2+4\,\mathsf{D}^2\eta^2}}.$$

Abb. 23 zeigt V in Abhängigkeit von η für verschiedene Dämpfungen D. Wir betrachten diese Resonanzkurven noch etwas näher und stellen fest:

1. Alle Kurven beginnen im Punkt $V=1$ für $\eta=0$ und gehen für große Werte η asymptotisch gegen 0.

2. Die Kuppen der Kurven werden immer schlanker und höher, je kleiner das Dämpfungsmaß D ist.

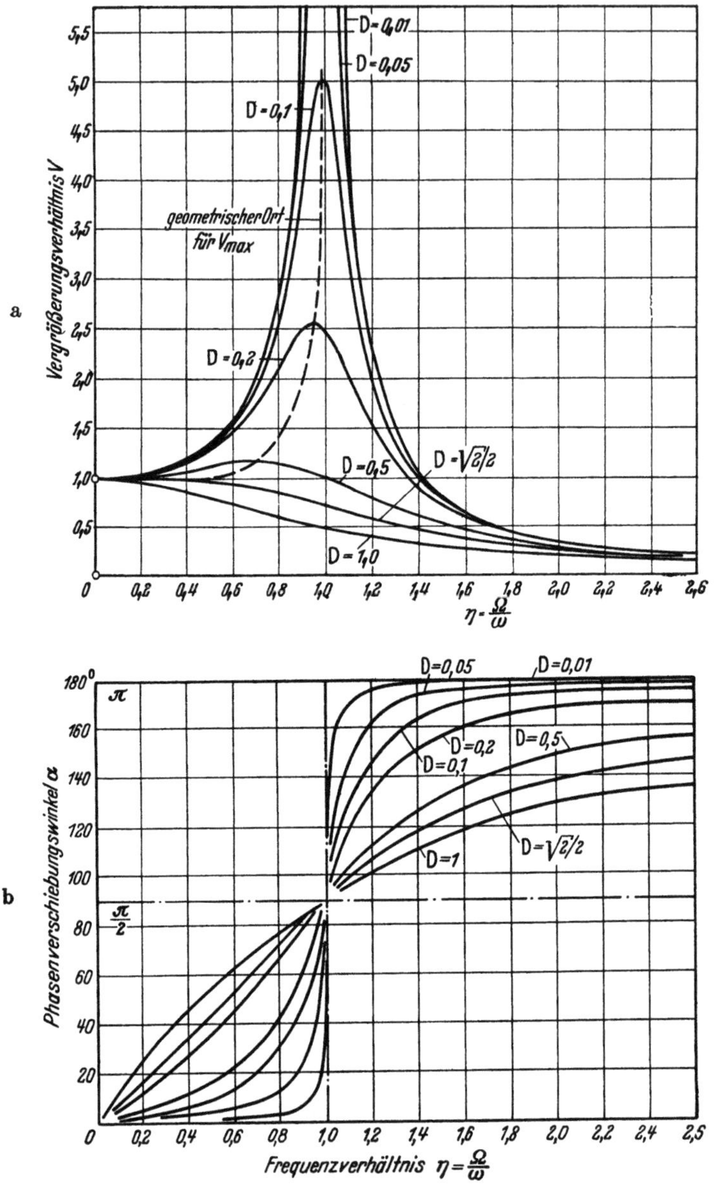

Abb. 23. Resonanzkurven für den gedämpften Schwinger.
a Vergrößerungsverhältnis $V(\eta, \mathrm{D})$, b Phasenverschiebungswinkel $\alpha(\eta, \mathrm{D})$.

3. Die Maxima der einzelnen Kurven für $\mathrm{D} > 0$ liegen nicht an der Stelle $\eta = 1$, sondern links davon. Die Stelle $\eta_{V_{\max}}$, an der V ein Maximum erreicht, erhält man durch Nullsetzen der Ableitung der Gl. (47) zu:

$$\eta_{V_{\max}} = \sqrt{1 - 2\,\mathrm{D}^2}\,.$$

Durch Einsetzen dieses Wertes in Gl. (47) ergibt sich für

$$V_{\max} = \frac{1}{2\,\mathrm{D}\sqrt{1 - \mathrm{D}^2}}$$

oder

$$V_{\max} = \frac{1}{\sqrt{1 - \eta^4_{V_{\max}}}}.$$

Diese Gleichung für $V_{\max}$ gibt die *Kurve der Maxima* an. Sie ist in Abb. 23a gestrichelt eingezeichnet. Man beachte insbesondere, daß für $2\,D^2 = 1$, also für $D = \sqrt{2}/2$, $\eta_{V_{\max}} = 0$ und $V_{\max} = 1$ ist. Wenn $D > \sqrt{2}/2$ ist, so steigen die Kurven gar nicht mehr an, sondern fallen sogleich ab.

4. Für kleine Dämpfungen bis etwa $D = 0{,}1$ kann man mit praktisch hinreichender Näherung $\eta_{V_{\max}} = 1$ und damit $V_{\max} = 1/2\,D$ setzen.

1,243. Zusammenhang zwischen Erregungsarbeit und Dämpfungsarbeit.

Bei der erzwungenen Schwingung wachsen die Ausschläge so lange an, bis der stationäre Zustand erreicht ist, bei dem die von der Dämpfung verzehrte Arbeit gleich ist der von der erregenden Kraft geleisteten Arbeit. Von dieser Beziehung werden wir bei der Berechnung der Schwingungsausschläge von Kurbelwellen (s. Ziff. 2,8) Gebrauch machen.

Im folgenden wollen wir die Gleichungen für diese beiden Arbeiten ableiten.

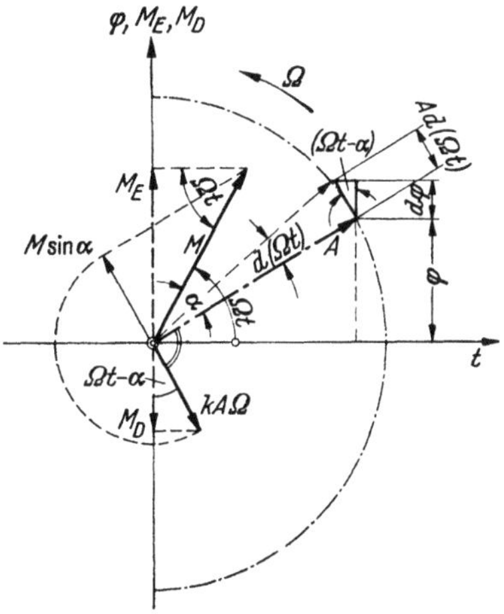

Abb. 24. Vektorbild zur Bestimmung der Arbeiten bei der erzwungenen Schwingung mit geschwindigkeitsproportionaler Dämpfung.

Arbeit des erregenden Moments. Wirkt ein periodisch veränderliches Moment $M_E = M \sin \Omega t$ auf ein schwingungsfähiges System ein, so ist ganz allgemein die von ihm geleistete Arbeit:

$$L_{M_E} = \int_0^{\varphi} M_E \, d\varphi .$$

Das erregende Moment eile dem Ausschlag um einen beliebigen Phasenverschiebungswinkel α voraus, wie Abb. 24 veranschaulicht. Aus dem Vektorschaubild läßt sich ablesen:

Der augenblickliche Ausschlag $\varphi = A \sin(\Omega t - \alpha)$,
der Augenblickswert des Erregermoments in Richtung des Winkelweges $M_E = M \sin \Omega t$,
das Winkelelement, längs dessen M_E wirkt $d\varphi = A \cos(\Omega t - \alpha)\, d(\Omega t)$.

Damit ergibt sich für die Arbeit des Erregermoments über eine volle Schwingung:

$$L_{M_E} = \int_0^{2\pi} M_E \, d\varphi = \int_0^{2\pi} M \sin \Omega t \, A \cos(\Omega t - \alpha)\, d(\Omega t).$$

Die Auswertung des Integrals ergibt:

$$L_{M_E} = \pi A M \sin \alpha. \tag{48}$$

Die Gl. (48) besagt, daß nur die Komponente $M \sin\alpha$ des Erregermoments im Mittel über eine Periode Arbeit leistet, die gegenüber dem Ausschlag um 90° vorauseilt, die also mit der Schwinggeschwindigkeit in Phase liegt.

Arbeit des Dämpfungsmoments. Das dämpfende Moment eilt dem Ausschlag um 90° nach (Abb. 24). Es ist:

Die augenblickliche Schwinggeschwindigkeit $\dot{\varphi} = \Omega A \cos(\Omega t - \alpha)$,
der Augenblickswert des Dämpfungsmoments in Richtung des Winkelweges $M_D = -k\dot{\varphi} = -k\Omega A \cos(\Omega t - \alpha)$,
das Wegelement, längs dessen M_D wirkt $d\varphi = A \cos(\Omega t - \alpha)\, d(\Omega t)$.

Damit ergibt sich für den Arbeitsverbrauch über eine volle Schwingung:

$$L_{M_D} = \int_0^{2\pi} M_D\, d\varphi = \int_0^{2\pi} -k\,\Omega A^2 \cos^2(\Omega t - \alpha)\, d(\Omega t).$$

Die Auswertung des Integrals ergibt:

(49) $$L_{M_D} = -\pi k\,\Omega A^2.$$

Arbeitsgleichung und Schwingungsausschlag. Bei der stationären erzwungenen Schwingung muß vom erregenden Moment ein Arbeitsbetrag abgegeben werden, der gleich ist dem Arbeitsverbrauch des Dämpfungswiderstandes. Setzt man dementsprechend die Summe der Arbeiten nach Gl. (48) und Gl. (49) gleich Null, so ergibt sich:

(50a) $$L_{M_E} - L_{M_D} = \pi A M \sin\alpha - \pi k\,\Omega A^2 = 0,$$

oder

$$M \sin\alpha = k\,\Omega A,$$

also

(50b) $$A = \frac{M \sin\alpha}{k\,\Omega}.$$

Diese auf Grund der Arbeitsbetrachtung abgeleitete Gleichung für den Ausschlag läßt sich auch unmittelbar aus dem Vektorbild (Abb. 22) für die erzwungene Schwingung mit geschwindigkeitsproportionaler Dämpfung ablesen. Die Gln. (50) und (45) sind identisch, wovon man sich durch Umformung der letzteren überzeugen kann.

1,3. Mehrmassensysteme (Schwinger mit mehreren Freiheitsgraden).

In den vorhergehenden Abschnitten (Ziff. 1,2) haben wir nur Schwingungssysteme von *einem* Freiheitsgrad, die wir einfache Schwinger nannten, betrachtet. Systeme mit mehreren — aber endlich vielen — Freiheitsgraden, die aus einer Reihe von hintereinandergeschalteten einfachen Schwingern bestehen, nennen wir Mehrmassensysteme.

Im folgenden wollen wir solche Mehrmassensysteme hinsichtlich ihrer Schwingungszahlen und Schwingungsformen untersuchen.

1,31. Die Eigenschwingungszahlen von Mehrmassensystemen.

1,311. Das Zweimassensystem.

Der *einfache* Drehschwinger besteht aus *einer* Feder, die an einem Ende eingespannt ist und am anderen Ende *eine* Masse trägt. Dabei sei die Masse der Feder vernachlässigbar klein. Ein solches System ist, streng genommen, ein Zweimassensystem, wobei die Einspannstelle als unendlich große Masse zu werten ist, die an der Bewegung nicht teilnimmt.

Die Maschinenwellen sind nicht wie die Welle des einfachen Schwingers an einer Stelle eingespannt, sondern sie sind frei drehbar. Die Schwingungen überlagern sich der gleichförmigen Drehung der Welle. Eine einzige Drehmasse auf einer frei drehbaren Welle bildet jedoch kein schwingungsfähiges System, da Rückstellkräfte in ihm nicht auftreten können. Es müssen mindestens zwei Drehmassen vorhanden sein. Ein System mit zwei Drehmassen endlicher Größe, die durch eine frei drehbare elastische Welle (Feder) verbunden sind (Abb. 25), ist ein Zweimassensystem. Dabei setzen wir voraus, daß die Masse der Welle gegenüber den beiden Endmassen vernachlässigbar klein ist.

In diesem System tritt ein Rückstellmoment erst dann auf, wenn die elastische Welle tordiert wird, die beiden Massen also gegeneinander verdreht werden. Dieses Rückstellmoment und die damit zusammenhängenden Bewegungen bleiben offensichtlich unverändert, wenn man der Relativverdrehung der beiden Massen eine gleichförmige Drehung des ganzen Systems überlagert, denn es treten hierdurch weder Rückstellmomente noch Momente infolge der Trägheit hinzu. Die Schwingungseigenschaften bei gleichförmiger Drehung des Systems um die Wellenachse sind somit die gleichen wie bei ruhender Welle. Demzufolge können wir uns darauf beschränken, die Drehschwingungen des nicht umlaufenden Systems zu ermitteln.

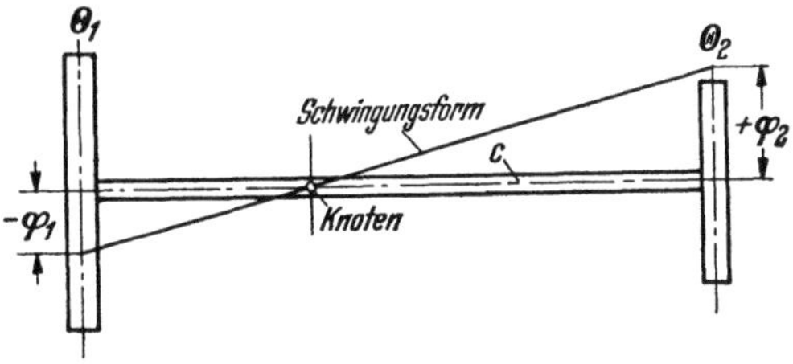

Abb. 25. Zweimassensystem und seine Eigenschwingungsform.

Schwingungsgleichung. Frequenzgleichung. Eigenschwingungszahl.

Die nicht umlaufende Welle werde durch zwei gleiche, entgegengesetzt gerichtete Torsionsmomente verdreht und das System dann sich selbst überlassen. Für die so eingeleiteten freien Bewegungen der beiden Drehmassen Θ_1 und Θ_2 schreiben wir die Differentialgleichungen an:

$$(51)\qquad \begin{cases} \Theta_1 \ddot{\varphi}_1 \qquad + c\,(\varphi_1 - \varphi_2) = 0, \\ \Theta_2 \ddot{\varphi}_2 \qquad + c\,(\varphi_2 - \varphi_1) = 0. \end{cases}$$

Moment infolge der Trägheit Rückstellmoment

Diese Gleichungen müssen für jeden Zeitpunkt t gelten. Dies ist nur möglich, wenn die Schwingungen beider Drehmassen mit der gleichen Frequenz verlaufen. Wir bestätigen durch Einsetzen die Richtigkeit des folgenden Lösungsansatzes:

$$(52)\qquad \begin{cases} \varphi_1 = A_1 \sin \omega t, \\ \varphi_2 = A_2 \sin \omega t, \end{cases}$$

welcher liefert:

$$(53)\qquad \begin{cases} A_1 (\Theta_1 \omega^2 - c) + A_2 c \qquad = 0, \\ A_1 c \qquad + A_2 (\Theta_2 \omega^2 - c) = 0. \end{cases}$$

Für $A_1 \neq 0$ und $A_2 \neq 0$ können diese beiden homogenen algebraischen Gleichungen gleichzeitig nur bestehen, wenn die Determinante Δ der Koeffizienten verschwindet. Aus dieser Forderung ergibt sich die Bedingungsgleichung für die Eigenkreisfrequenz ω.

Es ist:

$$\Delta(\omega^2) \equiv \begin{vmatrix} (\Theta_1\omega^2 - c) & c \\ c & (\Theta_2\omega^2 - c) \end{vmatrix} \equiv (\Theta_1\omega^2 - c)(\Theta_2\omega^2 - c) - c^2 = 0,$$

also

$$\Theta_1\Theta_2\omega^2\left(\omega^2 - c\,\frac{\Theta_1 + \Theta_2}{\Theta_1\Theta_2}\right) = 0.$$

Diese Gleichung wird als *Frequenzgleichung* bezeichnet. Aus ihr folgt (nach Abspalten der trivialen Wurzel $\omega^2 = 0$) für die Eigenkreisfrequenz

$$\omega = \sqrt{c\,\frac{\Theta_1 + \Theta_2}{\Theta_1\Theta_2}} = \sqrt{\frac{c}{\Theta_1} + \frac{c}{\Theta_2}} \qquad [\mathrm{s}^{-1}] \tag{54}$$

und damit für die Eigenschwingungszahl in der Minute

$$n_e = \left(\frac{60}{2\pi}\,\frac{\omega}{\mathrm{s}^{-1}}\right)\mathrm{min}^{-1} = \left(9{,}55\,\frac{\omega}{\mathrm{s}^{-1}}\right)\mathrm{min}^{-1}. \tag{55}$$

Ein frei drehbares Zweimassensystem nach Abb. 25 hat demnach nur *eine* (von Null verschiedene) Eigenschwingungszahl und demzufolge „als Schwinger" nur *einen* Freiheitsgrad.

Allgemein gilt: *Eine mit n Massen besetzte frei drehbare Welle hat als schwingungsfähiges System n — 1 Freiheitsgrade.*

Schwingungsknoten. Aufteilung in Teilsysteme.

Aus den Gln. (52), (53) und (54) folgt:

$$\frac{\varphi_1}{\varphi_2} = -\frac{\Theta_2}{\Theta_1}, \tag{56a}$$

d.h. φ_1 und φ_2 haben stets entgegengesetztes Vorzeichen. Zwischen den beiden Drehmassen muß also eine Stelle sein, deren Ausschlag dauernd gleich Null ist. Diese „Nullstelle" nennt man *Schwingungsknoten.*

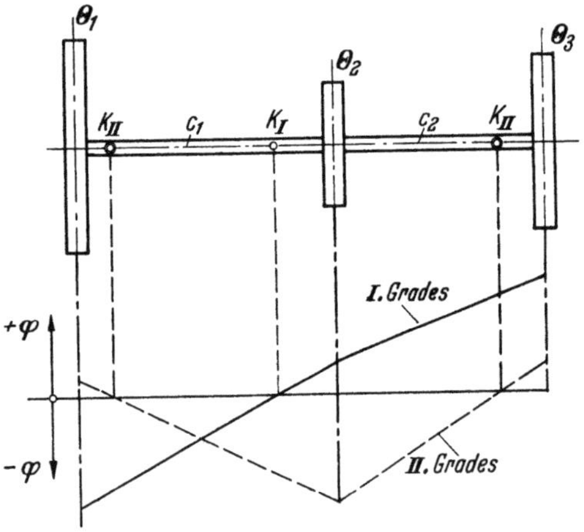

Abb. 26. Dreimassensystem und seine Eigenschwingungsformen I. und II. Grades.

Der Knoten, der als eine Einspannstelle betrachtet werden kann, teilt das Zweimassensystem in zwei Einmassensysteme mit gleicher Eigenfrequenz, die gleich der des Zweimassensystems ist. Es gilt nämlich:

$$\frac{\varphi_1}{\varphi_2} = -\frac{c_2}{c_1}, \tag{56b}$$

wo c_1 und c_2 die Drehfederzahlen der Wellenstücke links und rechts vom Knoten sind. Führen wir noch die Beziehung für hintereinandergeschaltete Federn ein (s. S. 68):

$$c = c_1 c_2/(c_1 + c_2),$$

so folgt aus den Gln. (56a) und (56b):

$$\frac{c_1}{\Theta_1} = \frac{c_2}{\Theta_2} = \frac{c}{\Theta_1} + \frac{c}{\Theta_2} = \omega^2 \tag{56c}$$

in Übereinstimmung mit Gl. (54).

Von der Möglichkeit der Aufteilung eines Systems mit mehreren Massen in Teilsysteme gleicher Eigenfrequenz machen eine Reihe von Verfahren zur Ermittlung der Eigenfrequenzen von Mehrmassensystemen Gebrauch (s. Ziff. 2,41).

1,312. Das Dreimassensystem.

In Abb. 26 ist ein Dreimassensystem dargestellt. Die Differentialgleichungen der Bewegung der einzelnen Massen lauten:

$$(57)\quad \begin{cases} \Theta_1\ddot{\varphi}_1 + c_1(\varphi_1-\varphi_2) = 0,\\ \Theta_2\ddot{\varphi}_2 + c_1(\varphi_2-\varphi_1) + c_2(\varphi_2-\varphi_3) = 0,\\ \Theta_3\ddot{\varphi}_3 + c_2(\varphi_3-\varphi_2) = 0. \end{cases}$$

Dieses System von Differentialgleichungen lösen wir wieder mittels des Ansatzes (vgl. Ziff. 1,311)

$$\varphi_1 = A_1 \sin\omega t,$$
$$\varphi_2 = A_2 \sin\omega t,$$
$$\varphi_3 = A_3 \sin\omega t$$

und erhalten folgendes System von homogenen linearen Gleichungen:

$$\begin{aligned} A_1(\Theta_1\omega^2-c_1) + A_2c_1 &= 0,\\ A_1c_1 + A_2(\Theta_2\omega^2-c_1-c_2) + A_3c_2 &= 0,\\ + A_2c_2 + A_3(\Theta_3\omega^2-c_2) &= 0. \end{aligned}$$

Dieses Gleichungssystem für A_k hat nur dann von Null verschiedene Lösungen, wenn die Determinante der Koeffizienten verschwindet. Diese Bedingung liefert die Frequenzgleichung:

$$(\Theta_1\omega^2-c_1)(\Theta_2\omega^2-c_1-c_2)(\Theta_3\omega^2-c_2) - (\Theta_1\omega^2-c_1)c_2^2 - (\Theta_3\omega^2-c_2)c_1^2 = 0$$

oder

$$(58)\quad \omega^2\Big[\omega^4 - \omega^2\underbrace{\left(\frac{c_1}{\Theta_1}+\frac{c_1+c_2}{\Theta_2}+\frac{c_2}{\Theta_3}\right)}_{p} + \underbrace{c_1c_2\left(\frac{\Theta_1+\Theta_2+\Theta_3}{\Theta_1\Theta_2\Theta_3}\right)}_{q}\Big] = 0.$$

Die Frequenzgleichung ist (nach Abspalten der trivialen Wurzel $\omega^2=0$) vom 2-ten Grad in ω^2. Demzufolge erhält man zwei Wurzeln, nämlich die beiden Eigenkreisfrequenzen des Dreimassensystems, die wir mit ω_{I} und ω_{II} bezeichnen. Aus Gl. (58) folgt mit den angegebenen Abkürzungen:

$$(59)\quad \omega_{\mathrm{I,II}}^2 = \frac{p}{2} \pm \sqrt{\frac{p^2}{4}-q}.$$

1,313. Das n-Massensystem.

In Abb. 27 ist ein n-Massensystem dargestellt. Unter Anwendung des Newtonschen Grundgesetzes läßt sich allgemein für die k-te Masse die Schwingungsdifferentialgleichung anschreiben:

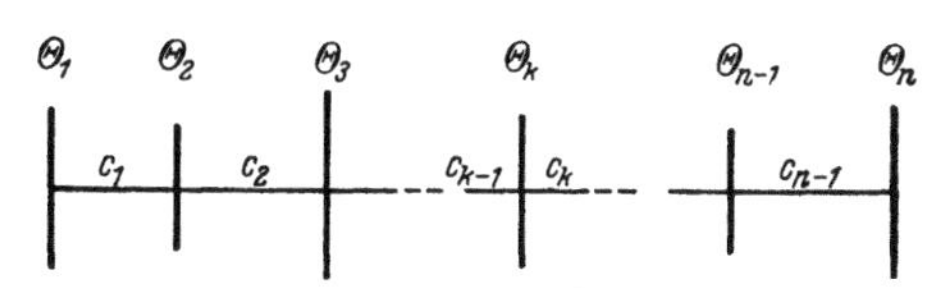

Abb. 27. Mehrmassensystem mit n Massen.

$$\underbrace{\Theta_k\ddot{\varphi}_k}_{\substack{\text{Moment}\\\text{infolge}\\\text{Trägheit}}} + \underbrace{c_{k-1}(\varphi_k-\varphi_{k-1})}_{\substack{\text{Rückstellmoment,}\\\text{herrührend vom}\\\text{links benachbarten}\\\text{Wellenstück}}} + \underbrace{c_k(\varphi_k-\varphi_{k+1})}_{\substack{\text{Rückstellmoment,}\\\text{herrührend vom}\\\text{rechts benachbar-}\\\text{ten Wellenstück}}} = 0.$$

Für das n-Massensystem folgt daraus das Gleichungssystem:

$$(60)\quad \begin{cases} \Theta_1\ddot{\varphi}_1 & & + c_1(\varphi_1-\varphi_2) & = 0, \\ \Theta_2\ddot{\varphi}_2 & + c_1(\varphi_2-\varphi_1) & + c_2(\varphi_2-\varphi_3) & = 0, \\ \Theta_3\ddot{\varphi}_3 & + c_2(\varphi_3-\varphi_2) & + c_3(\varphi_3-\varphi_4) & = 0, \\ \cdots & \cdots & \cdots & \cdots \\ \Theta_k\ddot{\varphi}_k & + c_{k-1}(\varphi_k-\varphi_{k-1}) & + c_k(\varphi_k-\varphi_{k+1}) & = 0, \\ \cdots & \cdots & \cdots & \cdots \\ \Theta_{n-1}\ddot{\varphi}_{n-1} & + c_{n-2}(\varphi_{n-1}-\varphi_{n-2}) & + c_{n-1}(\varphi_{n-1}-\varphi_n) & = 0, \\ \Theta_n\ddot{\varphi}_n & & + c_{n-1}(\varphi_n-\varphi_{n-1}) & = 0. \end{cases}$$

Um dieses System von Differentialgleichungen zu lösen, machen wir wieder den Ansatz (vgl. Ziff. 1,311)

$$(61)\qquad \varphi_k = A_k \sin\omega t$$

und erhalten durch Einsetzen von φ_k und $\ddot{\varphi}_k$ in Gl. (60) folgendes System homogener algebraischer Gleichungen für die Unbekannten A_k:

$$(62)\quad \begin{cases} A_1(\Theta_1\omega^2-c_1) + A_2 c_1 & & & = 0, \\ A_1 c_1 & + A_2(\Theta_2\omega^2-c_1-c_2) & + A_3 c_2 & = 0, \\ \cdots & \cdots & \cdots & \cdots \\ A_{k-1}c_{k-1} & + A_k(\Theta_k\omega^2-c_{k-1}-c_k) & + A_{k+1}c_k & = 0, \\ \cdots & \cdots & \cdots & \cdots \\ A_{n-2}c_{n-2} & + A_{n-1}(\Theta_{n-1}\omega^2-c_{n-2}-c_{n-1}) & + A_n c_{n-1} & = 0, \\ A_{n-1}c_{n-1} & + A_n(\Theta_n\omega^2-c_{n-1}) & & = 0. \end{cases}$$

Dieses Gleichungssystem (62) für A_k hat nur dann von Null verschiedene Lösungen, wenn die Determinante der Koeffizienten verschwindet. Auf Grund dieser Bedingung läßt sich die Frequenzgleichung für die Eigenkreisfrequenzen aufstellen. Bei n Massen ergibt sich eine Gleichung $(n-1)$-ten Grades, deren $(n-1)$ Wurzeln den $(n-1)$ Eigenfrequenzen $\omega_e = \omega_{\mathrm{I}}, \omega_{\mathrm{II}}, \ldots, \omega_{(n-1)}$ des n-Massensystems entsprechen (der Index I, II, ... bezeichnet den Grad der Schwingung, vgl. hierzu Ziff. 1,32). Die rechnerische Lösung der Frequenzgleichung $(n-1)$-ten Grades ist jedoch bei $n>3$ recht umständlich. Deshalb ist das Verfahren nur beim Zwei- und Drei-Massensystem zweckmäßig. Für Systeme mit beliebig vielen Massen ist eine Unzahl anderer Verfahren entwickelt worden. Ein recht brauchbares unter diesen ist das

Verfahren von Holzer-Tolle. Löst man die Gln. (62) nach den Schwingungsausschlägen $A_1, A_2, A_3, \ldots, A_n$ auf und führt das Verhältnis derselben zu A_1, d. h. $\frac{A_1}{A_1} = \alpha_1 = 1$, $\frac{A_2}{A_1} = \alpha_2, \ldots, \frac{A_n}{A_1} = \alpha_n$ ein, dann erhält man für die *verhältnismäßigen Ausschläge* α folgendes Gleichungssystem:

$$(63)\quad \begin{cases} \alpha_1 = 1, \\ \alpha_2 = \alpha_1 - \dfrac{\alpha_1\Theta_1}{c_1}\omega^2 = 1 - \dfrac{\Theta_1}{c_1}\omega^2, \\ \alpha_3 = \alpha_2 - \dfrac{\Theta_1 + \alpha_2\Theta_2}{c_2}\omega^2, \\ \vdots \quad \vdots \\ \alpha_n = \alpha_{n-1} - \dfrac{\Theta_1 + \alpha_2\Theta_2 + \alpha_3\Theta_3 + \cdots + \alpha_{n-1}\Theta_{n-1}}{c_{n-1}}\omega^2. \end{cases}$$

Addiert man alle Differentialgleichungen (60), so erhält man

$$\sum_{k=1}^{k=n} \Theta_k \ddot{\varphi}_k = 0. \tag{64}$$

Die Gleichung hätte man auch sofort hinschreiben können auf Grund der Tatsache, daß bei der freien Schwingung die Summe der Momente aller Massenkräfte verschwinden muß. Setzt man Gl. (61) in Gl. (64) ein, so ergibt sich

$$\sum_{k=1}^{k=n} A_k \Theta_k \omega^2 = 0$$

und mit Einführung des verhältnismäßigen Ausschlags kann hierfür geschrieben werden

$$\sum_{k=1}^{k=n} \alpha_k \Theta_k \omega^2 = 0. \tag{65}$$

Diese Gleichung ist, wenn $\alpha_k \neq 0$ und $\omega \neq 0$, nur für bestimmte Werte von ω, nämlich für die Eigenkreisfrequenzen ω_e, erfüllt. Um diese Werte zu finden, geht man in folgender Weise vor:

Man nimmt für ω einen Wert an und berechnet der Reihe nach aus den Gln. (63) die verhältnismäßigen Ausschläge $\alpha_2, \alpha_3, \ldots, \alpha_n$. Die Anzahl der Vorzeichenwechsel bei den Ausschlägen α gibt dabei den Schwingungsgrad an (vgl. Ziff. 1,32). Die α-Werte setzt man nun in die Gl. (65) ein und prüft nach, ob die Gleichung erfüllt ist. Das ist dann der Fall, wenn ω eine der gesuchten Eigenkreisfrequenzen ω_e ist. Anderenfalls ergibt sich ein von Null verschiedener Betrag, der als „*Restmoment R*“ bezeichnet wird.

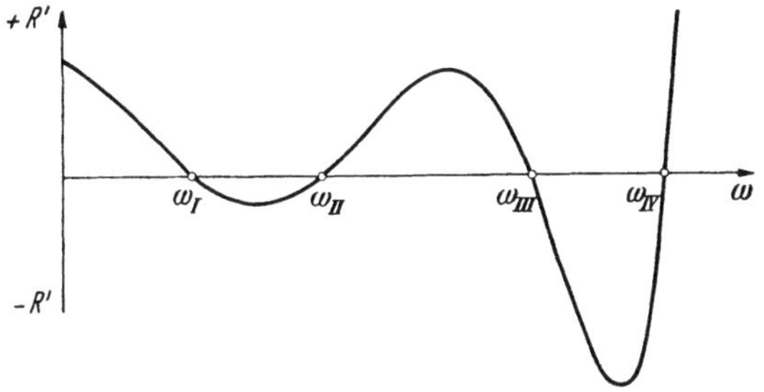

Abb. 28. Restwertkurve $R' = R/\omega^2$, abhängig von ω. $\omega_{I}, \omega_{II}, \omega_{III}, \omega_{IV} \ldots$ gesuchte Eigenkreisfrequenzen.

R bedeutet also ein Restmoment, das bei richtig gewähltem $\omega = \omega_e$ verschwinden müßte. Ergibt sich das Restmoment nicht zu Null, so ist die Rechnung mit einem anderen angenommenen Wert ω zu wiederholen. Hat man die Rechnung für zwei Werte ω durchgeführt, so erhält man durch Interpolation nach dem Restmoment einen genaueren Wert für ω, mit dem man gegebenenfalls die Rechnung wiederholen kann. Trägt man das jeweils erhaltene Restmoment R als Ordinate über dem entsprechenden ω als Abszisse auf und verbindet die Ordinatenendpunkte, so erhält man die sog. Restmomentenkurve. Die Schnittpunkte dieser Kurve mit der ω-Achse (Ordinaten-Nullstellen) ergeben die gesuchten Eigenkreisfrequenzen $\omega_e = \omega_{I}, \omega_{II}, \omega_{III}, \ldots, \omega_{(n-1)}$ des n-Massensystems.

Da R mit ω^2 rasch zunimmt, empfiehlt es sich, statt R die Werte $R' = R/\omega^2$ abhängig von ω aufzutragen (Abb. 28). Diese Kurve leistet bei der Durchführung der Rechnung gute Dienste. An Hand derselben kann man nämlich sofort ablesen, ob der geschätzte Wert ω zu groß oder zu klein ist.

Bei der Durchrechnung der Gln. (63) verwendet man zweckmäßig das in Abb. 29 dargestellte Schema. Die Zahlen ①, ②, ③, ... geben die Reihenfolge der einzelnen Rechenschritte an. In der untersten Zeile von Spalte 6 ergibt sich zuletzt der Restwert

$$R = \frac{R}{\omega^2} = \sum_{k=1}^{k=n} \alpha_k \Theta_k .$$

Zahlenbeispiele siehe Seite 95, 98, 130 und 177.

	1	2	3	4	5	6	7
Masse k	Θ_k	c_k	$\frac{\omega^2}{c_k}$	α_k	$\alpha_k \Theta_k$	$\sum_{k=1}^{k=k} \alpha_k \Theta_k$	$\frac{\omega^2}{c_k} \sum_{k=1}^{k=k} \alpha_k \Theta_k$
1	Θ_1	c_1	$\frac{\omega^2}{c_1}$	① $\alpha_1 = 1$	② Θ_1	③ Θ_1	④ $\frac{\omega^2}{c_1} \Theta_1$
2	Θ_2	c_2	$\frac{\omega^2}{c_2}$	⑤ α_2	⑥ $\alpha_2 \Theta_2$	⑦ $\Theta_1 + \alpha_2 \Theta_2$	⑧ $\frac{\omega^2}{c_1} (\Theta_1 + \alpha_2 \Theta_2)$
3	Θ_3	c_3	$\frac{\omega^2}{c_3}$	⑨ α_3	⑩ $\alpha_3 \Theta_3$	⑪ $\Theta_1 + \alpha_2 \Theta_2 + \alpha_3 \Theta_3$	.
4	Θ_4	c_4	$\frac{\omega^2}{c_4}$	α_4	$\alpha_4 \Theta_4$	.	.
⋮	⋮	⋮	⋮	⋮	⋮	⋮	⋮
$n-1$	Θ_{n-1}	c_{n-1}	$\frac{\omega^2}{c_{n-1}}$	α_{n-1}	$\alpha_{n-1} \Theta_{n-1}$	$\sum_{k=1}^{k=n-1} \alpha_k \Theta_k$	$\frac{\omega^2}{c_{n-1}} \sum_{k=1}^{k=n-1} \alpha_k \Theta_k$
n	Θ_n	—	—	α_n	$\alpha_n \Theta_n$	$\sum_{k=1}^{k=n} \alpha_k \Theta_k$	—

Abb. 29. Rechenschema zum Verfahren von HOLZER-TOLLE.

Man muß, bis R bzw. $R' = 0$ wird, die Rechnung mit geschätzten Werten ω mehrmals durchführen. Kennt man dagegen die Eigenfrequenzen bereits näherungsweise, dann wird schon die *erste* Durchrechnung ein *kleines* Restmoment ergeben und man erhält durch Wiederholung der Rechnung mit einem etwas größeren oder kleineren ω und linearer Interpolation der Restmomente einen praktisch hinreichend genauen Wert für ω_e. Bevor man das Verfahren von HOLZER-TOLLE anwendet, empfiehlt es sich daher, die Eigenfrequenzen näherungsweise vorauszubestimmen. Über die näherungsweise Ermittlung der Eigenschwingungszahlen von Mehrmassensystemen wird in Ziff. 2,433 ausführlich berichtet.

1,32. Die Eigenschwingungsformen von Mehrmassensystemen.

Neben der Kenntnis der Eigenschwingungszahlen ist die Schwingungsform bei der Berechnung der Drehschwingungen von ausschlaggebender Bedeutung.

Die Schwingungsform wird gekennzeichnet durch den gebrochenen Linienzug, den man erhält, wenn man die verhältnismäßigen Ausschläge der einzelnen Massen über der Wellenachse als Strecken aufträgt und die Endpunkte geradlinig miteinander verbindet (Abb. 25 u. 26). Die Schnittpunkte dieser Verbindungslinie mit der Wellenachse sind die Schwingungsknoten oder kurz *Knoten.* Diese nehmen an der Schwingbewegung nicht teil, der Ausschlag im Knoten ist dauernd gleich Null, wie wir beim Zweimassensystem gezeigt haben.

Beim n-Massensystem ergeben sich $(n-1)$ Eigenschwingungszahlen und dementsprechend $(n-1)$ Schwingungsformen. Bei der niedrigsten Eigenschwingungszahl bildet sich nur ein Knoten aus. Demzufolge spricht man von einer Einknotenschwingung, von einer *Schwingung I. Grades* oder von der Grundschwingung. Die nächsthöhere Schwingungszahl besitzt zwei Knoten. Man nennt sie die Zweiknotenschwingung, *Schwingung II. Grades* oder 1. Oberschwingung. Dann folgt die Dreiknotenschwingung, *Schwingung III. Grades* oder 2. Oberschwingung usw. Bei n-Massen mit $(n-1)$ elastischen Zwischengliedern sind $(n-1)$ Knoten möglich. Die höchste auftretende Schwingung ist die Schwingung $(n-1)$-ten Grades.

Jeder Eigenschwingungszahl ist also eine Eigenschwingungsform zugeordnet, die sich durch die Zahl der Knoten und durch die verhältnismäßigen Schwingungsausschläge auszeichnet. Die Abb. 25, 26 und 50 zeigen Schwingungsformen eines Zwei-, Drei- und Achtmassensystems.

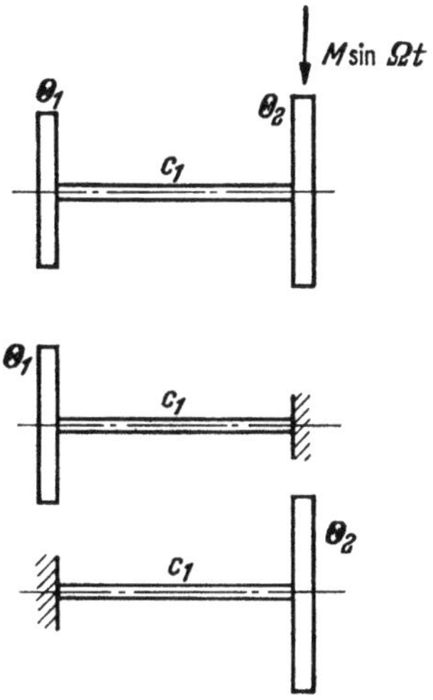

Abb. 30. Zweimassensystem und seine „Teilsysteme" ($M \sin \Omega t$ = Erregermoment).

1,33. Erzwungene ungedämpfte Schwingungen von Mehrmassensystemen.

1,331. Das Zweimassensystem.

In Abb. 30 ist ein Zweimassensystem dargestellt. An der Masse Θ_2 greift ein harmonisches Erregermoment $M \sin \Omega t$ an. Wir schreiben für jede Masse das Momentengleichgewicht an und erhalten die Differentialgleichungen:

$$\text{(66)} \qquad \left\{ \begin{aligned} &\Theta_1 \ddot{\varphi}_1 + c_1 (\varphi_1 - \varphi_2) = 0, \\ &\Theta_2 \ddot{\varphi}_2 + c_1 (\varphi_2 - \varphi_1) = M \sin \Omega t. \end{aligned} \right.$$

Entsprechend den früher gemachten Überlegungen (Ziff. 1,241) machen wir den Lösungsansatz

$$\begin{aligned} \varphi_1 &= A_1 \sin \Omega t, \\ \varphi_2 &= A_2 \sin \Omega t. \end{aligned}$$

Damit ergeben sich für die Amplituden A_1 und A_2 die Bedingungsgleichungen:

$$\begin{aligned} A_1 (\Theta_1 \Omega^2 - c_1) + A_2 c_1 \qquad\qquad &= 0, \\ A_1 c_1 \qquad\qquad + A_2 (\Theta_2 \Omega^2 - c_1) &= -M. \end{aligned}$$

Die Auflösung dieser Gleichungen ergibt:

$$\text{(67)} \qquad \left\{ \begin{aligned} A_1 &= +\frac{c_1}{\Delta(\Omega^2)} M = +\frac{M}{\Theta_2} \frac{\dfrac{c_1}{\Theta_1}}{\Omega^2 \left[\Omega^2 - \left(\dfrac{c_1}{\Theta_1} + \dfrac{c_1}{\Theta_2}\right)\right]}, \\ A_2 &= -\frac{\Theta_1 \Omega^2 - c_1}{\Delta(\Omega^2)} M = -\frac{M}{\Theta_2} \frac{\Omega^2 - \dfrac{c_1}{\Theta_1}}{\Omega^2 \left[\Omega^2 - \left(\dfrac{c_1}{\Theta_1} + \dfrac{c_1}{\Theta_2}\right)\right]}, \end{aligned} \right.$$

worin analog Gl. (54)

(68) $$\varDelta(\Omega^2) = (\Theta_1\Omega^2 - c_1)(\Theta_2\Omega^2 - c_1) - c_1^2 = \Theta_1\Theta_2\Omega^2\left[\Omega^2 - \left(\frac{c_1}{\Theta_1} + \frac{c_1}{\Theta_2}\right)\right]$$

die Determinante der Koeffizienten der Unbekannten A bedeutet. Mit Benutzung der Abkürzungen:

$$\omega_{11}^2 = \frac{c_1}{\Theta_1} \quad \text{und} \quad \omega_{12}^2 = \frac{c_1}{\Theta_2}$$

— sie stellen die Quadrate der Eigenfrequenzen der beiden „Teilsysteme" (fiktive einfache Schwinger) nach Abb. 30 dar — und Einführung der Eigenkreisfrequenz ω [nach Gl. (54)] lauten die Gln. (67)

(69a) $$A_1 = +\frac{M}{\Theta_2}\,\frac{\omega_{11}^2}{\Omega^2(\Omega^2 - \omega^2)},$$

(69b) $$A_2 = -\frac{M}{\Theta_2}\,\frac{\Omega^2 - \omega_{11}^2}{\Omega^2(\Omega^2 - \omega^2)}.$$

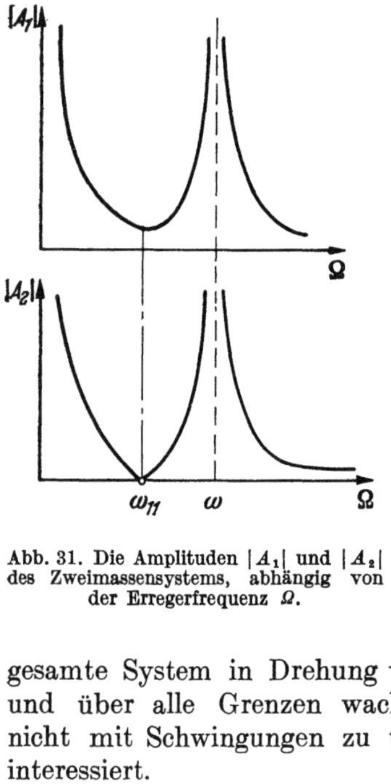

Abb. 31. Die Amplituden $|A_1|$ und $|A_2|$ des Zweimassensystems, abhängig von der Erregerfrequenz Ω.

In Abb. 31 sind die Amplituden $|A_1|$ und $|A_2|$ abhängig von der Erregerfrequenz Ω aufgetragen. Diese Kurven können ebensogut als Resonanzkurven der Vergrößerungsverhältnisse

$$V_1 = \frac{A_1}{M/c_1} \quad \text{und} \quad V_2 = \frac{A_2}{M/c_1}$$

in Abhängigkeit vom Frequenzverhältnis $\eta = \Omega/\omega$ aufgefaßt werden, da dies lediglich eine Änderung des Maßstabes für die Abszisse und die Ordinate mit sich bringen würde.

Aus den Gln. (69) für die Amplituden A_1 und A_2 bzw. aus ihrer kurvenmäßigen Darstellung Abb. 31 entnehmen wir zunächst, daß die Amplituden A_1 und A_2 unendlich groß werden, wenn die Erregerfrequenz Ω gleich der Eigenfrequenz ω des Systems wird (Resonanz!). Für $\Omega \to 0$ ergibt sich ebenfalls eine Unendlichkeitsstelle, die aber keine Resonanzstelle bedeutet. Die Lösung entspricht lediglich der Tatsache, daß ein Moment M gleichbleibender Größe das gesamte System in Drehung versetzt, also die Ausschläge immer größer werden und über alle Grenzen wachsen, solange M wirkt. Wir haben es demnach nicht mit Schwingungen zu tun, weshalb uns dieser Fall auch nicht weiter interessiert.

Tilgungseffekt. Aus der Abb. 31 erkennen wir insbesondere folgende überraschende Tatsache: Für eine bestimmte Erregerfrequenz ist $A_2 = 0$, d. h. die Masse Θ_2 steht still, obwohl das Moment $M \sin\Omega t$ an ihr angreift. Nur die Masse Θ_1 führt Schwingungen aus. Die Ausschläge dieser Masse sind hierbei nicht etwa sehr groß, wie man vermuten könnte, sondern im Gegenteil bemerkenswert klein. Ihre Größe liegt in der Nähe des Minimums der Amplitudenkurve.

Aus Gl. (69b) ergibt sich für den Sonderfall $A_2 = 0$ die Erregerfrequenz

$$\Omega = \omega_{11} = \sqrt{\frac{c_1}{\Theta_1}}.$$

Es ist also $A_2 = 0$, wenn die Erregerfrequenz Ω gleich ist der Eigenfrequenz $\omega_{11} = \sqrt{c_1/\Theta_1}$ des aus der Feder c_1 und der Masse Θ_1 gebildeten einfachen Schwingers. Mit $\Omega = \omega_{11}$ folgt aus Gl. (69a):

$$A_1 = \frac{M}{\Theta_2(\omega_{11}^2 - \omega^2)} = -\frac{M}{\Theta_2\,\omega_{12}^2} = -\frac{M}{c_1},$$

oder

$$-c_1 A_1 = M.$$

Das System schwingt demnach bei der Erregerfrequenz $\Omega = \omega_{11}$ so, als ob es in Θ_2 eingespannt wäre; dabei wird das Einspannmoment $-c_1 A_1$ vom Erregermoment M geliefert. Der Ausschlag A_2 ist also gleich Null oder, wie man sagt, vollkommen getilgt. Dieser sog. Tilgungseffekt bei einer bestimmten Erregerfrequenz spielt bei der Vermeidung von störenden Schwingungen der Kurbelwellen eine bedeutende Rolle (s. Ziff. 3,7).

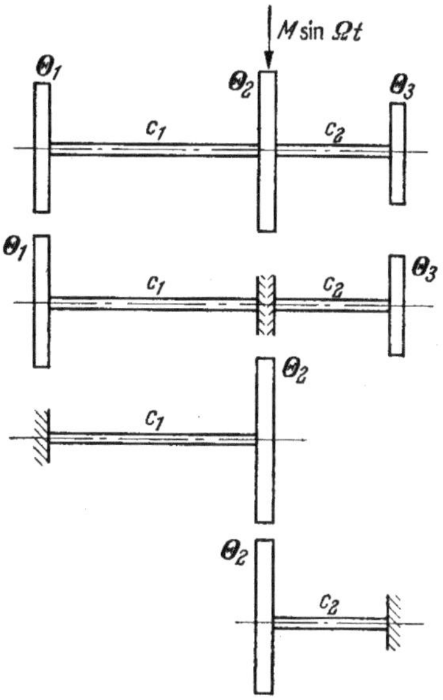

Abb. 32. Dreimassensystem und seine „Teilsysteme" ($M \sin \Omega t$ = Erregermoment).

1,332. Das Dreimassensystem.

In Abb. 32 ist ein Dreimassensystem dargestellt. Es greift an der Masse Θ_2 ein Erregermoment $M \sin \Omega t$ an. Die Aufstellung der Schwingungsdifferentialgleichungen geschieht wie beim Zweimassensystem. Wir schreiben für jede Masse das Momentengleichgewicht an:

$$(70)\qquad \begin{cases} \Theta_1\ddot{\varphi}_1 + c_1(\varphi_1 - \varphi_2) = 0, \\ \Theta_2\ddot{\varphi}_2 + c_1(\varphi_2 - \varphi_1) + c_2(\varphi_2 - \varphi_3) = M \sin \Omega t, \\ \Theta_3\ddot{\varphi}_3 + \quad + c_2(\varphi_3 - \varphi_2) = 0. \end{cases}$$

Durch Einsetzen des Lösungsansatzes $\varphi_k = A_k \sin \Omega t$ in diese Differentialgleichungen erhalten wir für die Amplituden A_k folgendes System von linearen Gleichungen:

$$\begin{aligned} &A_1(\Theta_1\Omega^2 - c_1) + A_2 c_1 &&= 0, \\ &A_1 c_1 + A_2(\Theta_2\Omega^2 - c_1 - c_2) + A_3 c_2 &&= -M, \\ &\quad + A_2 c_2 + A_3(\Theta_3\Omega^2 - c_2) &&= 0. \end{aligned}$$

Dividieren wir die Gleichungen jeweils durch die Trägheitsmomente und führen gleichzeitig die Abkürzungen

$$\omega_{11}^2 = \frac{c_1}{\Theta_1}, \qquad \omega_{12}^2 = \frac{c_1}{\Theta_2}, \qquad \omega_{22}^2 = \frac{c_2}{\Theta_2}, \qquad \omega_{23}^2 = \frac{c_2}{\Theta_3}$$

ein, die die Quadrate der Eigenfrequenzen der „Teilsysteme" (einfache Schwinger) nach Abb. 32 darstellen, dann lauten diese Gleichungen:

$$\begin{aligned} &A_1(\Omega^2 - \omega_{11}^2) + A_2\omega_{11}^2 &&= 0, \\ &A_1\omega_{12}^2 + A_2\Omega^2 - \omega_{12}^2 - \omega_{22}^2) + A_3\omega_{22}^2 &&= -\frac{M}{\Theta_2}, \\ &\quad + A_2\omega_{23}^2 + A_3(\Omega^2 - \omega_{23}^2) &&= 0. \end{aligned}$$

Die Auflösung dieser Gleichungen liefert für die Amplituden A_1, A_2 und A_3:

$$(71)\quad \begin{cases} A_1 = \dfrac{\begin{vmatrix} 0 & \omega_{11}^2 & 0 \\ -\dfrac{M}{\Theta_2} & (\Omega^2 - \omega_{12}^2 - \omega_{22}^2) & \omega_{22}^2 \\ 0 & \omega_{23}^2 & (\Omega^2 - \omega_{23}^2) \end{vmatrix}}{\Delta(\Omega^2)} = + \dfrac{M}{\Theta_2} \dfrac{\omega_{11}^2 (\Omega^2 - \omega_{23}^2)}{\Delta(\Omega_2)}, \\[2em] A_2 = \dfrac{\begin{vmatrix} (\Omega^2 - \omega_{11}^2) & 0 & 0 \\ \omega_{12}^2 & -\dfrac{M}{\Theta_2} & \omega_{22}^2 \\ 0 & 0 & (\Omega^2 - \omega_{23}^2) \end{vmatrix}}{\Delta(\Omega^2)} = - \dfrac{M}{\Theta_2} \dfrac{(\Omega^2 - \omega_{11}^2)(\Omega^2 - \omega_{23}^2)}{\Delta(\Omega^2)}, \\[2em] A_3 = \dfrac{\begin{vmatrix} (\Omega^2 - \omega_{11}^2) & \omega_{11}^2 & 0 \\ \omega_{12}^2 & (\Omega^2 - \omega_{12}^2 - \omega_{22}^2) & -\dfrac{M}{\Theta_2} \\ 0 & \omega_{23}^2 & 0 \end{vmatrix}}{\Delta(\Omega^2)} = + \dfrac{M}{\Theta_2} \dfrac{\omega_{23}^2 (\Omega^2 - \omega_{11}^2)}{\Delta(\Omega^2)}, \end{cases}$$

worin $\Delta(\Omega^2)$ die Determinante der Koeffizienten der Unbekannten A_k bedeutet. Es ist

$$\Delta(\Omega^2) = \begin{vmatrix} (\Omega^2 - \omega_{11}^2) & \omega_{11}^2 & 0 \\ \omega_{12}^2 & (\Omega^2 - \omega_{12}^2 - \omega_{22}^2) & \omega_{22}^2 \\ 0 & \omega_{23}^2 & (\Omega^2 - \omega_{23}^2) \end{vmatrix} =$$

$$= \Omega^2 [\Omega^4 - \Omega^2 (\omega_{11}^2 + \omega_{12}^2 + \omega_{22}^2 + \omega_{23}^2) + (\omega_{11}^2 \omega_{22}^2 + \omega_{11}^2 \omega_{23}^2 + \omega_{12}^2 \omega_{23}^2)].$$

Mit Einführung der Eigenfrequenzen ω_{I} und ω_{II}, die sich durch Nullsetzen dieser Determinante ergeben [vgl. Gl. (58)], kann hierfür geschrieben werden:

$$\Delta(\Omega^2) = \Omega^2 (\Omega^2 - \omega_{\mathrm{I}}^2)(\Omega^2 - \omega_{\mathrm{II}}^2).$$

Wir erhalten somit folgende Lösungen für die Amplituden A_k:

$$(72)\quad \begin{cases} A_1 = + \dfrac{M}{\Theta_2} \dfrac{\omega_{11}^2 (\Omega^2 - \omega_{23}^2)}{\Omega^2 (\Omega^2 - \omega_{\mathrm{I}}^2)(\Omega^2 - \omega_{\mathrm{II}}^2)}, \\[1.5em] A_2 = - \dfrac{M}{\Theta_2} \dfrac{(\Omega^2 - \omega_{11}^2)(\Omega^2 - \omega_{23}^2)}{\Omega^2 (\Omega^2 - \omega_{\mathrm{I}}^2)(\Omega^2 - \omega_{\mathrm{II}}^2)}, \\[1.5em] A_3 = + \dfrac{M}{\Theta_2} \dfrac{\omega_{23}^2 (\Omega^2 - \omega_{11}^2)}{\Omega^2 (\Omega^2 - \omega_{\mathrm{I}}^2)(\Omega^2 - \omega_{\mathrm{II}}^2)}. \end{cases}$$

Aus den Gln. (72) und ihrer Darstellung nach Abb. 33 entnehmen wir:

1. für $\Omega \to \omega_{\mathrm{I}}$ und $\Omega \to \omega_{\mathrm{II}}$ gehen die Ausschläge sämtlicher Massen gegen unendlich; es treten zwei Resonanzstellen auf. (Für $\Omega \to 0$ ergibt sich eine Unendlichkeitsstelle, die aber, wie schon in Ziff. 1,331 dargelegt, keine Resonanzstelle bedeutet.)

2. Es gibt zwei Erregerfrequenzen, bei denen Teile des Systems völlig in Ruhe verharren, nämlich:

$$\text{für } \Omega = \omega_{11} \text{ ist } A_2 = 0 \text{ und } A_3 = 0,$$
$$\text{für } \Omega = \omega_{23} \text{ ist } A_1 = 0 \text{ und } A_2 = 0.$$

Der bereits beim Zweimassensystem besprochene Tilgungseffekt tritt hier also wieder auf. Das für die praktische Anwendung wichtige Ergebnis ist: Bei einem Zweimassensystem, das durch ein harmonisches Moment $M \sin \Omega t$ erregt wird (Abb. 34), können wir durch Ankoppeln einer geeignet abgestimmten Zusatzmasse das Erregermoment in bezug auf das ursprüngliche System völlig wirkungslos machen. Wie wir gesehen haben, ist dies dann der Fall, wenn wir c_2 und Θ_3 so wählen, daß $\omega_{23} = c_2/\Theta_3 = \Omega$ ist. Bei dieser Frequenz verharrt das gesamte ursprüngliche Zweimassensystem in Ruhe und die Zusatzmasse vollführt nur verhältnismäßig kleine Ausschläge. Wir nehmen dabei allerdings in Kauf, daß wir an Stelle eines Zweimassensystems mit *einer* Eigenfrequenz nunmehr ein Dreimassensystem mit *zwei* Eigenfrequenzen und damit auch *zwei* Resonanzstellen haben. Diese Erscheinung („Aufspaltung" der ursprünglichen Eigenfrequenz in zwei neue Eigenfrequenzen) ist nicht erwünscht, sie bleibt aber ohne Einfluß, wenn wir es nur mit einer einzigen Erregerfrequenz zu tun haben. Abb. 33 veranschaulicht den soeben beschriebenen Vorgang der Tilgung eines Erregermoments durch eine Zusatzmasse. Um zu vermeiden, daß geringe Schwankungen der Erregerfrequenz Ω zu Resonanz führen, ist notwendig, daß sich ω_{I} und ω_{II} genügend voneinander unterscheiden, was erreicht werden kann durch geeignete Wahl von c_2 und Θ_3. Nach Gl. (59) ergibt sich, daß mit Größerwerden der Tilgungsmasse Θ_3 die beiden Resonanzstellen immer weiter auseinanderrücken. Das System wird gegen Schwankungen der Erregerfrequenz weniger empfindlich (Abb. 35).

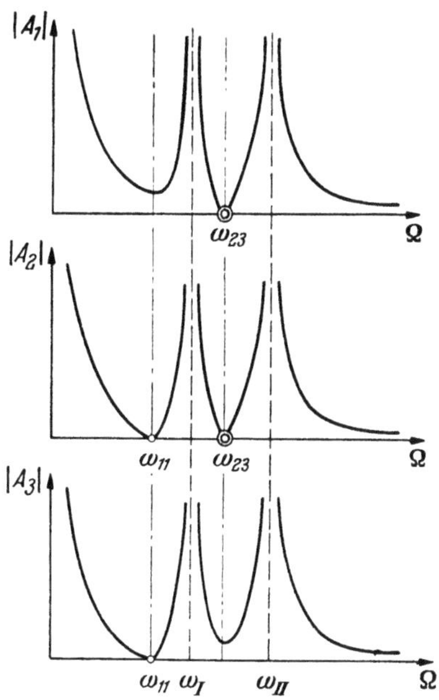

Abb. 33. Die Amplituden $|A_1|$, $|A_2|$ und $|A_3|$ des Dreimassensystems, abhängig von der Erregerfrequenz Ω.

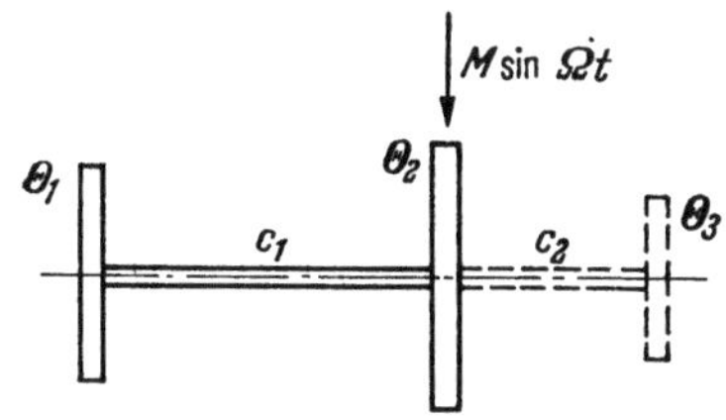

Abb. 34. Zweimassensystem mit angekoppelter Zusatzmasse (Dreimassensystem).

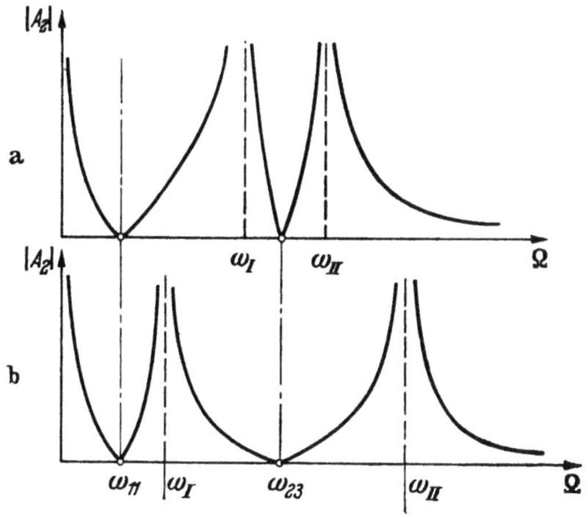

Abb. 35. Amplitude $|A_2|$ des Systems nach Abb. 34 mit verschiedenen Zusatzmassen. a kleine, b große Zusatzmasse.

1,333. Das n-Massensystem.

Die wesentlichsten Erkenntnisse über die erzwungenen ungedämpften Schwingungen haben wir bereits bei der Behandlung des einfachen Schwingers sowie des Zwei- und Dreimassensystems gewonnen. Die Mehrmassensysteme mit endlich vielen Freiheitsgraden werden ganz entsprechend behandelt. Wenn wir der Einfachheit wegen nur *ein* harmonisches Erregermoment annahmen, so sei darauf hingewiesen, daß sich rechnerisch auch nichts Neues ergibt, wenn an mehreren Massen Erregermomente angreifen. Es bereitet auch keinerlei Schwierigkeiten, wenn die Erregermomente nicht harmonisch, wie bisher angenommen, sondern beliebig periodisch verlaufen. In diesem Fall lassen sich die Erregermomente nach FOURIER (siehe Ziff. 1,14) in harmonische Bestandteile zerlegen, deren Wirkungen wegen der Linearität der hier auftretenden Differentialgleichungen überlagert werden dürfen. Jede einzelne Harmonische kann also für sich betrachtet werden.

Die Aufstellung der Differentialgleichungen unterscheidet sich somit grundsätzlich nicht von den bisher angeführten Fällen. Man schreibt für jede Masse das Newtonsche Gesetz an, macht den üblichen Lösungsansatz

$$\varphi_k = A_k \sin \Omega t$$

und erhält auf diese Weise folgendes System von n linearen algebraischen Gleichungen:

$$(73)\quad \left\{\begin{array}{llll}
A_1(\Theta_1\Omega^2 - c_1) + A_2 c_1 & & & = 0 \text{ bzw. } M_1, \\
A_1 c_1 & + A_2(\Theta_2\Omega^2 - c_1 - c_2) & + A_3 c_2 & = 0 \text{ bzw. } M_2, \\
\dots & \dots & \dots & \dots \\
A_{k-1} c_{k-1} & + A_k(\Theta_k\Omega^2 - c_{k-1} - c_k) & + A_{k+1} c_k & = 0 \text{ bzw. } M_k, \\
\dots & \dots & \dots & \dots \\
A_{n-2} c_{n-2} & + A_{n-1}(\Theta_{n-1}\Omega^2 - c_{n-2} - c_{n-1}) & + A_n c_{n-1} & = 0 \text{ bzw. } M_{n-1}, \\
A_{n-1} c_{n-1} & + A_n(\Theta_n\Omega^2 - c_{n-1}) & & = 0 \text{ bzw. } M_n.
\end{array}\right.$$

Auf der rechten Seite der Gleichung steht 0 oder eine Konstante M_k, je nachdem ob an der betreffenden Masse k ein Erregermoment angreift oder nicht. Die Werte der Unbekannten A_k dieser n linearen Gleichungen lassen sich als Brüche darstellen, welche die Determinante der Koeffizienten der Amplituden A_k zum gemeinschaftlichen Nenner haben. Die Zählerdeterminanten erhält man, wenn man in der Koeffizientendeterminante die Spalte der betreffenden Unbekannten A_k durch die entsprechenden auf der rechten Seite stehenden Glieder (Erregermomente) ersetzt.

Für das Zweimassensystem ($n = 2$) und das Dreimassensystem ($n = 3$) haben wir die Rechnung bereits durchgeführt und das Ergebnis angeschrieben. Ist $n > 3$, dann ist der rechnerische Aufwand zur Lösung der Determinanten n-ten Grades sehr erheblich. Aus diesem Grunde wurden im Laufe der Zeit vereinfachende Verfahren ausgearbeitet. Auf die Wiedergabe dieser Verfahren zur Berechnung der Amplituden der erzwungenen ungedämpften Schwingungen kann verzichtet werden, da die Bestimmung der erzwungenen Schwingungen ohne Dämpfung nicht von praktischer Bedeutung ist. Die grundlegenden Erscheinungen bzw. überraschenden Eigentümlichkeiten, die bei den erzwungenen Schwingungen von Mehrmassensystemen auftreten, haben wir an den einfachen Beispielen des Ein-, Zwei- und Dreimassensystems kennengelernt.

1,34. Erzwungene gedämpfte Schwingungen von Mehrmassensystemen.

Die erzwungenen gedämpften Schwingungen lassen sich ganz entsprechend wie die erzwungenen ungedämpften behandeln, solange die Dämpfung proportional der Geschwindigkeit ist und damit die sich ergebenden Differentialgleichungen linear bleiben. H. HOLZER [44] und M. TOLLE [96] haben ihre Berechnungsverfahren auch auf erzwungene gedämpfte Schwingungen mit geschwindigkeitsproportionaler Dämpfung ausgedehnt. F. SÖCHTING [88] gab eine Vereinfachung des Verfahrens von HOLZER an und hat eine Näherungsmethode entwickelt.

Wie die Dämpfung in Kolbenmotoren im einzelnen zustande kommt, ist bisher noch nicht hinreichend erforscht worden. Werkstoffdämpfung, Lagerreibung, Kolbenreibung, Luftwiderstand der Kurbeln und Pleuelstangen u. a. tragen gemeinsam dazu bei. Welchem Gesetz die Gesamtdämpfung gehorcht, ist nicht bekannt. Wir haben in Ziff. 1,231 schon darauf hingewiesen, daß die Annahme einer geschwindigkeitsproportionalen Dämpfung nur näherungsweise zutrifft. Wir werden in Ziff. 2,8 sehen, wie man die erzwungenen Schwingungsamplituden von Kurbelwellen unter Zugrundelegung gemessener Dämpfungswerte berechnen kann.

2. Die Berechnung der Drehschwingungen in Kolbenmaschinen[1].

2,1. Einführung.

Unter den dynamischen Problemen, die bei der Gestaltung und Berechnung von Kolbenmaschinen auftreten, ist das der Drehschwingungen eines der wichtigsten. Die Kurbelwelle, die die zeitlich wechselnden Gas- und Massenkräfte aufzunehmen hat, wird durch diese Kräfte zu erzwungenen Schwingungen erregt, die sich der gleichförmigen Drehung der Welle überlagern. Diese erzwungenen Schwingungen sind bei bestimmten Maschinendrehzahlen, den sog. *Resonanzdrehzahlen (kritische Drehzahlen)*, besonders heftig. In diesem Fall treten bisweilen sehr große Schwingungsausschläge und somit Drehbeanspruchungen der Welle auf, die einen Dauerbruch zur Folge haben können.

Solche gefährlichen Betriebszustände müssen selbstverständlich vermieden werden. Dies ist möglich, wenn man die Erregerfrequenzen und die Eigenfrequenzen der Kolbenmaschinenanlage kennt. Die Erregerfrequenzen sind proportional der Maschinendrehzahl und lassen sich daher leicht angeben. Die Hauptaufgabe der Schwingungsrechnung ist die Ermittlung der Eigenfrequenzen aus den gegebenen Abmessungen der Maschinenanlage. Die Kenntnis der Eigenfrequenzen reicht oft schon aus, um eine Maschine schwingungstechnisch beurteilen zu können. Dies setzt allerdings voraus, daß Erfahrungswerte von Maschinen gleicher Bauart vorliegen, andernfalls ist die Untersuchung der erzwungenen stationären Schwingungen notwendig.

In den folgenden Abschnitten werden wir uns zunächst mit der Bestimmung der Eigenfrequenzen befassen und dann die erzwungenen Drehschwingungsamplituden sowie die durch diese verursachten Beanspruchungen der Kurbelwelle berechnen. Wie man hierbei im einzelnen vorgeht, entnehmen wir aus der folgenden Übersicht.

---

[1] Es werden die Drehschwingungen in Kolben*kraft*maschinen behandelt. Berechnungsgang und Erkenntnisse können ohne weiteres auf Kolben*arbeits*maschinen übertragen werden.

2,2. Übersicht über den Gang der Berechnung der Kurbelwellenbeanspruchung infolge Drehschwingungen.

Um für eine gegebene Kolbenmaschinenanlage die kritischen Drehzahlen und die zusätzlichen Beanspruchungen der Kurbelwelle durch Drehschwingungen zu ermitteln, sind folgende Aufgaben durchzuführen:

1. Abbildung der wirklichen Kolbenmaschinenanlage auf ein Ersatzsystem.
2. Ermittlung der Eigenschwingungszahlen und Eigenschwingungsformen des Ersatzsystems.
3. Ermittlung der erregenden Kräfte.
4. Bestimmung der kritischen Ordnungen und der kritischen Drehzahlen.
5. Bestimmung der gefährlichen Resonanzdrehzahlen.
6. Berechnung der Resonanzausschläge.
7. Berechnung der Drehwechselbeanspruchung der Kurbelwelle.

2,3. Abbildung der wirklichen Kolbenmaschinenanlage auf ein Ersatzsystem.

Das schwingungsfähige System einer Kolbenmaschinenanlage besteht aus einer massenbehafteten elastischen Welle, die sich aus der Kurbelwelle und den daran anschließenden geraden Wellenstücken zusammensetzt, sowie zusätzlichen Massen, deren Trägheitswirkungen konstant oder mit dem Kurbelwinkel veränderlich sind. Dieses komplizierte Schwingungssystem wird dadurch der Rechnung zugänglich gemacht, daß man es auf ein vereinfachtes *Ersatzsystem* zurückführt oder — wie man sagt — *abbildet.* Man ersetzt üblicherweise das Kurbelwellensystem durch eine glatte, trägheitslose elastische Welle mit einzelnen starren Scheiben, die den Massen der Kurbeltriebe, der Schwungscheibe usw. entsprechen (Abb. 36). Dieses Vorgehen enthält im wesentlichen zwei Vernachlässigungen: Erstens bleibt die mehrfach elastische Verkettung der Drehmassen (s. Ziff. 2,332) unberücksichtigt, und zweitens wird der mit dem Kurbelwinkel veränderliche Beitrag der hin und her gehenden Massen zur Drehmasse durch einen Mittelwert (s. Ziff. 2,326) ersetzt[1].

Bei der Abbildung des wirklichen Systems auf ein Ersatzsystem sind zwei Fragen zu beantworten:

1. Welche Massenträgheitsmomente muß man den Scheiben und
2. welche Drehsteifigkeiten muß man den Wellenstücken zuordnen?

Die Abbildung des gegebenen Systems auf das Ersatzsystem, also die Bestimmung der Trägheitsmomente der Ersatzscheiben und der der wirklichen Welle (vielfach abgesetzt, genutet, gekröpft) drehelastisch gleichwertigen Ersatzwelle erfordert stets eine längere Umrechnungsarbeit. Diese Umrechnung nennt man *Reduktion der Massen und Längen.* Hierbei sind gewisse vereinfachende Annahmen zu machen, die jedoch, wie die Erfahrung gezeigt hat, in den meisten praktischen Fällen zulässig sind.

[1] Über die Genauigkeit einer Schwingungsrechnung, die ein Ersatzsystem der beschriebenen Art verwendet, siehe Ziff. 2,332 und S. 61, 4. Absatz.

2,31. Berechnung der Massenträgheitsmomente des Ersatzsystems. Reduktion der Massen.

2,311. Einteilung der Triebwerksmassen.

Die an der Schwingbewegung beteiligten Massen von Kolbenmaschinenanlagen lassen sich grundsätzlich in drei Gruppen einteilen:

1. *Umlaufende (rotierende)* Massen, d. s. Kurbelwelle, Schwungrad, Luftschraube, Kupplung, Getrieberäder u. a.

2. *Hin und her gehende (oszillierende)* Massen, d. s. Kolben, Kolbenbolzen, gegebenenfalls mit Kolbenstange und Kreuzkopf.

3. Massen, die gleichzeitig eine Translationsbewegung und eine Drehbewegung ausführen, d. s. die Pleuelstangen.

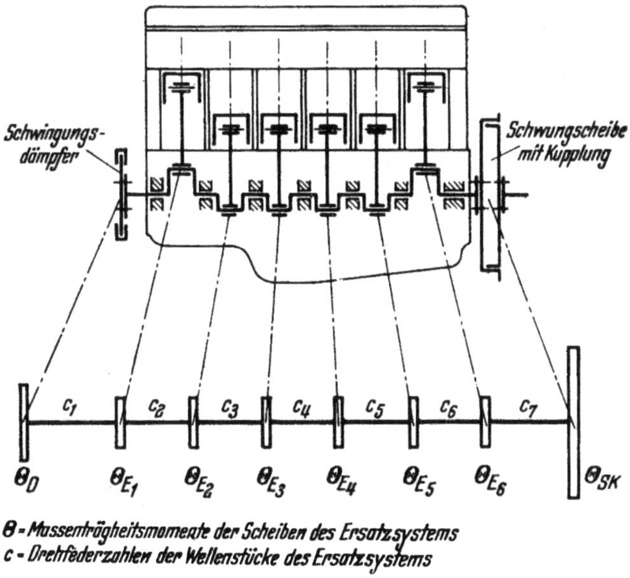

Abb. 36. Ersatzsystem eines Fahrzeugmotors.

Während in bezug auf die Kurbelwellenachse die Massenwirkungen der rein umlaufenden Massen durch ihr unveränderliches Massenträgheitsmoment erfaßt werden, ändern sich die der übrigen Massen mit dem Kurbelwinkel. Die Ersatzscheiben der umlaufenden Massen sind durch deren Trägheitsmomente eindeutig festgelegt, dagegen können die Massen von Kolben und Pleuelstangen nur näherungsweise durch starre Scheiben ersetzt werden.

Bei der Ermittlung der Eigenschwingungszahlen von Kolbenmaschinenanlagen bildet die Berechnung der Massenträgheitsmomente des Systems die Hauptarbeit. Die wichtigsten für diese Berechnung erforderlichen Formeln sind im folgenden zusammengestellt:

2,312. Massenträgheitsmoment. Trägheitshalbmesser. Schwungmoment. Steinerscher Satz.

Unter dem *Massenträgheitsmoment* eines Körpers in bezug auf eine Achse versteht man das Integral $\int r^2\,dm$, d. h. die Summe aller Produkte aus den Massenteilchen dm und den Quadraten ihrer Abstände r von der Drehachse.

Das Massenträgheitsmoment Θ läßt sich auch durch folgende Gleichung ausdrücken:

(74) $$\Theta = m i^2; \qquad i = \sqrt{\frac{\Theta}{m}}.$$

Darin bedeutet m die Gesamtmasse des Körpers und i ist der sog. *Trägheitshalbmesser*. Der Trägheitshalbmesser i ist jener Abstand, in dem man sich die Gesamtmasse des Körpers punktförmig angebracht denken müßte, um das Massenträgheitsmoment zu erhalten.

An Stelle des Massenträgheitsmoments wird in der Praxis, insbesondere im Elektromaschinenbau, öfters das *Schwungmoment* GD^2 in kgm² angegeben, wo G das Gewicht des Körpers in kg und $D = 2i$ der Trägheitsdurchmesser in m ist. Zwischen dem Massenträgheitsmoment Θ und dem Schwungmoment GD^2 besteht folgende Beziehung:

(75) $$\Theta = m i^2 = \frac{G}{g} \frac{D^2}{4}$$

oder

$$\Theta = 2{,}55 \frac{G D^2}{\text{kg m}^2} \quad \text{cm kg s}^2.$$

Bemerkung: Um Verwechslungen zu vermeiden, machen wir darauf aufmerksam, daß D nicht etwa den Außendurchmesser des betrachteten Drehkörpers (z. B. eines Schwungrades) bedeutet, sondern den stets kleineren Trägheitsdurchmesser.

Der Steinersche Satz: Ist das Massenträgheitsmoment Θ_S eines Körpers bezüglich einer Schwerachse bekannt, so ist das Massenträgheitsmoment Θ_A, bezogen auf eine zu dieser Schwerachse parallele Drehachse,

(76) $$\Theta_A = \Theta_S + m a^2,$$

also gleich dem Massenträgheitsmoment Θ_S plus dem Produkt aus der Masse m des Körpers und dem Quadrat des Abstandes a beider Achsen. (Anwendung des Steinerschen Satzes z. B. bei der Berechnung der Massenträgheitsmomente von Kurbelzapfen und Kurbelarmen, siehe Tabelle 3 und 4.)

2,313. Berechnung und graphische Ermittlung der Massenträgheitsmomente von Triebwerksteilen.

Das Massenträgheitsmoment von Drehkörpern oder anderen einfach geformten Bauteilen, die sich in stereometrisch erfaßbare Teilkörper (Quader, Prismen, Kegel usw.) zerlegen lassen, berechnen wir nach bekannten Formeln. Die Summe der Massenträgheitsmomente der Teilkörper, bezogen auf die gemeinsame Drehachse, ergibt das Gesamtträgheitsmoment.

Das Massenträgheitsmoment der Kurbelwelle setzt sich zusammen aus den Trägheitsmomenten der Kurbel- und Lagerzapfen sowie den Kurbelarmen (Kurbelwangen). In Tabelle 3 sind die Formeln zur Berechnung der Massenträgheitsmomente von Kurbel- und Wellenzapfen mit üblichen Bohrungen zusammengestellt. Für Kurbelarme verschiedener Gestalt, soweit sie stereometrisch erfaßt werden können, sind in Tabelle 4 Berechnungsformeln angegeben.

Die an der Drehschwingung beteiligten Massen von Kolbenmaschinenanlagen sind jedoch oft von sehr unregelmäßiger Form (z. B. gegossene oder im Gesenk geschlagene Kurbelwellen, Pleuelstangen, Schiffsschrauben u. a.). Die Massenträgheitsmomente solcher Teile können nach folgendem *graphischen Verfahren mittels Zylinderschnitten*, das wir an einem Beispiel erläutern, bestimmt werden.

Tabelle 3. Massenträgheitsmomente von Wellen- und Kurbelzapfen, bezogen auf die Schwerachse S—S bzw. Kurbelwellenachse A—A.

Gestalt	Abmessungen	Massenträgheitsmoment
Vollzapfen	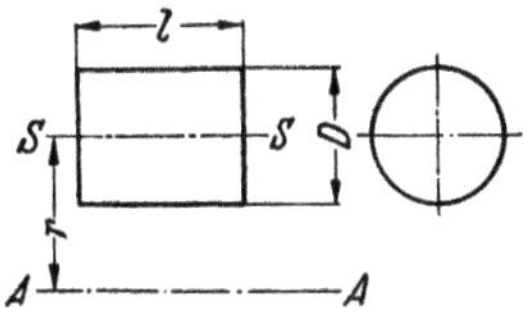	$\Theta_{S_{Vollzapfen}} = \frac{\pi D^4}{32} l \frac{\gamma}{g}$, $\Theta_{A_{Vollzapfen}} = \frac{\pi D^2}{4} l \frac{\gamma}{g} \left(\frac{D^2}{8} + r^2\right)$.
Hohlzapfen	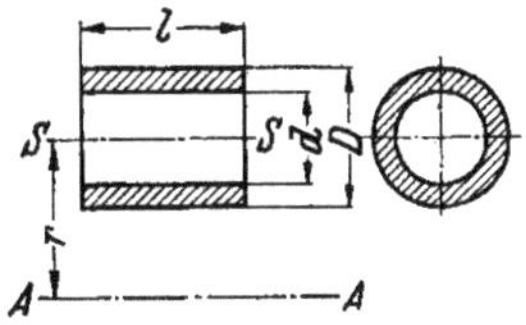	$\Theta_S = \frac{\pi (D^4 - d^4)}{32} l \frac{\gamma}{g}$, $\Theta_A = \frac{\pi (D^2 - d^2)}{4} l \frac{\gamma}{g} \left(\frac{D^2 + d^2}{8} + r^2\right)$.
Zapfen mit kegeliger Ausdrehung	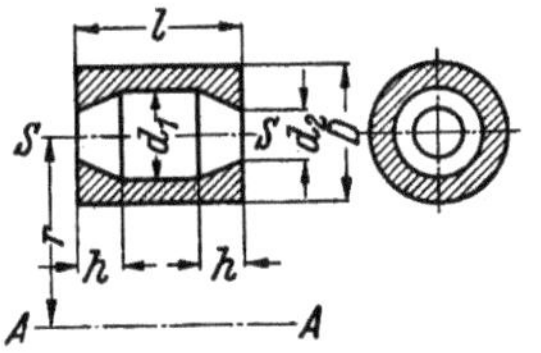	$\Theta_S = \Theta_{S_{Vollzapfen}} - \frac{\pi}{16} \frac{\gamma}{g} \left[\frac{d_1^4}{2} (l - 2h) + \frac{h}{5} \frac{(d_1^5 - d_2^5)}{(d_1 - d_2)}\right]$, $\Theta_A = \Theta_{A_{Vollzapfen}} -$ $- \frac{\pi}{4} \frac{\gamma}{g} \left\{\frac{1}{4}\left[\frac{d_1^4}{2} (l - 2h) + \frac{h}{5} \frac{(d_1^5 - d_2^5)}{(d_1 - d_2)}\right] -\right.$ $\left. - r^2 \left[d_1^2 (l - 2h) + \frac{2}{3} h (d_1^2 + d_1 d_2 + d_2^2)\right]\right\}$.
Zapfen mit tonnenförmiger oder elliptischer Ausdrehung	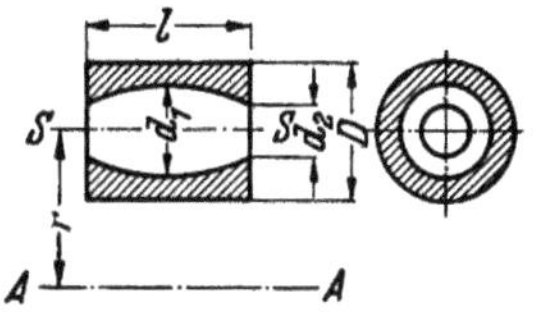	für tonnenförmige Ausdrehung angenähert, für elliptische Ausdrehung genau: $\Theta_S = \Theta_{S_{Vollzapfen}} - \pi l \frac{\gamma}{g} \left[\frac{d_1^4}{160} \left(\frac{d_2^4}{d_1^4} + \frac{4}{3} \frac{d_2^2}{d_1^2} + \frac{8}{3}\right)\right]$, $\Theta_A = \Theta_{A_{Vollzapfen}} - \pi l \frac{\gamma}{g} \left[\frac{d_1^4}{160} \left(\frac{d_2^4}{d_1^4} + \frac{4}{3} \frac{d_2^2}{d_1^2} + \frac{8}{3}\right) +\right.$ $\left. + \frac{r^2}{12} (2 d_1^2 + d_2^2)\right]$.
Zapfen mit exzentrischer Bohrung	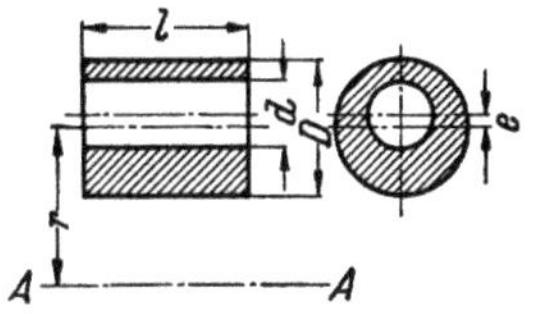	$\Theta_A = \frac{\pi}{4} l \frac{\gamma}{g} \left[\frac{D^4 - d^4}{8} + D^2 r^2 - d^2 (r + e)^2\right]$.

Tabelle 4. Massenträgheitsmomente von Kurbelarmen, bezogen auf die Kurbelwellenachse A—A.

Gestalt	Abmessungen	Massenträgheitsmoment
Rechtkantform	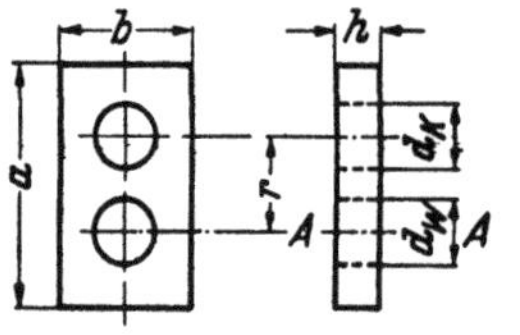	Kurbelarm ohne Bohrungen: $\Theta_{A_0} = a\,b\,h\,\frac{\gamma}{g}\left[\frac{a^2+b^2}{12} + \left(\frac{r}{2}\right)^2\right]$, Kurbelarm mit zylindrischen Bohrungen[1]: $\Theta_A = \Theta_{A_0} - \left[\frac{\pi\,d_W^4}{32} + \frac{\pi\,d_K^2}{4}\left(\frac{d_K^2}{8} + r^2\right)\right] h\,\frac{\gamma}{g}$.
Abgerundetes Rechtkant	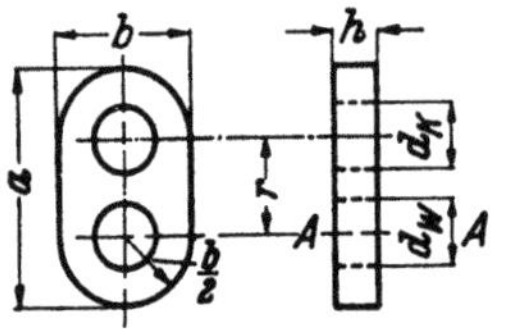	Kurbelarm ohne Bohrungen: $\Theta_{A_0} = \left[\frac{\pi\,b^4}{32} + \frac{\pi\,b^2\,r^2}{8} + \frac{l^3\,r}{4} + \frac{b\,r^3}{3}\right] h\,\frac{\gamma}{g}$, Kurbelarm mit zylindrischen Bohrungen[1]: $\Theta_A = \Theta_{A_0} - \left[\frac{\pi\,d_W^4}{32} + \frac{\pi\,d_K^2}{4}\left(\frac{d_K^2}{8} + r^2\right)\right] h\,\frac{\gamma}{g}$.
Ellipsenform	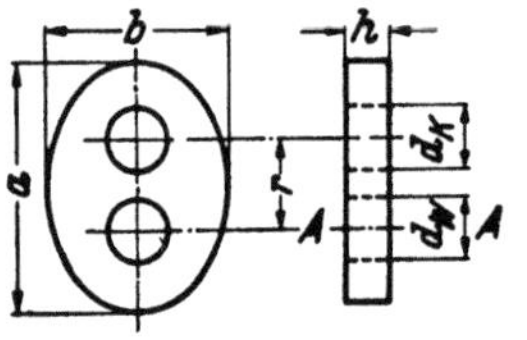	Kurbelarm ohne Bohrungen: $\Theta_{A_0} = \pi\,\frac{a\,b}{4}\,h\,\frac{\gamma}{g}\left[\frac{a^2+b^2}{16} + \left(\frac{r}{2}\right)^2\right]$, Kurbelarm mit zylindrischen Bohrungen[1]: $\Theta_A = \Theta_{A_0} - \left[\frac{\pi\,d_W^4}{32} + \frac{\pi\,d_K^2}{4}\left(\frac{d_K^2}{8} + r^2\right)\right] h\,\frac{\gamma}{g}$.
Kreisscheibe	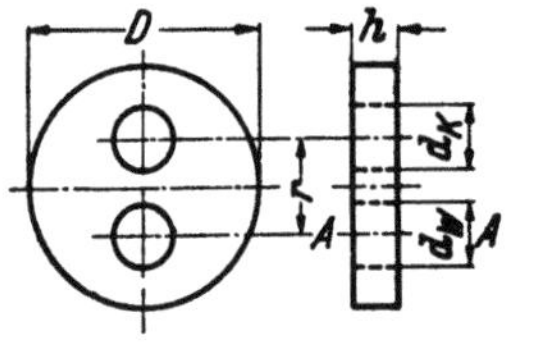	Kurbelarm ohne Bohrungen: $\Theta_{A_0} = \frac{\pi\,D^2}{4}\,h\,\frac{\gamma}{g}\left[\frac{D^2}{8} + \left(\frac{r}{2}\right)^2\right]$, Kurbelarm mit zylindrischen Bohrungen[1]: $\Theta_A = \Theta_{A_0} - \left[\frac{\pi\,d_W^4}{32} + \frac{\pi\,d_K^2}{4}\left(\frac{d_K^2}{8} + r^2\right)\right] h\,\frac{\gamma}{g}$.

Bestimmung des Massenträgheitsmoments einer Pleuelstange — Verfahren mittels Zylinderschnitten. Es soll das Massenträgheitsmoment einer Pleuelstange um die Kurbelzapfenachse ermittelt werden (Abb. 37).

Die Definitionsgleichung für das Massenträgheitsmoment lautet:

$$\Theta = \int r^2\,dm. \tag{77}$$

Denken wir uns die Pleuelstange durch zur Drehachse konzentrische Zylinderflächen in eine Anzahl Zylinderelemente von geringer Wandstärke zerteilt, so ist die Masse eines solchen Elementarkörpers

$$dm = F\,dr\,\frac{\gamma}{g},$$

wobei

[1] Bei tonnenförmigen, elliptischen oder kegeligen Bohrungen sind entsprechende Abzüge unter sinngemäßer Verwendung von Tabelle 3 zu machen.

F die Wandfläche des Elementarkörpers (Schnittfläche mit der Pleuelstange),
dr die Wandstärke des Elementarkörpers,
$\frac{\gamma}{g}$ die Massendichte

bedeutet. Durch Einsetzen dieses Wertes dm in die Gl. (77) erhalten wir:

$$\Theta = \frac{\gamma}{g} \int F r^2 dr.$$

Dieses Integral $\int F r^2 dr$ läßt sich nun auf einfache Weise graphisch ermitteln. Man trägt an jeder Schnittstelle das Produkt aus Schnittfläche F und dem Quadrat des zugehörigen Radius r in geeignetem Maßstab (Trägheitsmaßstab) als Strecken auf. Die so erhaltenen Endpunkte verbindet man durch einen Linienzug (Trägheitskurve) und planimetriert die darunterliegende Fläche. Bezeichnen wir diese Fläche mit Φ_Θ, so ergibt sich für das Massenträgheitsmoment

$$\Theta = \Phi_\Theta k_1 k_2 \frac{\gamma}{g}, \tag{78}$$

wobei:

k_1 der Längenmaßstab in $\frac{\text{cm}}{\text{cm}}$ und

k_2 der Trägheitsmaßstab in $\frac{\text{cm}^3}{\text{cm}}$

ist.

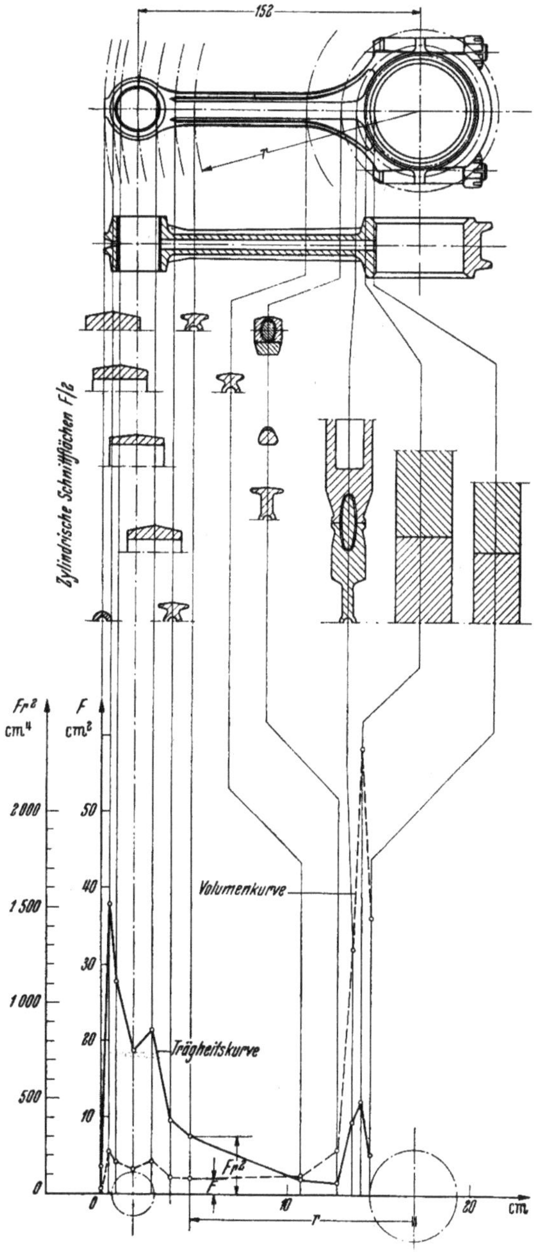

Abb. 37. Bestimmung des Volumens und des Trägheitsmoments einer Pleuelstange. Verfahren mittels Zylinderschnitten.

2,314. Bestimmung des Volumens und des Schwerpunkts einer Pleuelstange.

Bei der Berechnung der an den Drehschwingungen beteiligten Pleuelstangenmasse ist die Kenntnis der Gesamtmasse sowie die Lage des Pleuelstangenschwerpunkts notwendig. Diese beiden Größen lassen sich auf zeichnerisch-rechnerischem Wege bestimmen.

Bestimmung des Volumens einer Pleuelstange — Verfahren mittels Zylinderschnitten. Trägt man nach dem Verfahren mittels Zylinderschnitten über den einzelnen Schnittstellen im Abstand r die Größe der Schnittfläche F im geeigneten Maßstab (Flächenmaßstab) auf, verbindet die

Endpunkte dieser Strecken durch einen Linienzug (Volumenkurve, Abb. 37) und planimetriert die darunterliegende Fläche Φ_V, so stellt diese bereits ein Maß für den Rauminhalt dar, denn es ist:

(79a) $$V = \int F\,dr = \Phi_V\,k_1\,k_3,$$

wobei

k_1 der Längenmaßstab in $\frac{\text{cm}}{\text{cm}}$ und

k_3 der Flächenmaßstab in $\frac{\text{cm}^2}{\text{cm}}$

ist.

Bestimmung des Volumens und des Pleuelstangenschwerpunkts — Verfahren mittels Parallelschnitten. Nach dem oben beschriebenen Verfahren mittels Zylinderschnitten erhält man das Massenträgheitsmoment und das Volumen der Pleuelstange, aber nicht den Pleuelstangenschwerpunkt. Diesen und ebenfalls das Volumen erhalten wir nach folgendem *Verfahren mittels Parallelschnitten*:

Die Pleuelstange wird durch Parallelschnitte senkrecht zur Symmetrieachse in eine Anzahl von Teilkörpern zerlegt (Abb. 38). Trägt man

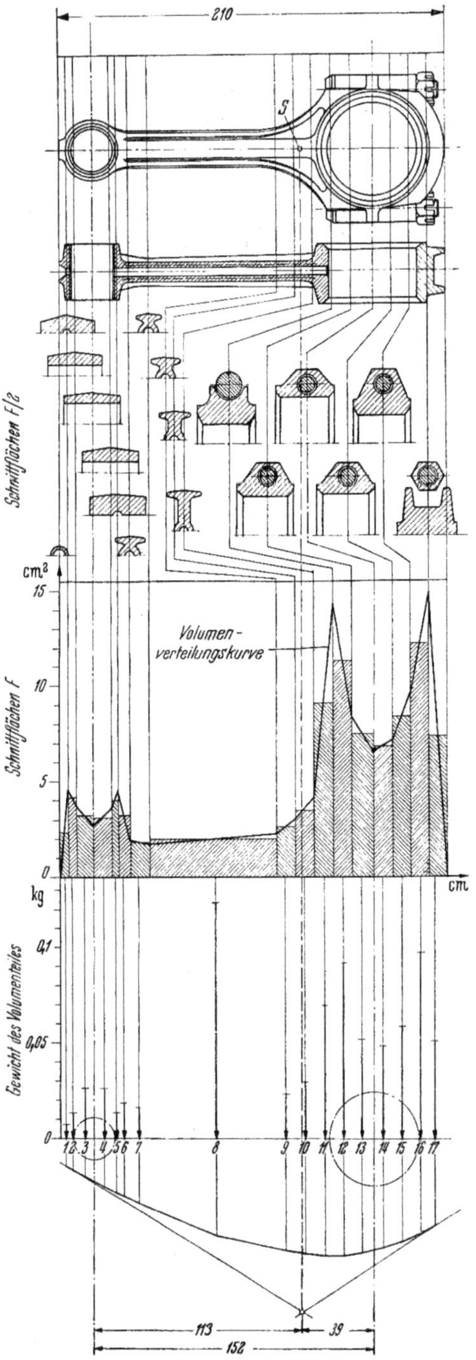

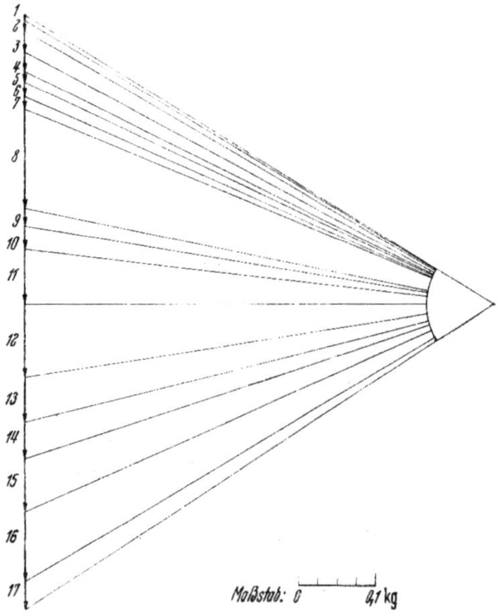

Abb. 38. Bestimmung des Volumens und des Schwerpunkts einer Pleuelstange. Verfahren mittels Parallelschnitten.

zunächst die Schnittflächen in geeignetem Maßstab nach Abb. 38 auf und verbindet die Endpunkte durch einen Linienzug (Volumenverteilungskurve), so stellt die von diesem und der Abszisse gebildeten Fläche Φ ein Maß für den Rauminhalt dar. Es ist

(79b) $$V = \Phi k_1 k_3,$$

wobei

k_1 der Längenmaßstab in $\frac{\text{cm}}{\text{cm}}$ und

k_3 der Flächenmaßstab in $\frac{\text{cm}^2}{\text{cm}}$

ist.

Die Fläche F kann durch Planimetrieren oder Rechnung (Aufteilen in Rechtecke) bestimmt werden.

Zur *Bestimmung des Schwerpunkts der Pleuelstange* wählen wir nun einen Koordinatennullpunkt auf der als Koordinatenachse gewählten Symmetrieachse. Für die Koordinate x_S gilt dann die Beziehung:

(80) $$x_S = \frac{\sum_{i=1}^{n} x_i G_i}{G},$$

wobei bedeuten:

n Anzahl der durch die Parallelschnitte erhaltenen Teilkörper,

x_i Koordinaten der Schwerpunkte der Teilkörper,

G_i Gewichte der Teilkörper,

G Gesamtgewicht des Pleuels.

Die Auswertung der Gl. (80) wird zweckmäßig in Form einer Zahlentabelle durchgeführt oder auch graphisch, wie Abb. 38 zeigt. Man setzt die Gewichte oder einfacher die verhältnismäßigen Gewichte der einzelnen Teilkörper in einem Krafteck zusammen und zeichnet das zugehörige Seileck. Die verhältnismäßigen Gewichte sind gegeben durch die Volumina der Teilkörper, in deren Schwerpunkten sie angreifen. Die Lage des resultierenden Gewichts und damit der gesuchte Schwerpunkt wird durch den Schnittpunkt der beiden äußersten Seilstrahlen bestimmt.

2,315. Ersatz der Pleuelstange durch ein System von Punktmassen.

Die Berechnung der Trägheitswirkung der Pleuelstange in bezug auf die Drehschwingungen gestaltet sich übersichtlich, wenn man die Pleuelstange durch ein vereinfachtes System ersetzt, das aus starr miteinander verbundenen Punktmassen besteht. Ein solcher Ersatz der Pleuelstange durch ein aus einzelnen Punktmassen bestehendes System ist dann zulässig, wenn man die Größe und Lage der gedachten Punktmassen so zueinander bestimmt, daß die von dem Ersatzsystem ausgehenden statischen und dynamischen Wirkungen die gleichen sind wie diejenigen der wirklichen Pleuelstange. Dies ist der Fall, wenn folgende drei Bedingungen erfüllt sind:

1. Die Summe der Punktmassen muß gleich sein der Gesamtmasse der Pleuelstange.

2. Der Schwerpunkt des Ersatzsystems muß die gleiche Lage besitzen wie der Schwerpunkt der Pleuelstange.

3. Das Massenträgheitsmoment des Ersatzsystems bezüglich der zur Kurbelwellenachse parallelen Schwerpunktsachse muß gleich sein dem Massenträgheitsmoment der Pleuelstange bezogen auf die Achse.

Um möglichst einfache Beziehungen zu erhalten, wird man immer anstreben, mit möglichst wenig Ersatzpunkten auszukommen. Wegen der üblichen symmetrischen Form der Pleuelstange können wir diese eindeutig durch drei Massen ersetzen, von denen zweckmäßig m_1 in Mitte Kurbelzapfenauge, m_2 in Mitte Kolbenbolzenauge und m_3 im Schwerpunkt des Pleuels angreifend zu denken ist (Abb. 39). Die drei Bedingungsgleichungen (entsprechend den obigen drei Forderungen) für das Ersatzsystem der Pleuelstange lauten dann mit den in Abb. 39 gewählten Bezeichnungen:

$$(81)\quad \begin{cases} 1.\quad m_1 + m_2 + m_3 = m_S & \text{(gleiche Gesamtmasse).} \\ 2.\quad m_1 a - m_2 b \quad = 0 & \text{(gleiche Schwerpunktslage).} \\ 3.\quad m_1 a^2 + m_2 b^2 = \Theta_S & \text{(gleiches Trägheitsmoment).} \end{cases}$$

Die Auflösung dieser Gleichungen nach den gesuchten Ersatzmassen m_1, m_2 und m_3 ergibt:

$$(82)\quad \begin{cases} m_1 = \dfrac{\Theta_S}{a\,(a+b)} = \dfrac{\Theta_S}{a\,l}, \\ m_2 = \dfrac{\Theta_S}{b\,(a+b)} = \dfrac{\Theta_S}{b\,l}, \\ m_3 = m_S - \dfrac{\Theta_S}{a\,b}. \end{cases}$$

Nach diesen Gleichungen lassen sich die Massen des Ersatzsystems berechnen, wenn das Massenträgheitsmoment der Pleuelstange bezüglich der Schwerachse Θ_S sowie die Lage des Pleuelschwerpunkts (also a und b) bekannt sind. (Bestimmung von Θ_S, a und b siehe Ziff. 2,313 und 2,314 bzw. Ziff. 2,32.)

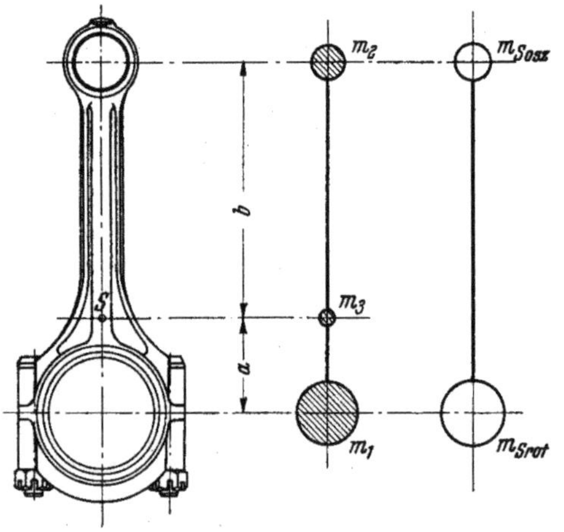

Abb. 39. Ersatzmassen einer Pleuelstange.

Die Pleuelstange und das ihr entsprechende Ersatzsystem sind in Abb. 39 dargestellt. Die auf Mitte Kurbelzapfen entfallende Ersatzmasse m_1 macht eine reine Drehbewegung, die auf Mitte Kolbenbolzen entfallende Ersatzmasse m_2 eine reine hin und her gehende Bewegung. Demzufolge kann die Masse m_1 in voller Größe den umlaufenden Massen (Kurbelkröpfung), die Masse m_2 in voller Größe den hin und her gehenden Massen (Kolben, gegebenenfalls mit Kreuzkopf und Kolbenstange) zugeschlagen werden. Die auf den Pleuelstangenschwerpunkt entfallende Masse m_3 ist im allgemeinen verhältnismäßig klein; sie beschreibt bei der Bewegung der Pleuelstange eine etwa elliptische Bahn.

Da die genaue Erfassung der Trägheitswirkungen der Masse m_3 etwas umständlich ist, begnügt man sich häufig mit dem Ersatz der Pleuelstange durch nur zwei Punktmassen $m_{S\,rot}$ und $m_{S\,osz}$ in Mitte Kurbelzapfen bzw. Mitte Kolbenbolzen. Man nimmt die Aufteilung der Pleuelmasse so vor, daß der Schwerpunkt erhalten bleibt und verzichtet auf die Erfüllung der Bedingung gleichen

Trägheitsmoments. Die Bestimmungsgleichungen für die beiden Punktmassen lauten also [vgl. Gl. (81)]:

$$m_{S\,rot} + m_{S\,osz} = m_S,$$

$$m_{S\,rot}\,a - m_{S\,osz}\,b = 0,$$

woraus folgt:

$$(83)\quad \begin{cases} m_{S\,rot} = \dfrac{m_s\,b}{l} & \text{(rotierender Anteil der Pleuelmasse),} \\ m_{S\,osz} = \dfrac{m_s\,a}{l} & \text{(oszillierender Anteil der Pleuelmasse).} \end{cases}$$

Man erhält demnach die Massen $m_{S\,rot}$ und $m_{S\,osz}$ durch Teilung der Gesamtmasse m_S der Pleuelstange im umgekehrten Verhältnis der Schwerpunktsabstände a und b (Abb. 39). Wie wir in Ziff. 2,316 noch sehen werden, liefert diese Aufteilung der Pleuelmasse bessere Näherungswerte für das noch zu bestimmende Massenträgheitsmoment der Ersatzscheibe eines Kurbeltriebs, als wenn man die Masse m_3 einfach unterdrücken würde, was der Einhaltung der Bedingungsgleichungen (81, 2.) und (81, 3.) entspräche, unter Verzicht auf die Erfüllung der Forderung gleicher Gesamtmasse [Gl. (81, 1.)].

In der Literatur wird bisweilen vorgeschlagen, zunächst die Massen m_1, m_2 und m_3 nach den Gln. (82) zu berechnen und dann die Masse m_3 im umgekehrten Verhältnis der Schwerpunktsabstände a und b auf m_1 und m_2 zu verteilen. Dieser umständlichere Weg ergibt jedoch die gleichen Massen $m_{S\,rot}$ und $m_{S\,osz}$ wie die Aufteilung nach den Gln. (83), die ohne die Kenntnis des Massenträgheitsmoments des Pleuels vorgenommen werden kann.

Der Ersatz der Pleuelstange durch nur zwei Punktmassen vorgeschriebener Lage ist dann exakt, wenn bei der Aufteilung in drei Punktmassen nach den Gln. (82) die Masse m_3 gleich Null wird. Untersucht man ausgeführte Pleuelstangen, so findet man, daß eine geringfügige Änderung der Formgebung der Stangenköpfe oft genügen würde, diese Bedingung zu erfüllen.

Es sei hier erwähnt, daß das aus den Punktmassen $m_{S\,rot}$ und $m_{S\,osz}$ gebildete Ersatzsystem die gleiche Massenkraft wie die Pleuelstange besitzt, da es die gleiche Masse und den gleichen Schwerpunkt hat. Für die sog. *Längsmomente* und die *Quer- oder Kippmomente*, deren Bestimmung eine Teilaufgabe des Massenausgleichs ist, liefert daher dieses Ersatzsystem die genauen Werte. Für die Berechnung der sog. *Umlaufmomente* um die Kurbelwellenachse benötigt man dagegen die exakte Aufteilung in drei Punktmassen. Ergibt sich $m_3 = 0$, so ist der von der Schwingbewegung der Pleuelstange hervorgerufene Anteil des Umlaufmoments gleich Null; ein solches Pleuel weist den bestmöglichen Umlaufmomentenausgleich auf.

2,316. Berechnung der Ersatzmasse eines Kurbeltriebs.

Wir wenden uns nun der Aufgabe zu, das Massenträgheitsmoment der Ersatzscheibe eines Kurbeltriebs zu bestimmen. Dieses gewinnt man aus der Gleichheit der Bewegungsenergien des Kurbeltriebs und der Ersatzscheibe bei gleicher Drehgeschwindigkeit.

Die kinetische Energie des Kurbeltriebs E_k setzt sich zusammen aus der Energie von Kröpfung, Pleuelstange und Kolben mit Kolbenbolzen (gegebenenfalls kommen Kolbenstange und Kreuzkopf hinzu). Es ist:

$$
(84)\quad \left\{\begin{aligned}
&E_k = \underbrace{\frac{1}{2}\Theta_{Kr}\dot{\varphi}^2}_{\text{Kröpfung}} + \underbrace{\frac{1}{2}m_1 r^2\dot{\varphi}^2 + \frac{1}{2}m_2\dot{x}^2 + \frac{1}{2}m_3 v_S^2}_{\text{Pleuelstange}} + \underbrace{\frac{1}{2}m_K\dot{x}^2}_{\text{Kolben}}\\
&\text{oder}\\
&E_k = \underbrace{\frac{1}{2}(\Theta_{Kr} + m_1 r^2)\dot{\varphi}^2}_{\text{konstanter Anteil}} + \underbrace{\frac{1}{2}m_3 v_S^2 + \frac{1}{2}(m_K + m_2)\dot{x}^2}_{\text{veränderlicher Anteil}}.
\end{aligned}\right.
$$

Hierin bedeuten (vgl. Abb. 40):

m_1, m_2, m_3 Ersatzpunktmassen der Pleuelstange [Ersatz der Pleuelstange durch ein System von drei Punktmassen nach Gl. (82)],
m_K Masse des Kolbens mit Kolbenbolzen (gegebenenfalls mit Kolbenstange und Kreuzkopf),
r Kurbelhalbmesser,
Θ_{Kr} Massenträgheitsmoment der Kröpfung, bezogen auf die Wellenachse,
φ Drehwinkel der Kurbel,
$\dot{\varphi}$ Winkelgeschwindigkeit der Kurbel,
x Kolbenweg,
$\dot{x}$ Kolbengeschwindigkeit,
x_S, y_S Wegkoordinaten des Pleuelstangenschwerpunkts,
$\dot{x}_S$, $\dot{y}_S$ Geschwindigkeitskomponenten des Pleuelstangenschwerpunkts,
v_S Geschwindigkeit des Pleuelstangenschwerpunkts.

Für den Kolbenweg x gilt (vgl. Abb. 40)

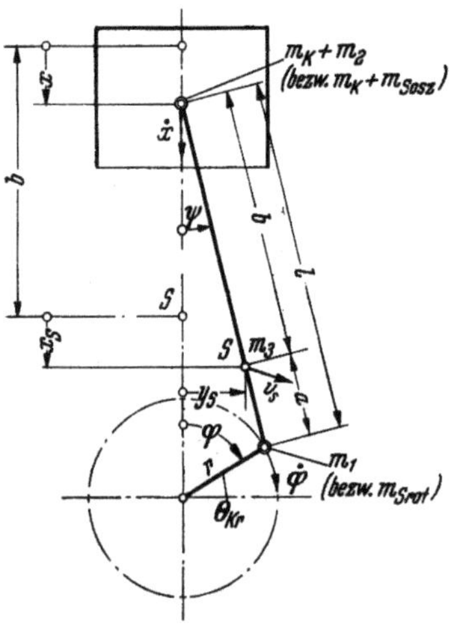

Abb. 40. Kurbeltrieb. Ermittlung der Bewegungsenergie.

$$(85)\quad x = r(1-\cos\varphi) + l(1-\cos\psi)$$
$$= r(1-\cos\varphi) + \frac{r}{\lambda}\left(1-\sqrt{1-\lambda^2\sin^2\varphi}\right),$$

wobei $\lambda = r/l$ das Pleuelstangenverhältnis und ψ den Winkelweg des Pleuels gegen die Zylinderachse bedeuten. Durch einmalige Differentiation erhalten wir die *Kolbengeschwindigkeit*:

$$(86)\quad \dot{x} = r\dot{\varphi}\left(\sin\varphi + \frac{\lambda\sin\varphi\cos\varphi}{\sqrt{1-\lambda^2\sin^2\varphi}}\right).$$

Die Koordinaten des Pleuelstangenschwerpunkts (vgl. Abb. 40) sind:

$$x_S = r(1-\cos\varphi) + a(1-\cos\psi)$$
$$= r(1-\cos\varphi) + a\left(1-\sqrt{1-\lambda^2\sin^2\varphi}\right),$$
$$y_S = b\sin\psi = b\lambda\sin\varphi.$$

Die *Geschwindigkeit des Pleuelstangenschwerpunkts* ist somit

$$(87)\quad v_S = \sqrt{\dot{x}_S^2 + \dot{y}_S^2} = r\dot{\varphi}\sqrt{\left[\sin\varphi + \frac{a}{l}\frac{\lambda\sin\varphi\cos\varphi}{\sqrt{1-\lambda^2\sin^2\varphi}}\right]^2 + \frac{b^2}{l^2}\cos^2\varphi}.$$

Setzen wir die Ausdrücke (86) und (87) für die Kolbengeschwindigkeit $\dot{x}$ und die Geschwindigkeit des Pleuelstangenschwerpunkts v_S in Gl. (84) ein, so läßt sich diese schreiben in der Form:

$$(88)\quad E_k = \frac{1}{2}\Theta(\varphi)\dot{\varphi}^2,$$

mit der Abkürzung

$$\Theta(\varphi) = (\Theta_{Kr} + m_1 r^2) + (m_K + m_2) r^2 \left[\sin\varphi + \frac{\lambda \sin\varphi \cos\varphi}{\sqrt{1-\lambda^2 \sin^2\varphi}}\right]^2 + \\ + m_3 r^2 \left\{\left[\sin\varphi + \frac{a}{l}\,\frac{\lambda \sin\varphi \cos\varphi}{\sqrt{1-\lambda^2 \sin^2\varphi}}\right]^2 + \frac{b^2}{l^2}\cos^2\varphi\right\}.$$

Abb. 41 zeigt für den Kurbeltrieb eines Fahrzeugmotors die Kurve $\Theta(\varphi)$. Diese ist für *un*geschränkte Kurbeltriebe (bei denen die Zylinderachse die Wellenachse schneidet) symmetrisch zum Wert $\varphi = \pi$ und wiederholt sich mit der Periode 2π. Der Einfluß einer Schränkung ist gering, so daß wir auf die Behandlung des geschränkten Kurbeltriebs verzichten können.

Wir sehen, daß sich das Trägheitsmoment Θ des Kurbeltriebs mit dem Kurbelwinkel φ ändert. Die Masse des Kurbeltriebs läßt sich daher nicht exakt auf eine Scheibe mit konstantem Trägheitsmoment abbilden. Man hilft sich nun dadurch, daß man für das Ersatzträgheitsmoment des Kurbeltriebs einen Mittelwert von $\Theta(\varphi)$ wählt.

Auf Grund von rechnerischen Untersuchungen hat R. Grammel [39] vorgeschlagen, für das Trägheitsmoment der Ersatzscheibe das *harmonische Mittel*

$$\Theta_{E\,harm} = \frac{1}{\frac{1}{\pi}\int\limits_0^\pi \frac{d\varphi}{\Theta(\varphi)}} \tag{89}$$

in Rechnung zu setzen. Die Bildung dieses Mittelwertes ist jedoch elementar nicht möglich und muß zeichnerisch oder mit Hilfe angenäherter Rechenverfahren vorgenommen werden.

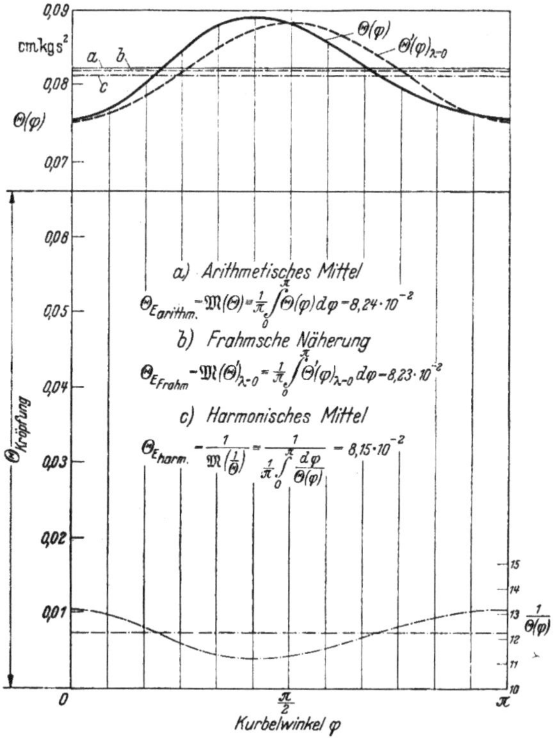

Abb. 41. Massenträgheitsmoment eines Kurbeltriebs.

Man bevorzugt daher die Verwendung des einfacher zu bestimmenden *arithmetischen Mittels*:

$$\Theta_{E\,arithm} = \frac{1}{\pi}\int\limits_0^\pi \Theta(\varphi)\,d\varphi, \tag{90}$$

welches im vorliegenden Fall nur wenig größer ist als das harmonische Mittel. Die Durchführung der Rechnung liefert (ohne Vernachlässigung):

$$\Theta_{E\,arithm} = (\Theta_{Kr} + m_1 r^2) + (m_K + m_2) r^2 \left[\frac{1}{\lambda^2}\left(1 - \sqrt{1-\lambda^2}\right)\right] + \\ + m_3 r^2 \left\{1 - \frac{a}{l} + \left(\frac{a}{l}\right)^2 \left[\frac{1}{\lambda^2}\left(1 - \sqrt{1-\lambda^2}\right)\right]\right\}. \tag{91}$$

Geht man von der Näherung der Aufteilung der Pleuelstange in zwei Ersatzpunktmassen nach den Gln. (83) aus, so fällt in Gl. (91) das Glied mit m_3 weg, und man erhält mit Einführung der Massen $m_{S\,rot}$ und $m_{S\,osz}$ an Stelle der Massen m_1 und m_2 das Ersatzträgheitsmoment

$$\Theta'_{E\,arithm} = \Theta_{Kr} + m_{S\,rot}\, r^2 + (m_K + m_{S\,osz})\, r^2 \left[\frac{1}{\lambda^2}\left(1 - \sqrt{1-\lambda^2}\right)\right], \tag{92}$$

oder, da

$$m_{S\,rot} = m_1 + m_3 \frac{b}{l} \qquad \text{und} \qquad m_{S\,osz} = m_2 + m_3 \frac{a}{l}$$

ist,

$$\Theta'_{E\,arithm} = \Theta_{Kr} + m_1 r^2 + (m_K + m_2)\, r^2 \left[\frac{1}{\lambda^2}\left(1 - \sqrt{1-\lambda^2}\right)\right] +$$
$$+ m_3 r^2 \left\{1 - \frac{a}{l} + \frac{a}{l}\left[\frac{1}{\lambda^2}\left(1 - \sqrt{1-\lambda^2}\right)\right]\right\}.$$

Dieser Näherungswert $\Theta'_{E\,arithm}$ unterscheidet sich von dem genauen arithmetischen Mittelwert $\Theta_{E\,arithm}$ um den Betrag

$$\Theta_{E\,arithm} - \Theta'_{E\,arithm} = m_3 r^2 \left\{\left[\left(\frac{a}{l}\right)^2 - \frac{a}{l}\right]\left[\frac{1}{\lambda^2}\left(1 - \sqrt{1-\lambda^2}\right)\right]\right\}.$$

Wir sehen, daß die Aufteilung der Pleuelmasse in die Punktmassen $m_{S\,rot}$ und $m_{S\,osz}$ nach den Gln. (83) bessere Näherungswerte für das Ersatzträgheitsmoment liefert, als wenn man die Masse m_3 einfach unterdrücken würde. Durch Einsetzen von Zahlenwerten (Daten ausgeführter Pleuelstangen) überzeugt man sich leicht, daß der Fehler vernachlässigbar ist.

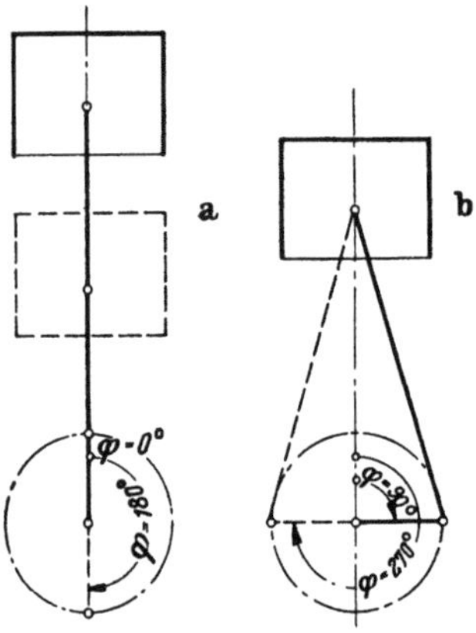

Abb. 42. Ermittlung des mitschwingenden Anteils der hin und her gehenden Massen eines Kurbeltriebs.

Für $\lambda = 0{,}2 \div 0{,}4$ (übliche Pleuelstangenverhältnisse) ist der Ausdruck in der eckigen Klammer in Gl. (92) gleich $0{,}505 \div 0{,}522$. Setzen wir in erster Näherung hierfür 1/2, was für $\lambda = 0$ (unendliche Pleuelstangenlänge) exakt ist, so ergibt sich für das Ersatzträgheitsmoment die in der Praxis meist benutzte Näherungsformel (Frahmsche Näherung):

$$\Theta_{E\,Frahm} = \Theta_{Kr} + m_{S\,rot}\, r^2 + \frac{1}{2}\,(m_K + m_{S\,osz})\, r^2. \tag{93}$$

Nach dieser Näherungsformel nimmt die Masse der Kröpfung und der rotierende Pleuelstangenanteil in voller Größe an den Drehschwingungen der Kurbelwelle teil, während für die hin und her gehende Masse nur die Hälfte in Rechnung zu setzen ist. Dieses Ergebnis läßt sich leicht verständlich machen:

Gemäß Abb. 42 betrachten wir zwei Fälle:

1. Kurbelwinkel $\varphi = 0°$ bzw. $180°$ (obere oder untere Totpunktlage, Abb. 42a).
2. Kurbelwinkel $\varphi = 90°$ bzw. $270°$ (Abb. 42b).

Im 1. Fall führt der Kolben (also die hin und her gehende Masse) praktisch keine Bewegung aus, da die Bewegungsrichtung der Kurbel senkrecht zur Bewegungsrichtung des Kolbens steht. Im 2. Fall dagegen nimmt die hin und her gehende Masse mit ihrem vollen Betrag an der Bewegung teil, denn nunmehr fällt die Bewegungsrichtung der Kurbel mit der Bewegungsrichtung des Kolbens zusammen. Wir erhalten also während einer Umdrehung zwei Kurbelstellungen

($\varphi = 0°$ und $\varphi = 180°$), bei denen die hin und her gehende Masse praktisch keinen Einfluß auf den Schwingungsvorgang ausübt, und zwei Kurbelstellungen ($\varphi = 90°$ und $\varphi = 270°$), bei denen diese Masse mit ihrem vollen Betrag an der Schwingungsbewegung teilnimmt. Zwischen diesen beiden Extremwerten ändert sich der Anteil der hin und her gehenden Masse nach dem Sinus des Kurbelwinkels, wenn man das Pleuelstangenverhältnis $\lambda = 0$ setzt. Im Mittel hat man also die Hälfte der hin und her gehenden Masse in Rechnung zu setzen.

In Abb. 41 sind a) der genaue arithmetische, b) der Frahmsche und c) der harmonische Mittelwert für das obige Beispiel angegeben. Wir erkennen, daß der arithmetische und der Frahmsche Mittelwert nur unbedeutend über dem harmonischen Mittelwert liegen. Der Grund der geringen Abweichung aller dieser Mittelwerte liegt darin, daß bei den heutigen Motoren gedrängter Bauart mit leichten Pleuelstangen und Kolben der Anteil der veränderlichen Massen klein ist gegenüber den konstanten rotierenden Massen. Ein geringer Fehler in der Mittelwertbildung der veränderlichen Massen wirkt sich demzufolge nur wenig auf die Größe der Gesamtersatzmasse des Kurbeltriebs und damit auf die Eigenschwingungszahlen aus. Untersuchungen von Kurbeltrieben der heutigen Fahrzeug- und Flugmotoren bestätigten dieses Ergebnis. In unserem Beispiel beträgt der Unterschied zwischen $\Theta_{E_{Frahm}}$ und $\Theta_{E_{harm}}$ nur etwa 1 %. Rechnet man also mit dem Frahmschen Näherungswert an Stelle des harmonischen Mittelwerts, so ergeben sich in diesem Falle nur um etwa 0,5 % zu kleine Schwingungszahlen, denn diese ändern sich etwa mit $\sqrt{1/\Theta_E}$.

Man wird im allgemeinen keinen nennenswerten Fehler machen, wenn man in der praktischen Schwingungsrechnung den Frahmschen Näherungswert $\Theta_{E_{Frahm}}$ oder den arithmetischen Mittelwert $\Theta_{E_{arithm}}$ benutzt. In gewissen Sonderfällen, bei Triebwerken mit besonders schweren Kolben und Pleuelstangen, wie z. B. bei doppelt wirkenden Tandem-Maschinen, mag gegebenenfalls das harmonische Mittel genauere Werte für die Schwingungszahlen liefern.

Resonanzbänder oder Schüttelbereiche. Auf folgende Erscheinung sei in diesem Zusammenhang noch hingewiesen: Da das Massenträgheitsmoment sich mit dem Kurbelwinkel ändert, ergibt sich somit für jede Kurbelstellung eine andere Eigenschwingungszahl, die über den Verlauf einer Umdrehung zwischen zwei Grenzwerten schwankt. Daher bilden sich die Resonanzstellen nicht scharf aus. Es ergeben sich vielmehr Resonanzbereiche, sog. *Resonanzbänder oder Schüttelbereiche*. Diese treten jedoch praktisch nicht stark in Erscheinung, wenn der Anteil der oszillierenden Massen klein ist gegenüber den konstanten rotierenden Massen. In dem erwähnten Beispiel (Abb. 41) ergab sich bei einer Resonanzdrehzahl von 2700 min^{-1} eine Schwankung von $\pm$ 0,4 %. Der Resonanzbereich erstreckt sich somit über nur 20 Umdrehungen. (Vgl. R. GRAMMEL [39].)

2,32. Versuchsmäßige Ermittlung der Massenträgheitsmomente von Triebwerksteilen.

Liegt der ausgeführte Bauteil vor und handelt es sich um einen umständlich zu berechnenden Körper, so ist es genauer und einfacher, sein Massenträgheitsmoment durch Versuch zu bestimmen.

Zur versuchsmäßigen Ermittlung des Massenträgheitsmoments dienen im wesentlichen zwei Verfahren, die beide auf einem Schwingungsversuch beruhen. Man läßt den Bauteil als Körperpendel entweder in der horizontalen Ebene um die lotrechte Schwerachse schwingen oder in einer vertikalen Ebene um eine zur Schwerachse parallele Achse pendeln.

2,321. Pendelversuch in der horizontalen Ebene um die lotrechte Schwerachse.

Nach diesem Verfahren (erstmals von Gauss vorgeschlagen) wird der zu untersuchende Bauteil an zwei oder mehreren Drähten frei aufgehängt, so daß er Pendelbewegungen unter der Wirkung der vom Schwerefeld der Erde herrührenden Rückstellkraft ausführen kann. Dieses Verfahren eignet sich besonders für rotierende Triebwerksteile, deren Drehachse eine Hauptträgheitsachse ist. Man wählt zweckmäßig die Aufhängung an zwei parallelen Drähten, die sog. *Bifilaraufhängung* (Abb. 43). Die Drähte haben gleiche Länge und gleichen Abstand a von der lotrechten Schwerachse.

Wir bestimmen zunächst das Rückstellmoment der Anordnung nach Abb. 43. Dabei beschränken wir uns auf kleine Ausschläge und lassen die Trägheitskraft infolge der Höhenverschiebung, die der Prüfkörper während der Pendelbewegungen erfährt, außer acht.

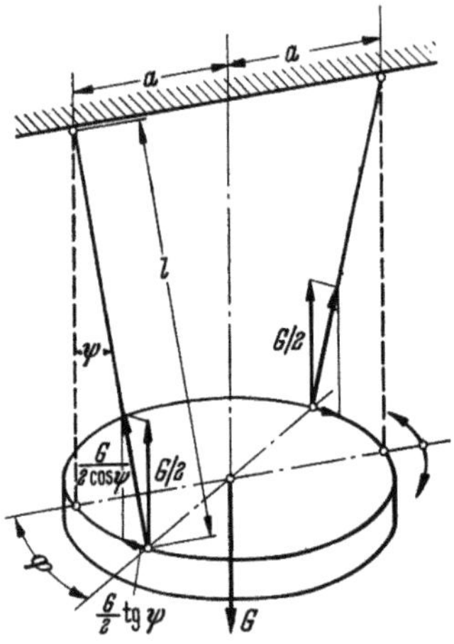

Abb. 43. Ermittlung des Massenträgheitsmoments durch Pendelversuch (bifilare Aufhängung).

Wird der Prüfkörper um einen Winkel φ aus der Ruhelage ausgelenkt, so ist

$$\text{die Zugkraft im Draht} = \frac{G}{2\cos\psi}$$

(G = Gewicht des Körpers, ψ = Winkel des Drahtes gegen die Senkrechte) und ihre waagerechte Komponente

$$\text{die Rückstellkraft} = \frac{G}{2}\operatorname{tg}\psi,$$

also

$$\text{das Rückstellmoment} \quad M_a = G\,a\operatorname{tg}\psi.$$

Da bei kleinen Auslenkungen $\operatorname{tg}\psi \approx \psi$, ferner $a\varphi \approx l\psi$ gesetzt werden kann, ist

$$M_a = \frac{G\,a^2}{l}\,\varphi = c_a\,\varphi.$$

Die Federzahl c hängt demnach ab vom Gewicht G des Prüfkörpers, der Drahtlänge l und dem Quadrat des Abstandes a der Drähte von der Schwerachse. Zur genauen Festlegung der Maße von l und a empfiehlt es sich, die Drähte an den Enden einzuspannen. In diesem Fall vergrößert sich das Rückstellmoment M_a um das Moment M_d, das von der Torsionssteifigkeit der Drähte herrührt, die mit der Auslenkung φ ebenfalls eine Verdrehung um den Winkel φ erfahren. Das gesamte Rückstellmoment ist also

$$M = M_a + M_d = (c_a + c_d)\,\varphi,$$

wenn wir mit $c_d = 2\,J\,\mathsf{G}/l$ die Drehfederzahl beider Drähte bezeichnen. Dabei ist $J = \pi\,d^4/32$ das polare Flächenträgheitsmoment des Drahtquerschnittes, d der Drahtdurchmesser und G der Gleitmodul des Drahtwerkstoffes.

Da das Rückstellmoment bei kleinen Ausschlägen linear ist, verlaufen die Schwingungen harmonisch. Die Zeitdauer einer vollen Schwingung ist

$$T = \frac{2\pi}{\omega} = 2\pi\sqrt{\frac{\Theta}{c_a + c_d}}.$$

Hieraus folgt

$$\Theta = (c_a + c_d)\,\frac{T^2}{4\pi^2}. \tag{94a}$$

Haben die Drähte keine nennenswerte Torsionssteifigkeit, dann kann c_d gegenüber c_a vernachlässigt werden und es ist

$$\Theta = c_a \frac{T^2}{4\pi^2} = \frac{G a^2}{l} \frac{T^2}{4\pi^2}. \tag{94b}$$

Mißt man nun die Schwingungsdauer T, so läßt sich das Massenträgheitsmoment berechnen. Der Fehler infolge Vernachlässigung der Torsionssteifigkeit der Drähte ist um so kleiner, je kleiner das Verhältnis c_d/c_a ist. Setzen wir für das Gewicht G das Höchstgewicht $G_{\max} = 2 \frac{\pi d^2}{4} \sigma_{zul}$ ein, das an den beiden Drähten vom Durchmesser d und der Zugfestigkeit σ_{zul} aufgehängt werden kann, so ergibt sich für

$$\frac{c_d}{c_a} = \frac{d^2}{a^2} \frac{G}{8\sigma_{zul}}.$$

Das Verfahren liefert auf etwa 1÷2% genaue Ergebnisse, wenn man:

1. Zur Aufhängung möglichst dünnen ungeknickten Stahldraht hoher Festigkeit verwendet (Drahtstärke abhängig vom Gewicht des Teils).

2. Den Abstand $2a$ der Drähte möglichst groß wählt und die Drahtlänge l so abstimmt, daß die Schwingungsdauer T etwa 1 Sekunde beträgt, so daß die Schwingungen einwandfrei beobachtet werden können.

3. Die Amplitude von φ nicht größer als 10÷15° wählt, um den Einfluß des Ausschlags auf die Schwingungsdauer gering zu halten.

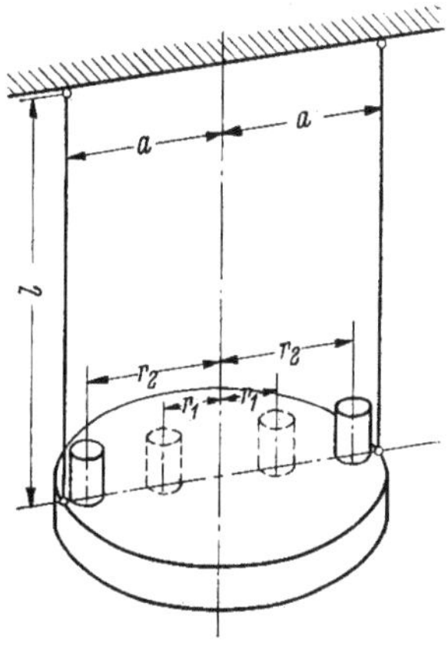

Abb. 44. Ermittlung des Massenträgheitsmoments durch Pendelversuch (bifilare Aufhängung mit Zusatzmassen).

Bifilaraufhängung mit Zusatzgewichten. In der obigen Formel (94a) für die Berechnung des Massenträgheitsmoments treten die Federzahlen c_a und c_d auf. Ihre Bestimmung läßt sich vermeiden, wenn man beim Schwingungsversuch Zusatzgewichte auf den schwingenden Körper auflegt (Abb. 44). Diese werden einmal auf einem Durchmesser im Abstand r_1, ein andermal im Abstand r_2 von der Schwerachse angeordnet und in beiden Fällen die Schwingungsdauer T_1 bzw. T_2 ermittelt. Ist G_z das Gewicht, m_z die Masse und Θ_z das Massenträgheitsmoment eines Zusatzgewichtes, dann ist analog Gl. (94a):

$$\Theta + 2(\Theta_z + m_z r_1^2) = (c_a + c_d) \frac{T_1^2}{4\pi^2} \quad \text{(1. Versuch)},$$

$$\Theta + 2(\Theta_z + m_z r_2^2) = (c_a + c_d) \frac{T_2^2}{4\pi^2} \quad \text{(2. Versuch)}.$$

Durch Elimination der unbekannten Federzahl $(c_a + c_d)$ ergibt sich für das Massenträgheitsmoment des Prüfkörpers:

$$\Theta = 2 m_z \frac{r_2^2 T_1^2 - r_1^2 T_2^2}{T_2^2 - T_1^2} - 2\Theta_z. \tag{95}$$

2,322. Pendelversuch in einer vertikalen Ebene um eine zur Schwerachse parallele Achse.

Das Verfahren sei an dem Beispiel einer Pleuelstange erläutert.

Bestimmung des Massenträgheitsmoments einer Pleuelstange. Es soll das Massenträgheitsmoment für die zur Bildebene senkrechte Schwerachse (Abb. 45) ermittelt werden. Man hängt den Prüfkörper, also die Pleuelstange, mittels einer horizontalen, ortsfest gelagerten Schneide z. B. im Kolbenbolzenauge auf (Abb. 45), so daß sie um die horizontale Schneidenkante pendeln kann, und mißt die Schwingungsdauer. Ist G das Gewicht und b' der Abstand der Schneidenkante B' vom Schwerpunkt S der Pleuelstange, so ergibt sich nach der Formel für das physikalische Pendel die Schwingungsdauer

$$T_{B'} = 2\pi \sqrt{\frac{\Theta_{B'}}{G b'}}.$$

Hieraus erhält man für das Massenträgheitsmoment $\Theta_{B'}$ der Pleuelstange bezüglich der Achse B' (Schneidenkante)

$$\Theta_{B'} = \frac{T_{B'}^2}{4\pi^2} G b'.$$

Das Massenträgheitsmoment um die zur Achse B' parallele Schwerachse S ist somit nach dem Steinerschen Satz

$$\Theta_S = \frac{T_{B'}^2}{4\pi^2} G b' - m_S b'^2, \tag{96}$$

wobei m_S die Masse der Pleuelstange ist.

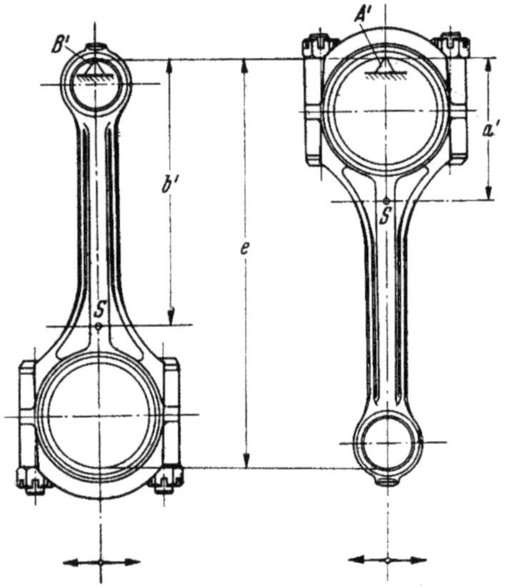

Abb. 45. Ermittlung des Massenträgheitsmoments und des Schwerpunkts einer Pleuelstange durch Pendelversuche.

Bestimmung des Schwerpunkts der Pleuelstange durch Pendelversuch. Die Lage des Schwerpunkts S und damit der Abstand b' ist noch unbekannt. Zu seiner Ermittlung führt man, wenn möglich, einen zweiten Pendelversuch um eine in der Symmetrieebene liegende, zur Achse B' parallelen Achse A' durch. In diesem Fall gilt analog Gl. (96)

$$\Theta_S = \frac{T_{A'}^2}{4\pi^2} G a' - m_s a'^2. \tag{97}$$

Setzt man für $a' = e - b'$ ein, wobei e der bekannte Abstand zwischen A' und B' ist, so ergibt sich aus den beiden Gln. (96) und (97) für den Schwerpunktsabstand b':

$$b' = \frac{e\left(T_{A'}^2 - \frac{4\pi^2 e}{g}\right)}{T_{A'} + T_{B'}^2 - 2\cdot\frac{4\pi^2 e}{g}}. \tag{98}$$

Bestimmung des Schwerpunkts der Pleuelstange durch Auswiegen. Die Lage des Schwerpunkts S kann auch durch Auswiegen der Pleuelstange in horizontaler Lage ermittelt werden. Durch beide Pleuelaugen werden genau passende Wellen geschoben und die Pleuelstange mit diesen beiden Wellen auf Schneiden gelagert, wie aus Abb. 46 ersichtlich ist. Zwei Schneiden sind bifilar aufgehängt. Beim Einstellen des Versuchs ist darauf zu achten, daß die Symmetrieachse der Pleuelstange waagerecht steht. Ferner ist vor der Wägung das Gewicht der Schneiden auf der Waage und der durch den Pleuelstangenkopf geschobenen Welle auszutarieren.

Ist l die Pleuelstangenlänge, G ihr Gewicht und Q der bei der Wägung sich ergebende Auflagerdruck auf die Waagschale, so ist der Abstand b des Schwerpunkts von Mitte Kolbenbolzen

(99) $$b = \frac{Q\,l}{G}.$$

Der Abstand b' von der Pendelachse B'

(100) $$b' = l + \frac{d}{2},$$

wobei d der Durchmesser des Kolbenbolzens ist.

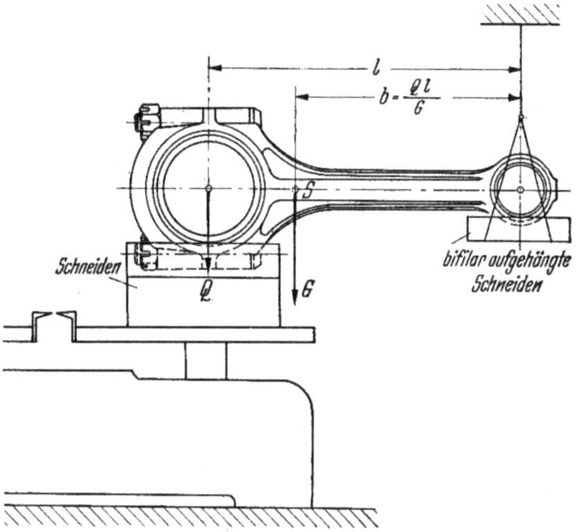

Abb. 46. Ermittlung des Schwerpunkts einer Pleuelstange durch Auswiegen.

2,33. Berechnung der Drehsteifigkeit von Kurbelwellen. Reduktion der Längen.

Unter Ziff. 2,31 haben wir die Massenträgheitsmomente der starren Scheiben des für die Schwingungsrechnung gewählten Ersatzsystems ermittelt, die die umlaufenden und hin und her gehenden Triebwerksteile möglichst gut ersetzen. Es sind nun noch die Ersatzwellen zu bestimmen, die diese Scheiben verbinden. Die wirkliche Kurbelwelle, die sich vielfach aus zylindrischen, konischen, genuteten und vor allem gekröpften Wellenstücken zusammensetzt, wird zu diesem Zweck durch eine glatte Welle von vorgegebenem Querschnitt ersetzt und die Längen ihrer Teilstücke zwischen je zwei benachbarten Scheiben werden so bestimmt, daß deren Drehfederzahlen gleich denjenigen der entsprechenden Kurbelwellenstücke sind. Die Aufgabe, die Längen der Ersatzwellenstücke zu bestimmen, nennt man die „*Reduktion der Längen*". Gerade Wellen (zylindrische, konische, abgesetzte u. a.) lassen sich nach einfachen Formeln (siehe Ziff. 2,331 und Tab. 5) auf zylindrische Wellen von vorgegebenem Durchmesser reduzieren. Für die Berechnung der „reduzierten Längen" von gekröpften Wellen sind Erfahrungsformeln aufgestellt worden.

Wie wir in Ziff. 2,332 noch erläutern werden, ist die Reduktion der Kurbelwelle streng überhaupt nicht möglich.

2,331. Reduktion von geraden Wellen.

Reduzierte Länge einer glatten zylindrischen Welle. Die Drehfederzahl einer zylindrischen Welle errechnet sich aus:

(101) $$c = \frac{J\,G}{l},$$

wobei:

G Gleitmodul des Werkstoffes der wirklichen Welle,

J Polares Flächenträgheitsmoment der wirklichen Welle,

l Länge der wirklichen Welle.

Ebenso gilt für die Drehfederzahl der zylindrischen Ersatzwelle (Bildwelle, Bezugswelle oder Einheitswelle des Ersatzsystems):

(102) $$c = \frac{J_{red} G_{red}}{l_{red}},$$

wobei:

G_{red} Gleitmodul des Werkstoffes der Ersatzwelle,

J_{red} Polares Flächenträgheitsmoment der Ersatzwelle,

l_{red} Länge der Ersatzwelle bzw. reduzierte Länge der wirklichen Welle.

Aus der Bedingung, daß

$$c_{\textit{wirkliche Welle}} = c_{\textit{Ersatzwelle}},$$

ergibt sich für die *reduzierte Länge* l_{red} eines zylindrischen Wellenstücks:

(103) $$l_{red} = l \frac{J_{red} G_{red}}{J G},$$

und bei gleichem Werkstoff für beide Wellen, also mit $G = G_{red}$:

(104) $$l_{red} = l \frac{J_{red}}{J}.$$

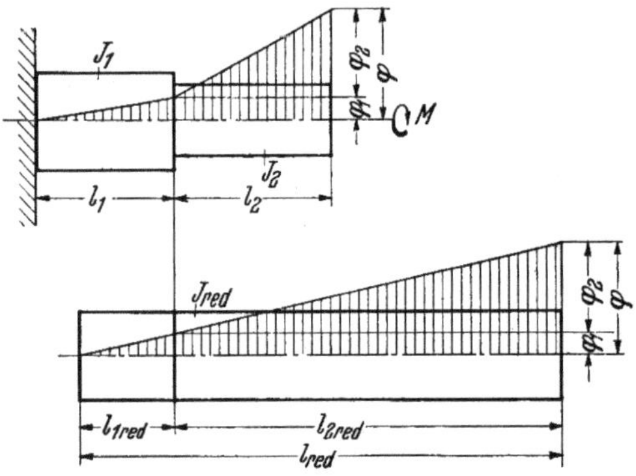

Abb. 47. Reduktion eines abgesetzten Wellenstücks auf eine glatte Welle.

Reduzierte Längen verschiedener gerader Wellenteile. In Tab. 5 sind die Formeln zur Berechnung der reduzierten Längen verschiedener gerader (nicht gekröpfter) Wellenelemente zusammengestellt. Die Formeln für die Welle mit Keilnut, Flanschverbindung, Konusverbindung, Zahnrad oder Riemenscheibe sowie für die Welle mit Anker sind Erfahrungsformeln. Eine exakte Berechnung ihrer reduzierten Längen ist nicht möglich, da die Stelle der Kraftübertragung, die von der Art des Kraftangriffs und der Bearbeitungsgenauigkeit der Verbindungs- bzw. Übertragungselemente abhängt, nur geschätzt werden kann.

Reduzierte Länge einer Welle verschiedener Querschnitte. Wird z. B. das abgesetzte Wellenstück nach Abb. 47 durch ein Drehmoment M beansprucht, so setzt sich die Gesamtverdrehung φ zusammen aus den Verdrehungen der Teilstücke φ_1 und φ_2. Es ist also

$$\varphi = \varphi_1 + \varphi_2.$$

Sind c_1 und c_2 die Drehfederzahlen der Teilstücke, so kann, da $\varphi = M/c$, hierfür geschrieben werden

$$\frac{M}{c} = \frac{M_1}{c_1} + \frac{M_2}{c_2},$$

oder, da $M = M_1 = M_2$,

(105) $$\frac{1}{c} = \frac{1}{c_1} + \frac{1}{c_2}.$$

Tabelle 5. Reduzierte Längen von geraden Wellenelementen.

Benennung	Abmessungen	Reduzierte Wellenlänge
Glatte zylindrische Welle	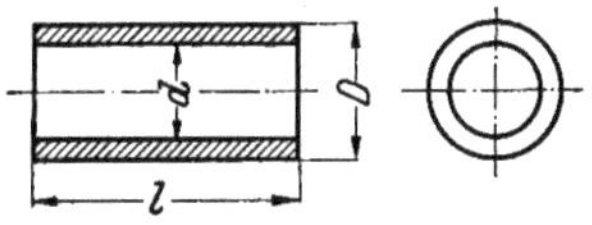	Vollwelle: $l_{red} = l \frac{J_{red}}{J} = l \frac{D_{red}^4}{D^4}$, Hohlwelle: $l_{red} = l \frac{J_{red}}{J} = l \frac{D_{red}^4}{D^4 - d^4}$.
Welle mit Keilnut	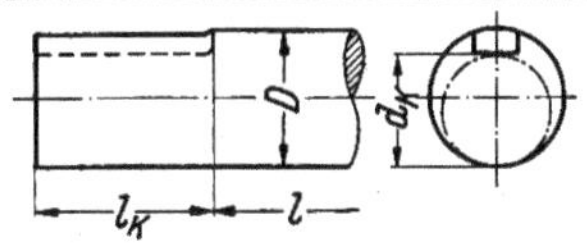	$l_{red} = l_K \frac{J_{red}}{J_K} + l \frac{J_{red}}{J}$, $J_K = \frac{\pi d_K^4}{32}$, s. Fußnote.
Welle mit Konus	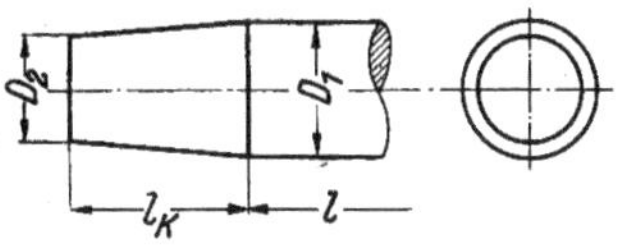	$l_{red} = l_K \frac{J_{red}}{J_m} + l \frac{J_{red}}{J_1}$, $J_m = \frac{3 J_1}{\frac{D_1}{D_2}\left[\left(\frac{D_1}{D_2}\right)^2 + \left(\frac{D_1}{D_2}\right) + 1\right]}$. J_m = mittleres polares Flächenträgheitsmoment des kegeligen Wellenendes.
Flanschverbindung mit Schrauben	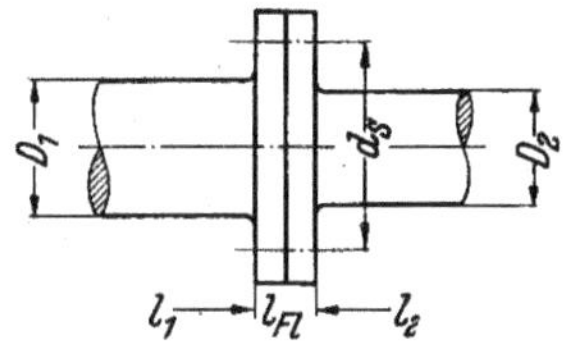	$l_{red} = l_1 \frac{J_{red}}{J_1} + l_{Fl} \frac{J_{red}}{J_{Fl}} + l_2 \frac{J_{red}}{J_2}$, $J_{Fl} = \frac{\pi d_s^4}{32}$, s. Fußnote.
Konusverbindung	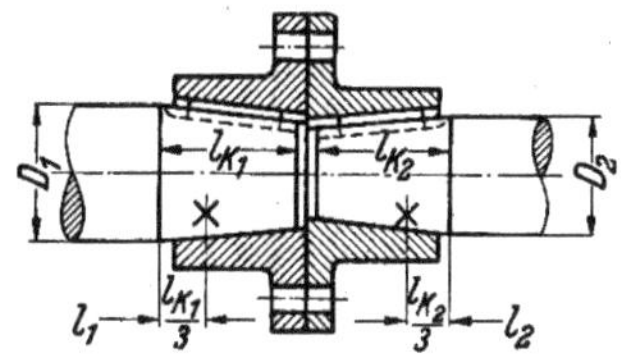	$l_{red} = \left(l_1 + \frac{l_{K_1}}{3}\right)\frac{J_{red}}{J_1} + \left(l_2 + \frac{l_{K_2}}{3}\right)\frac{J_{red}}{J_2}$. Das Stück zwischen den angenommenen Kraftübertragungsstellen (×) ist nach den obigen Formeln zu berechnen, s. Fußnote.
Welle mit Zahnrad oder Riemenscheibe	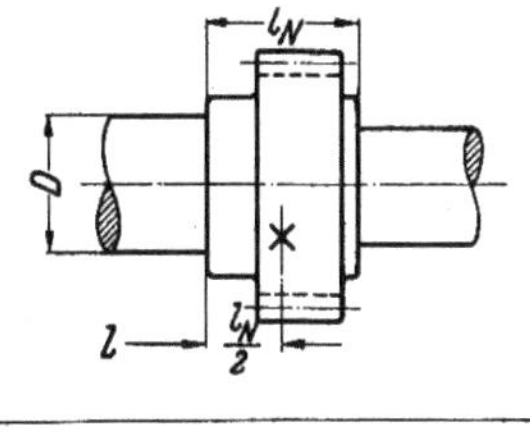	$l_{red} = \left(l + \frac{l_N}{2}\right)\frac{J_{red}}{J}$. × Kraftübertragungsstelle (Mitte Nabe), s. Fußnote.
Welle mit Anker	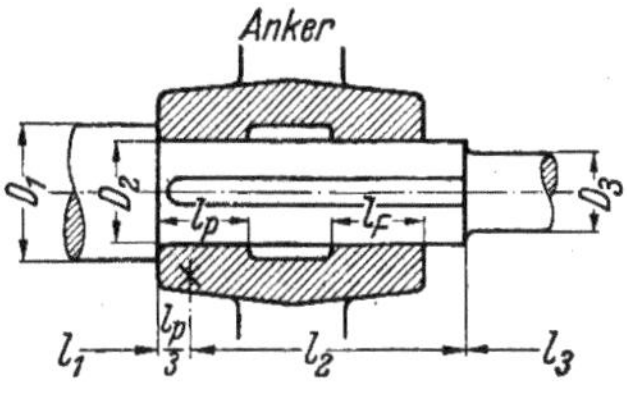	Reduzierte Länge bis Ankermasse: $l_{red} = l_1 \frac{J_{red}}{J_1} + \frac{l_P}{3}\frac{J_{red}}{J_2}$, reduzierte Länge nach der Ankermasse: $l_{red} = l_2 \frac{J_{red}}{J_2} + l_3 \frac{J_{red}}{J_3}$. l_P = Preßsitzlänge, l_F = Festsitzlänge. × Kraftübertragungsstelle, s. Fußnote.

Erfahrungsformeln; eine exakte Berechnung der reduzierten Längen ist nicht möglich.

Der reziproke Wert der Drehfederzahl c der Gesamtwelle ist also gleich der Summe der reziproken Werte der Drehfederzahlen der Teilstücke.

Mit $c = JG/l$ kann Gl. (105) in der Form geschrieben werden

$$(106)\quad \begin{cases} \dfrac{l_{red}}{J_{red}G} = \dfrac{l_1}{J_1 G} + \dfrac{l_2}{J_2 G}, \\ l_{red} \quad = \dfrac{l_1 J_{red}}{J_1} + \dfrac{l_2 J_{red}}{J_2} = l_{1red} + l_{2red}, \end{cases}$$

d. h. die reduzierte Länge einer abgesetzten Welle erhält man, indem man die reduzierte Länge der Teilstücke bestimmt und diese addiert. Dies gilt ganz allgemein für Wellen, die sich aus *mehreren* Teilstücken zusammensetzen (Fall der Hintereinander- oder Reihenschaltung von Federn).

2,332. Reduktion von Kurbelkröpfungen.

Torsion erster und zweiter Art. Die grundsätzliche Frage bei der Ermittlung des Ersatzwellenstücks einer Kurbelkröpfung lautet: Welches ist die bei Drehschwingungen von Kurbelwellen maßgebende Drehsteifigkeit? Diese Frage ist lebhaft erörtert worden und war Gegenstand weitgehender theoretischer Untersuchungen. Seit Jahrzehnten hat man eine Kurbelkröpfung durch ein glattes Wellenstück ersetzt, dessen Verdrehung gleich derjenigen ist, die eine Kröpfung erfährt, wenn man die Kurbelwelle durch Momente belastet, die an den Wellenenden angreifen. Die Gaskräfte und die Massenkräfte der hin und her gehenden Massen wirken jedoch auf die Kurbelzapfen.

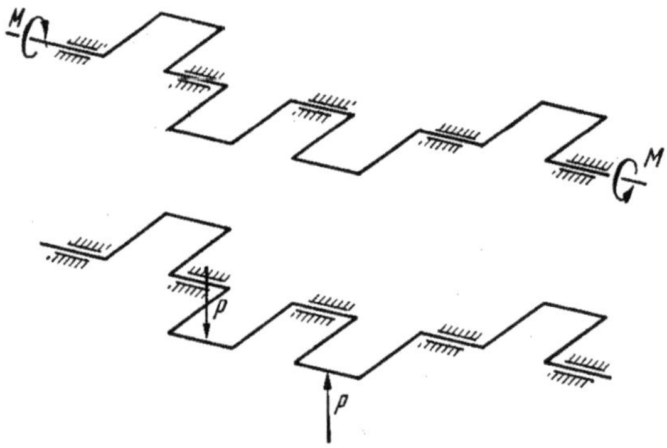

Abb. 48. Belastung einer Kurbelwelle nach Torsion erster und zweiter Art.

Diese beiden Belastungsfälle nannte R. Grammel [38] die *Torsion erster* und *zweiter Art* (Abb. 48). Er wies darauf hin, daß diese beiden Belastungsarten streng unterschieden werden müssen, weil unter ihrer Wirkung — bei gleichem Drehmoment $M = Pr$ (r = Kurbelradius) — eine Kröpfung durchaus verschiedene Beanspruchungen und damit Verformungen erfährt; d. h. also, daß die Drehsteifigkeit der Kröpfung in den beiden Belastungsfällen verschieden ist.

Die Beanspruchung eines Kurbelwellenstücks zwischen zwei Kurbelzapfen, durch Kräfte, die an diesen angreifen, verformt nicht nur dieses, sondern unter Mitwirkung der Lagerreaktionen auch die benachbarten und ferner liegenden Wellenstücke. Es handelt sich hier um eine Verformung, ähnlich derjenigen eines mehrfach gelagerten Stabes, bei dem unter der Wirkung einer Last zwischen zwei Stützen auch die übrigen Felder verformt werden. Wie in Abb. 49 veranschaulicht, hat man es also mit *Haupttorsionen* und *Nebentorsionen* zu tun. Daraus folgt aber, daß die Abbildung einer Kurbelwelle auf ein Ersatzsystem, das aus einer glatten Welle mit aufgesetzten Scheiben besteht, nicht mehr streng richtig ist, denn bei einer solchen elastisch einfach verketteten Ersatzanordnung ruft die Beanspruchung eines Wellenabschnitts eine Verformung nur dieses Abschnitts selbst hervor.

R. GRAMMEL, K. KLOTTER und K. VON SANDEN [40] haben dargelegt, wie ein Berechnungsgang unter Berücksichtigung dieser Erkenntnis verlaufen muß. Man war zunächst der Ansicht, daß nur diese neue, wesentlich verwickeltere Berechnungsart richtige Werte für die Schwingungszahlen liefert. Messungen an Verbrennungsmotoren ergaben aber immer wieder eine gute Übereinstimmung mit jenen Schwingungszahlen, die nach dem alten Verfahren, also unter Zugrundelegung eines einfach verketteten Ersatzsystems und der nach Torsion erster Art ermittelten Drehfederzahlen errechnet wurden. Die gute Übereinstimmung der durch Rechnung und Messung ermittelten Eigenschwingungszahl beruht auf einem engen Zusammenhang zwischen Torsion erster Art und Torsion zweiter Art, wie A. KIMMEL [48] zeigen konnte:

Die Einflußzahl ($h = 1/c$, also der reziproke Wert der Drehfederzahl) der Torsion erster Art eines zwischen zwei Kurbelzapfen liegenden Wellenabschnitts

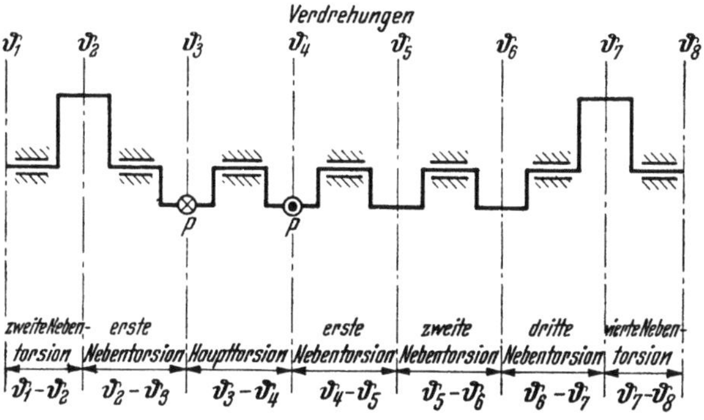

Abb. 49. Haupt- und Nebentorsionen bei Torsion zweiter Art.

setzt sich nämlich zusammen aus den Einflußzahlen der Haupttorsion zweiter Art dieses Wellenabschnitts und der in diesem Abschnitt auftretenden, von den Belastungen der benachbarten Wellenabschnitte herrührenden primären Nebentorsionen. (Die übrigen Nebentorsionen sind vernachlässigbar klein.)

Für die Verdrehung ($\vartheta_k - \vartheta_{k+1}$) eines beliebigen Wellenabschnitts k gelten demzufolge die Gleichungen:

Torsion erster Art

$$\vartheta_k - \vartheta_{k+1} = (h_{k,\,k-1} + h_{kk} + h_{k,\,k+1})\, M_k\,,$$

Torsion zweiter Art

$$\vartheta_k - \vartheta_{k+1} = \underbrace{h_{k,\,k-1}\, M_{k-1}}_{\text{Nebentorsion}} + \underbrace{h_{kk}\, M_k}_{\substack{\text{Haupt-}\\ \text{torsion}}} + \underbrace{h_{k,\,k+1}\, M_{k+1}}_{\text{Nebentorsion}}.$$

Aus den hier gegenübergestellten Gleichungen lassen sich wichtige Schlüsse für die Schwingungsrechnung ziehen. Sind nämlich alle Kröpfungen einer Welle vom gleichen Torsionsmoment beansprucht, ist also $M_k = M_{k-1} = M_{k+1}$, dann sind die Betrachtungsweisen nach Torsion erster Art und Torsion zweiter Art völlig gleichwertig. Sie sind es aber auch dann noch, wenn sich die Torsionsmomente benachbarter Wellenabschnitte jeweils um gleiche Beträge unterscheiden und die Einflußzahlen der Nebentorsionen $h_{k,\,k-1}$ und $h_{k,\,k+1}$ einander gleich sind, weil dann die Nebentorsion, herrührend von der Belastung der rechtsbenachbarten Kröpfung, ebensoviel größer ist, wie die von der Belastung der linksbenachbarten Kröpfung herrührende Nebentorsion kleiner ist, so daß sich der gleiche Mittelwert ergibt. In einem solchen Fall ist die Schwingungsform der Kurbelwelle ein geknickter Linienzug mit gleichstarken Knicken. Diese Bedingungen sind bei den praktisch wichtigen Schwingungsformen, die *keinen oder höchstens einen Knoten im Bereich der Kurbelkröpfungen* aufweisen, zwar nicht streng, aber mit sehr guter Näherung erfüllt, wie aus Abb. 50 (Eigenschwingungsform I. Grades) ersichtlich ist. Aus diesem Grunde liefert bei solchen Schwingungsformen die einfache alte Berechnungsweise nach Torsion erster Art sehr gute Näherungswerte für die Eigenschwingungszahlen.

Die obigen Bedingungen sind bei Schwingungen höheren Grades, die *zwei oder mehr Knoten im Bereich der Kurbelkröpfungen* aufweisen, nicht mehr erfüllt (Abb. 50, Schwingungsform II. und III. Grades). Hierbei können also größere

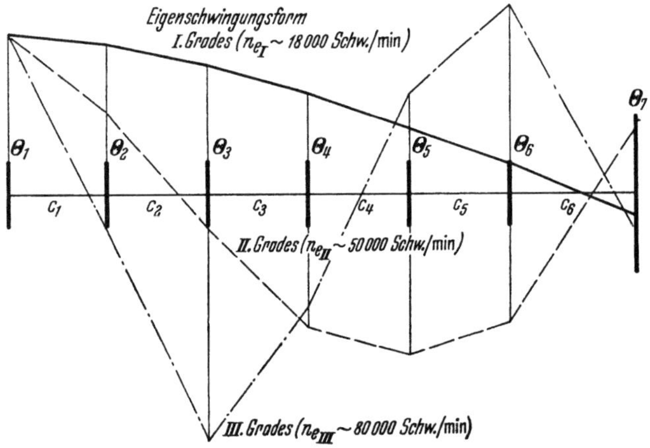

Abb. 50. Eigenschwingungsform I., II. und III. Grades eines Sechszylindermotors.

Unterschiede zwischen den Ergebnissen der beiden Berechnungsarten erwartet werden. Es sind jedoch noch keine Fälle bekanntgeworden, bei denen solche Schwingungen praktisch in Erscheinung traten. Bei den heutigen Fahrzeugmotoren ist in der Regel nur die Schwingung I. Grades oder einknotige Schwingung von Belang. Die Grundfrequenz liegt meist so hoch, daß gefährliche Resonanzen höherer Schwingungsgrade nicht auftreten. Bei Langwellenanlagen, z. B. Flugmotoren mit federnder Luftschraubenwelle oder Schiffsmaschinenanlagen mit langer Schraubenwelle, kann jedoch durchaus Resonanz der Erregerfrequenz mit der Schwingung II. Grades (z. B. $\omega_{II}/6$), in Ausnahmefällen (z. B. bei U-Boots-Anlagen) auch mit der Schwingung III. Grades (z. B. $\omega_{III}/12$) im Betriebsdrehzahlbereich auftreten, doch weisen die zugehörigen Schwingungsformen höchstens *einen* Knoten im gekröpften Kurbelwellenteil auf. Die Notwendigkeit der verwickelteren Berechnung der Schwingungszahlen nach Torsion zweiter Art ist somit in der Praxis zur Zeit nicht gegeben. Wir können uns deshalb auf die Behandlung der üblichen einfachen Berechnungsweise nach Torsion erster Art beschränken.

Berechnung der „reduzierten Länge" von Kurbelkröpfungen. Über die Reduktion von Kurbelkröpfungen sind zahlreiche Abhandlungen erschienen, in denen sich die Verfasser bemühten, allgemeingültige Formeln für die Berechnung der reduzierten Länge bzw. der Drehfederzahl von Kurbelwellen aufzustellen. Es hat sich jedoch als aussichtslos erwiesen, in allen Fällen die reduzierte Länge aus den Abmessungen der Kurbelwelle durch elastizitätstheoretische Rechnung zu bestimmen. Die dabei zu machenden Annahmen (z. B. hinsichtlich Lagerspiel, Verformung der Kurbelarme usw.) sind sehr unsicher, so daß ein befriedigendes Ergebnis nicht zustande kommt. Um zu einer brauchbaren Lösung zu kommen, wurden Verdrehungsversuche an zahlreichen Kurbelwellen durchgeführt, bei denen der Verdrehwinkel in Abhängigkeit von dem aufgebrachten Drehmoment gemessen wurde. Die Belastung der Kurbelwelle erfolgte hierbei in allen Fällen nach Torsion erster Art (siehe Ziff. 2,341). Auf Grund der so gewonnenen Versuchsergebnisse wurden Erfahrungsformeln für die Ermittlung der reduzierten Wellenlänge aufgestellt.

Wir wollen im folgenden nur diejenigen Formeln wiedergeben, die sich in der Praxis oft bewährt haben. Es sind dies die Formeln von GEIGER [30], SEELMANN [85], CARTER [17] und TUPLIN [97][1]. Alle diese Formeln enthalten im wesentlichen drei Glieder, die die Verdrehung der Wellenzapfen und der Kurbelzapfen sowie die Durchbiegung der Kurbelarme erfassen. Die Übereinstimmung der einzelnen Formeln in ihrem grundsätzlichen Aufbau läßt sich leicht erkennen, wenn man eine einheitliche Schreibweise und einheitliche Bezeichnungen wählt. In den folgenden Formeln bedeuten (vgl. Abb. 51):

l_W Länge des Wellenzapfens,
l_K Länge des Kurbelzapfens,
h Höhe des Kurbelarmes,
b Breite des Kurbelarmes,
D_W Außendurchmesser des Wellenzapfens,
d_W Innendurchmesser des Wellenzapfens,
D_K Außendurchmesser des Kurbelzapfens,
d_K Innendurchmesser des Kurbelzapfens,
r Kurbelhalbmesser,
J_W Polares Flächenträgheitsmoment des Wellenzapfens
$= \pi D_W^4/32$ (für Vollzapfen); $\pi (D_W^4 - d_W^4)/32$ (für Hohlzapfen),
J_K Polares Flächenträgheitsmoment des Kurbelzapfens
$= \pi D_K^4/32$ (für Vollzapfen); $\pi (D_K^4 - d_K^4)/32$ (für Hohlzapfen),
J_A Äquatoriales Trägheitsmoment des rechteckigen Kurbelarms $= h b^3/12$,
J_{red} Polares Flächenträgheitsmoment der Ersatzwelle (man wählt zweckmäßig: $J_{red} = J_W$).

Die Reduktionsformel nach GEIGER. Die Unklarheiten in der mathematischen Bestimmung der reduzierten Länge von Kurbelkröpfungen veranlaßten GEIGER selbst, die von ihm entwickelten Berechnungsformeln zu verlassen und eine empirische Formel mitzuteilen. Diese Formel wurde auf Grund von statischen Verdrehversuchen an schweren, langsam laufenden Maschinen aufgestellt und an zahlreichen stationären Dieselanlagen durch torsiographische Messungen auf ihre Brauchbarkeit geprüft. Demzufolge ist sie nur gültig für Motoren mit großen Abmessungen, also für Langsamläufer.

[1] In jüngster Zeit veröffentlichte die British Internal Combustion Engine Research Association eine neue als „BICERA-*Formel*“ bezeichnete Reduktionsformel. Diese lautet in unserer Schreibweise:

$$l_{red} = \left(a + l_W\right) \frac{J_{red}}{J_W} + 0{,}364 \frac{J_{red}}{J_A} + l_K \left(1 + 0{,}07 \frac{l_K^2}{r^2}\right) \frac{J_{red}}{J_K},$$

wobei $a = 11{,}61$ cm ist. Bei Anwendung dieser Formel ergaben sich bei 19 verschiedenen Dieselmotoren (Zylinderdurchmesser 105 bis 300 mm) maximale Abweichungen zwischen den vorausberechneten und den gemessenen Eigenschwingungszahlen von nur $\pm 3{,}5\%$ (siehe J. SMITH [85]).

Nach Geiger *ist* (Abb. 51):

$$l_{red} = (l_W + 0{,}4\,h)\,\frac{J_{red}}{J_W} + 0{,}773\,(r - z\,D_W)\,\frac{J_{red}}{J_A} + (l_K + 0{,}4\,h)\,\frac{J_{red}}{J_K}\,. \qquad (107)$$

Hierin ist z eine Verhältniszahl:

$$z = 0 \quad \text{für} \quad \frac{b}{D_W} = 1{,}6 \div 1{,}63 \quad \text{und} \quad \frac{r}{D_W} = 1{,}2 \div 0{,}92\,,$$

$$z = 0{,}3 \quad \text{für} \quad \frac{b}{D_W} = 1{,}33 \quad \text{und} \quad \frac{r}{D_W} = 1{,}07\,,$$

$$z = 0{,}4 \quad \text{für} \quad \frac{b}{D_W} = 1{,}49 \quad \text{und} \quad \frac{r}{D_W} = 0{,}84\,.$$

Der Einfluß von z auf l_{red} ist geringfügig. Zwischenwerte von z kann man daher schätzen, ohne einen nennenswerten Fehler zu begehen.

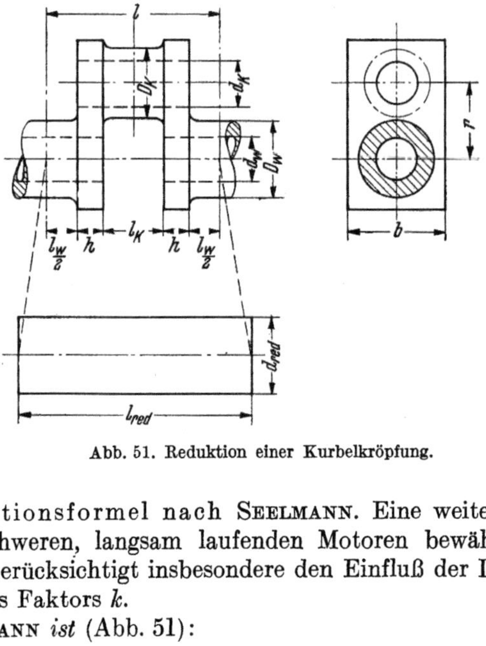

Abb. 51. Reduktion einer Kurbelkröpfung.

Die Reduktionsformel nach Seelmann. Eine weitere Formel, die sich ebenfalls bei schweren, langsam laufenden Motoren bewährt, hat Seelmann aufgestellt. Er berücksichtigt insbesondere den Einfluß der Lagerreaktion durch Einführung eines Faktors k.

Nach Seelmann *ist* (Abb. 51):

$$l_{red} = (l_W + 0{,}9\,h)\,\frac{J_{red}}{J_W} + k\left[0{,}755\,r\,\frac{J_{red}}{J_A} + (l_K + 0{,}9\,h)\,\frac{J_{red}}{J_K}\right]. \qquad (108)$$

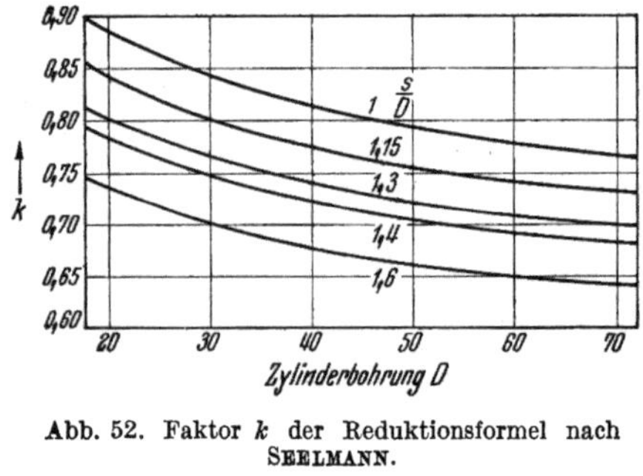

Abb. 52. Faktor k der Reduktionsformel nach Seelmann.

Der Faktor k ist nach Abb. 52 abhängig von der Zylinderbohrung D und dem Hubverhältnis s/D.

Die Reduktionsformel nach Carter. Eine rein empirische Formel, die sich auf Verdrehungsversuche an Wellen verschiedener Bauart von Schiffsmaschinen, Fahrzeug- und Flugmotoren stützt, hat Carter mitgeteilt. Bemerkenswert ist, daß sämtliche von ihm untersuchten Wellen ausgebohrte Kurbel- und

Wellenzapfen hatten. Die Formel ist im allgemeinen für schnellaufende Motoren brauchbar. Insbesondere liefert sie für Flugmotoren mit hohlen Kurbel- und Wellenzapfen gute Näherungswerte.

Nach Carter *ist* (Abb. 51):

$$l_{red} = (l_W + 0{,}8\,h)\,\frac{J_{red}}{J_W} + 1{,}274\,r\,\frac{J_{red}}{J_A} + 0{,}75\,l_K\,\frac{J_{red}}{J_K}. \tag{109}$$

Die Reduktionsformel nach Tuplin. Von Tuplin wurde festgestellt, daß die Carter-Formel im Grenzfall $r = 0$, also für eine gerade zylindrische Welle, deren Drehsteifigkeit sich nach Ziff. 2,331 berechnen läßt, nicht mehr stimmt. Er berücksichtigte diese Tatsache und teilte eine verbesserte Formel mit. Die Berechnung der reduzierten Längen der von Carter untersuchten Wellen [17] nach Tuplin ergab im Durchschnitt eine etwas bessere Übereinstimmung mit den Versuchswerten als die Berechnung nach Carter. Die Tuplin-Formel soll im allgemeinen für schnellaufende Motoren recht zuverlässige Werte ergeben.

Nach Tuplin *ist* (Abb. 51):

$$l_{red} = \frac{(l_W + 0{,}15\,D_W)}{1 - \left(\frac{d_W}{D_W}\right)^4}\,\frac{J_{red}}{J_W} + \left[10{,}186\,\frac{2h - 0{,}15\,(D_W + D_K)}{(b^4 - d_W^4)}\,J_A + \right. \tag{110}$$

$$\left. + 0{,}85\,r\left(0{,}065\,\frac{D_W}{h} + 0{,}58\right) + 0{,}0136\,\frac{b^2}{h}\right]\frac{J_{red}}{J_A} + \frac{(l_K + 0{,}15\,D_K)}{1 - \left(\frac{d_K}{D_K}\right)^4}\,\frac{J_{red}}{J_K}.$$

Bemerkungen zu den Reduktionsformeln. Die erwähnten Reduktionsformeln beziehen sich alle auf einfache symmetrische Kröpfungen mit bearbeiteten, rechtkantigen Kurbelarmen und Vollzapfen oder Hohlzapfen mit zylindrischen Bohrungen (Abb. 51). Bei abgeschrägten, elliptischen oder kreisförmigen Kurbelarmen ist für ihre Breite b ein mittlerer Wert in die Berechnungsformel einzusetzen. Unsicher ist die Wahl der Breite b bei gegossenen oder im Gesenk geschlagenen Kurbelwellen mit unbearbeiteten Wangen. Tonnenförmige oder elliptische Ausdrehungen der Kurbel- und Wellenzapfen bringen eine weitere Unsicherheit mit herein.

Um brauchbare Näherungswerte für die reduzierten Längen zu erhalten, muß man die Formeln sinngemäß anwenden. Man muß jeweils diejenige Reduktionsformel benutzen, die auf Grund von Verdrehversuchen an Wellen ähnlicher Bauart wie die der vorliegenden zu berechnenden Welle aufgestellt wurde. Nach sämtlichen Formeln die reduzierte Länge einer Kröpfung zu berechnen und aus den verschiedenen Ergebnissen den Mittelwert zu bilden, wäre sinnlos.

Reduktionsformeln für Kurbelkröpfungen nicht vollgelagerter Kurbelwellen. Die Formeln von Geiger, Seelmann, Carter und Tuplin beziehen sich alle auf Kröpfungen nach Abb. 51 mit beiderseitiger Lagerung, also auf Kröpfungen vollgelagerter Kurbelwellen (Kröpfungszahl i, Hauptlagerzahl $i + 1$). Bei nicht vollgelagerten Reihenmotoren, deren Hauptlagerzahl kleiner ist als die Kröpfungszahl, treten Kröpfungen mit zwei Kurbelzapfen nebeneinander oder Kröpfungen mit durchgehenden Zwischenwangen auf. In Tab. 6 sind empirische Formeln für solche Kröpfungen zusammengestellt.

Die Formeln für die Kröpfung mit zwei Kurbelzapfen nebeneinander ohne dazwischenliegendes Gegengewicht und die Kröpfungen mit gerader Zwischenwange hat Ker Wilson [98] mitgeteilt. Letztere entspricht in ihrem Aufbau der Carter-Formel.

Für die Kröpfung mit zwei Kurbelzapfen nebeneinander und dazwischenliegendem Gegengewicht — dies versteift die Kröpfung wesentlich — und für

Tabelle 6. Reduzierte Längen verschiedener Kurbelkröpfungen.

Benennung	Gestalt und Abmessungen	Reduzierte Länge
Kröpfung mit zwei Kurbelzapfen nebeneinander	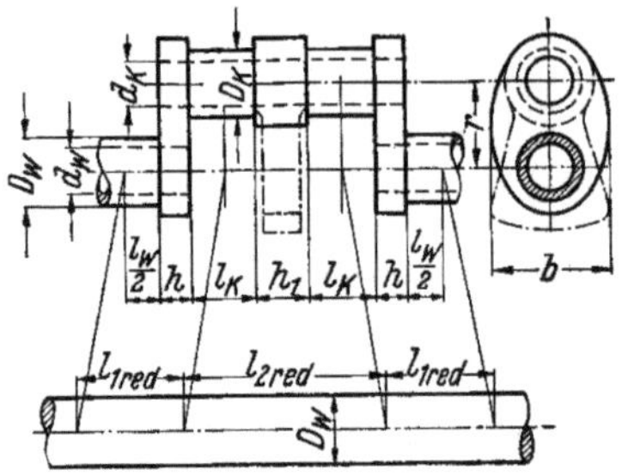	$2\, l_{1\,red} = l_{red}$ nach CARTER oder TUPLIN, $l_{2\,red} = \frac{(l_K + h_1')^3}{15\, r^3} \frac{J_{red}}{J_A} + 0{,}75\, h_1' \frac{J_{red}}{J_K}$, $h_1' = h_1 \frac{J_K}{J_1}$. $J_1 =$ polares Flächenträgheitsmoment des Zwischenstücks.
Doppelkröpfung mit gerader Zwischenwange $\delta_K = 180°$	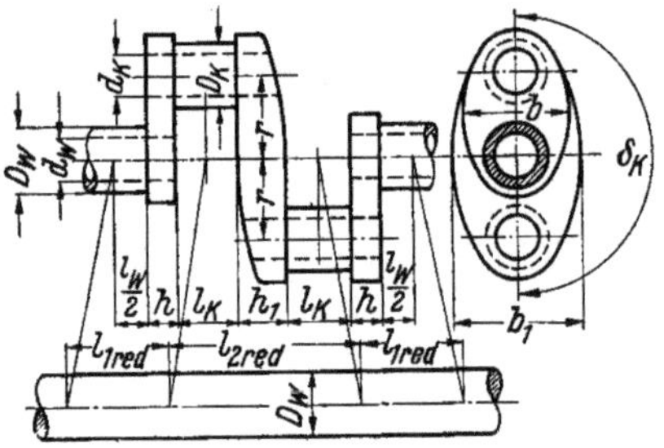	$2\, l_{1\,red} = l_{red}$ nach CARTER oder TUPLIN, $l_{2\,red} = 1{,}274\, r \frac{J_{red}}{J_{A_1}} + 0{,}75\, l_K \frac{J_{red}}{J_K}$, $J_{A_1} = \frac{h_1 b_1^3}{12}$.
Doppelkröpfung mit gerader Zwischenwange $\delta_K = 120°$	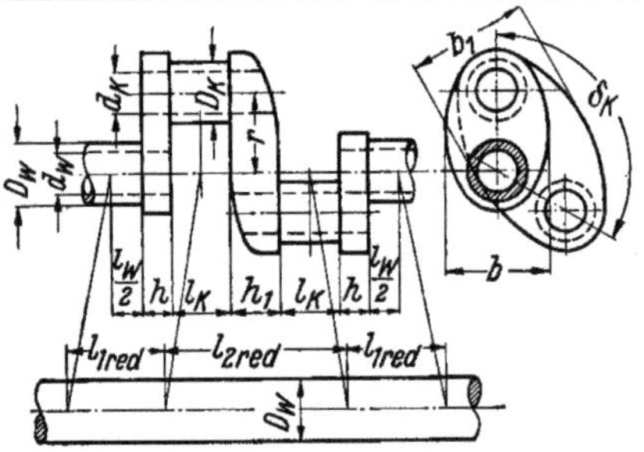	$2\, l_{1\,red} = l_{red}$ nach CARTER oder TUPLIN, $l_{2\,red} = 0{,}955\, r \frac{J_{red}}{J_{A_1}} + 0{,}75\, l_K \frac{J_{red}}{J_K}$, $J_{A_1} = \frac{h_1 b_1^3}{12}$.
Doppelkröpfung mit schräger Zwischenwange $\delta_K = 180°$	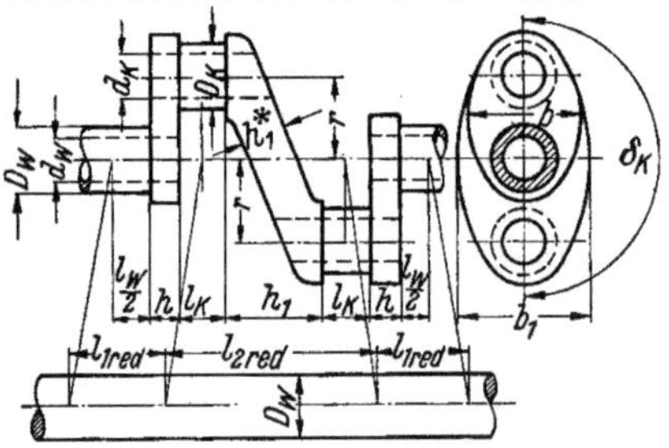	$2\, l_{1\,red} = l_{red}$ nach CARTER oder TUPLIN, $l_{2\,red} = 1{,}274\, r \frac{J_{red}}{J_{A_1}} \frac{h_1}{h_1^*} + 0{,}75\, l_K \frac{J_{red}}{J_K}$, $J_{A_1} = \frac{h_1 b_1^3}{12}$.
Doppelkröpfung mit schräger Zwischenwange $\delta_K = 120°$	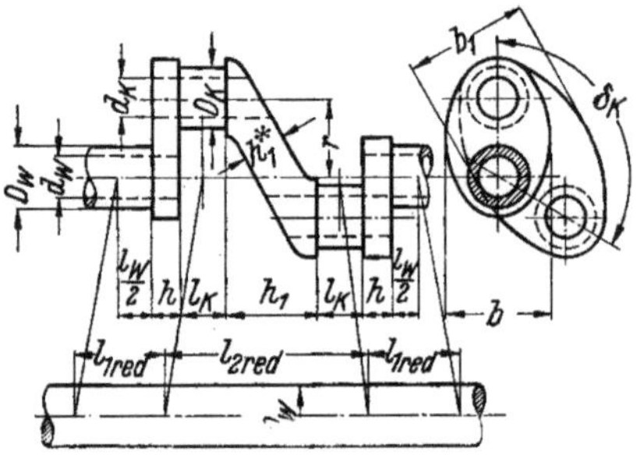	$2\, l_{1\,red} = l_{red}$ nach CARTER oder TUPLIN, $l_{2\,red} = 0{,}955\, r \frac{J_{red}}{J_{A_1}} \frac{h_1}{h_1^*} + 0{,}75\, l_K \frac{J_{red}}{J_K}$, $J_{A_1} = \frac{h_1 b_1^3}{12}$.

die Kröpfung mit schräger Zwischenwange wurden vom Verfasser die entsprechenden Formeln nach KER WILSON sinngemäß erweitert und durch statische und dynamische Messungen überprüft [42]. Es ergab sich gute Übereinstimmung mit den vorgeschlagenen Formeln.

2,34. Versuchsmäßige Ermittlung der Drehsteifigkeit von Kurbelwellen.

Eine exakte Berechnung der Drehsteifigkeit einer neuzeitlichen Kurbelwelle ist, wie bereits erwähnt, nicht möglich. Die näherungsweise Berechnung nach den angegebenen empirischen Formeln ist unsicher. Die Erfahrungsformeln liefern, insbesondere bei Kurbelwellen mit unbearbeiteten, im Gesenk geschlagenen Wangen verwickelter Form oft nur grobe Näherungswerte. Um zuverlässige Werte für die Drehsteifigkeit zu erhalten, ist man daher auf Messungen an der naturgroßen Kurbelwelle angewiesen.

2,341. Ermittlung der Drehsteifigkeit der Kurbelwelle durch statische Versuche.

Entsprechend den verschiedenen Betrachtungsweisen bei rechnerischen Untersuchungen sind auch bei den statischen Verdrehversuchen die beiden Belastungsfälle nach Torsion erster Art und nach Torsion zweiter Art zu unterscheiden. Wie unter Ziff. 2,332 dargelegt, ist die Notwendigkeit der verwickelteren Schwingungsrechnung nach Torsion zweiter Art in der Praxis normalerweise nicht gegeben. Wir sind deshalb auf Einzelheiten des Berechnungsverfahrens nicht eingegangen und haben auf das einschlägige Schrifttum hingewiesen. Es erübrigt sich somit auch, die Versuchsverfahren zur Ermittlung der Drehsteifigkeit zweiter Art (bzw. der Torsionseinflußzahlen der Haupt- und Nebentorsionen), die dieser Rechnung zugrunde zu legen sind, zu besprechen.

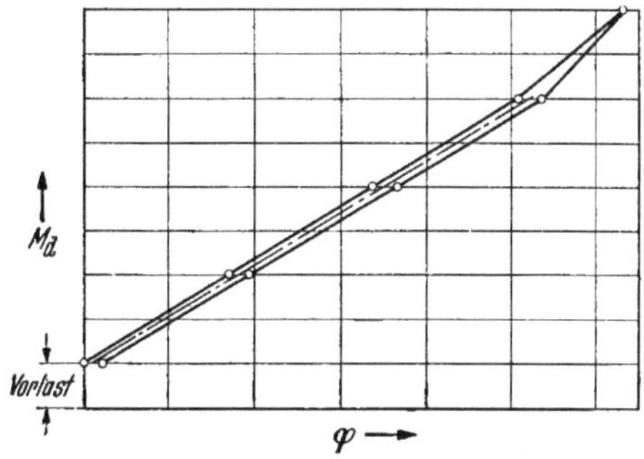

Abb. 53. Federkennlinie einer Kurbelkröpfung nach statischer Messung.

Ermittlung der Drehsteifigkeit erster Art. Die im Kurbelgehäuse betriebsmäßig gelagerte Kurbelwelle wird durch Drehmomente, die an den beiden Wellenenden angreifen, stufenweise belastet und wieder entlastet. Die hierbei entstehenden Verdrehungen der einzelnen Kröpfungen werden mit Hilfe von Spiegeln, die auf die Kurbelzapfen aufgesetzt sind, und Ablesefernrohren gemessen. Die Verdrehungen werden abhängig vom aufgebrachten Moment aufgezeichnet und die sich hierbei ergebenden Federkennlinien durch eine mittlere Gerade ersetzt (Abb. 53).

Versuchsaufbau und Belastungseinrichtung. Lageranordnung, Lagerspiel, Lagerreibung und Gehäusedeformation haben einen bedeutenden Einfluß auf die Größe der Verformungen der Welle und damit auf die Drehsteifigkeit. Deshalb müssen die Versuche bei betriebsmäßiger Lagerung der Kurbelwelle im Kurbelgehäuse durchgeführt werden.

Eine einfache Versuchsanordnung zeigt beispielsweise Abb. 54. Am Schwungradflansch ist ein Doppelhebel angeschraubt, der sich gegen das Fundament über einen Zuganker und einen einstellbaren Druckanker abstützt. Ebenfalls ist am freien Wellenende an einem Flansch ein Doppelhebel befestigt. In gleicher Entfernung von der Wellenmitte sind an beiden Hebelenden gehärtete Schneiden angebracht. Auf der einen Seite des Hebels hängt ein Bügel zur Aufnahme von Gewichten, während auf der anderen Seite mittels einer Dezimalwaage eine nach oben gerichtete Kraft auf das unten liegende Schneidenstück ausgeübt werden kann. Der Druck der Waage nach oben wird bei jedem Versuch gleich der hängenden Belastung auf der anderen Hebelseite gemacht. Es wird

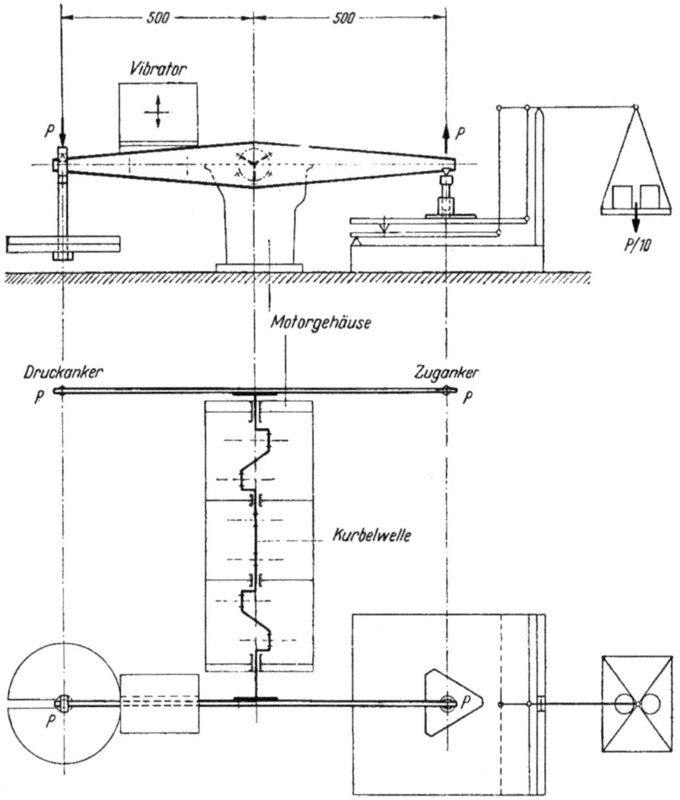

Abb. 54. Versuchsanordnung für statische Torsion erster Art.

also am freien Wellenende ein reines Drehmoment aufgebracht, das auf der Schwungradseite abgefangen wird. Die Lager bleiben frei von Belastungskräften. Man kann natürlich auch umgekehrt verfahren, indem man das Drehmoment am Schwungradflansch einleitet und am freien Wellenende abfängt.

Das Abfangen des Drehmoments am freien Kurbelwellenende ist praktisch nicht durchführbar, wenn die Kurbelwelle über das äußerste Wellenlager nicht hinausragt oder das hinausragende Wellenstück einen wesentlich kleineren Durchmesser besitzt als die Wellenzapfen, so daß kein genügend großes Drehmoment eingeleitet werden kann. In diesem Fall ist man gezwungen, das Drehmoment an der letzten Kurbelkröpfung abzufangen. Nach dem von J. Geiger [33] angegebenen Verfahren werden Kurbelkröpfung und Pleuelstange des letzten Zylinders unter 90° gestellt, so daß die Pleuelstangenkraft tangential an der

Kröpfung angreift. Zwischen Kolbenoberkante und Zylinderdeckel wird ein ringförmiges Zwischenstück von solcher Länge eingebaut, daß dadurch der Zwischenraum zwischen beiden gerade ausgefüllt wird. Leitet man nun am Schwungradflansch ein Drehmoment im richtigen Sinne ein, so wirkt dieses als Drehkraft an der letzten Kröpfung über den Kurbelzapfen auf die Pleuelstange und den Kolben und wird mittels des Zwischenringes vom Zylinderdeckel abgefangen. Um einen gleichmäßigen Druck auf den Kolben zu erzielen, legt man zweckmäßig zwischen Kolben und Zwischenring einen einige Millimeter dicken Bleiring. Wie J. GEIGER mitteilt, hat sich die Versuchsanordnung in den langen Jahren seiner Anwendung bestens bewährt.

Anmerkung: Die Belastungsweise nach GEIGER ist nicht identisch mit der Belastung nach Torsion zweiter Art. Sie entspricht auch nicht genau der Torsion erster Art, da der Belastungs- und Verformungszustand in der Nähe der Abstützung der Kurbelkröpfung von dem der Torsion erster Art wesentlich abweicht. Es handelt sich hier um eine Art „gemischter Torsion".

Meßeinrichtung. Die Verdrehungen der Kurbelwellenteile werden, wie schon erwähnt, zweckmäßig mit Hilfe von kleinen Spiegeln sowie Fernrohren und Skalen gemessen. Dabei werden die Spiegel in der Regel entweder auf Mitte Kurbelzapfen aufgekittet oder mit Hilfe geteilter Bügel (mit Schneidenauflage) aufgeklemmt.

Maßgebend für die Drehsteifigkeit sind die Winkelverdrehungen, die nach der Vorschrift von R. GRAMMEL, K. KLOTTER und K. v. SANDEN [40] zu messen sind als „Neigungswinkel zweier gedachter Zeiger, die um die geometrische Achse der Welle drehbar in zwei benachbarten Kröpfungen jeweils in Mitte der Kröpfung angebracht sind und von den Kurbelzapfen bei der Verformung mitgenommen werden". Diese Festlegung entspricht der bei der Schwingungsrechnung gemachten Annahme, daß die Welle masselos und die gesamte Masse eines Kurbeltriebs punktförmig auf dem Kurbelzapfen vereinigt zu denken ist.

Die Fernrohrablesung mit Spiegel gestattet jedoch nur, Verdrehungen des Spiegels zu messen. Verschiebungen des Spiegels, wie sie bei Kurbelzapfensenkungen auftreten (die einer Verdrehung des Kurbelzapfens um die Wellenachse entsprechen), lassen sich hiermit nicht feststellen. Die Fernrohrablesung mit auf Mitte Kurbelzapfen befestigtem Spiegel genügt daher der oben erwähnten Vorschrift für die Messung der Winkelverdrehung nicht. Bei vollgelagerten Wellen (Kurbelwellen mit einem Wellenlager zwischen je zwei Kröpfungen) erhält man jedoch praktisch ausreichende Näherungswerte für die Drehsteifigkeit. Bei Kurbelwellen mit schrägen Zwischenwangen dagegen ergeben sich zu kleine Winkel und damit zu große Drehfederzahlen.

Eine genauere Messung des für die Drehsteifigkeit maßgebenden Verdrehungswinkels gestattet die in Abb. 55 dargestellte Spiegelanordnung. Auf einem Hebel, der um die Wellenachse drehbar gelagert ist, ist ein einstellbarer Spiegel befestigt. Der Hebel stützt sich gegen den Kurbelzapfen tangential zum Kurbelradius ab und wird bei der Verformung der Welle mitgenommen. Die Meßanordnung entspricht also der oben erwähnten Versuchsvorschrift. Es treten jedoch auch hier Meßfehler auf. Wegen des Lagerspiels und der Nachgiebigkeit des Lagerwerkstoffs weichen nämlich bei der Belastung der Kurbelwelle die Wellenzapfen radial aus und stellen sich schief. In diesem Fall fällt die Achse des Tasthebels nicht mehr mit der für die Verdrehung maßgebenden geometrischen Achse zusammen. Die auftretenden Meßfehler sind jedoch bei Torsion erster Art vernachlässigbar klein.

Einfluß der Reibung. Die bei den statischen Verdrehversuchen auftretende mehr oder weniger unkontrollierbare Reibung in den Wellenlagern infolge der Verformung der Welle wirkt sich störend auf den statischen Versuch aus. Läßt man die Belastung stufenweise anwachsen und wieder abnehmen, so treten manchmal so starke Abweichungen zwischen Hin- und Rückgang auf, daß eine genaue Auswertung nicht möglich ist. Man kann die Reibung auf ein erträg-

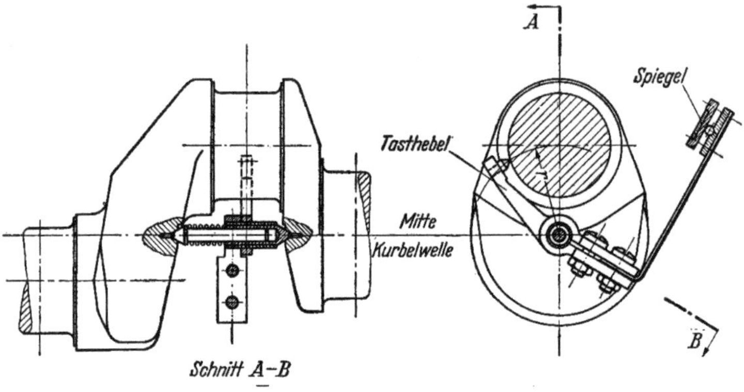

Abb. 55. Spiegelanordnung bei statischer Torsion.

liches Maß herabsetzen, wenn man dünnes Lageröl verwendet und unter der statischen Belastung die Kurbelwelle zu Drehschwingungen erregt. Diese können mit Hilfe eines mechanischen oder eines elektrischen Schwingungserregers hervorgerufen werden. Die Abb. 54 zeigt, in welcher Weise z. B. ein elektrischer Vibrator angebracht werden kann.

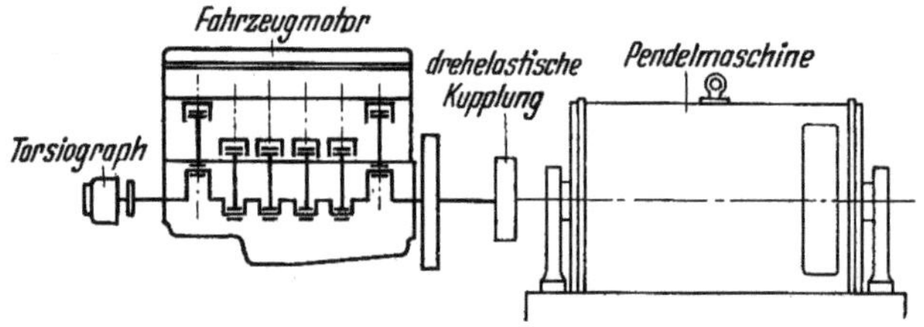

Abb. 56. Versuchsanordnung für torsiographische Messung am laufenden Motor.

2,342. Ermittlung der Drehsteifigkeit der Kurbelwelle durch dynamische Versuche.

Die Drehsteifigkeit der Kurbelwelle ergibt sich am genauesten aus Schwingungsmessungen, die bei umlaufender oder nichtumlaufender Kurbelwelle durchgeführt werden können.

In Abb. 56 ist eine für die Drehschwingungsmessung bei umlaufender Kurbelwelle geeignete Versuchsanordnung schematisch dargestellt. Zwischen Motor und Pendelgenerator ist eine sehr weiche drehfedernde Kupplung geschaltet. Dadurch wird erreicht, daß die Massen des Generators das zu untersuchende Schwingungssystem nicht beeinflussen. Am freien Kurbelwellenende ist das Drehschwingungsmeßgerät (Torsiograph) angebracht. Mißt man im Betriebszustand des Motors mit Hilfe des Schwingungsmeßgerätes die Eigenschwingungszahl des Systems

„Kurbelwelle mit den daran anschließenden Triebwerksteilen", so lassen sich aus der gemessenen Eigenschwingungszahl und den durch Rechnung oder Versuch bestimmten Massenträgheitsmomenten des Systems nach der Schwingungsrechnung (Ziff. 2,4) die Drehfederzahlen der Kurbelkröpfungen bestimmen. Das Verfahren ist aber nur bei homogenen Motoren, d. s. solche, deren Kurbeltriebe (Kolben, Pleuelstangen, Kröpfungen) alle unter sich gleich sind, anwendbar. Bei inhomogenen Motoren, also solchen, deren Kurbeltriebe und damit Kröpfungen verschieden sind, können auf Grund von torsiographischen Messungen am laufenden Motor die Drehfederzahlen der einzelnen Kröpfungen nicht ermittelt werden. Bei Fahrzeugmotoren hat man es häufig mit inhomogenen (nicht vollgelagerten) Kurbelwellen zu tun.

Die Drehfederzahlen der einzelnen Kröpfungen solcher Kurbelwellen können nur errechnet werden, wenn außer der Eigenschwingungszahl und den Massenträgheitsmomenten des Triebwerksystems auch die Schwingungsform (Ausschläge der einzelnen Kurbelzapfen und der Wellenenden) bekannt ist. Die Schwingungsform läßt sich zur Zeit auf einfache Weise nur bei nichtumlaufender Kurbelwelle

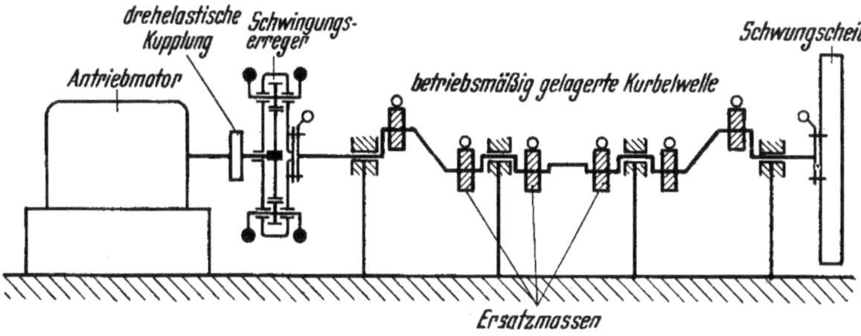

Abb. 57. Versuchsanordnung für dynamische Messung an der nichtumlaufenden Kurbelwelle.

messen. Das Schema des hierzu notwendigen Versuchsaufbaus zeigt Abb. 57. Die Kurbelwelle ist betriebsmäßig gelagert und mit den Ersatzmassen von Kolben und Pleuelstangen sowie der Schwungscheibe versehen. Mit Hilfe eines von einem Elektromotor angetriebenen Fliehkrafterregers wird die Kurbelwelle zu Drehschwingungen erregt und durch stetige Veränderung der Drehzahl der Unwuchten der Resonanzzustand aufgesucht. Hierbei werden die Schwingungsausschläge — zweckmäßig optisch durch aufgesetzte Spiegel — an allen Kröpfungen und an den Wellenenden gleichzeitig gemessen. Die Eigenschwingungszahl des Prüfstandsystems ist gleich der Drehzahl des Fliehkrafterregers bei Resonanz. Macht man die Masse des Fliehkrafterregers den am freien Wellenende des betriebsmäßigen Motors aufgesetzten Massen gleich, so ergibt der Versuch unmittelbar die Eigenschwingungszahl des wirklichen Triebwerksystems.

Aus der Kenntnis der Eigenschwingungszahl, der Schwingungsausschläge und der Massenträgheitsmomente ergeben sich die Drehfederzahlen der einzelnen Wellenabschnitte durch die Schwingungsrechnung, z. B. nach Holzer-Tolle. Der Versuch ist verhältnismäßig einfach durchführbar und liefert recht zuverlässige Werte für die Drehfederzahlen der einzelnen Kröpfungen.

2,35. Reduktion der Massen und Längen bei Systemen mit Übersetzungsgetrieben.

Eine Wellenanlage mit Übersetzungsgetriebe läßt sich mit Hilfe einer Energiebetrachtung in einfacher Weise auf ein Ersatzsystem aus einer glatten, durchlaufenden Welle mit einzelnen Drehmassen zurückführen.

Zwei Systeme sind energetisch gleichwertig, wenn die kinetische Energie und die potentielle Energie der beiden Systeme den gleichen Wert haben.

Bezeichnen wir mit E_k bzw. E_p die kinetische bzw. potentielle Energie des ursprünglichen Systems und mit E_k' und E_p' die Energien des reduzierten Systems, so muß also sein:

$$E_k = E_k' \quad \text{und} \quad E_p = E_p'.$$

Beispiel 1: Das in Abb. 58 dargestellte System mit Zahnradübersetzung soll auf ein gleichwertiges, nicht übersetztes Ersatzsystem zurückgeführt werden. Die Massen der Wellen seien vernachlässigbar klein und ferner soll angenommen werden, daß die Zähne starr sind und ohne Spiel ineinandergreifen.

Es ist zweckmäßig, den einen Systemteil auf den unveränderten anderen zu reduzieren. Die reduzierten Drehfederzahlen und Massenträgheitsmomente bezeichnen wir mit c' und Θ'.

1. Reduktion auf Welle *2*. Die Welle *1* habe die Winkelgeschwindigkeit ω_1; damit wird

$$E_{k_1} = \frac{1}{2} (\Theta_1 + \Theta_2)\, \omega_1^2.$$

Ist $i = R/r > 1$ das Übersetzungsverhältnis, so hat die Welle *2* die Winkelgeschwindigkeit $\omega_2 = \omega_1/i$, und man erhält

$$E_{k_1}' = \frac{1}{2} (\Theta_1' + \Theta_2')\, \omega_2^2.$$

Durch Gleichsetzen der kinetischen Energien ergibt sich

$$\Theta_1' = \Theta_1 i^2 \quad \text{und} \quad \Theta_2' = \Theta_2 i^2.$$

Die Welle *1* werde hierbei durch ein Drehmoment M_1 beansprucht; dann wird

$$E_{p_1} = \frac{1}{2} \frac{M_1^2}{c_1}.$$

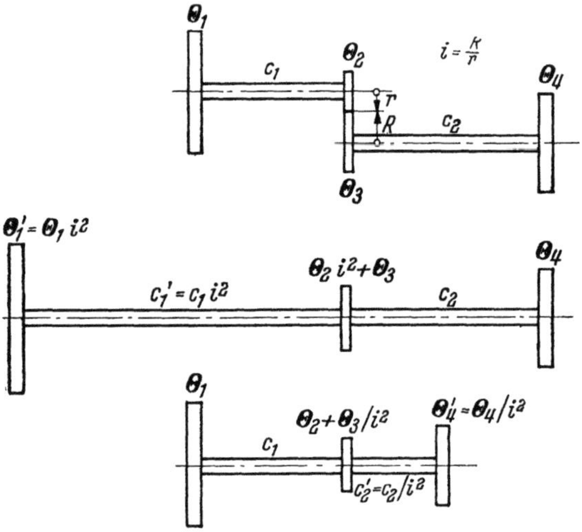

Abb. 58. Reduktion eines Dreimassensystems mit Übersetzungsgetriebe auf ein nicht übersetztes Ersatzsystem.

Das auf Welle *2* übertragene Drehmoment hat dann mit $i = R/r > 1$ die Größe $M_1 i$; damit wird

$$E_{p_1}' = \frac{1}{2} \frac{M_1^2 i^2}{c_1'}.$$

Durch Gleichsetzen der potentiellen Energien ergibt sich

$$c_1' = c_1 i^2.$$

2. Reduktion auf Welle *1*. Wählen wir nun als Bezugswelle die Welle *1*, so erhalten wir ganz analog

$$\Theta_3' = \frac{\Theta_3}{i^2}; \qquad \Theta_4' = \frac{\Theta_4}{i^2}; \qquad c_2' = \frac{c_2}{i^2}.$$

In Abb. 58 sind die beiden Ersatzsysteme dargestellt. (Die reduzierten Wellenlängen errechnen sich aus den c- und J_p-Werten nach Ziff. 2,33.)

Allgemein ergibt sich folgende **Reduktionsregel:** Reduziert man auf die langsamer laufende Getriebeseite, so sind die Massenträgheitsmomente (Θ) und die

Drehfederzahlen (c) des schneller laufenden Systemteils mit dem Quadrat des Übersetzungsverhältnisses ($i > 1$) zu multiplizieren; reduziert man auf die schneller laufende Getriebeseite, so sind die Massenträgheitsmomente und Drehfederzahlen des langsamer laufenden Systemteils durch das Quadrat des Übersetzungsverhältnisses ($i > 1$) zu dividieren.

Beispiel 2: Wenden wir diese Reduktionsregel auf die in Abb. 59 dargestellte Getriebekette an und wählen wir die Welle *1* als Bezugswelle, so ergibt sich:

$$\Theta'_1 = \Theta_1, \qquad c'_1 = c_1,$$

$$\Theta'_{23} = \Theta_2 + \frac{\Theta_3}{i_1^2}, \qquad c'_2 = \frac{c_2}{i_1^2},$$

$$\Theta'_4 = \frac{\Theta_4}{i_1^2}, \qquad c'_3 = \frac{c_3}{i_1^2},$$

$$\Theta'_{56} = \frac{\Theta_5}{i_1^2} + \Theta_6 \frac{i_2^2}{i_1^2}, \qquad c'_4 = c_4 \frac{i_2^2}{i_1^2},$$

$$\Theta'_7 = \Theta_7 \frac{i_2^2}{i_1^2}, \qquad c'_5 = c_5 \frac{i_2^2}{i_1^2},$$

$$\Theta'_8 = \Theta_8 \frac{i_2^2}{i_1^2}.$$

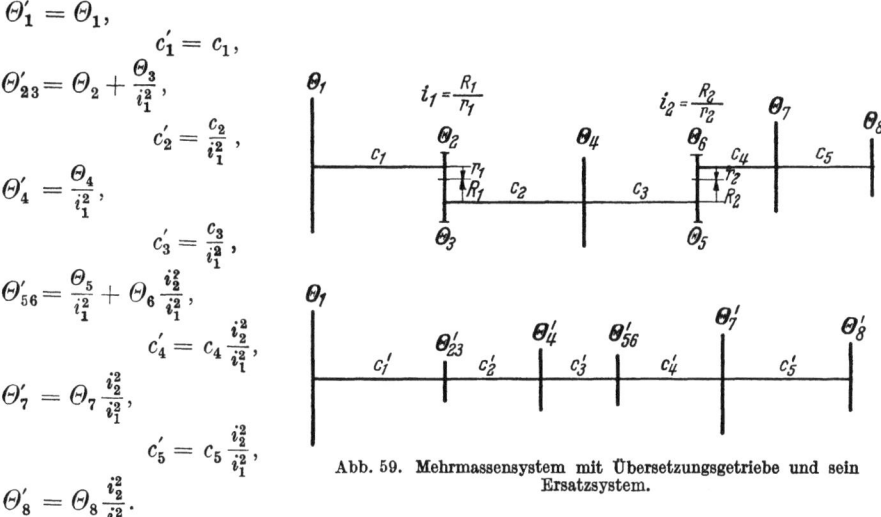

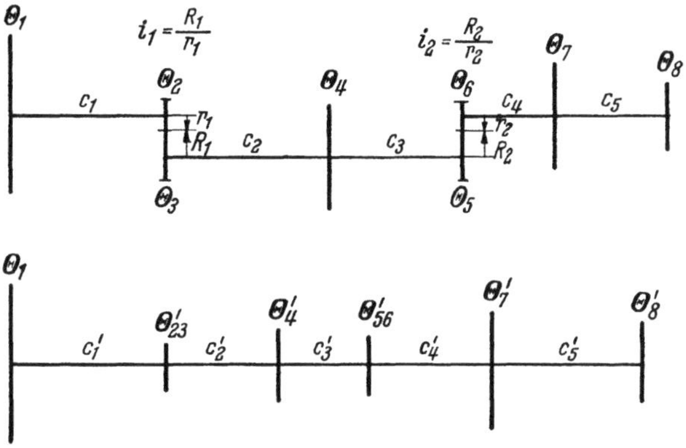

Abb. 59. Mehrmassensystem mit Übersetzungsgetriebe und sein Ersatzsystem.

2,4. Ermittlung der Eigenschwingungszahlen und Eigenschwingungsformen von Kolbenmaschinenanlagen.

Wie unter Ziff. 2,332 dargelegt wurde, können wir uns auf die Schwingungsrechnung nach Torsion erster Art beschränken, da diese in allen praktischen Fällen ausreichend genaue Eigenschwingungszahlen liefert.

Unsere Aufgabe besteht also in der Ermittlung der Eigenfrequenzen eines dämpfungsfreien, drehschwingungsfähigen Systems, das aus glatten Wellenstücken und Scheiben konstanter Massenträgheitsmomente besteht. Die stets vorhandenen Dämpfungskräfte dürfen hierbei unberücksichtigt bleiben, da diese die Eigenfrequenzen nur unwesentlich beeinflussen.

Aus der Vielzahl der Verfahren[1], die für die Bestimmung der Eigenfrequenzen entwickelt wurden, wollen wir diejenigen herausgreifen, die für die praktische Rechnung am geeignetsten sind.

Für *Anlagen mit inhomogenen Maschinen*, d. h. solchen, deren Drehmassen und Drehfedern, wegen der Verschiedenheit der Kurbeltriebe, nicht einander gleich sind, führt im allgemeinen das Verfahren von Baranow [4] am schnellsten zum Ziel. Sollen außer den Schwingungszahlen auch die Schwingungsformen angegeben werden, so benutzen wir das Verfahren von Holzer-Tolle [44 u. 96], wobei wir der Rechnung die nach Baranow ermittelten Werte zugrunde legen.

[1] Aus der großen Zahl von vorgeschlagenen Verfahren erörterte K. Klotter [55] 33 Verfahren, wobei er diese einer systematischen Betrachtung unterwarf, sie insbesondere daraufhin untersuchte, worin der jeweilige Grundgedanke besteht und wie der betreffende Vorschlag mit anderen Vorschlägen zusammenhängt.

Für *Anlagen mit homogenen Maschinen*, d. h. solchen mit unter sich gleichen Kurbeltrieben, bei denen also eine Anzahl Drehmassen und Drehfedern einander gleich sind, kann bisweilen die Rechnung wesentlich vereinfacht werden, wie in Ziff. 2,43 gezeigt wird. Zahlreiche Verfahren sind für diesen Sonderfall entwickelt worden. Die wichtigsten von ihnen werden in Ziff. 2,432 kurz besprochen.

2,41. Ermittlung der Eigenschwingungszahlen nach Baranow.

G. Baranow [4] geht vom Verfahren von Kutzbach [58] aus, das auf der Aufteilung des vorliegenden n-Massensystems in Teilsysteme gleicher Eigenfrequenz beruht. Diese Aufteilung geschieht auf graphischem Wege mittels des Seilecks.

Das Verfahren von Kutzbach liefert nur für die höchste Eigenfrequenz [Schwingung $(n-1)$-ten Grades mit $n-1$ reellen Knoten] den genauen Wert, für die

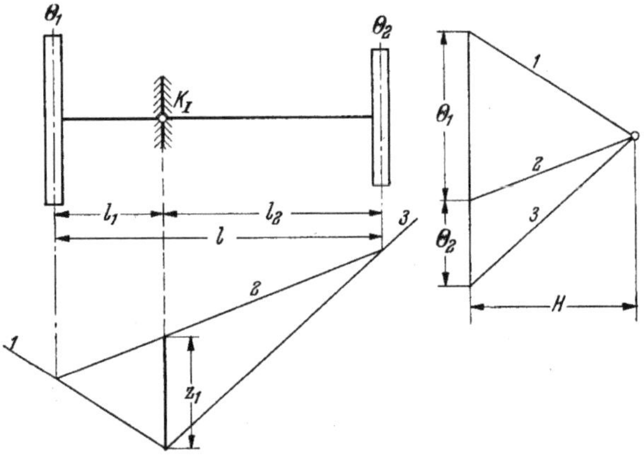

Abb. 60. Ermittlung der Eigenschwingungszahl eines Zweimassensystems nach Kutzbach-Baranow.

übrigen Eigenfrequenzen jedoch nur Näherungswerte, die sich von den genauen Werten oft beträchtlich unterscheiden. Nach dem Verfahren von Baranow erhält man dagegen die streng richtigen Werte aller Eigenfrequenzen (natürlich innerhalb der Genauigkeit der zeichnerischen Ausführung). Es läßt sich nämlich beweisen, daß die Frequenzen der nach Baranow reduzierten Systeme mit $n-1$, $n-2$, $n-3$, ... und 2 Massen mit den Frequenzen $(n-2)$-, $(n-3)$-, $(n-4)$-, ..., 1-ten Grades des ursprünglichen n-Massensystems übereinstimmen. (Beweis siehe Anhang S. 189.)

Die Durchführung des Verfahrens von Baranow ist allen anderen graphischen Methoden an Einfachheit überlegen. Im folgenden erläutern wir zunächst das Vorgehen am Zwei-, Drei- und Viermassensystem. Anschließend geben wir die Durchführung des Verfahrens für das n-Massensystem an.

Das Zweimassensystem. In Abb. 60 ist ein Zweimassensystem, bestehend aus den Trägheitsmomenten Θ_1 und Θ_2 und der sie verbindenden Welle von der Länge l dargestellt. Nach Baranow faßt man Θ_1 und Θ_2 als parallele Kräfte auf und bestimmt mit dem beliebig gewählten Polabstand H das Krafteck und das zugehörige Seileck. Aus der Abb. 60 folgt:

$$\Theta_1 l_1 = \Theta_2 l_2 .$$

Wir erkennen, daß K_I der Schwingungsknoten des Zweimassensystems ist.

Für die Eigenkreisfrequenz gilt nach Gl. (56c):

$$\omega = \sqrt{\frac{c_1}{\Theta_1}} = \sqrt{\frac{c_2}{\Theta_2}},$$

wobei $c_1 = \frac{JG}{l_1}$ und $c_2 = \frac{JG}{l_2}$ die Drehfederzahlen der beiden Teilsysteme links und rechts vom Knoten sind. Somit ist

$$\omega = \sqrt{\frac{JG}{\Theta_1 l_1}} = \sqrt{\frac{JG}{\Theta_2 l_2}}.$$

Ferner folgt aus der Abb. 60

$$\Theta_1 l_1 = \Theta_2 l_2 = z_1 H.$$

Damit ergibt sich für die Eigenkreisfrequenz:

(111) $$\omega = \sqrt{\frac{JG}{z_1 H}}.$$

Hierin ist:

J polares Flächenträgheitsmoment der Ersatzwelle,
G Gleitmodul des Wellenwerkstoffes,
z_1 im Längenmaßstab zu messen
(1 cm der Zeichnung ≙ . . . cm in Wirklichkeit),
H im Trägheitsmaßstab zu messen
(1 cm der Zeichnung ≙ . . . cmkgs² in Wirklichkeit).

Das Dreimassensystem. Beim Dreimassensystem treten zwei Schwingungsformen, eine zweiknotige (Schwingung II. Grades) und eine einknotige (Schwingung I. Grades) auf.

Die Schwingung II. Grades erhalten wir, wenn wir das Dreimassensystem in zwei Zweimassensysteme aufteilen, die gleiche Eigenfrequenz haben. Wir haben also Θ_2 in Θ_2' und Θ_2'' so zu zerlegen, daß die Schwingungszahlen der beiden Teilsysteme (Θ_1, Θ_2') und (Θ_2'', Θ_3) übereinstimmen. Im einzelnen gehen wir hierbei wie folgt vor:

Wir zeichnen zunächst das Dreimassensystem in geeignetem Längenmaßstab auf und ermitteln das zugehörige Kraft- und Seileck der Massenträgheitsmomente (Abb. 61). Dann legen wir durch den Punkt A (durch Probieren) einen Strahl s_1 so, daß seine Schnittpunkte mit den Begrenzungsstrahlen des Seilecks von den darüberliegenden Seilstrahlen in senkrechter Richtung den gleichen Abstand z_2 haben. Die Parallele zu diesem Strahl s_1 durch den Pol P des Kraftecks teilt Θ_2 in die gesuchten Teilstücke Θ_2' und Θ_2''. Die Schnittpunkte der Verlängerungen der Strecken z_2 mit den Teilsystemen und dem Dreimassensystem bestimmen die Knoten K_{II}' und K_{II}'' der Teilsysteme $(\Theta_1 \Theta_2')$ und $(\Theta_3 \Theta_2'')$ und die beiden Knoten K_{II} des Dreimassensystems, denn es ist (Abb. 61):

$$\Theta_1 l_1' = \Theta_2' l_1'' = \Theta_2'' l_2' = \Theta_3 l_2'' = \Theta_2 \frac{l_1'' l_2'}{l_1'' + l_2'}.$$

Die Kreisfrequenz jedes der so entstandenen Zweimassensysteme ergibt sich entsprechend der oben abgeleiteten Beziehungen für das Zweimassensystem zu:

(112) $$\omega_{II} = \sqrt{\frac{JG}{z_2 H}}.$$

Zur Bestimmung der Schwingung I. Grades denken wir uns das Trägheitsmoment $(\Theta_1 + \Theta_2')$ im Knoten K'_{II}, das Trägheitsmoment $(\Theta_2'' + \Theta_3)$ im Knoten K''_{II} vereinigt. Wir erhalten ein Zweimassensystem, dessen zugehöriges Krafteck und Seileck und damit die Strecke z_1 durch die oben durchgeführte Konstruktion bereits gegeben sind (Abb. 61). Die Kreisfrequenz der Schwingung I. Grades ist somit nach Gl. (111):

$$\omega_{\text{I}} = \sqrt{\frac{J\,G}{z_1\,H}}.$$

Durch die Lage der Strecke z_1 ist der Knoten K'_{I} des gedachten Zweimassen-

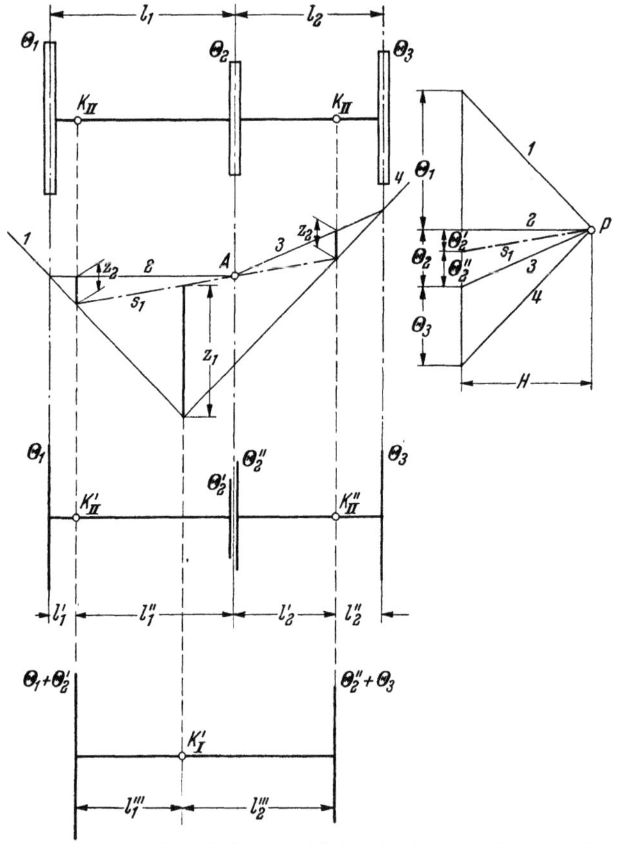

Abb. 61. Ermittlung der Eigenschwingungszahl eines Dreimassensystems nach BARANOW.

systems festgelegt, jedoch nicht der Knoten K_{I} des Dreimassensystems, denn es ist:

$$(\Theta_1 + \Theta_2')\,l_1''' \neq \Theta_1\,(l_1' + l_1''').$$

Das Viermassensystem. In Abb. 62 ist das Verfahren für ein Viermassensystem durchgeführt. Zunächst teilen wir die Trägheitsmomente Θ_2 und Θ_3 derart auf, daß die Frequenzen der Teilsysteme (Θ_1, Θ_2'), (Θ_2'', Θ_3') und (Θ_3'', Θ_4) übereinstimmen. Wir erreichen dies, indem wir durch die beiden Ecken A_1 und A_2 des Seilecks zwei Strahlen s_2 derart legen, daß ihre Schnittpunkte miteinander und mit den Schlußstrahlen des Seilecks von den senkrecht über diesen liegenden

Seileckstrahlen gleiche Abstände z_3 besitzen. Die Parallelen zu den beiden Strahlen s_2 durch den Pol P des Kraftecks teilen die Trägheitsmomente Θ_2 und Θ_3 in je zwei Teile, und wir erhalten drei Zweimassensysteme gleicher Eigenfrequenz:

$$\omega_{\mathrm{III}} = \sqrt{\frac{J\,G}{z_3\,H}}. \tag{113}$$

Denkt man sich nun Θ_1 und Θ_2', Θ_2'' und Θ_3' sowie Θ_3'' und Θ_4 in den Knoten K_{III}', K_{III}'' und K_{III}''' vereinigt, so erhält man ein Dreimassensystem, dessen Frequenzen sich nach Gln. (111) und (112) errechnen.

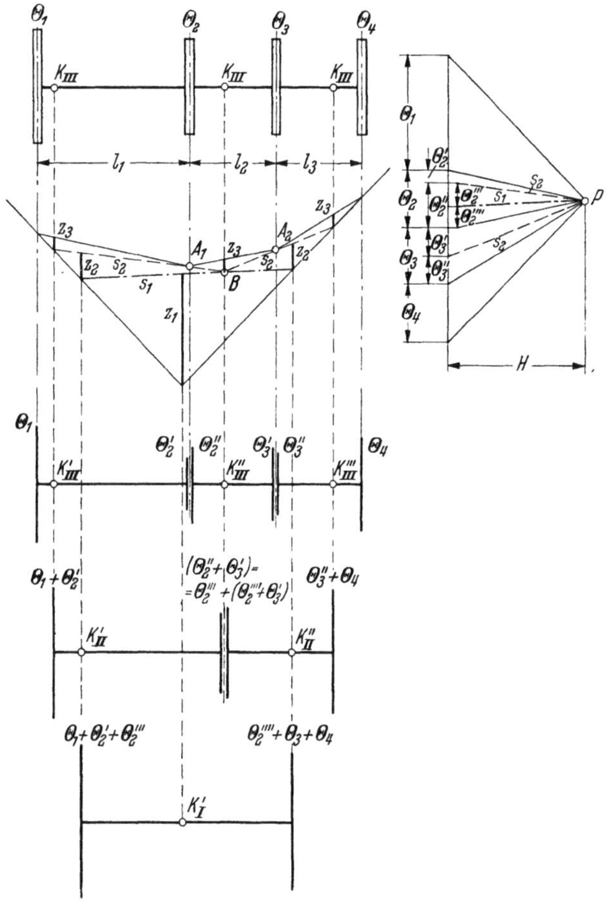

Abb. 62. Ermittlung der Eigenschwingungszahlen eines Viermassensystems nach BARANOW.

Es ist:

$$\omega_{\mathrm{I}} = \sqrt{\frac{J\,G}{z_1\,H}} \quad \text{und} \quad \omega_{\mathrm{II}} = \sqrt{\frac{J\,G}{z_2\,H}}.$$

Die Ermittlung der Strecken z_1 und z_2 für das Dreimassensystem ist uns bereits bekannt (vgl. Abb. 60 und 61).

In analoger Weise verfahren wir bei Systemen mit mehreren Massen. Das Verfahren ist für ein Siebenmassensystem in Abb. 68 durchgeführt.

Für das n-Massensystem ergibt sich folgende

Durchführung des Verfahrens nach BARANOW:

1. Ersatzsystem aufzeichnen (dabei Längenmaßstab festlegen: 1 cm der Zeichnung ≙ . . . cm in Wirklichkeit).

2. Massenträgheitsmomente als parallele Kräfte auffassen und Krafteck zeichnen mit beliebig gewähltem Polabstand H (dabei Trägheitsmaßstab festlegen: 1 cm der Zeichnung ≙ . . . cm kg s^2 in Wirklichkeit).

3. Seileck konstruieren.

4. Durch die Punkte $A_1, A_2, A_3, \ldots, A_{n-2}$ $(n-2)$ Strahlen so legen, daß die $(n-1)$ Strecken z_{n-1} sich gleich groß ergeben.

Durch die Punkte $B_1, B_2, \ldots, B_{n-3}$ $(n-3)$ Strahlen so legen, daß die $(n-2)$ Strecken z_{n-2} sich gleich groß ergeben.

Durch die Punkte $C_1, C_2, \ldots, C_{n-4}$ $(n-4)$ Strahlen so legen, daß die $(n-3)$ Strecken z_{n-3} sich gleich groß ergeben. Fährt man mit der Konstruktion in dieser Weise fort, so ergibt sich zuletzt nur noch eine Strecke z_1.

5. Abmessen der Strecken z_1 bis z_{n-1} unter Berücksichtigung des gewählten Längenmaßstabs und Berechnung der Eigenkreisfrequenzen $\omega_{\mathrm{I}}, \omega_{\mathrm{II}}, \ldots, \omega_{n-1}$.

Allgemein ist für

$$(114) \quad \left\{ \begin{array}{lll} \text{die Schwingung I. Grades:} & \omega_{\mathrm{I}} & = \sqrt{\dfrac{G J}{z_1 H}}, \\ \text{die Schwingung II. Grades:} & \omega_{\mathrm{II}} & = \sqrt{\dfrac{G J}{z_2 H}}, \\ & & \vdots \\ \text{die Schwingung } (n-1)\text{-ten Grades:} & \omega_{n-1} & = \sqrt{\dfrac{G J}{z_{n-1} H}}. \end{array} \right.$$

Wir bemerken nochmals, daß das Baranowsche Verfahren innerhalb der zeichnerischen Genauigkeit die streng richtigen Werte aller Eigenfrequenzen liefert. Bei sorgfältiger Durchführung der Zeichnung kann man eine Genauigkeit von $\pm 1\%$ erreichen.

2,42. Berechnung der Eigenschwingungszahlen und -formen nach HOLZER-TOLLE.

Wie wir gesehen haben, liefert das Verfahren von BARANOW nur die Frequenzen; die Schwingungsformen, also auch die Knoten, mit Ausnahme der Schwingungsform und der Knoten K_{n-1} der Schwingung höchsten, also $(n-1)$-ten Grades des n-Massensystems, erhält man nicht.

Zur Berechnung der Eigenschwingungszahlen *und* -formen benutzen wir das Verfahren von HOLZER-TOLLE, wobei wir die nach BARANOW ermittelten Werte der Rechnung zugrunde legen. Das Verfahren ist in Ziff. 1,31 ausführlich behandelt.

2,43. Ermittlung der Eigenschwingungszahlen und -formen von Kolbenmaschinenanlagen mit homogenen Motoren.

Die Schwingungsrechnung wird erheblich einfacher, wenn der Motor der Anlage *homogen* ist, d. h. aus einer Reihe gleicher Kurbeltriebe besteht. Im folgenden werden wir uns mit den abkürzenden Rechenverfahren für solche Anlagen befassen. Die für *völlig* homogene Systeme geltenden Beziehungen können hierbei vorteilhaft verwendet werden.

2,431. Berechnung der Eigenschwingungszahlen völlig homogener Systeme.

Für ein völlig homogenes System mit n' Massen (Abb. 63a), dessen Massenträgheitsmomente $\Theta_1 = \Theta_2 = \Theta_3 = \cdots = \Theta_{n'} = \Theta$ und dessen Drehfederzahlen $c_1 = c_2 = c_3 = \cdots = c_{n'-1} = c$ alle einander gleich sind, lauten die Gln. (63):

$$\text{(115a)} \quad \begin{cases} \alpha_1 = 1, \\ \alpha_2 = \alpha_1 - \alpha_1 \frac{\Theta}{c} \omega^2, \\ \alpha_3 = \alpha_2 - (\alpha_1 + \alpha_2) \frac{\Theta}{c} \omega^2, \\ \alpha_4 = \alpha_3 - (\alpha_1 + \alpha_2 + \alpha_3) \frac{\Theta}{c} \omega^2, \\ \vdots \quad\quad \vdots \\ \alpha_{n'} = \alpha_{n'-1} - (\alpha_1 + \alpha_2 + \alpha_3 + \cdots + \alpha_{n'-1}) \frac{\Theta}{c} \omega^2. \end{cases}$$

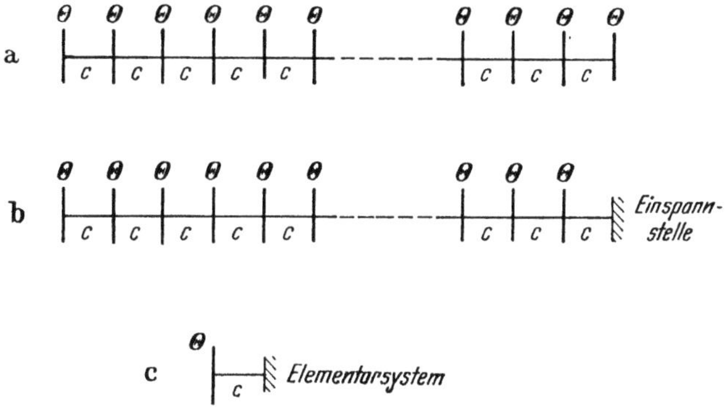

Abb. 63. Homogenes n-Massensystem.
a ohne Einspannstelle, b mit Einspannstelle, c Elementarsystem.

Mit Einführung der Eigenkreisfrequenz $\omega_T = \sqrt{c/\Theta}$ des einseitig eingespannten Elementarsystems (Abb. 63c), dessen Drehfederzahl c und dessen Massenträgheitsmoment Θ ist, können obige Gleichungen in der Form geschrieben werden:

$$\text{(115b)} \quad \begin{cases} \alpha_1 = 1, \\ \alpha_2 = 1 - \left(\frac{\omega^2}{\omega_T^2}\right), \\ \alpha_3 = 1 - 3\left(\frac{\omega^2}{\omega_T^2}\right) + \left(\frac{\omega^2}{\omega_T^2}\right)^2, \\ \alpha_4 = 1 - 6\left(\frac{\omega^2}{\omega_T^2}\right) + 5\left(\frac{\omega^2}{\omega_T^2}\right)^2 - \left(\frac{\omega^2}{\omega_T^2}\right)^3 \end{cases}$$

usw.

Die Gleichungen gehorchen dem Bildungsgesetz:

$$\alpha_h = 1 - \binom{h}{2}\left(\frac{\omega^2}{\omega_T^2}\right) + \binom{h+1}{4}\left(\frac{\omega^2}{\omega_T^2}\right)^2 - \binom{h+2}{6}\left(\frac{\omega^2}{\omega_T^2}\right)^3 + \cdots + (-1)^{h-1}\left(\frac{\omega^2}{\omega_T^2}\right)^{h-1}.$$

Die verhältnismäßigen Ausschläge α_h lassen sich nach diesen Gleichungen für jedes Kreisfrequenzverhältnis ω/ω_T und jede Masse h ausrechnen. Trägt man die Ergebnisse abhängig von ω/ω_T auf, so erhält man eine Kurvenschar nach

Abb. 64. Diese Darstellung hat man gewählt, um die α_h-Kurven in allgemeingültiger Form unabhängig von bestimmten Maschinendaten zu erhalten. An Hand dieses Kurvenblattes lassen sich die α_h-Werte für die in der Praxis meist vorkommenden Verhältnisse rasch ermitteln (Zahl der homogenen Drehmassen $n' = 1 \div 9$, Kreisfrequenzverhältnis $\omega/\omega_T = 0 \div 0{,}35$).

Die Kurvenschar gilt nicht nur für völlig homogene Systeme, sondern auch für homogene Systeme mit inhomogenen Zusatzmassen, vorausgesetzt, daß diese sich an einem Ende des homogenen Teils befinden (ω bedeutet stets die Eigenschwingungszahl des Gesamtsystems).

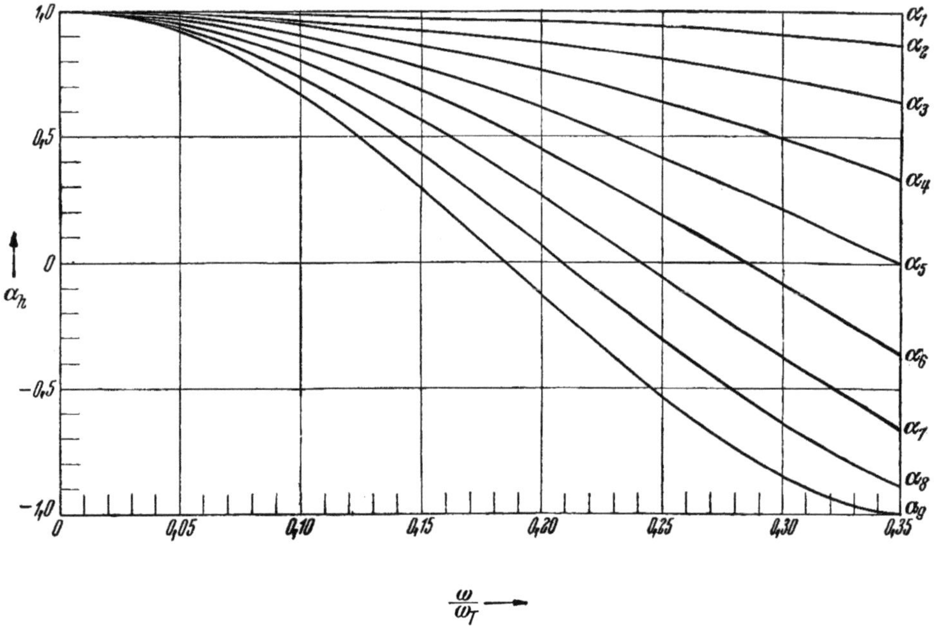

Abb. 64. Verhältnismäßige Ausschläge α_h, abhängig vom Frequenzverhältnis ω/ω_T.

An Stelle der Vielzahl von Potenzgleichungen für die einzelnen α_h hat B. Frank [28] die einfache geschlossene Form:

$$\alpha_h = \frac{1}{\cos f} \cos [(2\,h - 1)\,f] \quad \text{mit} \quad f = \operatorname{arc\,sin}\left(\frac{1}{2}\,\frac{\omega}{\omega_T}\right) \tag{116}$$

angegeben und für die in der Schwingungsrechnung auftretende Summe der verhältnismäßigen Schwingungsausschläge α_h die Formel:

$$\sum_{h=1}^{h=n'} \alpha_h = \frac{1}{\sin 2f} \sin (2n\,f)\,. \tag{117}$$

In Abb. 65 ist die Summe $\sum\limits_{h=1}^{h=n'} \alpha_h$ abhängig von $\frac{\omega}{\omega_T}$ dargestellt.

Durch Quadrieren der Gl. (116) und Bildung der Summe aller α_h^2 erhalten wir eine weitere bei der Berechnung der Schwingungsausschläge auftretende Beziehung (vgl. Ziff. 2,8):

$$\sum_{h=1}^{h=n'} \alpha_h^2 = \frac{1}{1 + \cos 2f}\left(n' + \frac{\sin 4n' f}{2 \sin 2f}\right). \tag{118}$$

Die Eigenschwingungszahlen eines völlig homogenen Systems sind bestimmt durch die Tatsache, daß die Summe der Momente aller Massenkräfte [vgl. Gl. (65)]

$$\Theta\, \omega_e^2 \sum_{h=1}^{h=n'} \alpha_h = 0$$

sein muß, oder

$$\sum_{h=1}^{h=n'} \alpha_h = 0 = \frac{1}{\sin 2f} \sin(2\,n'\,f).$$

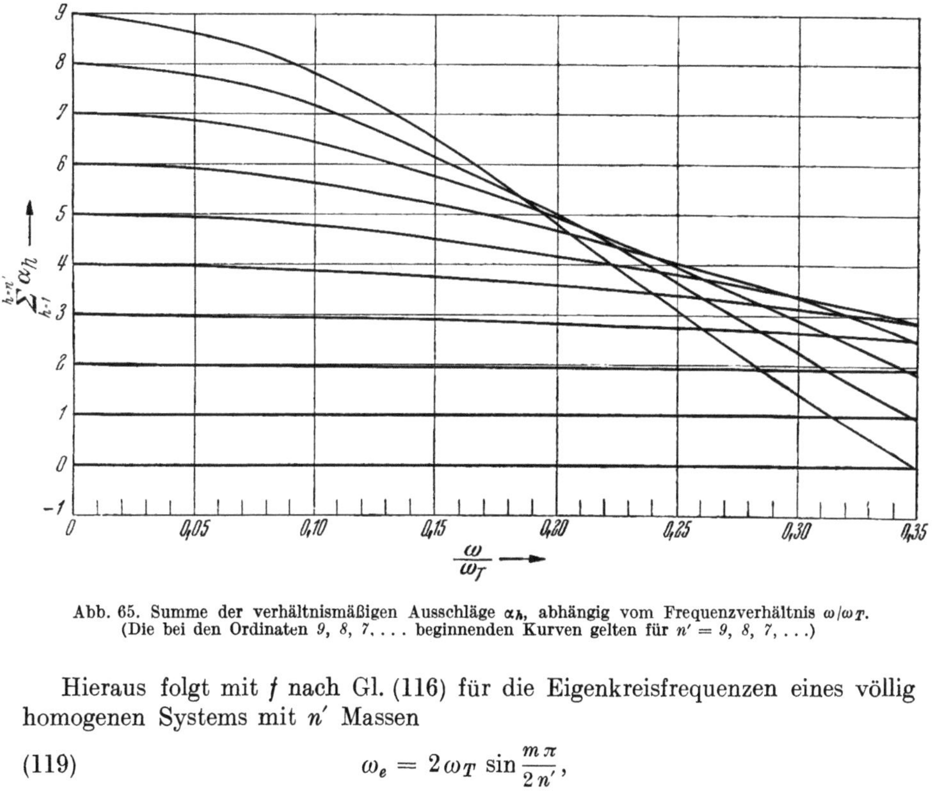

Abb. 65. Summe der verhältnismäßigen Ausschläge α_h, abhängig vom Frequenzverhältnis ω/ω_T. (Die bei den Ordinaten *9, 8, 7*, ... beginnenden Kurven gelten für $n' = 9, 8, 7, \ldots$)

Hieraus folgt mit f nach Gl. (116) für die Eigenkreisfrequenzen eines völlig homogenen Systems mit n' Massen

(119) $$\omega_e = 2\,\omega_T \sin\frac{m\,\pi}{2\,n'},$$

wobei $m = 1, 2, 3, \ldots, n-1$ den Grad der Eigenschwingung bedeutet[1].

Für das einseitig eingespannte homogene n'-Massensystem (Abb. 63b) gilt für die m-te Eigenkreisfrequenz

(120) $$\omega_e = 2\,\omega_T \sin\frac{\pi\,(2\,m-1)}{2\,(2\,n'+1)}.$$

Die Formeln (119), (120) zeigen, daß für rein homogene Schwingungssysteme die Beziehung gilt:

(121) $$\frac{\omega_e}{\omega_T} < 2.$$

Wie bereits erwähnt, handelt es sich bei Kolbenmaschinen nie um rein homogene Systeme. Mit Hilfe der Beziehungen (116) und (117) kann aber die

[1] Diese Beziehung hat Lord Rayleigh [75] in anderer Weise abgeleitet.

Schwingungsrechnung in vielen praktischen Fällen abgekürzt werden. Zur näherungsweisen Berechnung der Eigenfrequenzen von Systemen mit nur einer Zusatzmasse kann die Formel (120) benutzt werden (Beispiele s. Ziff. 2,433).

2,432. Über die Verfahren zur Bestimmung der Eigenschwingungszahlen von Kolbenmaschinenanlagen mit homogenen Motoren.

Die Berechnung der Eigenschwingungszahlen von Systemen „Homogener Motor und weitere Drehmassen" ist in zahlreichen Arbeiten behandelt worden.

Die meisten der abkürzenden Rechenverfahren beschränken sich auf Systeme, die aus einem homogenen Motor und *ein* oder *zwei* weiteren „inhomogenen" Drehmassen auf der gleichen Motorseite bestehen. Von den hierher gehörenden Verfahren seien z. B. genannt das Verfahren von A. Behrens [5], das von W. Behrmann [6] und L. Strunz [90] erweitert wurde, und das Verfahren von Th. Pöschl und L. Collatz [74]. Pöschl und Collatz haben für homogene Motoren mit einer Zusatzdrehmasse eine nomographische Darstellung gegeben, die für praktische Zwecke besonders vorteilhaft ist.

Die Berechnung der Eigenschwingungszahlen von Kolbenmaschinenanlagen, bei denen beiderseits des homogenen Motors inhomogene Drehmassen angekuppelt sind, ist insbesondere von R. Grammel [10] in vollständiger Weise dargestellt worden. Ausgehend von den Bewegungsgleichungen leitet er eine Rekursionsformel ab, die unmittelbar zu den gesuchten Eigenschwingungszahlen hinführt. Diese Formel gewinnt R. Grammel auch auf einem zweiten, etwas anschaulicheren Weg, indem er das Schwingungssystem in Elementarsysteme aufteilt. Das Verfahren ist ausführlich behandelt in C. B. Biezeno und R. Grammel [10].

Nach dem von L. Geisslinger [36] entwickelten Verfahren wird die Berechnung der Eigenschwingungszahlen bedeutend vereinfacht, indem die Massen der Kurbeltriebe als gleichmäßig verteilt über die Kurbelwellenlänge angenommen werden. Für die Ermittlung der Eigenschwingungszahlen von Systemen mit nur einer Zusatzmasse hat L. Geisslinger eine Leitertafel aufgestellt. Das Verfahren beschränkt sich jedoch nicht nur auf solche Systeme, sondern ist auch bei Systemen mit Einzelmassen beiderseits des homogenen Motors anwendbar.

Ein weiteres Verfahren hat M. A. Biot [11] mitgeteilt. Er hat Gleichungen zur Berechnung der Eigenschwingungszahlen entwickelt, deren Wurzeln durch eine nahezu geradlinige Kurve bestimmt werden, für die nur wenige Punkte berechnet zu werden brauchen. Die Schwingungsform wird durch eine einfache Sinusfunktion ausgedrückt. An Hand der von Biot aufgestellten Beziehungen lassen sich sehr rasch die Eigenschwingungszahlen I. und II. Grades bestimmen. Auch dieses Verfahren ist anwendbar bei Wellenanlagen mit inhomogenen Massen beiderseits des homogenen Motors.

Eine abgekürzte Schwingungsrechnung für Systeme bis zu zwei weiteren Massen beiderseits des homogenen Motors wurde von O. Kraemer und B. Frank [28] entwickelt. Sämtliche homogenen Massen des Motors werden zu einer einzigen, für die Schwingungsrechnung gleichwertigen Ersatzmasse zusammengefaßt. Dadurch wird das ursprüngliche n-Massensystem auf ein Zwei- oder Dreimassensystem (je nach Anzahl der inhomogenen Massen) zurückgeführt. Mit Hilfe von Kurvenblättern lassen sich die Eigenschwingungszahlen sehr einfach finden. Man braucht lediglich eine Gerade (bei *einer* inhomogenen Masse) oder eine Hyperbel (bei *zwei* inhomogenen Massen), deren Bestimmungspunkte aus den Drehmassen und Drehfederzahlen leicht zu berechnen sind, in die Kurvenblätter einzeichnen. Aus den Schnittpunkten mit den Kurvenscharen erhält man sofort die Eigenschwingungszahlen. Das Verfahren ist theoretisch einwandfrei. Die zeichnerische Ungenauigkeit ist vernachlässigbar klein, vorausgesetzt, daß die Kurvenblätter in dem in Frage kommenden Bereich in hinreichender Größe vorliegen.

Die eben genannten Verfahren zur Ermittlung der Eigenschwingungszahlen von Maschinenanlagen mit homogenen Motoren dürften nur in Ausnahmefällen dem BARANOW-Verfahren überlegen sein. Wir können daher darauf verzichten diese Verfahren in vollständiger Weise darzustellen und verweisen auf die Originalarbeiten.

Derjenige Konstrukteur, der sehr oft solche Schwingungsrechnungen durchzuführen hat, wird sich das eine oder andere der speziellen Verfahren zunutze machen. Da deren Anwendung eine gewisse Einarbeitung erfordert, ist für denjenigen, der nur gelegentlich einmal auf Schwingungsrechnungen dieser Art stößt, der zeitliche Aufwand meist geringer, wenn er die Eigenschwingungszahlen nach der im folgenden Abschnitt behandelten Weise bestimmt.

2,433. Vereinfachte Berechnung der Eigenschwingungszahlen homogener Motoren mit Zusatzdrehmassen.

An zwei Beispielen wird im folgenden gezeigt, wie man nach den Verfahren von BARANOW und von HOLZER-TOLLE unter Benutzung der Beziehungen (116) und (117) in kurzer Zeit die Eigenschwingungszahlen von homogenen Motoren mit „inhomogenen" Zusatzdrehmassen bestimmen kann.

Näherungswerte für die Eigenschwingungszahlen niedrigen Grades lassen sich sehr schnell ermitteln, wenn man die homogenen Drehmassen zu einer oder zu zwei Massen zusammenfaßt und auf diese Weise das ursprüngliche n-Massensystem auf ein System mit wenigen Massen zurückführt. Bei Systemen mit nur einer inhomogenen Zusatzmasse (s. Zahlenbeispiel 1) liefert die Formel (120) recht gute Näherungswerte für die Eigenschwingungszahlen.

Zahlenbeispiel 1.

System: „Homogener Motor mit Schwungscheibe".

Aufgabe: Es sind die Eigenschwingungszahlen (bzw. Eigenkreisfrequenzen) I., II. und III. Grades des in Abb. 66 dargestellten Ersatzsystems eines homogenen 6-Zylinder-Fahrzeugmotors mit Schwungscheibe zu bestimmen[1]. (Die Höchstdrehzahl des Motors beträgt 4000 Umdr/min.)

Daten des Ersatzsystems:

Gesamtzahl der Drehmassen	n	$= 7$	
Zahl der homogenen Drehmassen	n'	$= 6$	
Massenträgheitsmomente der homogenen Massen	$\Theta_h = \Theta_{1\div 6}$	$= 0{,}1$	cm kg s²
Massenträgheitsmoment der Zusatzmasse	Θ_7	$= 3{,}0$	cm kg s²
Drehfederzahlen	$c_h = c_{1\div 5}$	$= 5{,}0 \cdot 10^6$	cm kg
	c_6	$= 4{,}0 \cdot 10^6$	cm kg
Reduzierte Längen	$l_{1\div 5}$	$= 16{,}6$	cm
	l_6	$= 20{,}75$	cm
Gleitmodul des Wellenwerkstoffs	G	$= 830\,000$	kg/cm²
Polares Flächenträgheitsmoment der Ersatzwelle	J	$= 100$	cm⁴
Kreisfrequenz eines Elementarsystems	$\omega_T = \sqrt{c_h/\Theta_h}$	$= 7071$	s^{-1}.

a) Näherungsweise Bestimmung der Eigenschwingungszahlen. 1. Weg: Um rasch die ungefähre Größe der *Eigenfrequenz I. Grades* zu erhalten, führen wir

[1] Wie wir in Ziff. 2,7 noch sehen werden, haben die Schwingungen II. und III. Grades bei Fahrzeugmotoren der im Beispiel gewählten Art keine praktische Bedeutung. Wir bestimmen sie, um den Gang der Rechnung zu erläutern.

das Siebenmassensystem auf ein Zweimassensystem zurück, indem wir die homogenen Drehmassen zu einer Ersatzdrehmasse $\Theta_E = \sum_{h=1}^{h=6} \Theta_h$ zusammenfassen und diese in erster Näherung in der Mitte des homogenen Wellenteils anbringen (Abb. 66). Nach der Zweimassenformel [Gl. (55)] ist dann

$$\omega_{\mathrm{I}}' = \sqrt{\frac{c'}{\Theta_E} + \frac{c'}{\Theta_7}},$$

wobei in unserem Falle (Abb. 66) mit $l' = \frac{J\,G}{c'}$:

$$\frac{1}{c'} = \frac{1}{2\,c_3} + \frac{1}{c_4} + \frac{1}{c_5} + \frac{1}{c_6} = \frac{2{,}5}{c_h} + \frac{1}{c_6} = \left(\frac{2{,}5}{5{,}0} + \frac{1}{4{,}0}\right) \cdot 10^{-6} = 0{,}75 \cdot 10^{-6} \quad \frac{1}{\mathrm{cm\,kg}}.$$

Hiermit wird $\omega_{\mathrm{I}}' = \sqrt{\frac{10^6}{0{,}75 \cdot 0{,}6} + \frac{10^6}{0{,}75 \cdot 3{,}0}} = 1633 \quad \mathrm{s}^{-1}$.

Der so erhaltene Wert ist nur ein grober Näherungswert für die Eigenkreisfrequenz I. Grades des Siebenmassensystems. Die Güte dieser Annäherung hängt von der Erfahrung des Bearbeiters ab, denn die Stelle, an der die Ersatzmasse Θ_E anzubringen ist (und damit die Größe c'), muß ziemlich willkürlich geschätzt werden. Wählt man, wie oben, die Mitte des homogenen Wellenteils, so wird die nach der Zweimassenformel bestimmte Frequenz zu niedrig liegen. Die reduzierte Länge zwischen der Ersatzmasse Θ_E und der Masse Θ_6 muß um so kürzer gewählt werden, je länger l_6 ist. Bei einiger Erfahrung bleibt der Fehler einer solchen näherungsweisen Frequenzbestimmung innerhalb von 5÷10 %.

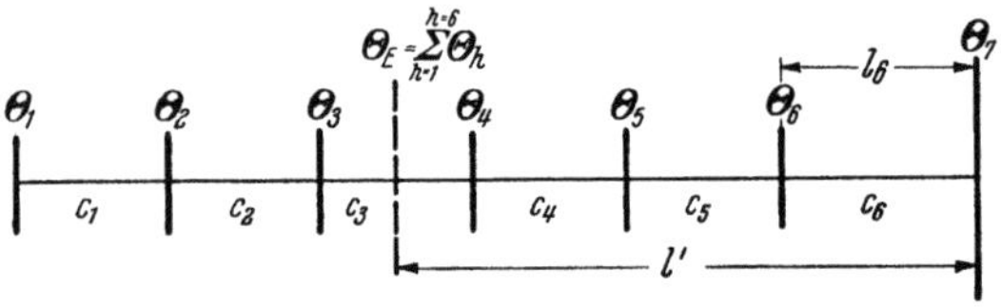

Abb. 66. Ersatzsystem eines homogenen Sechszylinder-Fahrzeugmotors mit Schwungrad. Näherungsweise Reduktion auf ein Zweimassensystem.

Einen genaueren Wert für die Eigenfrequenz I. Grades und die ungefähre Größe der Eigenfrequenz II. Grades erhalten wir, wenn wir die homogenen Massen durch zwei Ersatzmassen Θ_{E1} und Θ_{E2} ersetzen, wobei $\Theta_{E1} = \Theta_{E2} = \frac{1}{2} \sum_{h=1}^{h=6} \Theta_h$. Die Ersatzmasse Θ_{E1} bringen wir an der Stelle der Masse Θ_2, die Ersatzmasse Θ_{E2} an der Stelle der Masse Θ_5 an. Auf diese Weise wird das ursprüngliche Siebenmassensystem auf ein Dreimassensystem zurückgeführt (Abb. 67).

Die Eigenfrequenzen dieses Dreimassensystems könnte man aus der Frequenzgleichung für das Dreimassensystem [Gl. (39)] errechnen. Wir kommen aber schneller zum Ziel, wenn wir die Eigenkreisfrequenzen nach Baranow zeichnerisch ermitteln (Abb. 67).

Aus der Zeichnung entnehmen wir

$$z_1 = 46{,}2 \text{ cm}, \qquad z_2 = 8{,}5 \text{ cm},$$
$$H = 0{,}6 \text{ cm kg s}^2;$$

damit ergibt sich für die Eigenkreisfrequenzen

$$\omega_{\mathrm{I}}' = \sqrt{\frac{J\,G}{z_1\,H}} = \sqrt{\frac{100 \cdot 830\,000}{46{,}2 \cdot 0{,}6}} = 1730 \quad \mathrm{s}^{-1},$$

$$\omega_{\mathrm{II}}' = \sqrt{\frac{J\,G}{z_2\,H}} = \sqrt{\frac{100 \cdot 830\,000}{8{,}5 \cdot 0{,}6}} = 4034 \quad \mathrm{s}^{-1}.$$

Die auf diese Weise näherungsweise bestimmten Eigenfrequenzen ω'_{I} und ω'_{II} sind wieder nur Anhaltswerte für die beiden niedrigsten Frequenzen des Siebenmassensystems. Bezüglich der Güte der Annäherung gilt das oben Gesagte. Der Wert für ω'_{I} ist im allgemeinen schon recht brauchbar.

2. Weg: Bei dem vorliegenden Siebenmassensystem mit einer verhältnismäßig großen inhomogenen Masse (dem Schwungrad) liegt der Knoten der Schwingung I. Grades und einer der beiden Knoten der Schwingung II. Grades sowie einer der drei Knoten der Schwingung III. Grades zwischen den Massen Θ_6 und Θ_7. Denken wir uns das System in diesen Knoten eingespannt, so verbleibt ein einseitig eingespanntes Sechsmassensystem, das nahezu homogen ist.

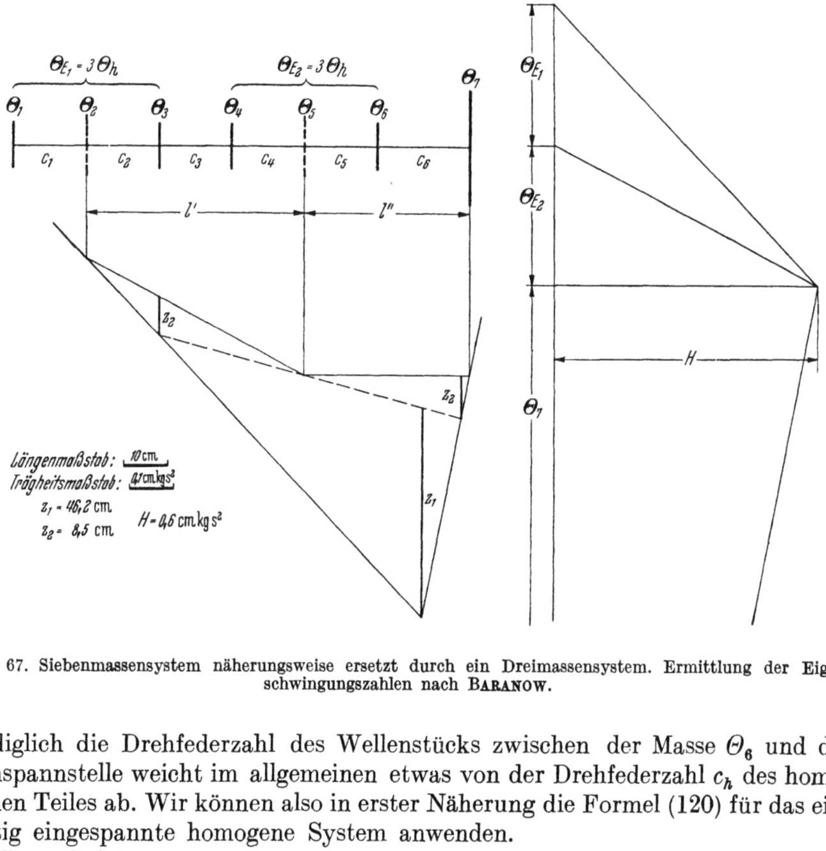

Abb. 67. Siebenmassensystem näherungsweise ersetzt durch ein Dreimassensystem. Ermittlung der Eigenschwingungszahlen nach BARANOW.

Lediglich die Drehfederzahl des Wellenstücks zwischen der Masse Θ_6 und der Einspannstelle weicht im allgemeinen etwas von der Drehfederzahl c_h des homogenen Teiles ab. Wir können also in erster Näherung die Formel (120) für das einseitig eingespannte homogene System anwenden.

Danach ist:

$$\omega_{\mathrm{I}} = 2\,\omega_T \sin\frac{\pi}{2\cdot 13} = 2\cdot 7071\cdot 0{,}121 = 1711 \quad \mathrm{s}^{-1},$$

$$\omega_{\mathrm{II}} = 2\,\omega_T \sin\frac{3\,\pi}{2\cdot 13} = 2\cdot 7071\cdot 0{,}355 = 5020 \quad \mathrm{s}^{-1},$$

$$\omega_{\mathrm{III}} = 2\,\omega_T \sin\frac{5\,\pi}{2\cdot 13} = 2\cdot 7071\cdot 0{,}568 = 8032 \quad \mathrm{s}^{-1}.$$

Ein Vergleich der ω-Werte mit den nach HOLZER-TOLLE errechneten zeigt, daß der Fehler bei der Schwingung I. Grades 4%, bei der Schwingung II. Grades 2,5% und bei der Schwingung III. Grades ebenfalls nur 2,5% beträgt. Diese Genauigkeit reicht praktisch meist schon aus. Man wird die Werte lediglich nach HOLZER-TOLLE kontrollieren.

b) Bestimmung der Eigenschwingungszahlen nach Baranow. Die genauen Eigenfrequenzen erhalten wir, wenn wir für das Siebenmassensystem das Verfahren von Baranow anwenden (Abb. 68).

Aus der Zeichnung entnehmen wir

$$z_1 = 43{,}25 \text{ cm}, \qquad z_2 = 5{,}5 \text{ cm}, \qquad z_3 = 6{,}0 \text{ cm},$$
$$H_1 = 0{,}2 \text{ cmkgs}^2, \qquad H_2 = 0{,}6 \text{ cmkgs}^2.$$

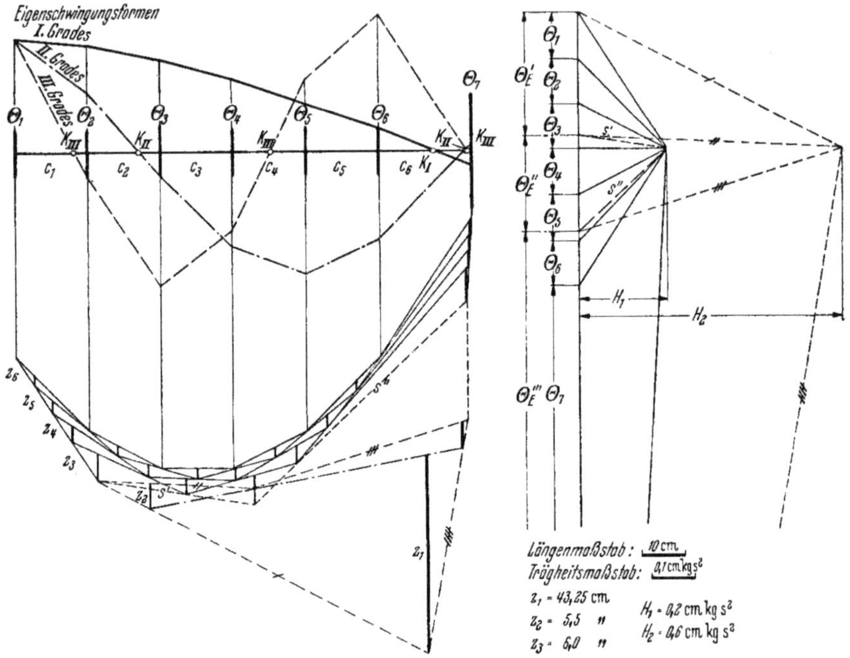

Abb. 68. Siebenmassensystem. Ermittlung der Eigenschwingungszahlen nach Baranow.

Damit ergibt sich für die Eigenkreisfrequenzen I., II. und III. Grades:

$$\omega_{\mathrm{I}}' = \sqrt{\frac{JG}{z_1 H_2}} = \sqrt{\frac{100\cdot 830\,000}{43{,}25\cdot 0{,}6}} = 1790 \quad \mathrm{s}^{-1},$$

$$\omega_{\mathrm{II}}' = \sqrt{\frac{JG}{z_2 H_2}} = \sqrt{\frac{100\cdot 830\,000}{5{,}5\cdot 0{,}6}} = 5015 \quad \mathrm{s}^{-1},$$

$$\omega_{\mathrm{III}}' = \sqrt{\frac{JG}{z_3 H_1}} = \sqrt{\frac{100\cdot 830\,000}{6{,}0\cdot 0{,}2}} = 8317 \quad \mathrm{s}^{-1}.$$

c) Berechnung der Eigenschwingungsformen des Siebenmassensystems. Die Eigenschwingungsformen erhalten wir nach dem Verfahren von Holzer-Tolle, wobei wir die nach Baranow ermittelten Eigenkreisfrequenzen der Rechnung zugrunde legen. Bei dem vorliegenden homogenen System mit einer Zusatzdrehmasse vereinfacht sich diese Rechnung wesentlich.

Wir ermitteln zunächst aus den Gln. (116) und (117) oder aus den entsprechenden Kurvenblättern (Abb. 64 und 65), falls diese in genügend großem Maßstabe vorliegen, den Ausschlag α_6 und die Summe der Ausschläge der homogenen Drehmassen.

Für $\omega_{\mathrm{I}}' = 1790\ \mathrm{sec}^{-1}$ ist $\omega_{\mathrm{I}}'/\omega_T = 1790/7071 = 0{,}253$ also

$$f = \arcsin\left(\frac{1}{2}\,0{,}253\right) = 0{,}1268$$

und wir erhalten

$$\alpha_6 = \frac{\cos[(12-1)\,0{,}1268]}{-\cos 0{,}1268} = 0{,}176$$

$$\sum_{h=1}^{h=6} \alpha_h = \frac{\sin(2\cdot 6\cdot 0{,}1268)}{\sin(2\cdot 0{,}1268)} = 3{,}979\,.$$

Die Werte $\alpha_6 = 0{,}176$ und $\sum_{h=1}^{h=6} \alpha_h \Theta_h = 3{,}979\cdot 0{,}1 = 0{,}398$

übertragen wir nun in das allgemeine Rechenschema (Abb. 29) und führen die Rechnung zu Ende:

Masse k	Θ_k	c_k	$\frac{\omega^2}{c_k}$	α_k	$\alpha_k\Theta_k$	$\sum_{k=1}^{k=k}\alpha_k\Theta_k$	$\frac{\omega^2}{c_k}\sum_{k=1}^{k=k}\alpha_k\Theta_k$
6	0,1	$4{,}0\cdot 10^6$	0,801	0,176	—	0,398	0,319
7	3,0	—	—	−0,143	−0,429	−0,031	—

Anstatt nach dem Schema zu rechnen, kann man beim Vorhandensein von nur *einer* inhomogenen Zusatzmasse den Restwert R' auch nach der folgenden Gleichung ausrechnen:

$$R' = \sum_{h=1}^{h=6} \alpha_h\Theta_h + \underbrace{\left[\alpha_6 - \frac{\omega_{\mathrm{I}}'^2}{c_6}\sum_{h=1}^{h=6}\alpha_h\Theta_h\right]}_{\alpha_7}\Theta_7 \tag{122}$$

$$= 0{,}398 + \left[0{,}176 - \frac{1790^2}{4{,}0\cdot 10^6}\cdot 0{,}398\right]\cdot 3{,}0 = -0{,}031.$$

Der erhaltene Restwert $R' = -0{,}031$ ist negativ, die nach Baranow bestimmte Kreisfrequenz $\omega_{\mathrm{I}}' = 1790\ \mathrm{s}^{-1}$ ist also infolge der Zeichenungenauigkeit etwas zu groß ermittelt worden (vgl. Restwertkurve Abb. 28). Führen wir die Rechnung nochmals durch mit einem etwas kleineren $\omega_{\mathrm{I}}'' = 1780\ \mathrm{s}^{-1}$, so ergibt sich ein Restwert $R'' = +0{,}035$. Der genauere Wert von ω_{I} wird erhalten durch lineare Interpolation. Es ist:

$$\omega_{\mathrm{I}} = \frac{R'(\omega_{\mathrm{I}}'' - \omega_{\mathrm{I}}')}{R' - R''} + \omega_{\mathrm{I}}' = \frac{-0{,}031\,(1770 - 1790)}{-0{,}031 - 0{,}035} + 1790 = 1786\ \mathrm{s}^{-1}.$$

Die endgültigen α_h-Werte berechnen wir für $\omega_{\mathrm{I}}/\omega_T = 1780/7071 = 0{,}2517$ nach Gl. (116) oder nach den Gln. (115a) nach folgendem vereinfachten Schema:

Masse h	α_h	$\sum_{h=1}^{h=h}\alpha_h$	$\left(\frac{\omega_I'}{\omega_T}\right)^2\sum_{h=1}^{h=h}\alpha_h$
1	1,0	1,0	0,063
2	0,937	1,937	0,123
3	0,814	2,751	0,175
4	0,639	3,390	0,215
5	0,424	3,814	0,242
6	0,182	3,996	—

Der Ausschlag α_7 ergibt sich aus Gl. (122), da $R = 0$ ist, zu:

$$\alpha_7 = -\sum_{h=1}^{h=6}\frac{\alpha_h\Theta_h}{\Theta_7} = -\frac{3{,}996\cdot 0{,}1}{3{,}0} = -0{,}133.$$

Aus dem Beispiel ersehen wir, daß die Genauigkeit des nach BARANOW zeichnerisch ermittelten Wertes für ω_I praktisch vollkommen ausreichend ist. Die obige Rechnung ist nur zur Bestimmung der α-Werte und damit der Schwingungsformen erforderlich.

Für die Eigenschwingungen höheren Grades ist die Rechnung in gleicher Weise durchzuführen. Als Ergebnis erhalten wir:

für die Schwingung II. Grades	für die Schwingung III. Grades
$\omega_{II} = 4890\ s^{-1}$	$\omega_{III} = 7820\ s^{-1}$
$\alpha_1 = +1{,}0000$	$\alpha_1 = +1{,}0000$
$\alpha_2 = +0{,}5218$	$\alpha_2 = -0{,}2230$
$\alpha_3 = -0{,}2060$	$\alpha_3 = -1{,}1733$
$\alpha_4 = -0{,}8363$	$\alpha_4 = -0{,}6890$
$\alpha_5 = -1{,}0668$	$\alpha_5 = +0{,}6380$
$\alpha_6 = -0{,}7871$	$\alpha_6 = +1{,}1847$
$\alpha_7 = +0{,}0331$	$\alpha_7 = -0{,}0496$

Die Schwingungsformen I., II. und III. Grades sind in Abb. 68 eingezeichnet.

Der zeitliche Aufwand bei dem beschriebenen Rechenverfahren ist, wie wir sahen, gering und gegenüber der Rechenarbeit, die zur Ermittlung des Ersatzsystems benötigt wird, kaum nennenswert. Das Verfahren ist bei homogenen Systemen mit einer Zusatzmasse besonders einfach, denn es ist lediglich die Gl. (122) zweimal auszuwerten, vorausgesetzt, daß die gesuchte Eigenfrequenz bereits näherungsweise bekannt ist.

Das abgekürzte Rechnungsverfahren beschränkt sich nicht auf homogene Systeme mit nur einer Zusatzmasse, sondern ist auch anwendbar bei Systemen mit mehreren inhomogenen Zusatzmassen, sofern sich diese auf einer Seite des homogenen Teils befinden.

Für ein System mit drei inhomogenen Zusatzdrehmassen wird im folgenden Beispiel 2 die Rechnung durchgeführt.

Zahlenbeispiel 2.

System: „Homogener Motor-Schwungscheibe-Kupplung-Generator".

Aufgabe: Es sind die Eigenschwingungszahlen und -formen I., II. und III. Grades des in Abb. 69 dargestellten Ersatzsystems eines Fahrzeugmotorenprüfstandes (Sechszylindermotor-Schwungscheibe-Kupplung-Generator) zu bestimmen.

Daten des Ersatzsystems:

Gesamtzahl der Drehmassen.	n	$= 9$	
Zahl der homogenen Drehmassen	n'	$= 6$	
Massenträgheitsmomente der Kurbeltriebe . . .	$\Theta_h = \Theta_{1 \div 6}$	$= 0{,}1$	cmkgs²
Massenträgheitsmoment der Schwungscheibe .	Θ_7	$= 3{,}0$	„
Massenträgheitsmoment der Kupplung	Θ_8	$= 1{,}0$	„
Massenträgheitsmoment des Pendelgenerators .	Θ_9	$= 30{,}0$	„
Drehfederzahlen	$c_h = c_{1 \div 5}$	$= 5{,}0 \cdot 10^6$	cmkg
	c_6	$= 4{,}0 \cdot 10^6$	„
	c_7	$= 1{,}5 \cdot 10^6$	„
	c_8	$= 3{,}5 \cdot 10^6$	„
Gleitmodul des Wellenwerkstoffs	G	$= 830000$	kg/cm²
Polares Flächenträgheitsmoment der Ersatzwelle	J	$= 100$	cm⁴
Kreisfrequenz eines Elementarsystems	$\omega_T = \sqrt{c_h/\Theta_h}$	$= 7071$	s^{-1}.

a) Näherungsweise Bestimmung der Eigenschwingungszahlen I., II. und III. Grades. Wir ersetzen die homogenen Massen durch eine Ersatzmasse $\Theta_E = \sum_{h=1}^{h=6} \Theta_h$ und bringen diese in der Mitte des homogenen Wellenteils an.

Nunmehr ermitteln wir die Eigenkreisfrequenzen des verbleibenden Viermassensystems zeichnerisch nach BARANOW (vgl. Abb. 69).

Aus der Zeichnung entnehmen wir:

$$z_1 = 43{,}4 \text{ cm}; \qquad z_2 = 5{,}1 \text{ cm}; \qquad z_3 = 2{,}8 \text{ cm};$$
$$H = 6 \text{ cmkgs}^2.$$

Hiermit ergibt sich für die Eigenschwingungszahlen.

$$\omega'_{\mathrm{I}} = \sqrt{\frac{JG}{z_1 H}} = \sqrt{\frac{100 \cdot 830\,000}{43{,}4 \cdot 6}} = 565 \quad \mathrm{s}^{-1},$$

$$\omega'_{\mathrm{II}} = \sqrt{\frac{JG}{z_2 H}} = \sqrt{\frac{100 \cdot 830\,000}{5{,}1 \cdot 6}} = 1647 \quad \mathrm{s}^{-1},$$

$$\omega'_{\mathrm{III}} = \sqrt{\frac{JG}{z_3 H}} = \sqrt{\frac{100 \cdot 830\,000}{2{,}8 \cdot 6}} = 2223 \quad \mathrm{s}^{-1}.$$

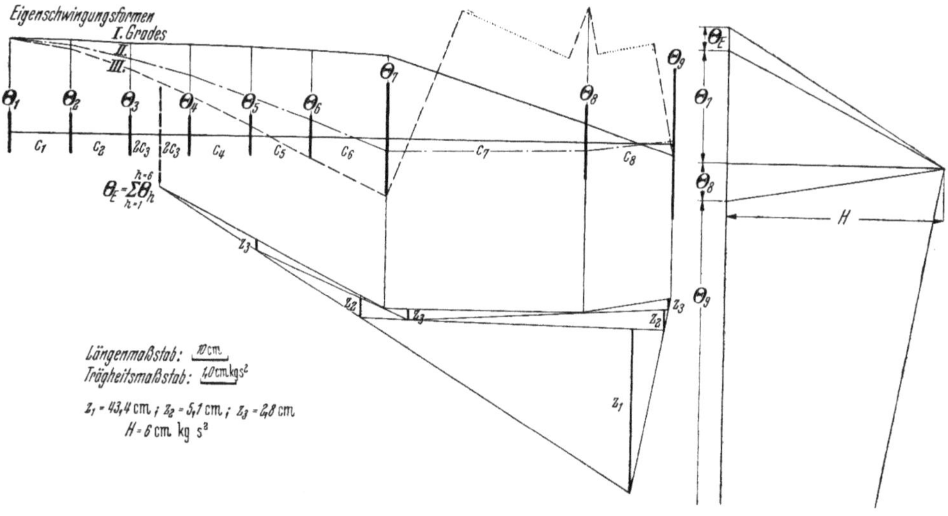

Abb. 69.
Ersatzsystem eines Fahrzeugmotorenprüfstandes. Näherungsweise Ermittlung der Eigenschwingungszahlen.

b) Berechnung der Eigenschwingungsformen des Systems. 1. Ermittlung der genauen Eigenfrequenz und der Eigenschwingungsform I. Grades:

Es ist:

$$\omega'_{\mathrm{I}} = 565 \ \mathrm{s}^{-1} \quad \text{(s. oben)},$$

$$\frac{\omega'_{\mathrm{I}}}{\omega_T} = \frac{565}{7071} = 0{,}0799,$$

$$\left.\begin{aligned} \alpha_6 &= 0{,}912, \\ \sum_{h=1}^{h=6} \alpha_h &= 5{,}65 \end{aligned}\right\} \text{ermittelt aus den Kurvenblättern Abb. 64 und 65 oder aus den Gln. (116) und (117).}$$

Diese Werte übertragen wir nun in das Rechenschema nach Abb. 29 und führen die Rechnung zu Ende:

Masse k	Θ_k	$c_k \cdot 10^6$	$\frac{\omega^2}{c_k}$	α_k	$\alpha_k \Theta_k$	$\sum_{k=1}^{k=k} \alpha_k \Theta_k$	$\frac{\omega^2}{c_k} \sum_{k=1}^{k=k} \alpha_k \Theta_k$
6	0,1	4,0	0,0798	0,912	—	0,565	0,0451
7	3,0	1,5	0,2128	0,867	2,601	3,166	0,6737
8	1,0	3,5	0,0912	0,193	0,193	3,359	0,3063
9	30,0	—	—	−0,113	−3,393	−0,034	—

Der erhaltene Restwert ist $R' = -0{,}034$. Dementsprechend wählen wir einen etwas kleineren Wert für ω_{I} und führen die Rechnung wie oben nochmals durch.

$$\omega_{\mathrm{I}}'' = 550 \text{ s}^{-1} \quad \text{(gewählt)},$$

$$\frac{\omega_{\mathrm{I}}''}{\omega_T} = \frac{550}{7071} = 0{,}078\,,$$

$$\left.\begin{aligned} \alpha_6 &= 0{,}919, \\ \sum_{h=1}^{h=6} \alpha_h &= 5{,}85 \end{aligned}\right\} \text{ ermittelt aus den Kurvenblättern Abb. 64 und 65 oder aus den Gln. (116) und (117).}$$

Masse k	Θ_k	$c_k \cdot 10^6$	$\frac{\omega^2}{c_k}$	α_k	$\alpha_k \Theta_k$	$\sum_{k=1}^{k=k} \alpha_k \Theta_k$	$\frac{\omega^2}{c_k} \sum_{k=1}^{k=k} \alpha_k \Theta_k$
6	0,1	4,0	0,0756	0,919	—	0,580	0,0438
7	3,0	1,5	0,2017	0,8752	2,6256	3,2056	0,6466
8	1,0	3,5	0,0864	0,2286	0,2286	3,4842	0,2967
9	30,0	—	—	−0,0721	−2,1630	+1,2712	—

Der erhaltene Restwert ist $R'' = +1{,}2712$.

Den genaueren Wert von ω_{I} erhalten wir durch lineare Interpolation:

$$\omega_{\mathrm{I}} = \frac{R'(\omega_{\mathrm{I}}'' - \omega_{\mathrm{I}}')}{R' - R''} + \omega_{\mathrm{I}}' = \frac{-0{,}034\,(550 - 565)}{-0{,}034 - 1{,}2712} + 565 = -0{,}39 + 565 \approx \underline{565 \text{ s}^{-1}}.$$

Der Wert $\omega_{\mathrm{I}}' = 565 \text{ s}^{-1}$ war also bereits genau genug.

Für den Wert $\frac{\omega_{\mathrm{I}}}{\omega_T} = \frac{565}{7071} = 0{,}0799$ berechnen wir nun nach Gl. (116) oder nach den Gln. (115a) unter Anwendung des Rechenschemas (s. S. 95 unten) die verhältnismäßigen Ausschläge α_h der homogenen Drehmassen und erhalten:

$$\alpha_1 = 1{,}000, \qquad \alpha_3 = 0{,}978, \qquad \alpha_5 = 0{,}945,$$
$$\alpha_2 = 0{,}993, \qquad \alpha_4 = 0{,}970, \qquad \alpha_6 = 0{,}912.$$

Die Ausschläge α_k der inhomogenen Drehmassen entnehmen wir dem Rechenschema (s. oben):

$$\alpha_7 = 0{,}867, \qquad \alpha_8 = 0{,}193, \qquad \alpha_9 = -0{,}113.$$

Für die Schwingung II. Grades $\omega_{\mathrm{II}} = 1785 \text{ s}^{-1}$	Für die Schwingung III. Grades $\omega_{\mathrm{III}} = 2295 \text{ s}^{-1}$
$\alpha_1 = +1{,}0000$	$\alpha_1 = +1{,}0000$
$\alpha_2 = +0{,}9363$	$\alpha_2 = +0{,}8947$
$\alpha_3 = +0{,}8130$	$\alpha_3 = +0{,}6951$
$\alpha_4 = +0{,}6379$	$\alpha_4 = +0{,}4223$
$\alpha_5 = +0{,}4121$	$\alpha_5 = +0{,}1150$
$\alpha_6 = +0{,}1701$	$\alpha_6 = -0{,}2144$
$\alpha_7 = -0{,}1461$	$\alpha_7 = -0{,}5980$
$\alpha_8 = -0{,}0582$	$\alpha_8 = +4{,}6784$
$\alpha_9 = +0{,}0325$	$\alpha_9 = -0{,}1004$

2. Die Ermittlung der Eigenfrequenzen und der Eigenschwingungsformen II. und III. Grades führen wir in gleicher Weise durch.

(Ergebnis siehe nebenstehende Tabelle.)

Die Eigenschwingungsformen sind in Abb. 69 eingezeichnet. Die Schwingungsform III. Grades hat in diesem Beispiel keine praktische Bedeutung (vgl. Ziff. 2,7).

2,5. Bestimmung der erregenden Kräfte.

Die Erregung der Drehschwingungen in Kolbenmaschinenanlagen rührt vorwiegend vom Motor selbst her. Es können aber auch Schwingungen z. B. durch die Schraube bei Schiffsanlagen oder durch die Luftschrauben bei Flugmotoren hervorgerufen werden, deren Perioden mit der Flügelzahl bzw. mit der Blattzahl im Zusammenhang stehen. Auf diese Sonderfälle werden wir unter Ziff. 3,4 kurz eingehen. Der weitaus wichtigste Fall der Erregung durch den Motor wird im folgenden erörtert.

Die am Kurbelzapfen wirkenden periodischen Tangentialkräfte, die sich aus Gas- und Massenkräften der einzelnen Zylinder zusammensetzen, beschleunigen bzw. verzögern die Drehbewegung der Kurbelwelle. Diese wechselnden Winkelbeschleunigungen haben periodisch schwankende Relativverdrehungen (Drehschwingungen) zwischen den einzelnen Drehmassen zur Folge.

Bei der Ermittlung der erregenden Kräfte gehen wir von einem Zylinder aus und bestimmen zweckmäßig die erregenden Gas- und Massendrehkräfte getrennt, weil:

1. die Massendrehkräfte sich mit dem Quadrat der Drehzahl ändern, die Gasdrehkräfte dagegen nahezu drehzahlunabhängig sind (gleiche Belastung vorausgesetzt);

2. die Massendrehkräfte unmittelbar, die Gasdrehkräfte dagegen nicht unmittelbar durch eine Fourier-Reihe darstellbar sind.

2,51. Die erregenden Gasdrehkräfte eines Zylinders.

2,511. Das Drehkraftdiagramm der Gaskräfte.

Durch das Indikatordiagramm ist der auf die Kolbenfläche F wirkende, mit der Kurbelstellung φ veränderliche Gasdruck p gegeben. Die Zerlegung

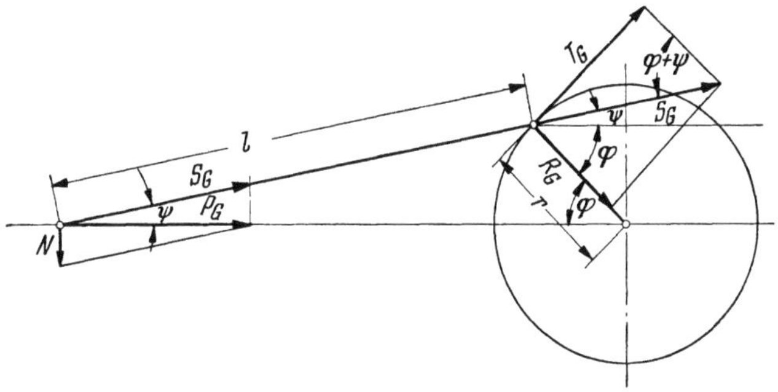

Abb. 70. Zerlegung der Kolbenkraft P_G in die Tangentialkraft T_G und die Radialkraft R_G.

der in Richtung der Zylinderachse wirkenden Gaskraft $P_G = pF$ ergibt die beiden Komponenten N (Gleitbahndruck) und S_G (Kraft in der Pleuelstange), wie Abb. 70 zeigt.

Die Kraft S_G wirkt auf den Kurbelzapfen und kann hier in eine Radialkomponente R_G und eine Tangentialkomponente T_G zerlegt werden. Die Radialkraft R_G ist ohne Einfluß auf die Erregung der Drehschwingungen. Für die tangential am Kreis vom Kurbelhalbmesser wirkende Drehkraft T_G gilt die Beziehung (Abb. 70):

$$(123)\qquad T_G = S_G \sin(\varphi+\psi) = P_G \frac{\sin(\varphi+\psi)}{\cos\psi} = P_G \sin\varphi\left(1 + \frac{\lambda\cos\varphi}{\sqrt{1-\lambda^2\sin^2\varphi}}\right).$$

Anstatt hiernach die Tangentialkräfte T_G für beliebige Kurbelstellungen zu berechnen, ist es einfacher, diese zeichnerisch zu ermitteln (Abb. 71). Wir entnehmen die Kolbenkraft P_G aus dem Kolbenkraftdiagramm für die entsprechende

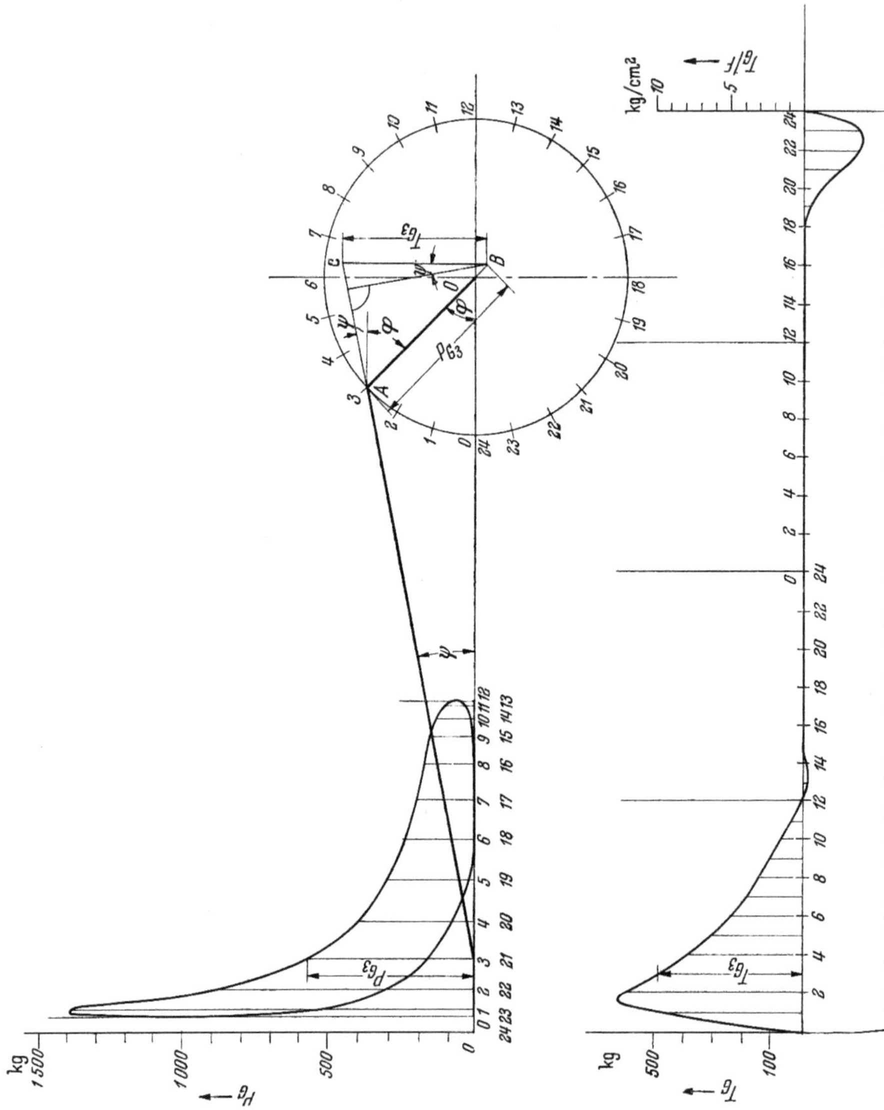

Abb. 71. Zeichnerische Ermittlung des Gasdrehkraftdiagramms für einen Zylinder eines Viertaktmotors.

Kolbenstellung und tragen diese vom Kurbelzapfen (Punkt A) aus gegen die Wellenmitte 0 auf. Die im Endpunkt B errichtete Senkrechte zur Zylinderachse schneidet die verlängerte Pleuelstange im Punkt C. Die Strecke BC ist die gesuchte Drehkraft T_G, wobei auf das Vorzeichen zu achten ist.

Beweis. Wird vom Punkt B ein Lot auf die Pleuelstangenrichtung gefällt, dann läßt sich aus der Figur ablesen, daß

$$T_G = P_G \frac{\sin(\varphi + \psi)}{\cos \psi}.$$

Das Drehkraftdiagramm der Gaskräfte erhalten wir, indem wir die Kräfte T_G über dem einmal (beim Zweitaktmotor) bzw. zweimal (beim Viertaktmotor) abgewickelten Kurbelkreis jeweils im Punkt des zugehörigen Kurbelwinkels auftragen (Abb. 71). Bei der Drehschwingungsberechnung ist es üblich, nicht mit *Drehkräften* T_G, sondern mit *Tangentialdrücken* T_G/F zu rechnen. Dies bedeutet lediglich eine Maßstabsänderung.

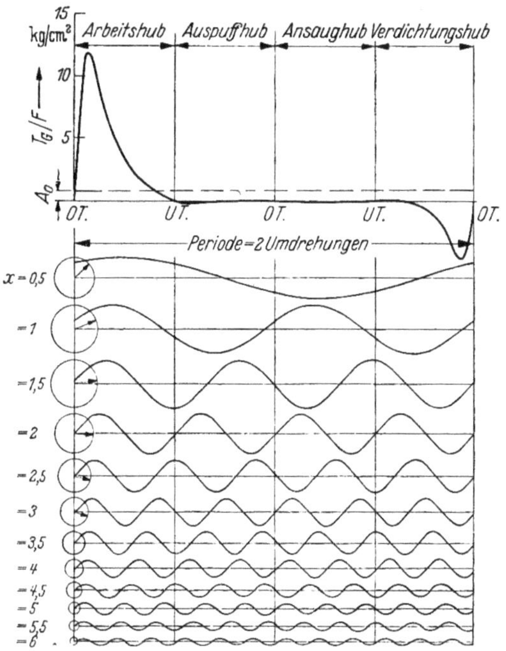

Abb. 72. Gasdrehkraft eines einfachwirkenden Viertaktzylinders und ihre ersten 12 Harmonischen.

2,512. Die harmonischen Erregenden der Gaskräfte.

Das Drehkraftdiagramm der Gaskräfte ist ein periodischer Linienzug (siehe z. B. die Abb. 72 u. 74). Die harmonischen Erregenden liefert die harmonische Analyse der Gasdrehkraftkurve, die nach den in Ziff. 1,14 besprochenen Verfahren vorgenommen werden kann. Man erhält eine konstante Drehkraft (schwingungsfreies Glied) und eine Anzahl schwingenderTeilkräfte. Diese harmonischen Drekhräfte sind die gesuchten Erregenden der Drehschwingungen.

Zweitaktmaschine. Abb. 8 (S. 12) zeigt für einen im Zweitakt arbeitenden Zylinder das Tangentialdruckdiagramm sowie einige seiner harmonischen Erregenden. Bei einer Zweitaktmaschine erstreckt sich die Periode des Arbeitsspiels über

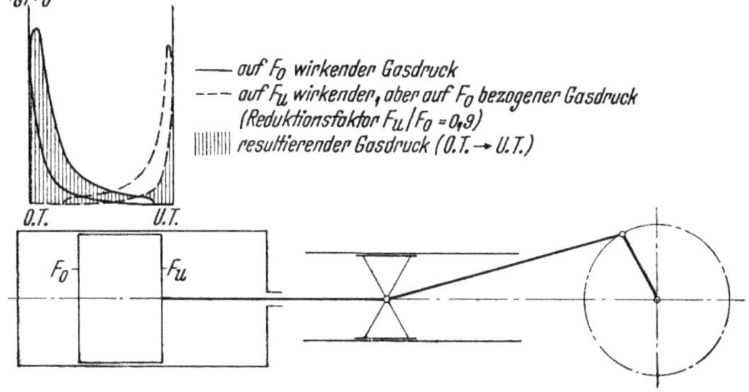

Abb. 73. Ermittlung des resultierenden Gasdrucks einer doppeltwirkenden Zweitaktmaschine.

eine Kurbelwellenumdrehung. Es ergeben sich daher durch die harmonische Analyse Sinuslinien, deren Frequenzen *ganzzahlige Vielfache der Winkelgeschwindigkeit* $\omega_0 = \pi\, n/30$ sind. Die Frequenzen der harmonischen Erregenden oder kurz der Harmonischen sind demnach:

(124) $$\Omega_{1 \div x} = \omega_0,\ 2\,\omega_0,\ 3\,\omega_0,\ 4\,\omega_0,\ \ldots,\ x\,\omega_0 \quad [\mathrm{s}^{-1}].$$

Man spricht im Hinblick auf den Drehzahlzusammenhang von Erregenden 1. Ordnung, 2. Ordnung, ..., x-ter Ordnung (x = beliebige ganze Zahl).

Viertaktmaschine. Abb. 72 zeigt für einen im Viertakt arbeitenden Zylinder das Tangentialdruckdiagramm sowie eine Anzahl seiner harmonischen Erregenden.

Bei einer Viertaktmaschine erstreckt sich die Periode des Arbeitsspiels über zwei Kurbelwellenumdrehungen. Es ergeben sich daher bei der harmonischen Analyse Sinuslinien, deren Frequenzen *ganzzahlige Vielfache der halben Winkelgeschwindigkeit* $\omega_0/2$ sind, also

(125) $$\Omega_{1 \div x} = \tfrac{1}{2}\,\omega_0;\ 1\,\omega_0;\ 1\tfrac{1}{2}\,\omega_0;\ 2\,\omega_0,\ \ldots,\ x\,\omega_0.$$

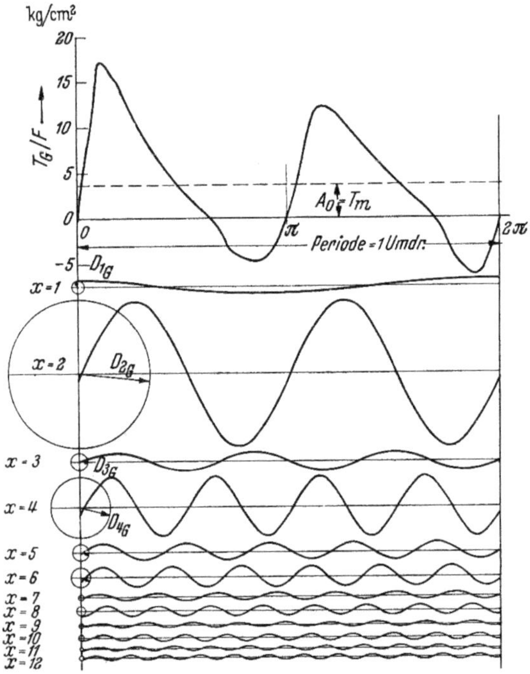

Abb. 74. Gasdrehkraft eines doppeltwirkenden Zweitaktzylinders und ihre ersten 12 Harmonischen.

Es erscheinen demnach bei der Viertaktmaschine, im Gegensatz zur Zweitaktmaschine, neben ganzzahligen Ordnungen 1., 2., 3., ... auch halbzahlige Ordnungen ½., 1½., 2½., ... usw.

Doppeltwirkende Zweitaktmaschine. Unter einer doppeltwirkenden Maschine im üblichen Sinn versteht man eine solche, bei der beide Seiten des geschlossenen Kolbens (Oberseite bzw. Deckelseite und Unterseite bzw. Kurbelseite) den Gaskräften ausgesetzt sind (Abb. 73). Im Hinblick auf gleichmäßige Zündabstände ist der doppeltwirkende Kolben nur für Zweitakter brauchbar.

Die resultierenden harmonischen Erregenden eines doppeltwirkenden Zweitaktzylinders bestimmen wir zweckmäßig wie folgt: Wir ermitteln zunächst das resultierende Kolbendruckschaubild (Oberseite + Unterseite) und hieraus das resultierende Tangentialdruckdiagramm und erhalten durch harmonische Analyse sofort die resultierenden harmonischen Erregenden 1., 2., 3., ..., x-ter Ordnung (Abb. 74).

Bei der Ermittlung des resultierenden Kolbendruckdiagramms ist folgendes zu beachten: Die Drücke der Oberseite wirken auf die obere Kolbenfläche F_o, die Drücke der Unterseite auf die kleinere untere Kolbenfläche F_u (Querschnitt der Kolbenstange $F_o - F_u$). Um die Drücke der Oberseite und Unterseite zusammensetzen zu können, müssen wir daher die Drücke auf eine einheitliche Kolbenfläche beziehen. Wählen wir die Oberseite, so müssen wir die Drücke der Unterseite mit F_u/F_o vor der Zusammensetzung multiplizieren, wählen wir die Unterseite, dann haben wir die Drücke der Oberseite mit F_o/F_u zu multiplizieren.

Ergebnisse von harmonischen Analysen. In den Abb. 75, 76 und 77 sind für je einen einfachwirkenden Otto-Viertakt-Motor (Indikator- und Drehkraftdiagramm s. Abb. 71), Otto-Zweitakt-, Diesel-Viertakt- und Diesel-Zweitakt-

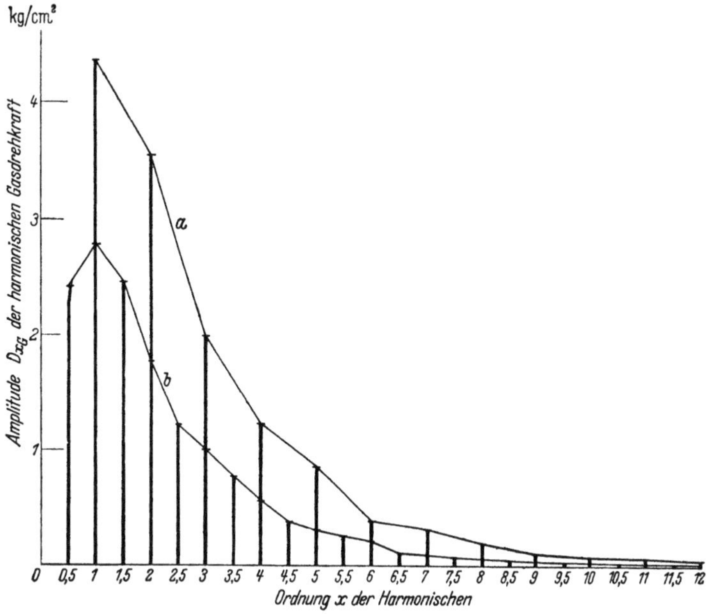

Abb. 75. Spektrum der Harmonischen der Gasdrehkraft eines einfachwirkenden Zylinders. *a* Otto-Zweitakt-, *b* Otto-Viertakt-Motor.

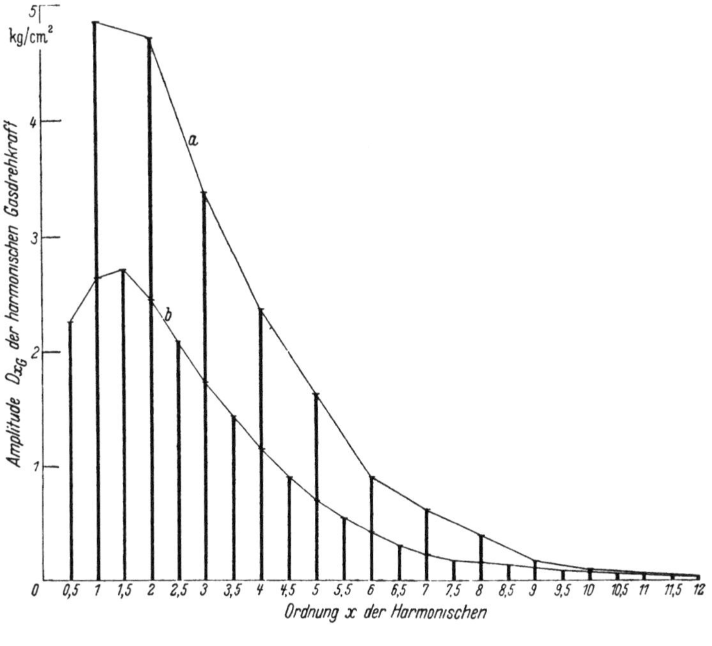

Abb. 76. Spektrum der Harmonischen der Gasdrehkraft eines einfachwirkenden Zylinders. *a* Diesel-Zweitakt-, *b* Diesel-Viertakt-Motor.

Motor sowie für einen doppeltwirkenden Zweitakt-Diesel-Motor (Tangentialdruckdiagramm s. Abb. 74) die Amplituden der Harmonischen der Gasdrehkräfte über der Ordnung x aufgetragen. Die angegebenen Werte gelten strenggenommen jeweils nur für ein ganz bestimmtes Indikatordiagramm. Mit Änderung der

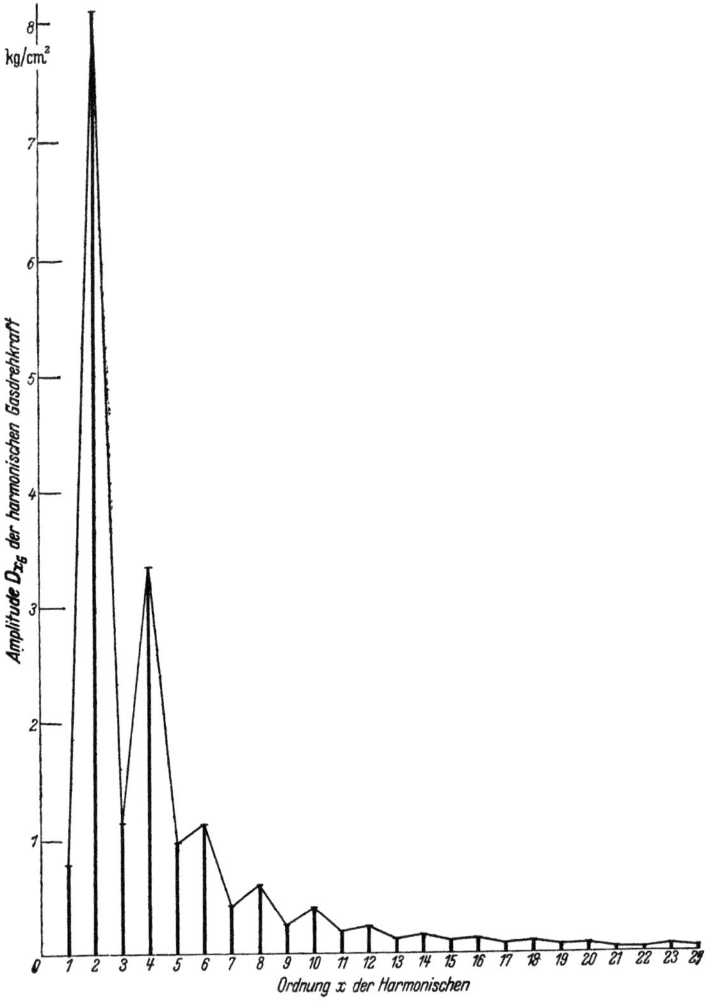

Abb. 77. Spektrum der Harmonischen der Gasdrehkraft eines Zylinders eines doppeltwirkenden Zweitakt-Dieselmotors.

Drehzahl und der Belastung ändern sich auch die Indikatordiagramme und damit die Amplituden der Harmonischen. Da die einzelnen Harmonischen bei *verschiedenen* Drehzahlen der Maschine in Resonanz mit der Eigenschwingungszahl des Motors treten, müßte man also für jede Resonanzdrehzahl das zugehörige Indikatordiagramm ermitteln. Ergebnisse der Analyse von Drehkraftdiagrammen zeigen jedoch, daß die Harmonischen der Gasdrehkraft im wesentlichen vom mittleren indizierten Druck p_{mi} abhängen. Ferner sind von Einfluß das Verdichtungsverhältnis ε und der Höchstdruck p_z. Es ist also nicht notwendig, die zeitraubende Analyse des Gasdrehkraftdiagramms bei jeder neuen Motoruntersuchung durchzuführen, wenn man ein für allemal für die gebräuchlichen

Konstruktionen von Motoren die Gasdrehkräfte abhängig vom mittleren indizierten Druck bei üblichen Verdichtungs- und Höchstdrücken bestimmt. Das Ergebnis der, mit einem Mader-Ott-Gerät durchgeführten Analyse von theoretischen Diagrammen ist in Tab. 7 zusammengefaßt. Mit der linearisierten Beziehung

$$D_{xG} = \frac{(q_x + \varkappa_x\, p_{mi})\, x}{100} \tag{126}$$

können mit Hilfe dieser Tabelle die erregenden Gasdrehkräfte D_{xG} für verschiedene Maschinengattungen näherungsweise berechnet werden.

2,52. Die erregenden Massendrehkräfte eines Zylinders.

Wir wollen untersuchen, welche Drehkräfte bei der beschleunigten Bewegung der Massen des Kurbeltriebs auftreten. Dabei setzen wir wie bisher konstante Winkelgeschwindigkeit der Kurbel ($\omega_0 = \text{konst}$) voraus. Diese Annahme ist praktisch durchaus zulässig. — Die Fliehkräfte der umlaufenden Massen (Kurbelkröpfung) haben keinen Einfluß auf die Erregung der Drehschwingung. Ist $\omega_0 = \dot{\varphi} = \text{konst}$, also die Winkelbeschleunigung $\ddot{\varphi} = 0$, dann treten keine Drehkräfte, herrührend von den umlaufenden Massen, auf.

Die von der Pleuelstange herrührende Massendrehkraft erhält man mit hinreichender Näherung, wenn man die Masse der Pleuelstange nach Gl. (83) in die beiden Teilmassen $m_{S\,rot}$ und $m_{S\,osz}$ zerlegt. Der rotierende Teil $m_{S\,rot}$ liefert keinen Beitrag zur Drehkraft. Der oszillierende Teil $m_{S\,osz}$ ist zu den hin und her gehenden Massen zuzuschlagen. (Auf die Genauigkeit der Näherung gehen wir am Schluß dieses Abschnitts noch ein.)

Die Gesamtmasse m_H der hin und her gehenden Teile (Kolben, Kolbenbolzen, oszillierender Pleuelanteil, gegebenenfalls Kreuzkopf und Kolbenstange) wird wechselnd beschleunigt und verzögert. Es treten also periodische Massenkräfte in Richtung der Zylinderachse auf, die sich den Gaskräften überlagern. Die Massenkräfte können wie die Gaskräfte in eine Radialkraft und eine Drehkraft zerlegt werden. Erstere ist ohne Einfluß auf die Erregung der Drehschwingungen. Die Harmonischen der Massendrehkräfte lassen sich im Gegensatz zu den Gasdrehkräften rechnerisch durch Reihenentwicklung bestimmen. Es erübrigt sich daher, aus den Massenkräften über dem Kolbenweg (Massenkraftdiagramm) die Drehkräfte T_M zu den verschiedenen Kurbelstellungen (Drehkraftdiagramm) zeichnerisch zu ermitteln und diese Kurve harmonisch zu analysieren.

Für die Massenkraft gilt nach dem Newtonschen Grundgesetz

$$P_H = -m_H\, \ddot{x}, \tag{127}$$

wenn $\ddot{x}$ die Kolbenbeschleunigung bedeutet.

Entwickelt man die Gl. (86) für den Kolbenweg x (s. Ziff. 2,316) nach dem binomischen Lehrsatz in eine Reihe und formt die auftretenden Potenzen von $\sin\varphi$ in Funktionen des vielfachen Winkels um, so wird

$$x = r\left(A_0 - \cos\varphi + \frac{A_2}{4}\cos 2\varphi + \frac{A_4}{16}\cos 4\varphi + \frac{A_6}{36}\cos 6\varphi + \cdots\right) \tag{128}$$

mit den Abkürzungen

$$A_0 = 1 + \frac{\lambda}{4} + \frac{3}{64}\lambda^3 + \frac{5}{256}\lambda^5 + \cdots,$$

$$A_2 = -\lambda - \frac{\lambda^3}{4} - \frac{15}{128}\lambda^5 - \cdots,$$

$$A_4 = \frac{\lambda^3}{4} + \frac{3}{16}\lambda^5 + \cdots,$$

$$A_6 = -\frac{9}{128}\lambda^5 - \cdots.$$

Tabelle 7. Werte q_x in kg/cm² und $\varkappa_x$ (dimensionslos) zur

	p_z	x	0,5	1	1,5	2	2,5	3	3,5	4	4,5	5
Otto-Viertakt einfachwirkend $\varepsilon = 6$	25 atü	q_x	261,04	167,32	106,50	59,43	34,39	23,93	16,57	10,34	6,03	4,16
		$\varkappa_x$	50,49	23,75	12,10	6,16	3,04	1,53	0,79	0,49	0,29	0,12
	35 atü	q_x	308,37	168,45	108,01	64,98	37,78	22,21	14,59	9,78	6,03	4,48
		$\varkappa_x$	43,39	23,76	11,82	5,53	3,10	2,33	1,72	1,01	0,67	0,57
	45 atü	q_x	248,00	93,52	91,12	52,00	31,49	20,38	15,20	13,04	7,39	7,08
		$\varkappa_x$	62,88	28,85	14,52	8,21	4,52	2,80	1,91	0,94	0,68	0,23

	p_z	x	1	2	3	4	5
Otto-Zweitakt einfachwirkend $\varepsilon = 6$	15 atü	q_x	112,50	71,05	31,82	11,20	5,38
		$\varkappa_x$	52,60	17,49	4,18	3,45	1,08
	25 atü	q_x	112,50	63,85	36,00	19,82	4,85
		$\varkappa_x$	51,80	15,37	4,80	1,78	1,76
	35 atü	q_x	112,50	63,85	39,25	25,80	13,50
		$\varkappa_x$	51,67	15,37	5,13	1,77	0,85

	p_z	x	0,5	1	1,5	2	2,5	3	3,5	4	4,5	5
Diesel-Viertakt einfachwirkend $\varepsilon = 12$	30 atü	q_x	118,74	109,44	94,68	82,48	49,65	37,00	25,08	17,00	12,63	9,24
		$\varkappa_x$	55,15	26,55	14,41	6,62	3,71	1,65	0,72	0,24	—0,21	—0,42
	40 atü	q_x	88,91	101,24	90,66	71,19	50,65	34,58	26,69	19,42	16,51	10,64
		$\varkappa_x$	61,55	29,80	15,71	8,59	4,87	2,99	1,59	0,96	0,11	0,17
	50 atü	q_x	68,00	138,50	98,82	76,39	52,97	34,50	26,74	20,31	17,29	12,24
		$\varkappa_x$	62,78	21,05	14,75	8,21	5,20	3,60	2,13	1,29	0,50	0,32
	60 atü	q_x	230,10	131,25	127,82	79,76	52,73	37,08	25,93	15,62	12,99	9,37
		$\varkappa_x$	42,45	22,92	9,67	8,01	5,13	3,55	2,50	2,15	1,24	0,82

		p_z	x	1	2	3	4	5
Diesel-Zweitakt $\varepsilon = 16$	einf.-wirk.	45 atü	q_x	168,80	115,10	62,76	39,02	23,25
			$\varkappa_x$	51,25	18,95	8,18	3,49	1,41
	dopp.-wirk.	45 atü	q_x	192,00	103,00	43,33	18,50	8,88
			$\varkappa_x$	48,69	14,85	3,83	2,28	0,80

Aus Gl. (128) folgt durch Differentiation nach der Zeit t die *Kolbengeschwindigkeit*

$$\dot{x} = r\,\omega_0 \left(\sin\varphi - \frac{A_2}{2}\sin 2\varphi - \frac{A_4}{4}\sin 4\varphi - \frac{A_6}{6}\sin 6\varphi - \cdots\right), \tag{129}$$

und durch nochmalige Differentiation die *Kolbenbeschleunigung*

$$\ddot{x} = r\,\omega_0^2 (\cos\varphi - A_2\cos 2\varphi - A_4\cos 4\varphi - A_6\cos 6\varphi - \cdots). \tag{130}$$

Damit geht Gl. (127) über in

$$P_H = -m_H\, r\,\omega_0^2 (\cos\varphi - A_2\cos 2\varphi - A_4\cos 4\varphi - A_6\cos 6\varphi - \cdots). \tag{131}$$

Die rechnerische Ermittlung der Massendrehkraft T_M aus der Massenkraft P_H geschieht am einfachsten mit Hilfe der Arbeitsgleichung. Die von der Kraft P_H auf dem Kolbenweg dx geleistete Arbeit ist $P_H\,dx$. Sie muß gleich sein der von T_M auf dem Kurbelzapfenweg $r\,d\varphi$ geleisteten Arbeit $T_M\,r\,d\varphi$, also

$$P_H\,dx = T_M\,r\,d\varphi,$$

oder auf die Zeiteinheit bezogen

$$P_H\frac{dx}{dt} = T_M\,r\,\frac{d\varphi}{dt}.$$

Berechnung der Gasdrehkräfte.

5,5	6	6,5	7	7,5	8	8,5	9	9,5	10	10,5	11	11,5	12
3,50	2,76	2,10	1,80	1,78	1,66	1,57	1,25	1,15	0,64	0,30	0,33	0,25	0,15
0,01	0,01	0,01	0,00	0,10	0,11	0,11	0,11	0,10	0,05	0,04	0,03	0,03	0,03
3,77	2,10	1,74	1,68	1,41	1,11	1,00	0,98	0,92	1,33	1,30	1,20	1,15	0,70
0,26	0,22	0,18	0,10	0,07	0,07	0,06	0,00	0,00	0,08	0,07	0,07	0,05	0,03
5,38	4,71	3,60	2,91	2,18	2,05	1,67	2,22	1,18	0,63	0,60	0,43	0,42	0,15
0,19	0,03	0,01	0,00	0,00	0,00	0,00	0,10	0,04	0,06	0,05	0,05	0,04	0,04

6	7	8	9	10	11	12
2,29	1,12	0,55	0,09	0,18	0,05	0,05
0,21	0,21	0,31	0,28	0,08	0,20	0,12
2,65	2,71	1,28	0,42	0,75	0,34	0,20
0,61	0,26	0,22	0,18	0,00	0,05	0,03
6,92	4,13	1,55	1,27	1,42	0,91	0,45
0,40	0,34	0,33	0,08	0,02	0,00	0,01

5,5	6	6,5	7	7,5	8	8,5	9	9,5	10	10,5	11	11,5	12
6,33	3,61	2,84	1,82	0,98	0,87	0,31	0,48	0,42	0,31	0,21	0,20	0,15	0,14
−0,30	−0,25	0,00	0,10	0,12	0,12	0,15	0,10	0,07	0,05	0,04	0,03	0,03	0,02
7,88	5,71	3,92	3,18	1,46	1,22	1,04	0,74	1,36	1,05	1,00	0,80	0,55	0,23
0,00	0,00	0,00	0,00	0,08	0,07	0,07	0,07	−0,03	−0,03	−0,11	0,00	0,03	0,03
9,80	7,52	5,81	4,08	3,02	2,57	2,01	1,27	1,25	0,99	0,80	0,75	0,50	0,32
0,13	0,03	0,08	0,00	0,00	0,00	0,05	0,03	0,03	0,04	0,04	0,03	0,03	0,02
6,40	3,14	4,01	3,08	2,83	1,53	1,36	1,62	0,82	0,35	0,25	0,15	0,15	0,13
0,67	0,64	0,29	0,15	0,05	0,13	0,10	0,01	0,11	0,11	0,09	0,07	0,05	0,04

6	7	8	9	10	11	12
13,85	7,19	4,69	1,63	1,10	0,75	0,66
0,26	0,32	0,29	0,36	0,29	0,29	0,13
4,82	2,60	0,62	0,61	0,25	0,08	0,00
−0,06	0,07	0,20	0,07	0,07	0,04	0,03

Hieraus folgt mit $\omega_0 = \frac{d\varphi}{dt}$ und $\dot{x} = \frac{dx}{dt}$

$$T_M = \frac{\dot{x}}{r\,\omega_0}\,P_H = -\frac{\dot{x}\,\ddot{x}}{r\,\omega_0}\,m_H,$$

oder mit Einführung von $\dot{x}$ und $\ddot{x}$ nach den Gln. (129) und (130)

(132a) $$T_M = m_H\,r\,\omega_0^2\,(B_1 \sin\varphi + B_2 \sin 2\varphi + B_3 \sin 3\varphi + B_4 \sin 4\varphi + B_5 \sin 5\varphi + B_6 \sin 6\varphi + \cdots)$$

mit den Abkürzungen

$$B_1 = \frac{\lambda}{4} + \frac{\lambda^3}{16} + \frac{15}{512}\lambda^5 + \cdots,$$

$$B_2 = -\frac{1}{2} - \frac{\lambda^4}{32} - \frac{\lambda^6}{32} - \cdots,$$

$$B_3 = -\frac{3}{4}\lambda - \frac{9}{32}\lambda^3 - \frac{81}{512}\lambda^5 - \cdots,$$

$$B_4 = -\frac{\lambda^2}{4} - \frac{\lambda^4}{8} - \frac{\lambda^6}{16} - \cdots,$$

$$B_5 = \frac{5}{32}\lambda^3 + \frac{75}{512}\lambda^5 + \cdots,$$

$$B_6 = \frac{3}{32}\lambda^4 + \frac{3}{32}\lambda^6 + \cdots.$$

Tabelle 8. Beiwerte zur Berechnung der Massendrehkräfte (λ = Pleuelstangenverhältnis)

λ	B_1	B_2	B_3	B_4	B_5	B_6
0,20	0,0505	−0,5001	−0,1523	−0,0102	0,0013	0,0002
0,21	0,0531	−0,5001	−0,1602	−0,0113	0,0015	0,0002
0,22	0,0557	−0,5001	−0,1681	−0,0124	0,0017	0,0002
0,23	0,0583	−0,5001	−0,1760	−0,0136	0,0020	0,0003
0,24	0,0609	−0,5001	−0,1840	−0,0148	0,0023	0,0003
0,25	0,0635	−0,5001	−0,1921	−0,0161	0,0026	0,0004
0,26	0,0661	−0,5002	−0,2001	−0,0175	0,0029	0,0005
0,27	0,0688	−0,5002	−0,2083	−0,0189	0,0033	0,0005
0,28	0,0714	−0,5002	−0,2165	−0,0204	0,0037	0,0006
0,29	0,0741	−0,5002	−0,2247	−0,0220	0,0041	0,0007
0,30	0,0768	−0,5003	−0,2330	−0,0236	0,0046	0,0008
0,31	0,0795	−0,5003	−0,2414	−0,0252	0,0051	0,0010
0,32	0,0822	−0,5004	−0,2498	−0,0270	0,0057	0,0011
0,33	0,0849	−0,5004	−0,2583	−0,0288	0,0063	0,0013
0,34	0,0876	−0,5005	−0,2668	−0,0307	0,0069	0,0014
0,35	0,0904	−0,5005	−0,2755	−0,0326	0,0076	0,0016
0,36	0,0931	−0,5006	−0,2842	−0,0347	0,0083	0,0018
0,37	0,0959	−0,5007	−0,2930	−0,0367	0,0091	0,0020
0,38	0,0987	−0,5008	−0,3018	−0,0389	0,0099	0,0023
0,39	0,1015	−0,5009	−0,3108	−0,0412	0,0108	0,0026
0,40	0,1043	−0,5010	−0,3198	−0,0435	0,0117	0,0028

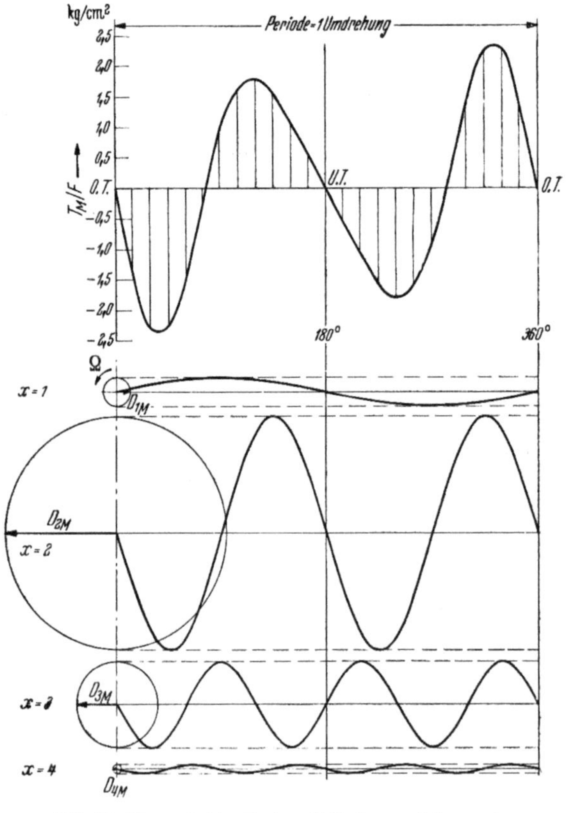

Abb. 78. Massendrehkraft eines Zylinders und ihre ersten 4 Harmonischen.

Die Beiwerte B_1, B_2, $B_3, \ldots$, B_6 sind für den praktisch vorkommenden Bereich des Schubstangenverhältnisses λ aus Tabelle 8 zu entnehmen. Wir erkennen, daß die Massendrehkraft aus Harmonischen 1., 2., 3., 4., ... x-ter Ordnung besteht, deren Amplituden rasch abnehmen. In Abb. 78 sind ein Massendrehkraftdiagramm und die harmonischen Teilschwingungen 1., 2., 3. und 4. Ordnung dargestellt.

Genauigkeit der Näherungsberechnung der Massendrehkraft. Bei der Ermittlung der Massendrehkräfte haben wir die Masse der Pleuelstange in zwei Ersatzmassen $m_{S\,rot}$ und $m_{S\,osz}$ aufgeteilt. Diese Aufteilung ist, wie wir wissen, im allgemeinen nicht exakt und demzufolge ist es auch nicht die darauf beruhende Berechnung der vom Pleuel herrührenden Massendrehkräfte. Diese erhalten wir genau, wenn wir die Pleuelstange durch drei Punktmassen m_1, m_2 und m_3 nach den Gln. (82) ersetzen und die von ihnen herrührenden Massendrehkräfte bestimmen. Die Rechnung im einzelnen sei dem Leser überlassen. Als Ergebnis (einschließlich der Massendrehkraft herrührend vom Kolben) erhalten wir:

$$\text{(132b)} \quad T_{M\,exakt} = T_M - m_3 \frac{a\,b}{l^2} r\,\omega^2 [(1 + B_2) \sin 2\varphi + B_4 \sin 4\varphi + B_6 \sin 6\varphi + \cdots],$$

wobei T_M nach Gl. (132a) einzusetzen ist. Die Gln. (132a) und (132b) unterscheiden sich nur in den Amplituden der Harmonischen *gerader* Ordnung. Da die Masse m_3 im allgemeinen verhältnismäßig klein ist, ist der Fehler, den man bei Benutzung der Gl. (132a) begeht, unbedeutend.

2,53. Zusammensetzung der erregenden Gas- und Massenkräfte eines Zylinders.

Die resultierenden erregenden Kräfte eines Zylinders ergeben sich durch Addition der erregenden harmonischen Gas- und Massendrehkräfte gleicher Ordnungszahl x.

Bei der harmonischen Analyse des Gasdrehkraftdiagramms (Ziff. 2,512) ergeben sich sowohl Sinus- als auch Kosinusglieder, während sich die harmonischen Massendrehkräfte allein durch eine Sinusreihe darstellen lassen [Gl. (132a und b)].

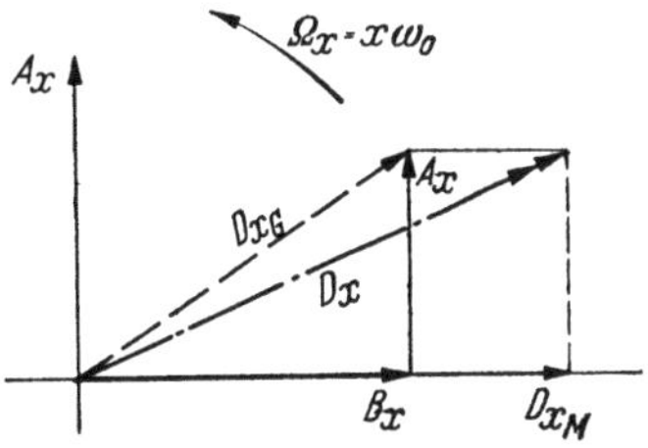

Abb. 79. Zusammensetzung der Harmonischen der Gas- und Massendrehkräfte eines Zylinders.

Unter Verwendung der Vektordarstellung nach Abb. 3 erhalten wir die resultierende Erregende x-ter Ordnung, indem wir die Erregende x-ter Ordnung der Gasdrehkräfte (Sinus $\dotplus$ Kosinuskomponente) mit der Erregenden x-ter Ordnung der Massendrehkräfte vektoriell zusammensetzen, wie Abb. 79 zeigt.

Es bedeuten jeweils für die harmonische Drehkraft x-ter Ordnung:

A_x	Amplitude der Kosinuskomponente der Gasdrehkraft,
B_x	Amplitude der Sinuskomponente der Gasdrehkraft,
$D_{xG} = A_x \dotplus B_x$	Resultierende Amplitude der Gasdrehkräfte,
D_{xM}	Amplitude der Massendrehkraft,
$D_x = D_{xG} \dotplus D_{xM}$	Resultierende Amplitude aus Gas- und Massendrehkräften.

Die Amplituden der Gasdrehkräfte D_{xG} sind praktisch von der Kurbelwinkelgeschwindigkeit ω_0, also von der Drehzahl, unabhängig, die der Massendrehkräfte dagegen ändern sich mit ω_0^2. Die Resultierende D_x müßte also für jede interessierende Drehzahl neu ermittelt werden. Es sind jedoch einerseits die Massendrehkräfte der Ordnungen $x > 4$ gegenüber den Gasdrehkräften vernachlässigbar klein und andererseits sind meist nur die Erregenden höherer Ordnung ($x > 4$) von Bedeutung, so daß praktisch die Zusammensetzung nur in Sonderfällen vorgenommen werden muß.

2,54. Die erregenden Drehkräfte in Mehrzylindermaschinen.

Bei Mehrzylindermaschinen lassen sich die gleichzeitig wirkenden harmonischen Drehkräfte gleicher Ordnung der einzelnen Zylinder nicht in üblicher Weise zu einer *Ersatzerregerkraft*[1] zusammenfassen, da infolge der elastischen Verfor-

[1] Wir sagen *Ersatz*erregerkraft statt *resultierende* Erregerkraft, da es sich nicht um eine Resultierende von Kräften im üblichen Sinn handelt.

mung, die die Welle bei der Schwingung zwischen den einzelnen Kröpfungen erleidet, die an verschiedenen Kurbelzapfen angreifenden erregenden Harmonischen in ihrer Wirkung auf die Drehschwingungen des Kurbelwellensystems nicht gleichwertig sind. Es leuchtet ohne weiteres ein, daß eine Erregerkraft einen um so größeren Ausschlag hervorruft, je weiter ihr Angriffspunkt vom Schwingungsknoten entfernt ist.

Maßgebend für die Bestimmung der Ersatzerregerkraft ist die Erregungsarbeit, die von den harmonischen Drehkräften bei Schwingungen an die Welle abgegeben wird.

2,541. Resonanzamplituden und Ersatzerregerkraft.

Für die Berechnung der Resonanzamplituden und der Ersatzerregerkraft gehen wir von der Arbeitsgleichung der erzwungenen gedämpften Drehschwingungen von Mehrzylindermotoren aus. Diese erhält man, wenn man für die einzelnen Zylinder i die Gl. (50a) anschreibt und die Summe über i bildet. Ist z die Zahl der Zylinder, so ergibt sich:

$$\underbrace{\sum_{i=1}^{i=z} D_x^{(i)} A^{(i)} \sin\beta_x^{(i)}}_{\text{Erregungsarbeit je Schwingung}} = \underbrace{\Omega_x \sum_{i=1}^{i=z} k_i \left(A^{(i)}\right)^2}_{\text{Dämpfungsarbeit je Schwingung}}, \tag{133}$$

wobei

r Kurbelhalbmesser

$D_x^{(i)}$ Amplitude der harmonischen Erregerkraft $\mathfrak{D}_x^{(i)}$ x-ter Ordnung des i-ten Zylinders, bezogen auf die Kolbenfläche,

$A^{(i)}$ Schwingungsausschlag der Kröpfung, an der die Erregerkraft $\mathfrak{D}_x^{(i)}$ angreift,

$\beta_x^{(i)}$ Phasenverschiebungswinkel der Erregerkraft $\mathfrak{D}_x^{(i)}$ gegenüber dem Ausschlag $\mathfrak{A}_1$.

Ω_x Kreisfrequenz der Erregerkraft,

k_i Dämpfungsbeiwert des i-ten Zylinders, bezogen auf die Kolbenfläche.

Es ist üblich, die Erreger- und die Dämpfungskräfte auf die Kolbenfläche zu beziehen. Mit den von uns verwendeten Einheiten hat $D_x^{(i)}$ die Einheit kg/cm² und k_i die Einheit kg cm^{-2}/cm s^{-1}. Der Dämpfungsbeiwert k_i ist also die im Abstand r von der Wellenachse angreifende tangentiale Dämpfungskraft in kg für 1 cm² Kolbenfläche und 1 cm/s Schwingungsgeschwindigkeit des Kurbelzapfens. Mit diesen Einheiten ergeben sich die Amplituden $A^{(i)}$ in cm, gemessen auf dem Kreis vom Kurbelhalbmesser r.

Mit Einführung der verhältnismäßigen Ausschläge bezogen auf den Ausschlag A_1 der Masse am freien Wellenende

$$\alpha^{(i)} = \frac{A^{(i)}}{A_1} \tag{134}$$

ergibt sich aus (133) die folgende Gleichung für A_1:

$$A_1 = \frac{\sum_{i=1}^{i=z} D_x^{(i)} \alpha^{(i)} \sin\beta_x^{(i)}}{\Omega_x \sum_{i=1}^{i=z} k_i \left(\alpha^{(i)}\right)^2}. \tag{135}$$

Für den allgemeinen Fall, d. h. für beliebiges Ω_x, sind die $\alpha^{(i)}$ der erzwungenen Schwingungsform nicht bekannt. In dem uns interessierenden Resonanzfall ($\Omega_x = \omega_e$) kann man, da die Dämpfungen klein sind, jedoch annehmen, daß die erzwungene Schwingungsform nicht nennenswert von der freien Eigenschwingungsform abweicht. Es läßt sich mit guter Näherung die unbekannte erzwungene Schwingungsform durch die aus der Schwingungsrechnung sich ergebende Eigenschwingungsform ersetzen.

Für den Resonanzfall ($\Omega_x = \omega_e$) können wir mithin schreiben:

(136) $$A_1 = \frac{\sum\limits_{i=1}^{i=z} D_x^{(i)}\, \alpha^{(i)} \sin \beta_x^{(i)}}{\omega_e \sum\limits_{i=1}^{i=z} k_i\, (\alpha^{(i)})^2},$$

wobei für die $\alpha^{(i)}$ die aus der Berechnung der Eigenschwingungsform (Ziff. 2,42) erhaltenen verhältnismäßigen Ausschläge einzusetzen sind.

Der Ausdruck im Zähler ist gleich der Summe der arbeitsleistenden Komponenten der gegenseitig in der Phase verschobenen, auf den Ausschlag A_1 reduzierten Erregerkräfte $\mathfrak{D}_x^{(i)}$ gleicher Ordnung. Diese Summe ist im Resonanzfall gleich dem Betrag R_x des dem Ausschlag $\mathfrak{A}_1$ um 90° vorauseilenden Summen-

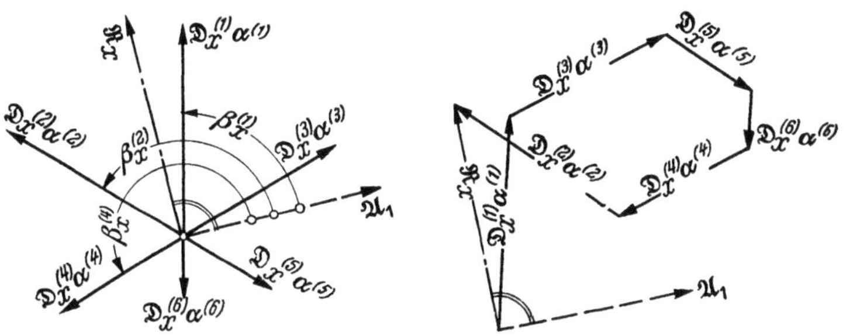

Abb. 80. Erregerkräfte $\mathfrak{D}_x^{(i)}\, \alpha^{(i)}$ und ihre Ersatzerregerkraft $\mathfrak{R}_x$. Ausschlagvektor $\mathfrak{A}_1$ im Resonanzfall.

vektors $\mathfrak{R}_x$, der sich aus den z Komponenten $\mathfrak{D}_x^{(i)}\, \alpha^{(i)}$ ($i = 1, 2, \ldots, z$) geometrisch zusammensetzt (Abb. 80). $\mathfrak{R}_x$, am Wellenende angreifend, leistet die gleiche Erregungsarbeit wie die gleichzeitig wirkenden harmonischen Drehkräfte $\mathfrak{D}_x^{(i)}$ der einzelnen Zylinder und kann somit als deren *Ersatzerregerkraft* bezeichnet werden. Es ist also:

(137) $$R_x = \sum_{i=1}^{i=z} D_x^{(i)}\, \alpha^{(i)} \sin \beta_x^{(i)}.$$

Dieser Ausdruck gilt ganz allgemein für Motoren mit verschiedenen Zylindern und beliebiger Zylinderanordnung.

Reihenmotor mit gleichen Zylindern. Unter der Voraussetzung gleicher Kurbeltriebe für alle Zylinder sind die Erregerkräfte gleich groß. In diesem Fall kann $D_x^{(i)} = D_x$ gesetzt und vor das Summenzeichen geschrieben werden.

Es ist also:

(138) $$R_x = D_x \sum_{i=1}^{i=z} \alpha^{(i)} \sin \beta_x^{(i)}.$$

Eine besondere Bedeutung kommt in diesem Ausdruck der Größe

(139) $$R_{\alpha x} = \sum_{i=1}^{i=z} \alpha^{(i)} \sin \beta_x^{(i)}$$

zu, die wir als *spezifische Ersatzerregerkraft* bezeichnen; das ist die auf $D_x = 1$ bezogene Erregerkraft der z Zylinder.

Sternmotoren mit gleichen Zylindern. Unter der Annahme, daß alle Zylinder unter sich gleich sind und alle Pleuel zentrisch an einer Kröpfung angreifen, deren verhältnismäßiger Ausschlag α_{Kr} ist, gilt:

(140) $$R_x = D_x \alpha_{Kr} \sum_{i=1}^{i=z} \sin \beta_x^{(i)}.$$

Mehrreihenmotoren (V-, W-, X-Motoren). Die Gesamtersatzkraft von Mehrreihenmotoren (bei denen mehrere Zylinder an einer Kröpfung wirken) erhält man, wie erwähnt, aus Gl. (137). In manchen Fällen vereinfacht sich jedoch die Rechnung, wenn man zunächst die Ersatzerregerkräfte für die einzelnen Reihen bestimmt und diese dann geometrisch zusammensetzt (hierzu s. Ziff. 3,43).

2,542. Richtungssterne der harmonischen Drehkräfte.

Vorbemerkung: Jede Harmonische $\mathfrak{D}_x^{(i)}$ hat gegenüber dem Kurbelwinkelnullpunkt der zugehörigen Kurbel (üblicherweise oberer Totpunkt) einen bestimmten Nullphasenwinkel γ_x. Sind die Indikatordiagramme sowie die hin und her gehenden Triebwerksmassen der einzelnen Zylinder einander gleich, dann sind auch die Winkel γ_x einander gleich und haben keinen Einfluß auf die Größe der Ersatzkraft R_x. Sind die Zylinder verschieden, dann sind die Winkel γ_x nicht gleich und daher bei der Bestimmung von R_x zu berücksichtigen. Im folgenden setzen wir voraus, daß die Zylinder und damit die Winkel γ_x einander gleich sind. Sie treten mithin bei der Bildung von R_x nicht in Erscheinung.

Phasenverschiebung φ_x der Harmonischen gleicher Zylinder. Die harmonischen Drehkräfte $\mathfrak{D}_x^{(i)}$ der einzelnen Zylinder erreichen nicht gleichzeitig ihre Größtwerte, weil die Zylinder nacheinander arbeiten; sie sind also nicht in Phase. Die gegenseitige Phasenverschiebung $\varphi_x = \beta_x^{(i+1)} - \beta_x^{(i)}$ der Harmonischen der nacheinander zündenden Zylinder ist für jede Ordnungszahl x verschieden und vom Zündabstand abhängig.

Folgen die Zündungen zweier einfach wirkender Zylinder im Abstand δ (Zündwinkel), so beträgt ihre gegenseitige Phasenverschiebung φ_x der harmonischen Erregenden x-ter Ordnung

(141) $$\varphi_x = x\,\delta.$$

Die Zündwinkel sind also mit x zu multiplizieren, um die gegenseitige Phasenlage der Harmonischen x-ter Ordnung zu erhalten. Diese Regel gilt sowohl für Zweitakt- als auch für Viertaktmotoren. Dabei ist zu beachten, daß es bei Zweitaktern nur ganzzahlige Ordnungen x gibt und daß bei Viertaktern neben ganzzahligen auch die halben Ordnungen auftreten (vgl. Ziff. 2,512).

Richtungssterne der erregenden Harmonischen. Die Harmonischen $\mathfrak{D}_x^{(i)}$ vom Betrage D_x nacheinander zündender Zylinder sind, wie oben erwähnt, gegenseitig um den Phasenwinkel φ_x verschoben. Man stellt nun die Richtungen der Harmonischen gleicher Ordnungszahl je in einem Schaubild dar, das zeigt, wie die Harmonischen der einzelnen Zylinder zusammenwirken. Diese Schaubilder bezeichnet man mit *Phasendiagramme oder Richtungssterne* der Harmonischen.

Die Richtungssterne ermitteln wir am einfachsten auf folgende Weise:

Wir stellen den zu Zylinder 1 gehörigen Einheitsvektor ($D_x = 1$ gesetzt) der Harmonischen x-ter Ordnung in ausgezeichnete Lage — lotrecht nach oben —

und bezeichnen ihn mit 1. Ausgehend von dieser Grundstellung des Vektors 1 des Zylinders 1 setzen wir die Einheitsvektoren der übrigen Zylinder in der Reihenfolge der Zündfolge unter Berücksichtigung ihrer gegenseitigen Phasenverschiebung φ_x [Gl. (141)] zu einem Vektorstern zusammen.

Demzufolge erhalten wir, wie aus Tab. 9 ersichtlich, z. B. beim 6-Zylinder-Viertaktmotor mit der Zündfolge 135642 (Zündwinkel $\delta = 120°$):

den Richtungsstern 0,5-ter Ordnung mit dem Phasenverschiebungswinkel zwischen den in der Zündung einander ablösenden Zylindern

$$\varphi_{0,5} = 0{,}5 \cdot \delta = 0{,}5 \cdot 120° = 60°,$$

und mit der der Zündfolge entsprechenden Bezifferung 135642,

den Richtungsstern 1. Ordnung durch Verdoppeln der Phasenverschiebungswinkel im Stern 0,5-ter Ordnung, denn es ist

$$\varphi_1 = 1 \cdot \delta = 1 \cdot 120° = 120° = 2 \cdot \varphi_{0,5},$$

den Richtungsstern 1,5-ter Ordnung durch Verdreifachen der Winkel im Stern 0,5-ter Ordnung usw.

Beim Zweitakter gibt es nur ganze Ordnungen. Die Grundharmonische ist die Harmonische 1. Ordnung. Demzufolge ergeben sich die Richtungssterne für höhere Ordnung durch Verdoppeln, Verdreifachen usw. der Winkel im Stern 1. Ordnung.

In Tab. 9 sind die Richtungssterne für Viertaktmotoren mit 2 bis 12 Zylindern für jeweils eine Zündfolge zusammengestellt. Die mit den Zylinderziffern i versehenen Einheitsvektoren sind in der Reihenfolge um den Winkel φ_x versetzt. Neben den Richtungssternen sind die Ordnungszahlen x (die Zahlenreihen sind entsprechend fortzusetzen) und die Phasenverschiebungswinkel φ_x der Harmonischen niedrigster Ordnung für den betreffenden Richtungsstern eingetragen.

Für Zweitaktmotoren ergeben sich die gleichen Sternbilder, und zwar entspricht der Richtungsstern 0,5-ter Ordnung beim Viertakt dem Stern 1. Ordnung beim Zweitakt, der Stern 1. Ordnung beim Viertakt dem Stern 2. Ordnung beim Zweitakt usw. Eine Zusammenstellung der Richtungssterne für Zweitaktmotoren erübrigt sich somit.

Aus Tab. 9 erkennen wir gewisse Gesetzmäßigkeiten: Einige Richtungssterne wiederholen sich, und zwar in unveränderter oder spiegelbildlicher Bezifferung der Einheitsvektoren.

Die Sternbilder sind verschieden bis zur Ordnung

$x = \frac{z}{4}$ beim Viertakter mit gerader Zylinderzahl,

$x = \frac{z-1}{4}$ beim Viertakter mit ungerader Zylinderzahl,

$x = \frac{z}{2}$ beim Zweitakter mit gerader Zylinderzahl,

$x = \frac{z-1}{2}$ beim Zweitakter mit ungerader Zylinderzahl.

Dann folgen die Spiegelbilder bis zur Ordnung

$x = \frac{z-1}{2}$ beim Viertakter mit gerader und ungerader Zylinderzahl,

$x = z - 1$ beim Zweitakter mit gerader und ungerader Zylinderzahl.

Anschließend wiederholen sich die Sternbilder.

Tabelle 9.

Zylinderzahl z	Zündfolge	Zündwinkel δ	Richtungssterne der harmonischen Drehkräfte für Viertaktmotoren $\varphi_x = x\delta$ = Phasenverschiebungswinkel der Harmonischen x-ter Ordnung						
2	1–2	360°	x=0 1 2 $\varphi_0=0°$	x=0,5 1,5 2,5 $\varphi_{0,5}=180°$	x=1 2 3 $\varphi_1=2\varphi_{0,5}=360°$				
3	1–3–2	240°	x=0 1,5 3 $\varphi_0=0°$	x=0,5 2 3,5 $\varphi_{0,5}=120°$	x=1 2,5 4 $\varphi_1=2\varphi_{0,5}=240°$	x=1,5 3 4,5 $\varphi_{1,5}=3\varphi_{0,5}=360°$			
4	1–3–4–2	180°	x=0 2 4 $\varphi_0=0°$	x=0,5 2,5 4,5 $\varphi_{0,5}=90°$	x=1 3 5 $\varphi_1=2\varphi_{0,5}=180°$	x=1,5 3,5 5,5 $\varphi_{1,5}=3\varphi_{0,5}=270°$	x=2 4 6 $\varphi_2=4\varphi_{0,5}=360°$		
5	1–3–5–4–2	144°	x=0 2,5 5 $\varphi_0=0°$	x=0,5 3 5,5 $\varphi_{0,5}=72°$	x=1 3,5 6 $\varphi_1=2\varphi_{0,5}=144°$	x=1,5 4 6,5 $\varphi_{1,5}=3\varphi_{0,5}=216°$	x=2 4,5 7 $\varphi_2=4\varphi_{0,5}=288°$	x=2,5 5 7,5 $\varphi_{2,5}=5\varphi_{0,5}=360°$	
6	1–3–5–6–4–2	120°	x=0 3 6 $\varphi_0=0°$	x=0,5 3,5 6,5 $\varphi_{0,5}=60°$	x=1 4 7 $\varphi_1=2\varphi_{0,5}=120°$	x=1,5 4,5 7,5 $\varphi_{1,5}=3\varphi_{0,5}=180°$	x=2 5 8 $\varphi_2=4\varphi_{0,5}=240°$	x=2,5 5,5 8,5 $\varphi_{2,5}=5\varphi_{0,5}=300°$	x=3 6 9 $\varphi_3=6\varphi_{0,5}=360$
7	1–3–5–7–6–4–2	$102\frac{6}{7}°$	x=0 3,5 7 $\varphi_0=0°$	x=0,5 4 7,5 3 6,5 10 $\varphi_{0,5}=51\frac{3}{7}°$	x=1 4,5 8 2,5 6 S,5 $\varphi_1=2\varphi_{0,5}=102\frac{6}{7}°$	x=1,5 5 8,5 2 5,5 9 $\varphi_{1,5}=3\varphi_{0,5}=154\frac{2}{7}°$			
8	1–7–4–3– –8–2–5–6	90°	x=0 4 8 $\varphi_0=0°$	x=0,5 4,5 8,5 3,5 7,5 11,5 $\varphi_{0,5}=45°$	x=1 5 9 3 7 11 $\varphi_1=2\varphi_{0,5}=90°$	x=1,5 5,5 9,5 2,5 6,5 10,5 $\varphi_{1,5}=3\varphi_{0,5}=135°$	x=2 6 10 $\varphi_2=4\varphi_{0,5}=180°$		
9	1–3–5–7–9– –8–6–4–2	80°	x=0 4,5 9 $\varphi_0=0°$	x=0,5 5 9,5 4 8,5 13 $\varphi_{0,5}=40°$	x=1 5,5 10 3,5 8 12,5 $\varphi_1=2\varphi_{0,5}=80°$	x=1,5 6 10,5 3 7,5 12 $\varphi_{1,5}=3\varphi_{0,5}=120°$	x=2 6,5 11 2,5 7 11,5 $\varphi_2=4\varphi_{0,5}=160°$		
10	1–5–9–7–3– –10–6–2–4–8	72°	x=0 5 10 $\varphi_0=0°$	x=0,5 5,5 10,5 4,5 9,5 14,5 $\varphi_{0,5}=36°$	x=1 6 11 4 9 14 $\varphi_1=2\varphi_{0,5}=72°$	x=1,5 6,5 11,5 3,5 8,5 13,5 $\varphi_{1,5}=3\varphi_{0,5}=108°$	x=2 7 12 3 8 13 $\varphi_2=4\varphi_{0,5}=144°$	x=2,5 7,5 12,5 $\varphi_{2,5}=5\varphi_{0,5}=180°$	
11	1–10–3–8–5–6– –7–4–9–2–11	$65\frac{5}{11}°$	x=0 5,5 11 $\varphi_0=0°$	x=0,5 6 11,5 5 10,5 16 $\varphi_{0,5}=32\frac{8}{11}°$	x=1 6,5 12 4,5 10 15,5 $\varphi_1=2\varphi_{0,5}=65\frac{5}{11}°$	x=1,5 7 12,5 4 9,5 15 $\varphi_{1,5}=3\varphi_{0,5}=98\frac{2}{11}°$	x=2 7,5 13 3,5 9 14,5 $\varphi_2=4\varphi_{0,5}=130\frac{10}{11}°$	x=2,5 8 13,5 3 8,5 14 $\varphi_{2,5}=5\varphi_{0,5}=163\frac{7}{11}°$	
12	1–3–5–7–9–11– –12–10–8–6–4–2	60°	x=0 6 12 $\varphi_0=0°$	x=0,5 6,5 12,5 5,5 11,5 17,5 $\varphi_{0,5}=30°$	x=1 7 13 5 11 17 $\varphi_1=2\varphi_{0,5}=60°$	x=1,5 7,5 13,5 4,5 10,5 16,5 $\varphi_{1,5}=3\varphi_{0,5}=90°$	x=2 8 14 4 10 16 $\varphi_2=4\varphi_{0,5}=120°$	x=2,5 8,5 14,5 3,5 9,5 15,5 $\varphi_{2,5}=5\varphi_{0,5}=150°$	x 3 9 15 $\varphi_3=6\varphi_{0,5}=18$

Allgemein ergeben gleiche Sternbilder mit gleicher Bezifferung die Harmonischen der Ordnung

$$\left.\begin{array}{lll} 0 & \text{und} & m z/2 \\ 0{,}5 & ,, & (m z/2 + 0{,}5) \\ 1 & ,, & (m z/2 + 1) \\ 1{,}5 & ,, & (m z/2 + 1{,}5) \\ \vdots & & \vdots \\ x & ,, & (m z/2 + x) \end{array}\right\} \text{beim Viertakter,}$$

$$\left.\begin{array}{lll} 0 & \text{und} & m z \\ 1 & ,, & (m z + 1) \\ 2 & ,, & (m z + 2) \\ 3 & ,, & (m z + 3) \\ \vdots & & \vdots \\ x & ,, & (m z + x) \end{array}\right\} \text{beim Zweitakter.}$$

Für m sind hierbei positive ganze Zahlen einzusetzen.

Bei Mehrzylindermotoren ergeben sich somit nur einige typische Formen von Sternbildern. Dadurch wird die bei der graphischen Ermittlung der Amplituden R_x erforderliche Zeichenarbeit wesentlich verringert. In Tab. 9 sind die hierzu notwendigen Richtungssterne ausgezogen gezeichnet. Bis zur Zylinderzahl $z = 6$ sind außerdem die Spiegelbilder und die ersten Wiederholungen dieser Richtungssterne gestrichelt eingezeichnet.

Die „Harmonische nullter Ordnung" stellt die mittlere Drehkraft dar. Sie hat für die Schwingungserregung keine Bedeutung. Wir haben sie jedoch in Tab. 9 mit aufgenommen, um das Bildungsgesetz für die Richtungssterne (Symmetrieverhältnisse) zu verdeutlichen.

Ableitung der Richtungssterne aus dem Kurbelstern bzw. Zylinderstern. Die Richtungssterne lassen sich auch aus dem Kurbelstern bzw. Zylinderstern ableiten. Unter dem Kurbelstern versteht man die schematische Darstellung der strahlenförmigen Verteilung der Kurbeln beim Reihenmotor, unter dem Zylinderstern die strahlenförmige Verteilung der Zylinder beim Sternmotor, jeweils in der Stirnansicht gesehen (Abb. 81).

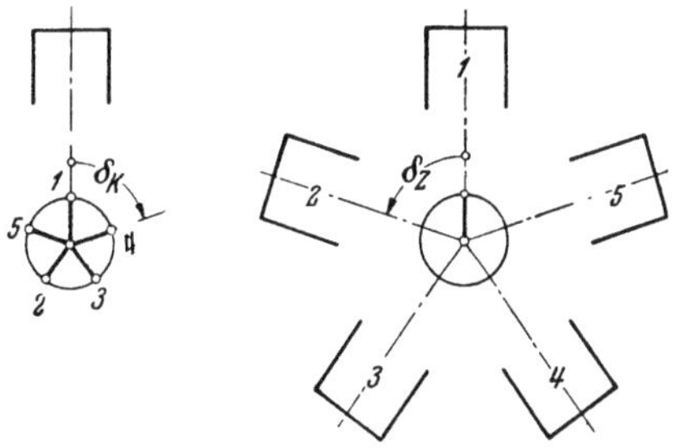

Abb. 81.
a Kurbelstern eines Fünfzylinder-Reihenmotors,
b Zylinderstern eines Fünfzylinder-Sternmotors.

Bezeichnen wir den Winkel zwischen zwei benachbarten Zylindern im Zylinderstern mit Zylinderachswinkel δ_Z, den Winkel zwischen zwei aufeinanderfolgenden Kurbeln im Kurbelstern mit δ_K und den Zündwinkel — wie bisher — mit δ, so gilt für den Phasenverschiebungswinkel:

$$(142) \qquad \left\{\begin{array}{ll} \varphi_x = x\,\delta = x\varkappa\,\delta_Z & \text{beim Sternmotor} \\ \varphi_x = x\,\delta = x\varkappa\,\delta_K & \text{beim Reihenmotor} \end{array}\right\} \text{einfachwirkend mit regelmäßigen Zündabständen,}$$

wobei

$\varkappa = 1$ beim Zweitakter mit gerader und ungerader und beim Viertakter mit gerader Zylinderzahl,

$\varkappa = 2$ beim Viertakter mit ungerader Zylinderzahl.

Bei doppeltwirkenden Motoren sowie Mehrreihen- und Doppelsternmotoren ist die Ableitung der Richtungssterne aus dem Kurbelstern bzw. Zylinderstern weniger durchsichtig.

Anmerkung. Vom Kurbelstern und damit von der ausgeführten Kurbelwellengestalt ist die Zündfolge abhängig. Hinsichtlich der Zahl der möglichen Zündfolgen sei auf das Schrifttum [82] verwiesen.

2,543. Ermittlung der Ersatzerregerkraft der harmonischen Drehkräfte.

Die Ersatzerregerkraft R_x der Drehkräfte gleicher Ordnungszahl kann auf analytischem oder zeichnerischem Wege bestimmt werden.

Berechnung von R_x. Nach Gl. (138) ist für den Reihenmotor mit gleichen Zylindern

$$R_x = D_x \sum_{i=1}^{i=z} \alpha^{(i)} \sin \beta_x^{(i)}.$$

Diese Gleichung gilt, wie wir wissen, nur für den Resonanzfall. Nur für ganz bestimmte Phasenverschiebungswinkel $\beta_x^{(i)}$ erreicht die von den Erregerkräften geleistete Arbeit einen Größtwert, der proportional R_x ist. Fassen wir R_x als Funktion der $\beta_x^{(i)}$ auf, so ergeben sich die gesuchten Winkel als diejenigen, die R_x zum Maximum machen.

Die harmonischen Drehkräfte gleicher Ordnung sind nicht in Phase, sondern, wie oben erläutert, gegenseitig um die von der Zündfolge abhängigen Winkel $\varphi_x = x\,\delta$ verschoben, da die Zylinder nacheinander arbeiten bzw. zünden. Die Phasenverschiebungswinkel $\beta_x^{(i)}$ der Erregerkräfte gegenüber den in Phase oder Gegenphase befindlichen Schwingungsausschlägen $\mathfrak{A}^{(i)}$ sind also verschieden, jedoch gegenseitig durch folgende Beziehungen gebunden:

Ist der Phasenverschiebungswinkel der Harmonischen x-ter Ordnung des Zylinders 1 gleich $\beta_x^{(1)}$, dann ist:

$$\begin{array}{ll} \text{für Zylinder 2:} & \beta_x^{(2)} = \beta_x^{(1)} + \psi_x^{(2)}, \\ \text{für Zylinder 3:} & \beta_x^{(3)} = \beta_x^{(1)} + \psi_x^{(3)}, \\ & \vdots \qquad \vdots \qquad \vdots \\ \text{für Zylinder } i\text{:} & \beta_x^{(i)} = \beta_x^{(1)} + \psi_x^{(i)}, \end{array}$$

wobei $\psi_x^{(2)}, \psi_x^{(3)}, \ldots, \psi_x^{(i)}$ die Phasenverschiebungswinkel der Harmonischen x-ter Ordnung der Zylinder $2, 3, \ldots, i$ gegenüber der des Zylinders 1 bedeuten.

Für Gl. (138) können wir somit schreiben:

$$R_x = D_x \sum_{i=1}^{i=z} \alpha^{(i)} \sin (\beta_x^{(1)} + \psi_x^{(i)}). \tag{143}$$

Um das Maximum zu finden, setzen wir nun die erste Ableitung nach dem unbekannten Winkel $\beta_x^{(1)}$ gleich Null, und erhalten

$$\frac{d R_x}{d \beta_x^{(1)}} = D_x \sum_{i=1}^{i=z} \alpha^{(i)} (\cos \beta_x^{(1)} \cos \psi_x^{(i)} - \sin \beta_x^{(1)} \sin \psi_x^{(i)}) = 0.$$

Hieraus folgt:

$$\sum_{i=1}^{i=z} \alpha^{(i)} \cos \beta_x^{(1)} \cos \psi_x^{(i)} = \sum_{i=1}^{i=z} \alpha^{(i)} \sin \beta_x^{(1)} \sin \psi_x^{(i)},$$

und somit für den Phasenverschiebungswinkel $\beta_x^{(1)}$

$$\operatorname{tg} \beta_x^{(1)} = \frac{\sum_{i=1}^{i=z} \alpha^{(i)} \cos \psi_x^{(i)}}{\sum_{i=1}^{i=z} \alpha^{(i)} \sin \psi_x^{(i)}}. \tag{144}$$

Die $\alpha^{(i)}$-Werte sind der Eigenschwingungsform, die Phasenwinkel $\psi_x^{(i)}$ aus den Richtungssternen zu entnehmen. Den Betrag R_x erhalten wir schließlich, wenn wir den nach Gl. (144) berechneten Winkel $\beta_x^{(1)}$ in Gl. (143) einsetzen.

Zeichnerische Ermittlung von R_x. Die analytische Berechnung der Beträge R_x ist umständlich. Einfacher und schneller erhalten wir die Werte R_x auf zeichnerischem Weg (Abb. 80).

Nach dem im Anschluß an Gl. (137) Gesagten sind die Vektoren der Harmonischen der einzelnen Zylinder mit den verhältnismäßigen Ausschlägen $\alpha^{(i)}$ zu multiplizieren und geometrisch zu addieren, um $\mathfrak{R}_x$ zu erhalten. Hierzu brauchen wir die Phasenverschiebungswinkel $\beta_x^{(i)}$ nicht zu kennen, sondern nur die gegenseitigen Phasenverschiebungswinkel φ_x der Harmonischen der einzelnen Zylinder. Die im Resonanzfall auftretenden Phasenverschiebungswinkel $\beta_x^{(i)}$ können nach Bildung des resultierenden Vektors $\mathfrak{R}_x$ und Eintragung des um 90° nacheilenden Ausschlagvektors $\mathfrak{A}_1$ aus der Figur entnommen werden (Abb. 80).

Bei der *praktischen Durchführung* geht man wie folgt vor:

Reihenmotor mit gleichen Zylindern. Wir zeichnen zunächst die Richtungssterne der harmonischen Drehkräfte auf und summieren dann geometrisch die verhältnismäßigen Ausschläge $\alpha^{(i)}$ in den durch die Sterne gegebenen Richtungen (geeigneten Maßstab wählen!). Auf diese Weise erhalten wir für die Harmonischen gleicher Ordnungszahl jeweils ein Vieleck, dessen Seiten parallel zu den Sternstrahlen sind und dessen Seitenlängen gleich sind den Ausschlägen $\alpha^{(i)}$ der zu den Zylindern gehörigen Kurbelkröpfungen (Abb. 82). Die Beträge R_α der resultierenden Vektoren $\mathfrak{R}_\alpha$, multipliziert mit den Beträgen D_x der Harmonischen, ergeben die gesuchten Werte R_x.

Abb. 82 zeigt z. B. die graphische Ermittlung der Beträge R_x für einen homogenen Viertakt-Sechszylinder-Reihenmotor (Zündfolge 153624 und 135642).

Sternmotor mit gleichen Zylindern. Nehmen wir in erster Annäherung unmittelbaren (zentrischen) Angriff der Pleuelstangen an, dann ergeben sich bei gleichen Indikatordiagrammen gleiche Drehkraftlinien und damit gleiche harmonische Drehkräfte der einzelnen Zylinder.

Beim Einfachsternmotor haben wir somit, um $\mathfrak{R}_x$ zu erhalten, Vektoren gleicher Größe in den durch die Sterne gegebenen Richtungen geometrisch zu summieren. Der Richtungsstern der Harmonischen ist also bei entsprechender Wahl des Maßstabs zugleich Vektorstern der harmonischen Drehkräfte $\mathfrak{D}_x^{(i)}$.

In Tab. 9 sind die Richtungssterne, die jetzt als Vektorsterne der harmonischen Kräfte $\mathfrak{D}_x^{(i)}$ anzusehen sind, zusammengestellt. Aus diesen ist ersichtlich, in welcher Weise die Harmonischen $\mathfrak{D}_x^{(i)}$ zusammenwirken. Wir erkennen, daß entweder die Vektoren $\mathfrak{D}_x^{(i)}$ der einzelnen Zylinder gleicher Ordnungszahl sich gegenseitig aufheben oder sämtliche Vektoren eines Sternes sich addieren.

Unter der vereinfachenden Annahme zentrischer Pleuelanlenkung tilgen sich also bei Sternmotoren mit regelmäßiger Zündfolge alle Erregenden D_x mit Ausnahme jener, deren Ziffer k der Harmonischen ein ganzzahliges Vielfaches der

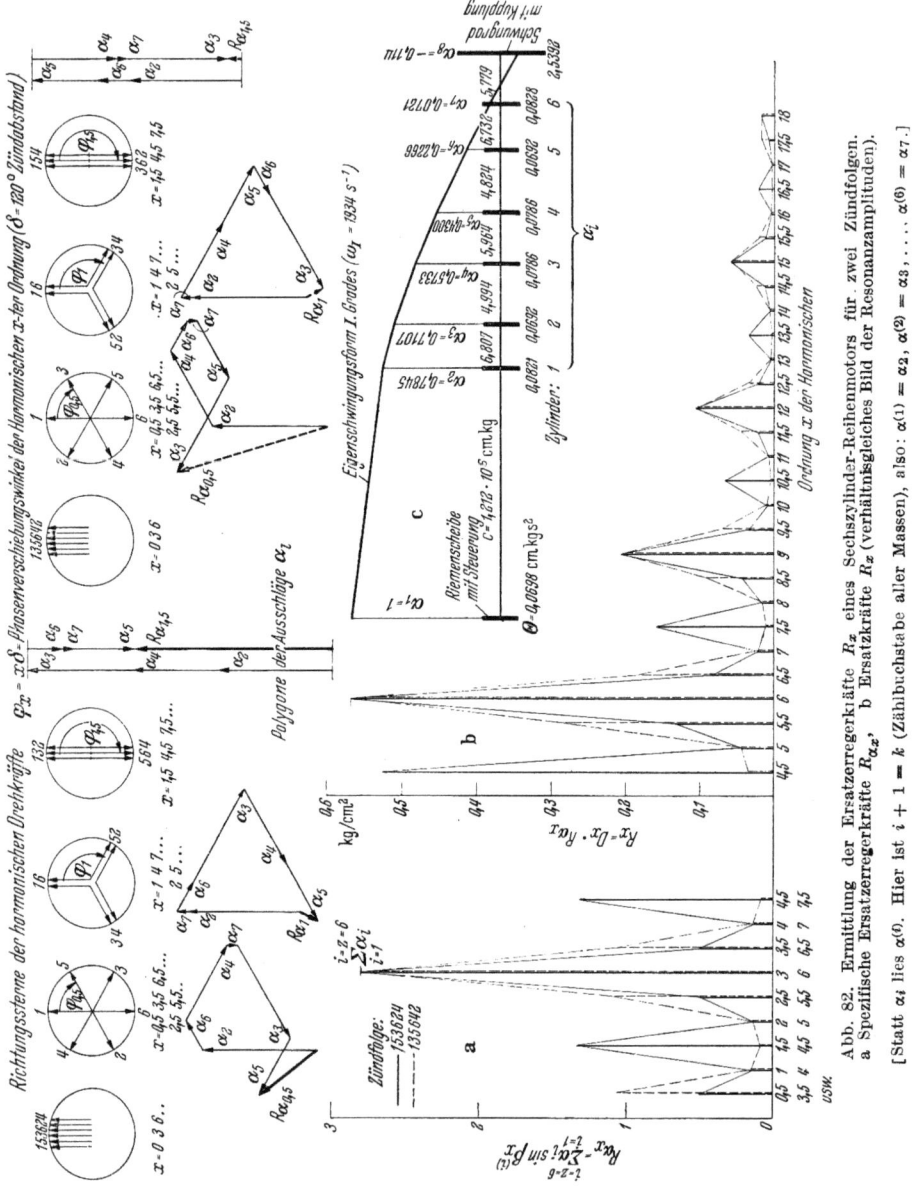

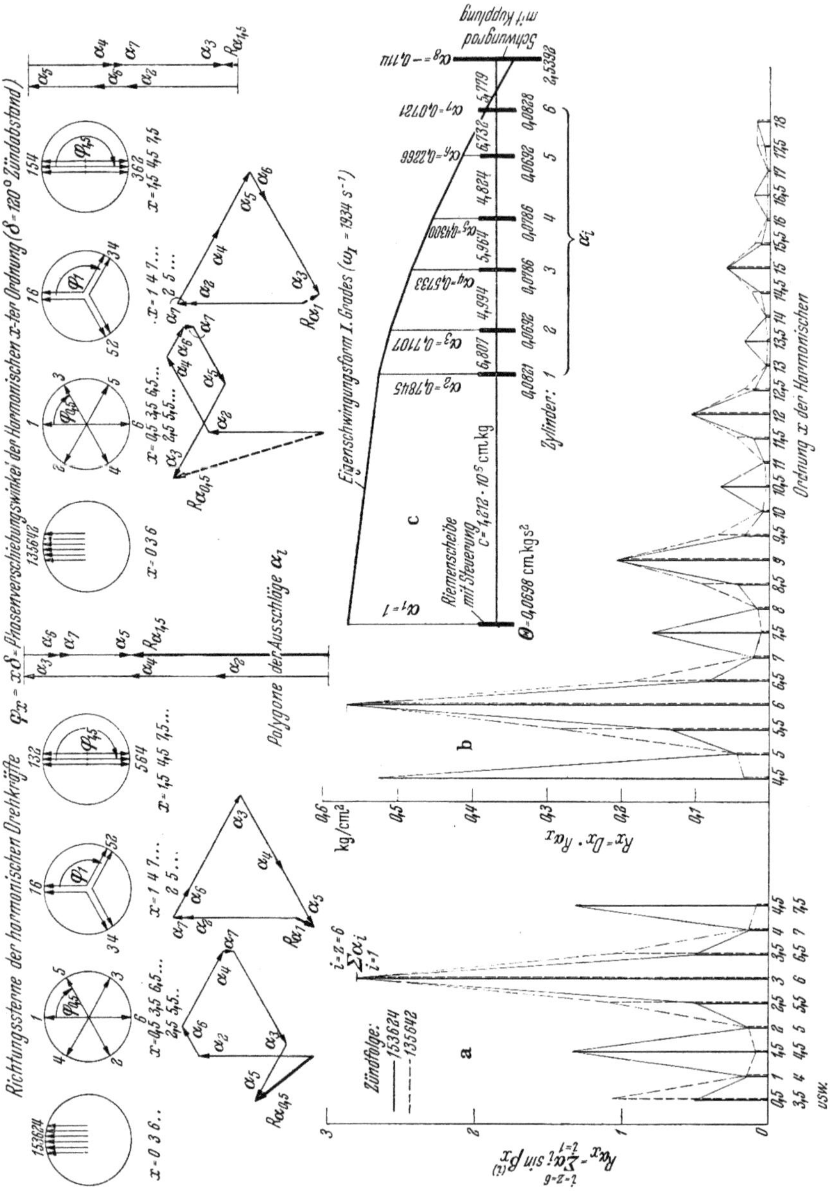

Abb. 82. Ermittlung der Ersatzerregerkräfte R_x eines Sechszylinder-Reihenmotors für zwei Zündfolgen. a Spezifische Ersatzerregerkräfte R_{α_x}, b Ersatzkräfte R_x (verhältnisgleiches Bild der Resonanzamplituden).
[Statt α_i lies $\alpha^{(i)}$. Hier ist $i+1=k$ (Zählbuchstabe aller Massen), also: $\alpha^{(1)}=\alpha_2$, $\alpha^{(2)}=\alpha_3$, . . . $\alpha^{(6)}=\alpha_7$.]

Zylinderzahl z ist. Diese Harmonischen der Ziffer $k=z$, $2z$, $3z$, $4z$ usw. erscheinen jedoch mit dem z-fachen Betrag. ($k=x$ beim Zweitakter, $k=2x$ beim Viertakter.)

Wir ermitteln den resultierenden Vektor $\mathfrak{R}_x$, indem wir die von den einzelnen Zylindern herrührenden harmonischen Erregenden $\mathfrak{D}_x$ gleicher Ordnungszahl x unter Berücksichtigung der gegenseitigen Phasenverschiebungswinkel φ_x vektoriell zusammensetzen. Bei Einsternmotoren erhalten wir $\mathfrak{R}_x$ auch durch harmonische Analyse des resultierenden Drehkraftdiagramms aller Zylinder. Abb. 83 zeigt das resultierende Drehkraftdiagramm der Gaskräfte für einen Sechszylinder-Zweitaktmotor regelmäßiger Zündabstände. Wir erkennen, daß die Grundperiode der resultierenden Drehkraftlinie $T_R = T/6$ ist, daß also die Kreisfrequenz Ω_1 der 1. Harmonischen der resultierenden Drehkraft $\Omega_1 = 6\,\omega_0$ beträgt. Nach Gl. (124) ist somit $\Omega_2 = 12\,\omega_0$, $\Omega_3 = 18\,\omega_0$ usw. Es treten demnach nur die 6., 12., 18. usw. Harmonische in Erscheinung.

Wir haben bisher in erster Näherung *unmittelbaren (zentrischen) Angriff* der Pleuelstange angenommen und gleiche Drehkraftlinien der einzelnen Zylinder vorausgesetzt. In diesem Fall führt der erste Weg rascher zum Ziel. Man geht also zweckmäßig vom Einzylinderdiagramm aus und setzt die Harmonischen der einzelnen Zylinder vektoriell zusammen.

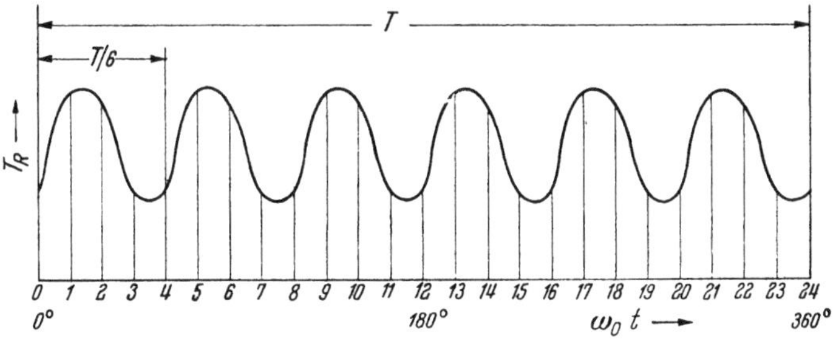

Abb. 83. Resultierendes Drehkraftdiagramm für einen Sechszylinder-Zweitaktmotor mit regelmäßiger Zündfolge.

Berücksichtigt man die veränderten Bewegungsverhältnisse in den Nebentrieben infolge der *mittelbaren (exzentrischen) Anlenkung* der Nebenpleuel, dann ergeben sich, auch bei gleichen Indikatordiagrammen, verschiedene Drehkraftdiagramme der einzelnen Zylinder. In diesem Fall ist es zweckmäßig, das resultierende Drehkraftdiagramm zu zeichnen und harmonisch zu analysieren. Anderenfalls müßte man nämlich die Analyse für z verschiedene Zylinder durchführen. Außerdem wäre die Zusammensetzung der Harmonischen der verschiedenen Zylinder umständlich, da hierbei neben dem von der Zündfolge abhängigen Phasenverschiebungswinkel φ_x auch der Phasenverschiebungswinkel γ_x der Harmonischen gegenüber der Zündtotpunktlage der Kurbel zu berücksichtigen wäre.

Bei Einsternmotoren kann man also auch von der resultierenden Drehkraftlinie ausgehen. Bei Reihenmotoren dagegen ist dies nicht möglich, denn die in der Gesamtdrehkraft verschwindenden Harmonischen brauchen sich durchaus nicht in ihrer Wirkung als Schwingungserreger aufzuheben, da die harmonischen Kräfte der einzelnen Zylinder an verschiedenen Stellen längs der Welle angreifen, an denen verschieden große Schwingungsausschläge zustande kommen.

2,55. Die erregenden Drehkräfte bei mittelbarer Nebenpleuelanlenkung.

Die Ausführungen in Ziff. 2,51 und 2,54 beziehen sich auf den einfachen Kurbeltrieb mit unmittelbarer (zentrischer) Anlenkung der Pleuelstange. Den Einfluß der mittelbaren (exzentrischen) Pleuelanlenkung auf die erregenden Drehkräfte bei Stern- und V-Motoren hat A. Kimmel [49] rechnerisch bestimmt. Die Untersuchungen haben ergeben, daß sich bei *V-Motoren* mit mittelbarer Anlenkung der Nebenpleuel die Drehkräfte von denen mit unmittelbarer Anlenkung nur unwesentlich unterscheiden. Eine Ausnahme bilden jedoch bei ganzzahlig in

360° enthaltenem V-Winkel δ_V die Erregenden der Ordnung

$$x = \frac{180^0}{\delta_V}(2m-1) \quad \text{mit} \quad m = 1, 2, 3, \ldots.$$

Vgl. hierzu Ziff. 3,43.

Bei *Sternmotoren* verschwinden sämtliche Harmonische mit Ausnahme der Hauptharmonischen (s. Ziff. 2,6), wenn man annimmt, daß alle Pleuel unmittelbar am Kurbelzapfen angreifen. Bei Berücksichtigung der mittelbaren Anlenkung der Nebenpleuel treten dagegen auch alle übrigen Harmonischen auf. Unter diesen besitzt nur die 2. Harmonische eine nennenswerte Amplitude. Diese Harmonische tritt jedoch als Erregende von Resonanzschwingungen praktisch nicht auf. Es genügt somit, wenn man die Hauptharmonischen in Rechnung setzt, die im allgemeinen mit hinreichender Näherung unter der vereinfachenden Annahme der unmittelbaren Pleuelanlenkung berechnet werden können. Die Entwicklung der Motoren zu größerer Schnelläufigkeit wird in Sonderfällen eine genauere Bestimmung der Drehkräfte erforderlich machen. Hierfür hat A. Kimmel [49] bereits Rechnungsunterlagen geschaffen.

2,6. Kritische Ordnungen und kritische Drehzahlen.

Kritische Ordnungen. Die Harmonischen, deren Ersatzerregerkräfte $\mathfrak{R}_x$ sich zu Null ergeben, sind naturgemäß ungefährlich. Ist jedoch die Ersatzkraft nicht Null, so nennen wir die betreffende Harmonische „*kritisch*". Besonders gefährlich sind im allgemeinen die Harmonischen, deren Vektoren im Sternbild alle in eine Richtung fallen und deren Resultierende deshalb besonders groß ist. Diese „ausgezeichneten" Harmonischen nennt man „*Hauptharmonische*" oder „*Hauptkritische*", während die aller anderen Ordnungen als „*Nebenkritische*" bezeichnet werden.

Bei Zweitakt- und Viertaktmotoren mit regelmäßigen Zündabständen sind, wenn z die Zylinderzahl, „Hauptharmonische" die Harmonischen der Ziffern

$$(145)\quad \left\{\begin{array}{l} k = z,\ 2z,\ 3z,\ 4z \ \text{usw.}, \\ \text{bzw. die Harmonischen der Ordnungen} \\ x = k = \quad z, \quad 2z, \quad 3z, \ \ldots \ \text{für Zweitakt}, \\ x = \frac{k}{2} = \frac{z}{2},\ z,\ \frac{3z}{2},\ 2z,\ \frac{5z}{2}, \ \ldots \ \text{für Viertakt}. \end{array}\right.$$

Bei *Sternmotoren* treten mit Ausnahme der 2. Harmonischen ($k = 2$) nur Hauptharmonische auf. Alle übrigen Harmonischen heben sich praktisch gegenseitig auf.

Bei *Reihenmotoren* treten dagegen auch alle Nebenkritischen in Erscheinung, denn die Resultierende der einzelnen Harmonischen ist im allgemeinen nicht gleich Null.

Kritische Drehzahlen. Mit *kritisch* bezeichnen wir alle diejenigen Drehzahlen, bei denen Resonanz herrscht, also die Kreisfrequenz Ω_x der Erregerkraft mit der Kreisfrequenz ω_e irgend einer Eigenschwingung des Systems übereinstimmt.

Die Erregerkreisfrequenz ist nach Gl. (124) bzw. (125)

$$\Omega_x = x\,\omega_0,$$

dabei ist $\omega_0 = \pi\,n/30$ die Winkelgeschwindigkeit des Kurbelzapfens bei der Motordrehzahl n [U/min]. Die Schwingungszahl der Erregerkraft in der Minute ist demzufolge

$$n_{Err} = x\,n.$$

Trägt man n_{Err} abhängig von der Motordrehzahl n für verschiedene Ordnungen x auf, so ergibt sich ein Geradenbüschel (Abb. 84a). Die Eigenschwingungszahlen n_e sind von der Motordrehzahl n unabhängig, sie erscheinen daher

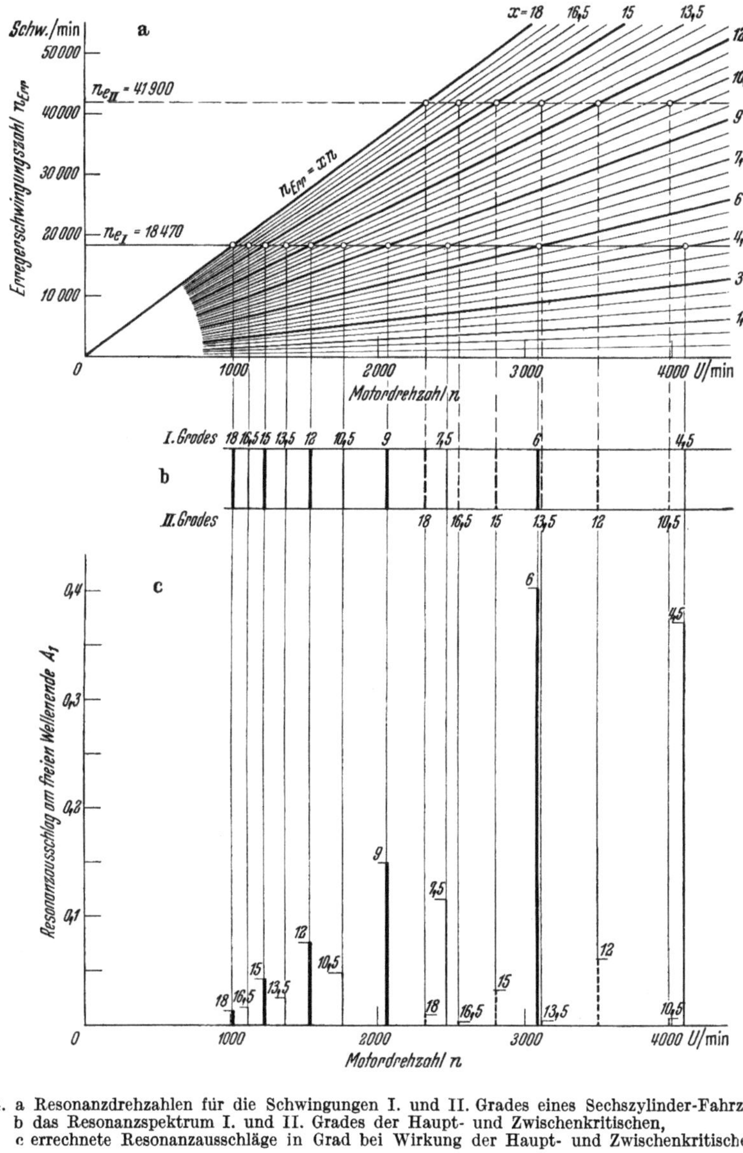

Abb. 84. a Resonanzdrehzahlen für die Schwingungen I. und II. Grades eines Sechszylinder-Fahrzeugmotors, b das Resonanzspektrum I. und II. Grades der Haupt- und Zwischenkritischen, c errechnete Resonanzausschläge in Grad bei Wirkung der Haupt- und Zwischenkritischen.

in Abb. 84a als waagerechte Linien. Der Abbildung ist ein Sechszylinder-Viertakt-Otto-Fahrzeugmotor zugrunde gelegt. Die Eigenschwingungszahlen I. und II. Grades sind als waagerechte Linien eingezeichnet. Ihre Schnittpunkte mit den Geraden $n_{Err} = x\,n$ ergeben die kritischen Drehzahlen n_x, denn für sie gilt

$$n_{Err} = x\,n_x = n_e\,.$$

Hieraus folgt für die *kritischen Drehzahlen* oder *Resonanzdrehzahlen*

$$n_x = \frac{n_e}{x}. \tag{146}$$

Aus der Abb. 84 können für die einzelnen Ordnungen die kritischen Drehzahlen unmittelbar abgelesen werden. Wir erkennen, daß eine Unzahl von kritischen Drehzahlen im Betriebsdrehzahlbereich (i. B. 1000÷4000 U/min) auftreten. Die Hauptkritischen 3., 6., 9., 12., 15. und 18. Ordnung sowie die sog. *Zwischenharmonischen*, d. h. die Nebenkritischen 1,5., 4,5., 7,5., 10,5., 13,5. und 16,5. Ordnung sind besonders hervorgehoben. Allerdings sind nicht alle Resonanzdrehzahlen von Bedeutung. Welche von ihnen als gefährlich anzusprechen sind, kann erst nach Ermittlung der dabei auftretenden Schwingungsausschläge entschieden werden.

2,7. Gefährliche Resonanzdrehzahlen.

Nicht alle Resonanzdrehzahlen müssen als gefährlich für die Welle angesehen werden. Bei vielen von ihnen treten nur geringe Schwingungsausschläge auf. Solche Resonanzdrehzahlen sind naturgemäß ungefährlich.

Die Stärke einer Resonanzschwingung wird einerseits durch die Erregung, andererseits durch die Dämpfung bestimmt und ist durch den Größtausschlag A_1 am freien Wellenende gekennzeichnet. Unter der Voraussetzung gleicher Drehkraftlinien für alle Zylinder sind die Erregerkräfte an allen Kröpfungen gleich groß. Der Dämpfungsbeiwert k_i sei für alle Kurbeltriebe ebenfalls gleich. Mit $k_i = k_1 = k_2 = \cdots = k^*$ geht Gl. (136) über in

$$A_1 = \frac{D_x \sum\limits_{i=1}^{i=z} \alpha^{(i)} \sin\beta_x^{(i)}}{\omega_e k^* \sum\limits_{i=1}^{i=z} (\alpha^{(i)})^2} = \frac{D_x R_{\alpha x}}{\omega_e k^* \sum\limits_{i=1}^{i=z} (\alpha^{(i)})^2}. \tag{147}$$

Für den Einsternmotor vereinfacht sich die Formel nochmals. Es treten im wesentlichen nur Hauptharmonische auf, die alle an einer Kröpfung angreifen. Für diese gilt, wegen $\beta_x^{(i)} = \pi/2$:

$$A_1 = \frac{D_x}{\omega_e k^* \alpha_{Kröpfung}}. \tag{148}$$

In Abb. 82a sind für den oben erwähnten Sechszylindermotor die Beträge R_α abhängig von x aufgetragen, und zwar für zwei Zündfolgen. Die Endpunkte der Ordinaten sind geradlinig verbunden. Diese Darstellung gibt einen Überblick über die Größtwerte der spezifischen Ersatzerregerkräfte. Man erkennt, daß durch die Änderung der Zündfolge die Hauptkritischen nicht beeinflußt werden, während gewisse Nebenkritische nahezu verschwinden, dafür aber andere stärker hervortreten.

Sieht man zunächst vom Einfluß der Dämpfung ab und trägt für die verschiedenen Harmonischen als Abszissen die Beträge $R_x = D_x R_{\alpha_x}$ als Ordinaten auf, so ergibt sich ein den Resonanzausschlägen verhältnisgleiches Bild (Abb. 82b). Die Harmonischen der Ordnungen $x < 4{,}5$ liegen, wie aus der für den gleichen Motor gültigen Abb. 84 hervorgeht, nicht im Betriebsdrehzahlbereich und sind daher in der Abb. 82b weggelassen.

Aus Abb. 84c ist ersichtlich, bei welchen Harmonischen die größten Resonanzausschläge auftreten. In unserem Beispiel tritt der größte Ausschlag bei der im Betriebsdrehzahlbereich liegenden Hauptharmonischen 6. Ordnung auf. Die zugehörige kritische Drehzahl ist nach Gl. (146) $n_x = n_{e\,\mathrm{I}}/6 = 18470/6 = 3078$, wie aus Abb. 84 ablesbar. Es bleibt zu prüfen, ob es sich um eine gefährliche Resonanzdrehzahl handelt. Eine solche liegt nur dann vor, wenn die durch die Schwingungsausschläge bedingte zusätzliche Drehwechselbeanspruchung der Kurbelwelle unzulässig groß ist.

Nach Gl. (147) werden die Resonanzausschläge bei der Wirkung der gerade in Resonanz befindlichen Harmonischen berechnet. In Wirklichkeit ist der Ausschlag bei einer Resonanzdrehzahl gleich der Summe aus dem Resonanzausschlag, hervorgerufen durch die Harmonische der Ordnung $x = n_e/n_x$, und den erzwungenen Schwingungsausschlägen infolge gleichzeitiger Wirkung sämtlicher nicht in Resonanz befindlichen harmonischen Drehkräfte. Alle diese erzwungenen Ausschläge zu berechnen, wäre recht umständlich und vor allem wenig erfolgversprechend, wegen der Unsicherheit der in die Rechnung einzusetzenden Dämpfungsbeiwerte. Da in der Regel die Vergrößerungsverhältnisse (s. S. 28) der nicht in Resonanz befindlichen Drehkraftharmonischen gegenüber dem der Resonanz-Harmonischen klein sind, können erstere gleich Eins gesetzt werden. Alle nicht in Resonanz befindlichen harmonischen Drehkräfte können also als statisch wirkend betrachtet werden (s. hierzu Ziff. 2,9). Sind zwei Resonanzen verschiedener Grade (z. B. wie es bei Langwellenanlagen vorkommen kann, der Schwingung I. und II. Grades) dicht benachbart, so ergeben sich infolge Überlagerung der beiden Ausschläge unzulässig hohe Resonanzspitzen. Solche Überlagerungen können jedoch durch geeignete Verstimmung des Systems vermieden werden (s. Ziff. 3,31).

2,8. Ermittlung der Resonanzausschläge (Resonanzkurven).

Für die Berechnung der Drehschwingungsausschläge im Bereich der kritischen Drehzahlen muß man die Dämpfung genau kennen. Die bei Drehschwingungen auftretende Dämpfung in Kolbenmaschinen setzt sich aus verschiedenen Anteilen zusammen, z. B. Kolben- und Lagerreibung, Energieverluste durch Stöße infolge Spiels an Zapfen und Gleitbahnen, Luftwiderstand der Kurbeln und Pleuel, innere Reibung der Welle (Energieverlust durch Hysterese), Dämpfung im Maschinengestell. Alle diese Einflüsse sind durch eine gemeinsame Dämpfungskonstante nicht zu erfassen. Man müßte vielmehr jeden Einfluß für sich ermitteln, eine Aufgabe, die sehr schwierig ist, zumal sich die Dämpfung u. a. mit der Beschaffenheit des Öles und dem Verschleißzustand der Maschine ändert. Untersuchungen in dieser Richtung wurden von J. Geiger [31] durchgeführt.

Welchen Gesetzen die Dämpfung in Kolbenmaschinen gehorcht, ist bis heute noch nicht hinreichend geklärt. Eine genaue Vorausberechnung der Gesamtdämpfungsarbeit und der wirklichen Schwingungsausschläge bei bestimmten Erregerfrequenzen erscheint daher vorerst aussichtslos.

Die Resonanzausschläge $A_k = \alpha_k A_1$ der einzelnen Systemmassen lassen sich mit Hilfe von Gl. (147) berechnen. Umgekehrt kann rückwärts aus gemessenen Ausschlägen (Torsiogramme) der Dämpfungsbeiwert k^* bestimmt werden. Aus Gl. (147) folgt:

$$k^* = \frac{D_x \sum_{i=1}^{i=z} \alpha^{(i)} \sin\beta_x^{(i)}}{A_1\, \omega_e \sum_{i=1}^{i=z} (\alpha^{(i)})^2}. \tag{149}$$

Drehschwingungsmessungen (Ausschläge und Eigenschwingungszahlen) wurden an verschiedenen Motoren vorgenommen und die folgenden Werte für k^* nach Gl. (149) errechnet:

Ortsfeste und Schiffsdieselmaschinen (nach BIBER [9])

Einfachwirkender Viertakt-Dieselmotor $k^* = 0{,}0025 \div 0{,}005$ kg s cm^{-3}
Einfachwirkender Zweitakt-Dieselmotor $k^* = 0{,}0045 \div 0{,}007$ kg s cm^{-3}
Doppeltwirkender Zweitakt-Dieselmotor $k^* = 0{,}006 \div 0{,}01$ kg s cm^{-3}

Fahrzeug-Ottomotoren (nach Verfasser) $k^* = 0{,}005 \div 0{,}007$ kg s cm^{-3}

Flugzeug-Ottomotoren (nach BRANDT [15])

Einreihen- und Zweireihenmotoren $k^* = 0{,}0008 \div 0{,}001$ kg s cm^{-3}.

Dämpfungen, die außerhalb der Maschine wirken, wie z. B. magnet-elektrische Dämpfung bei Elektromotoren, Wasserdämpfung bei Schiffsschrauben, Dämpfung durch Reibungskräfte in der Verzahnung von Getrieben u. a. sind besonders zu berücksichtigen (s. z. B. HOLZER [44]). Die angegebenen k^*-Werte beziehen sich nur auf den Motor mit Schwungrad bzw. starr gekuppelter Luftschraube.

Mit den Werten k^* lassen sich für ähnliche Fälle die zu erwartenden Resonanzausschläge nach Gl. (147) vorausberechnen, wobei die Genauigkeit durch die Unsicherheit des einzusetzenden Dämpfungsbeiwertes gegeben ist. Die Gl. (147) entstand bekanntlich unter der Annahme von Dämpfungskräften, die der Schwingungsgeschwindigkeit proportional sind. Es wurde demzufolge vorausgesetzt, daß der Dämpfungsbeiwert für alle Resonanzdrehzahlen gleiche Größe besitzt. In Wirklichkeit ändert sich jedoch dieser mit der Amplitude und der Frequenz der Schwingung etwa innerhalb den oben angegebenen Grenzen. Für die Haupt- und Zwischenharmonischen können die größeren, für die übrigen harmonischen Erregerkräfte die kleineren Werte eingesetzt werden.

In der Abb. 84c sind für den schon öfters erwähnten Sechszylinder-Viertakt-Otto-Fahrzeugmotor die errechneten Resonanzausschläge bei Wirkung der Haupt- und Zwischenkritischen über der Motordrehzahl n aufgetragen. Der Rechnung wurde ein Dämpfungsbeiwert $k^* = 0{,}006$ kgscm^{-3} zugrunde gelegt. Für die Hauptharmonische 6. Ordnung ist in Ziff. 2,95 die Zahlenrechnung ausführlich wiedergegeben. Der Vergleich der berechneten Resonanzausschläge mit den mit Hilfe eines Torsiographen gemessenen Resonanzausschlägen (s. Abb. 117) zeigt gute Übereinstimmung der beiden. Offenbar ist der als konstant angenommene Dämpfungsbeiwert $k^* = 0{,}006$ kgscm^{-3} für große Ausschläge zu klein und für kleine Ausschläge zu groß.

2,9. Die Drehwechselbeanspruchung der Kurbelwelle.

Würde man im ganzen Drehzahlbereich weit unterhalb jeglicher Resonanz liegen, so ergäben sich die Drehwechselbeanspruchungen der Kurbelwelle genügend genau aus den periodisch veränderlichen Tangentialkräften (Gas- und Massendrehkräfte). In diesem Fall kann das Vergrößerungsverhältnis V gleich Eins gesetzt werden (s. S. 28); dann ist die Amplitude der Drehwechselbeanspruchung gleich der halben Differenz und ihr Mittelwert gleich der halben Summe der Beanspruchungen, die bei statischer Wirkung der Extremwerte der Tangentialkräfte zustande kämen.

Bei bestimmten Drehzahlen wird nun, wie wir wissen, das Kurbelwellensystem in Resonanz erregt und es ergeben sich „zusätzliche" Wechselbeanspruchungen, die diejenigen im allgemeinen erheblich überwiegen, die außerhalb der Resonanz auftreten.

Um nun die maximale Beanspruchung einer Kurbelwelle vorauszuberechnen, überlagert man die im Drehzahlbereich auftretende größte „zusätzliche" Wechselbeanspruchung infolge Drehschwingungen mit der weit unterhalb der Resonanzdrehzahlen vorhandenen „statischen“ Wechselbeanspruchung infolge der Gas- und Massendrehkräfte.

Die Vernachlässigung jeglicher Vergrößerung infolge Annäherung an die Resonanz bei der Bestimmung der „statischen“ Wechselbeanspruchung führt einerseits zu kleineren Beanspruchungen als sie in Wirklichkeit auftreten, andererseits rechnet man mit der resultierenden Tangentialkraft und bringt die in Resonanz befindliche Drehkraftharmonische nicht in Abzug. Diese beiden Vernachlässigungen, die einander mehr oder weniger aufheben, bringen infolge des Überwiegens der Schwingungsbeanspruchung keine größeren Ungenauigkeiten mit sich, vereinfachen aber die Rechnung bedeutend.

Es ist üblich, als *Maß der Beanspruchung die Nennspannung für Torsion im Kurbelzapfen* zu errechnen, der bezüglich der Verdrehbeanspruchung im allgemeinen der schwächste Teil der Kurbelwelle ist. Die in Wirklichkeit im gefährdetsten Querschnitt auftretenden Spannungen sind nicht berechenbar. Es treten nämlich einerseits infolge nicht starrer Kurbelwelle in den Kurbelwellenlagern Stützkräfte auf, die den Verlauf der Beanspruchungen wesentlich ändern können, und andererseits geben Querschnittsübergänge, Hohlkehlen, Ölbohrungen usw. Anlaß zu ungleichmäßiger Spannungsverteilung, die das Auftreten von Spannungsspitzen verursacht, die beträchtlich über den Nennspannungen liegen. Wegen der verwickelten Form der Kurbelwelle erscheint es aussichtslos, diese beiden Einflüsse rechnerisch zu erfassen, weswegen man sich darauf beschränkt, die errechneten Nennspannungen direkt mit der versuchsmäßig ermittelten *zulässigen Nennspannung (Verdreh-Dauerhaltbarkeit)* zu vergleichen.

2,91. Die Wechselbeanspruchung der Kurbelwelle infolge Drehschwingungen.

Die Nennwechselbeanspruchung in den verschiedenen Abschnitten der Kurbelwelle läßt sich berechnen, wenn die Resonanzausschläge A_k der einzelnen Massen bekannt sind.

Nach Gl. (147) ergibt sich der Schwingungsausschlag A_1 der Masse am freien Wellenende in cm, gemessen auf dem Kreis vom Kurbelhalbmesser r. Der Schwingungsausschlag φ_1 im Bogenmaß ist also:

$$\varphi_1 = \frac{A_1}{r} .$$

Für die Ausschläge irgend einer Masse k und einer dieser benachbarten Masse $(k+1)$ gilt analog:

$$\varphi_k = \frac{A_k}{r} \quad \text{und} \quad \varphi_{k+1} = \frac{A_{k+1}}{r} .$$

Somit ist die Relativverdrehung $\Delta\varphi$ des Wellenstücks zwischen den beiden Massen k und $(k+1)$:

$$\Delta\varphi = \varphi_k - \varphi_{k+1} = \frac{A_k - A_{k+1}}{r} ,$$

und mit den verhältnismäßigen Ausschlägen $\alpha_k = \dfrac{A_k}{A_1}$ und $\alpha_{k+1} = \dfrac{A_{k+1}}{A_1}$

$$\Delta\varphi = \frac{A_1}{r} (\alpha_k - \alpha_{k+1}) .$$

Die maximale Nenn-Wechselspannung für Torsion im Kurbelzapfen ergibt sich aus:

$$(150) \qquad \tau_{naS} = \frac{M_d}{W_d} = \frac{c\,\Delta\varphi}{W_d} = \frac{A_1}{r} (\alpha_k - \alpha_{k+1}) \frac{c}{W_d} ,$$

wobei:

M_d Maximales Drehmoment,
W_d Polares Widerstandsmoment des Kurbelzapfenquerschnitts,
c Drehfederzahl des betrachteten Wellenstücks zwischen zwei benachbarten Massen,
d Durchmesser des Kurbelzapfens,
J Polares Flächenträgheitsmoment des Kurbelzapfenquerschnitts,
G Gleitmodul des Wellenwerkstoffs,
l Länge der Ersatzwelle vom Kurbelzapfendurchmesser.

Mit diesen Beziehungen kann Gl. (150) in der Form geschrieben werden:

$$\tau_{naS} = \Delta\varphi \frac{dG}{2l} = \frac{A_1}{r}(\alpha_k - \alpha_{k+1}) \frac{dG}{2l}. \tag{151}$$

Zahlenbeispiel siehe Ziff. 2,95.

2,92. Die Wechselbeanspruchung der Kurbelwelle infolge der Gas- und Massendrehkräfte.

Die Beanspruchung der Kurbelwelle durch die resultierende periodische Drehkraft (Gas- und Massendrehkräfte) ist von Kröpfung zu Kröpfung verschieden. Abb. 85 zeigt die resultierenden Drehkräfte für einen Sechszylinder-Fahrzeugmotor.

Das Wellenstück zwischen Kröpfung 1 und Kröpfung 2 wird nur durch die Drehkraft des Zylinders 1 beansprucht (Abb. 85a). Das Wellenstück zwischen Kröpfung 2 und Kröpfung 3 wird durch die Drehkräfte der Zylinder 1 und 2 beansprucht, das Wellenstück zwischen Kröpfung 3 und Kröpfung 4 durch die Drehkräfte der Zylinder 1, 2 und 3, usw. Schließlich wird das Wellenstück zwischen Kröpfung 6 und dem Schwungrad (und die anschließenden Wellenteile) durch die Drehkräfte aller Zylinder (1÷6) beansprucht. Die resultierenden Drehkräfte erhält man durch Überlagerung der Drehkraftlinien der einzelnen in Frage kommenden Zylinder (Abb. 85a, b, c, d, e, f).

Für die Dauerbeanspruchung sieht man die jeweils größte und kleinste Drehkraft $T_{\max}$ und $T_{\min}$ als maßgebend an. Über den Einfluß des nicht sinusförmigen Beanspruchungsverlaufs zwischen diesen Extremwerten liegen keine Erfahrungen vor. Mit $T_{\max}$ und $T_{\min}$ ergibt sich:

$$\left\{\begin{array}{lll} \text{obere Nennspannung} & \tau_{no} & = \dfrac{T_{\max}\, r}{W_d}, \\ \text{untere Nennspannung} & \tau_{nu} & = \dfrac{T_{\min}\, r}{W_d}, \\ \text{Mittelspannung} & \tau_{nm} & = \dfrac{\tau_{no} + \tau_{nu}}{2}, \\ \text{Spannungsausschlag} & \tau_{naT} & = \dfrac{\tau_{no} - \tau_{nu}}{2}. \end{array}\right. \tag{152}$$

r ist hierbei der Kurbelhalbmesser und W_d das Widerstandsmoment des Kurbelzapfens.

Zahlenbeispiel siehe Ziff. 2,95.

2,93. Die resultierende Drehwechselbeanspruchung der Kurbelwelle.

Die resultierende Drehwechselbeanspruchung der Kurbelwelle setzt sich zusammen aus:

a) der Wechselbeanspruchung infolge Drehschwingungen (τ_{naS}),

b) der Wechselbeanspruchung infolge der Gas- und Massendrehkräfte (τ_{naT}).

Nimmt man die ungünstigste Überlagerung der Beanspruchungen an und addiert dementsprechend die Amplituden beider Nenn-Wechselspannungen, so ergibt sich die resultierende Spannung

$$\tau_{na} = \tau_{naS} + \tau_{naT}. \tag{153}$$

In Abb. 86 sind für unser Beispiel die durch die Gas- und Massendrehkräfte hervorgerufene Nenn-Wechselspannung und die durch die Drehschwingungen

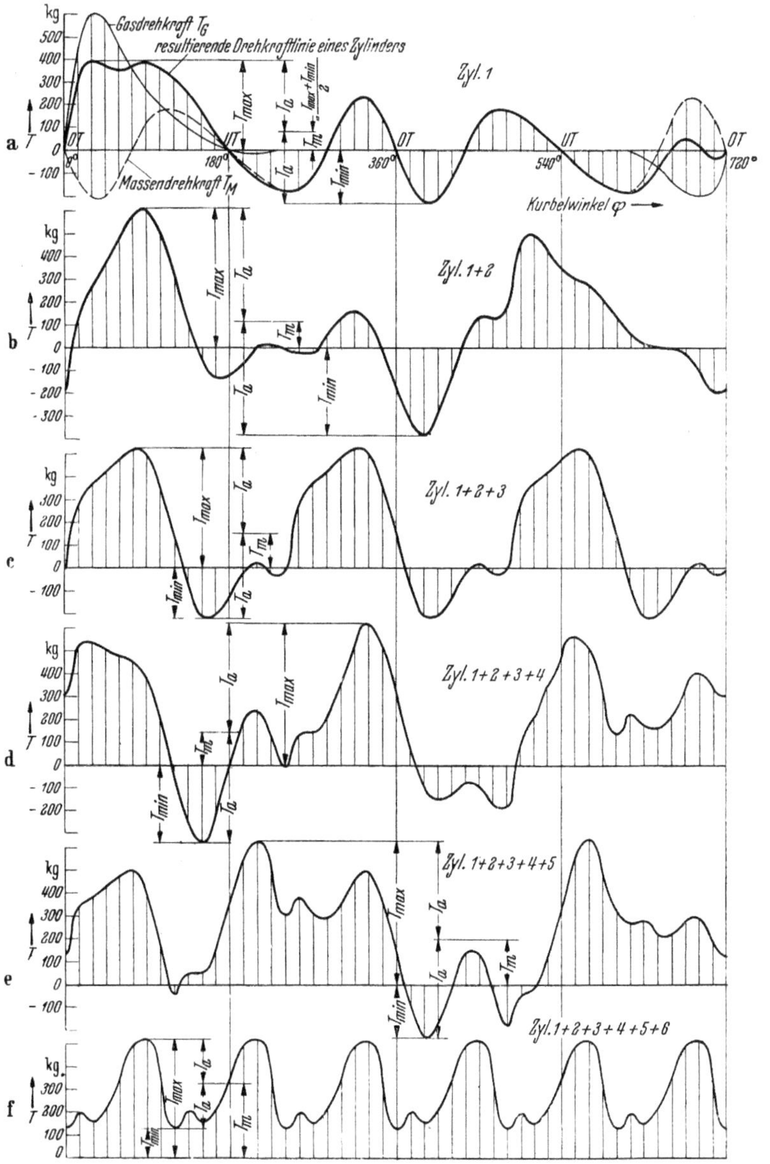

Abb. 85. Überlagerung der Drehkraftlinien eines Sechszylinder-Fahrzeugmotors, bei der Resonanzdrehzahl $n_6 = n_{eI}/6$. Zündfolge 153624.

erzeugte Nenn-Wechselspannung längs der Kurbelwelle aufgetragen (vgl. Zahlenbeispiel Ziff. 2,95). Letztere nimmt von Kröpfung zu Kröpfung zu und ist in unserem Beispiel zwischen Kröpfung 6 und der Schwungscheibe am größten.

Der Größtwert der resultierenden Spannung tritt zwischen der 5. und 6. Kröpfung auf. Man erkennt, daß die Wechselbeanspruchung infolge Drehschwingungen ein Mehrfaches der Wechselbeanspruchung durch die Gas- und Massenkräfte beträgt, daß aber letztere durchaus nicht außer acht gelassen werden darf.

2,94. Die zulässige Drehwechselspannung der Kurbelwelle.

Die *Verdreh-Dauerhaltbarkeit* (auch Gestaltfestigkeit genannt) einer Kurbelwelle bei wechselnder Drehbeanspruchung ist diejenige maximale Nenn-Wechsel-

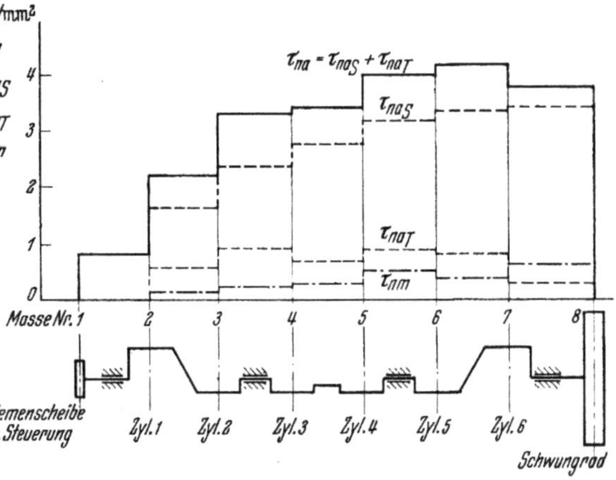

Abb. 86. Nennspannungen für Torsion in den einzelnen Wellenstücken eines Sechszylinder-Fahrzeugmotors. τ_{nm} = Mittelspannung und τ_{naT} = Spannungsausschlag infolge der periodischen Gas- und Massendrehkräfte. τ_{naS} = Spannungsausschlag infolge Drehschwingungen. $\tau_{na} = \tau_{naS} + \tau_{naT}$ = Resultierender Spannungsausschlag.

spannung τ_{nW} im Kurbelzapfen (Randnennspannung), welche die Kurbelwelle beliebig lange erträgt. Man bestimmt die Verdreh-Dauerhaltbarkeit, indem man auf besonderen Prüfständen (z. B. nach Verfasser [42]) die nicht umlaufende Kurbelwelle oder einzelne Kurbelkröpfungen zu Drehschwingungen erregt und eine *Wöhlerkurve* ermittelt (Abb. 87). Da die Versuche nicht unendlich lange ausgedehnt werden können, muß man sich auf eine hinreichend große Lastspielzahl beschränken. Es wird daher bei Stahl der bei $10 \cdot 10^6$ Lastspielen gefundene Wert für τ_{nW} unter normalen Verhältnissen als Dauerfestigkeit angesehen, da bei dieser Lastspielzahl die asymptotische Näherung der Wöhlerkurve mit zunehmender Lastspielzahl als hinreichend erscheint. Neuere Dauerversuche, die in der Forschungsanstalt für Mechanik und Gestaltung der MAN Augsburg mit Kurbelwellen von 245 mm Zapfendurchmesser durchgeführt wurden, sind bis auf $100 \cdot 10^6$ Lastspiele ausgedehnt worden (s. Abb. 87).

Auf Grund von Dauerversuchen, die in den letzten Jahren an naturgroßen Kurbelwellen verschiedener Bauart durchgeführt wurden, ergaben sich folgende Mittelwerte für die Dauerhaltbarkeit τ_{nW}:

$\tau_{nW} = 6 \div 8$ kg/mm² für Stahlkurbelwellen von Fahrzeugmotoren ($\sigma_B = 50 \div 70$ kg/mm²),

$\tau_{nW} = 5$ kg/mm² gegossene Kurbelwelle des Ford-V 8-Motors ($\sigma_B = 60$ kg/mm²),

$\tau_{nW} = 8 \div 16$ kg/mm² für Stahlkurbelwellen von Flugmotoren ($\sigma_B = 90 \div 120$ kg/mm²),

$\tau_{nW} = 4{,}5$ kg/mm² für Stahlkurbelwellen von Schiffsmaschinen ($\sigma_B = 50 \div 60$ kg/mm²), Zapfendurchmesser 200 bis 300 mm. Bei größeren Wellenabmessungen wird man mit noch niedrigeren Werten rechnen müssen.

Diese durch Dauerversuche am naturgroßen Bauteil ermittelte Nennspannung τ_{nW} ist streng nur für die jeweils untersuchte Kurbelwelle gültig. τ_{nW} kennzeichnet somit die Tragfähigkeit einer Kurbelwelle von bestimmter Form und bestimmtem Werkstoff.

Die τ_{nW}-Werte bilden bis heute die einzige Unterlage für die Berechnung einer Kurbelwelle.

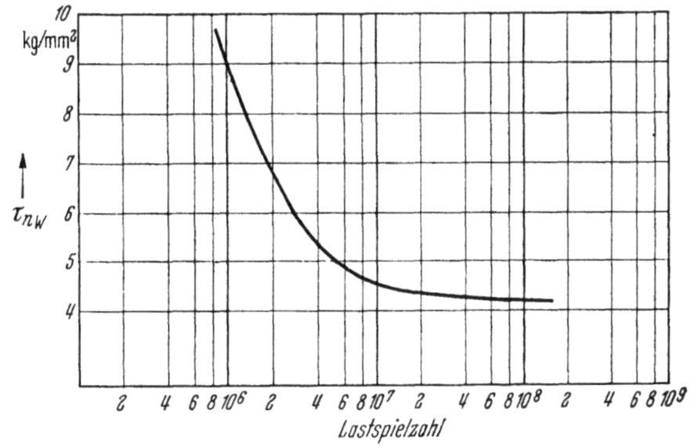

Abb. 87. Wöhlerkurve der Nenn-Wechselspannung für Torsion der Kurbelwelle einer Schiffsmaschine (nach LEHR und RUEF) Werkstoff StC 35.61 Zapfendurchmesser 245 mm.

Die Verdreh-Dauerhaltbarkeit hängt in hohem Maße von der Gestaltung der Kurbelwelle ab. Für den Einfluß der Formgebung auf die Haltbarkeit stellt die Kurbelwelle mit ihrer verwickelten Gestalt geradezu ein Musterbeispiel dar. Über den Einfluß der Gestaltung auf die Verdreh-Dauerhaltbarkeit und Mittel zu ihrer Steigerung siehe MICKEL, K.B. 6 [70].

Die Mittelspannung τ_{nm} ist normalerweise viel kleiner als die Wechselspannung τ_{na}. In diesem Fall ist τ_{nW} unabhängig von τ_{nm}, und für einen Dauerbruch der Kurbelwelle ist nur der wechselnde Betrag, also τ_{na} maßgebend.

Die *zulässige Nenn-Wechselspannung für Torsion* ist also:

$$\tau_{na_{zul}} = \tau_{nW} - S, \tag{154}$$

wobei S eine Sicherheitsspanne von $\approx 20\%$ von τ_{nW} bedeutet, die unerläßlich ist, um Streuungen der Festigkeitswerte und die Tatsache zu berücksichtigen, daß in der laufenden Maschine gleichzeitig Biegungsbeanspruchungen auftreten.

Der Einfluß der Biegebeanspruchung läßt sich durch Versuche klären, bei denen einerseits die Dauerfestigkeit bei reiner Verdrehbeanspruchung und andererseits bei betriebsmäßiger Beanspruchung in der laufenden Maschine ermittelt werden. Verfasser [42] hat hierfür eine Versuchseinrichtung angegeben, die gestattet, die Dauerfestigkeit der Kurbelwelle im Betriebszustand zu untersuchen. Die bisher damit gemachten Messungen an einer Kurbelwelle erlauben noch nicht, den Einfluß der im Betrieb auftretenden Biegungsbelastungen auf die zulässige Drehwechselspannung allgemein anzugeben.

2,95. Zahlenbeispiel zur Ermittlung der resultierenden Drehwechselbeanspruchung der Kurbelwelle.

Für einen Viertakt-Einreihen-Otto-Fahrzeugmotor sei die resultierende Drehwechselbeanspruchung in allen Wellenabschnitten bei der gefährlichsten Resonanzdrehzahl zu ermiteln.

Gegeben sind folgende Daten des Motors:

Zylinderzahl	$z = 6$,
Zündfolge	1-5-3-6-2-4,
Kurbelhalbmesser	$r = 4{,}1$ cm,
Kurbelzapfendurchmesser	$d = 48$ mm,
Drehzahlbereich	$n = 800 \div 4000$ U/min,
mittlerer indizierter Druck	$p_{mi} = 9{,}6$ kg/cm²,
Höchstdruck	$p_z = 30$ atü.

Die Massenträgheitsmomente der Ersatzscheiben und die Drehfederzahlen der der wirklichen Kurbelwelle drehelastisch gleichwertigen Ersatzwellenstücke sind in der Abb. 88 angegeben.

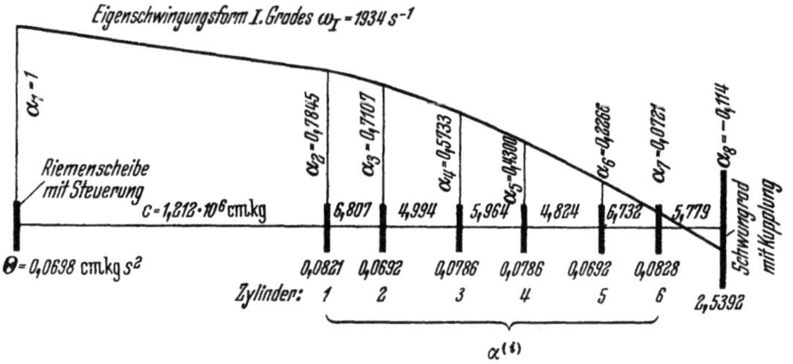

Abb. 88. Ersatzsystem und Eigenschwingungsform I. Grades eines Sechszylinder-Fahrzeugmotors.

a) Ermittlung der Drehwechselbeanspruchung der Kurbelwelle infolge Drehschwingungen.

Eigenschwingungszahl und -form. Wir bestimmen zunächst die bei Motoren dieser Bauart erfahrungsgemäß allein in Frage kommende Eigenschwingungszahl I. Grades nach BARANOW. Dann wenden wir das Verfahren von HOLZER-TOLLE an, wobei wir den nach BARANOW ermittelten Wert der Rechnung zugrunde legen. Wie man hierbei im einzelnen vorgeht, wurde schon in Ziff. 2,4 erörtert. Es sei deshalb nur die letzte Kontrollrechnung nach dem Verfahren von HOLZER-TOLLE mit dem durch Interpolation bestimmten Wert (vgl. Ziff. 1,31) für die Eigenschwingungszahl $\omega_{\mathrm{I}} = 1934\ \mathrm{s}^{-1}$ angeführt.

Masse k	Θ_k [cm kg s²]	$\frac{c_k}{10^6}$ [cm kg]	$\frac{\omega^2}{c_k}$ [cm kg s⁻²]	α_k	$\alpha_k \Theta_k$ [cm kg s²]	$\sum \alpha_k \Theta_k$ [cm kg s²]	$\frac{\omega^2}{c_k} \sum \alpha_k \Theta_k$ [cm² kg²]
1	0,0698	1,212	3,086	+1,0000	+0,06980	+0,06980	+0,2155
2	0,0821	6,807	0,5494	+0,7845	+0,06440	+0,13420	+0,0738
3	0,0692	4,994	0,7489	+0,7107	+0,04918	+0,18338	+0,1374
4	0,0786	5,964	0,6271	+0,5733	+0,04506	+0,22844	+0,1433
5	0,0786	4,824	0,7753	+0,4300	+0,03380	+0,26224	+0,2034
6	0,0692	6,732	0,5556	+0,2266	+0,01569	+0,27793	+0,1545
7	0,0828	5,779	0,6472	+0,0721	+0,05970	+0,18340	+0,1835
8	2,5392	—	—	−0,1114	−0,28280	+0,00060	—

Der Wert $\omega_\mathrm{I} = 1934\ \mathrm{s}^{-1}$ ist hinreichend genau, denn das Restglied $R' = +0{,}00060$ ist gegenüber den $\alpha_k \Theta_k$-Werten vernachlässigbar klein. Aus dieser Rechnung entnehmen wir die verhältnismäßigen Ausschläge, deren Auftragung über dem Ersatzsystem die Eigenschwingungsform **I.** Grades darstellt (Abb. 88).

Kritische Ordnungen und kritische Drehzahlen. Gemäß Gl. **(146)** liegt eine kritische Drehzahl oder Resonanzdrehzahl n_x vor, wenn

$$n = n_x = \frac{n_e}{x} = \frac{\frac{30}{\pi}\frac{\omega_\mathrm{I}}{\mathrm{s}^{-1}}}{x} = \frac{18\,470}{x} \quad \mathrm{U/min}.$$

Im Drehzahlbereich des Motors zwischen 800 und 4000 U/min treten somit die Harmonischen der Ordnungen

$$x = \frac{n_e}{n} = \frac{18\,470}{4000} \text{ bis } \frac{18\,470}{800} = 5 \text{ bis } 23$$

mit der Eigenschwingungszahl $n_e = 18\,470$ Schw/min in Resonanz.

Gefährlichste Resonanzdrehzahl. Unter den kritischen Ordnungen 5 bis 23 sind die Hauptharmonischen von der Ordnung:

$$x = 6,\ 9,\ 12,\ 15,\ 18 \text{ und } 21.$$

Die gefährlichste ist die in den Betriebsdrehzahlbereich fallende Hauptharmonische niedrigster Ordnungszahl, also hier die der 6. Ordnung. Die zugehörige Resonanzdrehzahl ist:

$$n_6 = \frac{n_e}{6} = \frac{18\,470}{6} = 3078 \ \mathrm{U/min}.$$

Spezifische Erregung. Die spezifische Ersatzerregerkraft R_{α_x} für die verschiedenen Harmonischen x ist in Abb. 82 aufgetragen. Die größten Werte treten bei den Harmonischen der Ordnung $x = 3, 6, 9, \ldots$ auf.

Bei diesen Harmonischen errechnet sich — wie aus der Abb. 82 ersichtlich — die spezifische Erregerkraft als algebraische Summe der verhältnismäßigen Ausschläge $\alpha^{(i)}$, weil die Phasenverschiebungswinkel $\varphi_x^{(i)} = 0$ sind.

Die spezifische Erregerkraft der Harmonischen 6. Ordnung ist also:

$$R_{\alpha_6} = \sum_{i=1}^{i=z=6} \alpha^{(i)} = 0{,}7845 + 0{,}7107 + 0{,}5733 + 0{,}4300 + 0{,}2266 + 0{,}0721 = \underline{\underline{2{,}797}}.$$

Harmonische Drehkraft 6. Ordnung. Die Gasdrehkraft 6. Ordnung errechnen wir näherungsweise nach Tabelle 7. Gegeben sind der mittlere indizierte Druck $p_{mi} = 9{,}6\ \mathrm{kg/cm^2}$ und der Höchstdruck $p_z = 30$ atü. In Tabelle 7 sind für einfachwirkende Otto-Viertaktmotoren und $p_z = 30$ atü keine Zahlenwerte angegeben. Wir interpolieren deshalb linear zwischen $p_z = 25$ und $p_z = 35$ atü und erhalten:

$$D_{6_G} = \frac{1}{2}\left[\vartheta_{6,25} + \vartheta_{6,35} + (\varkappa_{6,25} + \varkappa_{6,35})\, p_{mi}\right]\frac{x}{100}$$

$$= \frac{1}{2}\left[2{,}76 + 2{,}10 + (0{,}01 + 0{,}22)\ 9{,}6\right]\frac{6}{100} = 0{,}212\ \mathrm{kg/cm^2}.$$

Zur Nachprüfung der so errechneten Drehkraftharmonischen wurde der Motor indiziert, nach Ziff. 2,51 das Drehkraftdiagramm ermittelt und dieses harmonisch analysiert. Das Ergebnis ist in Abb. 75b aufgetragen. Für D_{6_G} ergab sich 0,202 kg/cm², also ein etwas kleinerer Wert als oben. Wir führen die Rechnung mit diesem genaueren Wert fort. Die Massendrehkraft 6. Ordnung kann nach Ziff. 2,52 vernachlässigt werden.

Größter Ausschlag am freien Wellenende. Der zu erwartende größte Resonanzausschlag A_1 am freien Wellenende (Masse 1) errechnet sich nach Gl. (147) aus:

$$A_1 = \frac{D_x R_{\alpha_x}}{\omega_I k^* \sum\limits_{i=1}^{i=z} (\alpha^{(i)})^2}.$$

Hierin sind bereits alle Größen bis auf den Dämpfungsbeiwert k^* bekannt. Es ist:

Die Erregende 6. Ordnung	D_6	$= 0{,}202$ kg/cm²,
die spezifische Erregerkraft	R_α	$= 2{,}797$,
die Eigenfrequenz I. Grades	ω_I	$= 1934$ s⁻¹,
die Summe aller $(\alpha^{(i)})^2$	$\sum\limits_{i=1}^{i=z} (\alpha^{(i)})^2$	$= 1{,}686$.

Der Dämpfungsbeiwert sei nach S. 124 angenommen zu $k^* = 0{,}006$ kg s cm⁻³. Somit erhalten wir:

$$A_1 = \frac{0{,}202 \cdot 2{,}797}{1934 \cdot 0{,}006 \cdot 1{,}686} = 0{,}0289 \text{ cm}.$$

Drehwechselbeanspruchung infolge Drehschwingungen. Die Drehwechselbeanspruchung der Kurbelwelle infolge Schwingungen kann nun für die einzelnen Wellenstücke von Kröpfung zu Kröpfung nach Gl. (150) wie folgt errechnet werden:

$$\left(\frac{A_1}{r} = \frac{0{,}0289}{4{,}1} = 0{,}007048; \qquad W_d = \frac{\pi d^3}{16} = 21{,}714 \text{ cm}^3\right).$$

Masse k	α_k	$\alpha_k - \alpha_{k+1}$	$\Delta\varphi = \frac{A_1}{r}(\alpha_k - \alpha_{k+1})$	$\frac{c_k}{10^6}$ [cmkg]	$\tau_{nas} = \frac{c_k \Delta\varphi}{W_d}$ [kg/mm²]
1	+1,0000				
		0,2155	0,001519	1,212	0,8477
2	+0,7845				
		0,0738	0,000520	6,807	1,6303
3	+0,7107				
		0,1364	0,000961	4,994	2,3975
4	+0,5733				
		0,1433	0,001010	5,964	2,7739
5	+0,4300				
		0,2034	0,001433	4,824	3,1833
6	+0,2266				
		0,1545	0,001089	6,732	3,3760
7	+0,0721				
		0,1835	0,001293	5,779	3,4410
8	−0,1114				

b) Ermittlung der Drehwechselbeanspruchung der Kurbelwelle durch die Schwankungen der Gas- und Massenkräfte.

Es sind zunächst die größten und kleinsten Drehkräfte zu ermitteln, die als „äußere Kräfte" die Wellenstücke zwischen den einzelnen Kröpfungen (Massen) belasten. Die Kräfte werden aus den in Abb. 85 dargestellten Überlagerungen der resultierenden Drehkraftlinien der jeweils in Frage kommenden Zylinder abgegriffen. Über die Ermittlung der Drehkraftlinien siehe Ziff. 2,5 und Ziff. 2,92.

In folgender Tabelle sind die ermittelten Werte zusammengestellt:

Vellen-tück zwi-chen Masse K und K+1	Beansprucht durch Drehkräfte von Zylinder Nr.	Größte und kleinste Drehkraft abgegriffen aus Abb. 85		Obere und untere Grenzspannung		Mittel-spannung	Spannungs-ausschlag
		T_{max} [kg]	T_{min} [kg]	$\tau_{no} = \frac{T_{max}\, r}{W_d}$ [kg/mm²]	$\tau_{nu} = \frac{T_{min}\, r}{W_d}$ [kg/mm²]	$\tau_{nm} = \frac{\tau_{no} + \tau_{nu}}{2}$ [kg/mm²]	$\tau_{naT} = \frac{\tau_{no} - \tau_{nu}}{2}$ [kg/mm²]
und 2	—	—	—	—	—	—	—
und 3	1	+387	−225	+0,3707	−0,4248	+0,1530	0,5778
und 4	1+2	+606	−381	+1,1442	−0,7194	+0,2124	0,9318
und 5	1+2+3	+519	−212	+0,9799	−0,4003	+0,2898	0,6901
und 6	1+2+3+4	+619	−337	+1,1687	−0,6363	+0,5324	0,9025
und 7	1+2+3+4+5	+637	−231	+1,2027	−0,4361	+0,3833	0,8194
und 8	1+2+3+4+5+6	+519	+131	+0,9799	+0,2473	+0,6136	0,3163

c) Ermittlung der resultierenden Drehwechselbeanspruchung der Kurbelwelle durch Drehschwingungen und Gas- und Massendrehkräfte.

Die Ergebnisse der Überlagerung der beiden Beanspruchungen sind in folgender Tabelle zusammengestellt:

Wellenstück zwischen Masse k und $k+1$	Drehwechsel-beanspruchung infolge Schwingungen τ_{naS} [kg/mm²]	Drehwechsel-beanspruchung durch Gas- und Massenkräfte τ_{naT} [kg/mm²]	Resultierende Drehwechsel-beanspruchung $\tau_{na} = \tau_{naS} + \tau_{naT}$ [kg/mm²]
1 und 2	0,8477	—	0,8477
2 und 3	1,6303	0,5778	2,2081
3 und 4	2,3975	0,9318	3,3293
4 und 5	2,7739	0,6901	3,4640
5 und 6	3,1833	0,9025	4,0858
6 und 7	3,3760	0,8194	4,1954
7 und 8	3,4410	0,3163	3,7573

Die Nenn-Wechselspannungen τ_{naS} und τ_{naT}, die Resultierende aus beiden sowie die Mittelspannung sind in Abb. 86 in ihrer Verteilung über der Kurbelwelle aufgetragen (vgl. hierzu Ziff. 2,93).

Die ermittelte Höchstspannung (hier: $\tau_{na} = 4{,}1954$ kg/mm²) liegt in den zulässigen Grenzen (vgl. hierzu Ziff. 2,94).

3. Gestaltung der Kolbenmaschinenanlagen im Hinblick auf Drehschwingungen.

3,1. Einleitung.

Bei neuzeitlichen Schiffsmaschinen, Fahrzeug- und Flugmotoren sind häufig Kurbelwellenbrüche aufgetreten. Hohe zusätzliche Beanspruchungen, die durch Drehschwingungen der Kolbenmaschinenanlagen entstanden, sind die Ursache dieser Wellenschäden gewesen.

Das Bestreben nach höchster Werkstoffausnutzung führte zu einer Steigerung der Drehzahl, Erhöhung der Zylinderzahl und der Arbeitsdrücke im Zylinder, wodurch die Gefahr eines Bruches der Kurbelwelle infolge Drehschwingungen vergrößert wurde. Im Betrieb machen sich die Schwingungen durch das Schlagen der Antriebsräder der Nockenwelle sowie durch Zittern des Motors, verbunden mit unangenehmen Geräuschen, bemerkbar. Diese Erschütterungen sind darauf zurückzuführen, daß eine Maschine, die unter Annahme einer vollkommen starren Welle einen guten Massenausgleich besitzt, diesen im Resonanzdrehzahlbereich teilweise einbüßt.

Das Hauptaugenmerk des Konstrukteurs muß zunächst darauf gerichtet sein, die zusätzlichen Beanspruchungen durch Schwingungen bei geringem Werkstoffaufwand auf ein erträgliches Maß herabzusetzen. Darüber hinaus wird man (insbesondere im Fahrzeugmotorenbau) auch dann, wenn eine Bruchgefahr der Kurbelwelle nicht besteht, schon allein im Hinblick auf einen erschütterungsfreien und geräuscharmen Gang des Motors die Schwingungen möglichst klein halten. Der Konstrukteur sollte sich nicht auf zusätzliche Einrichtungen (Dämpfer, Tilger) zur Milderung oder Beseitigung der Schwingungsgefahr verlassen, sondern versuchen, den Motor von vorneherein so zu gestalten, daß er schwingungstechnisch allen Anforderungen gerecht wird. Zusätzliche Einrichtungen sollten erst dann angewandt werden, wenn die übrigen Mittel zur Bekämpfung der Drehschwingungen erschöpft sind.

3,2. Grundsätzliche Maßnahmen zur Bekämpfung der Drehschwingungen.

Die tatsächlichen Schwingungsausschläge können nach Gl. (147) berechnet werden. Wir entnehmen aus ihr, daß die Ausschläge kleiner werden, wenn man die Erregerkräfte D_x oder die verhältnismäßigen Ausschläge $\alpha^{(i)}$ verkleinert, die Eigenfrequenz ω_e oder den Dämpfungsbeiwert k^* erhöht.

Grundsätzlich kann die Verminderung oder Verhütung gefährlicher Drehschwingungen durch folgende vier Maßnahmen geschehen:

1. Vermeidung von gefährlichen Resonanzen.
2. Beeinflussung der Erregerkräfte.
3. Dämpfung der Schwingungen.
4. Tilgung der Schwingungen.

Die ersten beiden Maßnahmen wirken sich vor allem auf die Gestaltung des Motors aus. Sie müssen bereits beim Entwurf berücksichtigt werden. Bei den beiden anderen Maßnahmen handelt es sich im wesentlichen um Zusatzeinrichtungen, die auch bei einer fertig vorliegenden Anlage noch nachträglich angebracht werden können.

In den folgenden Abschnitten werden wir auf die einzelnen Maßnahmen näher eingehen.

3,3. Vermeidung der Resonanz.

Beim Auftreten unzulässig hoher Schwingungsausschläge wird man zunächst anstreben, die Erregerfrequenz und die Eigenfrequenz der Wellenanlage weiter auseinander zu legen. Man wird vor allem kritische Drehzahlen im Dauerbetrieb vermeiden. Dies kann entweder durch Änderung der Winkelgeschwindigkeit ω_0, also der Drehzahl n des Motors, oder aber durch Änderung der Eigenschwingungszahl n_e des Systems erreicht werden.

Änderung von ω_0. Eine Drehzahländerung ist praktisch nur bei Motoren, die mit konstanter Drehzahl laufen, und bei Motoren, deren Drehzahlbereich durch eine oder mehrere feste Drehzahlstufen begrenzt ist, möglich. Hierzu gehören ortsfeste Motoren für Lichtmaschinenantrieb, Flugmotoren und Schiffsmaschinen. Bei diesen wird man selbstverständlich die sog. Marschdrehzahlen so wählen, daß sie nicht in kritische Bereiche fallen. Die kritischen Gebiete, innerhalb derer im Dauerbetrieb nicht gefahren werden darf, können z. B. durch auffällige Markierung auf dem Geschwindigkeitsmesser bzw. Drehzahlanzeiger gekennzeichnet werden. Das Durchfahren dieser Gebiete muß möglichst rasch geschehen, um ein Aufschaukeln großer Schwingungsausschläge zu vermeiden.

Verstimmung des Systems. Bei Fahrzeugmotoren aller Art, die im gesamten Drehzahlbereich gefahren werden, ist natürlich ein Verlegen der Drehzahlen nicht möglich. Hier kann man gefährliche Resonanzen durch Änderung der Eigenschwingungszahl des Systems vermeiden.

Man spricht von *Verstimmung des Systems*, worunter man die Herbeiführung anderer Eigenschwingungszahlen versteht, mit dem Ziel, die gefährlichen Resonanzdrehzahlen aus dem Betriebsdrehzahlbereich herauszulegen. Eine Verstimmung des Systems kann erzielt werden:

a) Durch Änderung der Form und Größe der Drehmassen oder der Drehfedern des Systems.

b) Durch Einschaltung federnder Zwischenglieder, wie z. B. drehfedernde Luftschraubennaben oder drehelastische Kupplungen.

Grundsätzlich wird man eine möglichst hohe Eigenschwingungszahl anstreben, so daß möglichst alle gefährlichen Resonanzen außerhalb des Betriebsdrehzahlbereichs zu liegen kommen. Kann dieses erwünschte Ziel unter tragbarem Aufwand an Werkstoff bzw. aus Gewichtsgründen nicht erreicht werden, so kann man versuchen in umgekehrter Richtung auszuweichen und erniedrigt die Grundschwingungszahl bis in Gebiete, die als Betriebsdrehzahl nicht in Frage kommen.

3,31. Verstimmung des Kurbelwellensystems durch Änderung der Massen und Federn.

Bei der Änderung der Massen und Federn eines schwingungsfähigen Systems, sei es durch Vergrößern bzw. Verkleinern der Bauteile oder durch Hinzufügen weiterer Massen und federnder Zwischenglieder, ist grundsätzlich zu beachten:

Sehr wirksam ist:

a) Änderung der Massen an Stellen großen Ausschlags, also in großer Entfernung vom Knoten.

b) Änderung der Federn an Stellen großer Verdrehungen bzw. großer Beanspruchung, also in Knotennähe oder im Knoten.

Es ergibt sich bereits bei geringer Änderung der Masse bzw. der Feder an den genannten Stellen eine relative große Verlagerung der Eigenschwingungszahl.

Eine Erhöhung der Eigenschwingungszahl wird durch Verkleinerung der Massen oder Verstärken bzw. Verkürzen der Federn erreicht, eine Erniedrigung der Eigenschwingungszahl durch Vergrößerung der Massen oder Schwächen bzw. Verlängern der Federn.

Praktisch wirkungslos ist:

a) Änderung der Massen an Stellen geringen Ausschlags, also in Knotennähe (eine Massenänderung im Knoten ist natürlich zwecklos).

b) Änderung der Federn an Stellen geringer Verdrehung bzw. geringer Beanspruchung, also in großer Entfernung vom Knoten.

Selbst bei sehr großer Änderung der Massen und der Federn ergibt sich nur eine geringe Verlagerung der Eigenschwingungszahlen.

An Hand der Schwingungsformen läßt sich mithin ohne weiteres beurteilen, an welcher Stelle des Triebwerksystems z. B. eine Verringerung der Drehmassen oder eine Verstärkung des Wellendurchmessers eine fühlbare Erhöhung der Eigenschwingungszahl zur Folge hat. Dies sei an einigen charakteristischen Beispielen erläutert.

Verstimmung des Systems „Motor-Schwungscheibe". Das schwingungsfähige System, mit dem man es im Kraftfahrzeugbau zu tun hat, besteht im wesentlichen aus dem Motor und einer weiteren Drehmasse, der Schwungscheibe. Die Eigenschwingungszahl des Motors erfährt durch den Zusammenhang mit dem Getriebe, der Kardanwelle, des Differentialgetriebes und der Antriebsräder praktisch keine Änderung, weil die kleinen Ausschläge des Schwungrades infolge des stets vorhandenen Spiels zwischen den Getriebezahnrädern nicht auf die anschließenden Massen übertragen werden. Die vom Motor ausgehenden Drehschwingungen sind also für die angeschlossenen Teile unbedenklich; diese Massen, die durch die Triebwerksanlage in drehelastischer Verbindung stehen, bilden jedoch für sich ein Mehrmassensystem mit mehreren Eigenschwingungszahlen (vgl. G. Süss [92]).

Durch schwingungstechnisch richtige Gestaltung des Motors (Kolben, Pleuelstangen, Kurbelwelle) unter Berücksichtigung der Masse der Schwungscheibe können in vielen Fällen von vorneherein gefährliche Resonanzdrehzahlen vermieden werden. Beim Entwurf wird man, wie schon erwähnt, die Drehsteifigkeit der Kurbelwelle und die Größe der Triebwerksmassen möglichst so wählen, daß die Eigenschwingungszahl I. Grades des Systems Motor-Schwungscheibe so hoch liegt, daß die gefährlichen kritischen Drehzahlen noch oberhalb des Betriebsdrehzahlbereiches liegen. Die Eigenschwingungszahl I. Grades muß also mindestens so hoch sein, daß keine Resonanz mit der „Hauptharmonischen" oder „Hauptkritischen" kleinster Ordnungszahl im Betriebsdrehzahlbereich auftritt. Bisweilen muß diese Bedingung auch noch für die Hauptharmonische der nächst höheren Ordnung erfüllt sein.

Nach Ziff. 2,6 sind die Hauptkritischen kleinster Ordnungszahl die Harmonischen der Ordnung

$$x = z \quad \text{für Zweitakt,}$$

$$x = \frac{z}{2} \quad \text{für Viertakt,}$$

wenn z die Zylinderzahl bedeutet. Ganz allgemein sollte also die Eigenschwingungszahl I. Grades schnellaufender Motoren mindestens

$$n_{eI} > n_{\max} z \quad \text{für Zweitakt,}$$

$$n_{eI} > n_{\max} \frac{z}{2} \quad \text{für Viertakt}$$

sein, wobei $n_{\max}$ die maximale Betriebsdrehzahl bedeutet.

Ist beispielsweise $n_{max} = 4000$ U/min, so müßte die Eigenschwingungszahl I. Grades des Vierzylinder-Viertaktmotors

$$n_{e\,I} > n_{max}\frac{z}{2} = 4000 \cdot 2 = 8000 \text{ Schw/min}.$$

des Sechszylinder-Viertaktmotors

$$n_{e\,I} > n_{max}\frac{z}{2} = 4000 \cdot 3 = 12000 \text{ Schw/min}$$

sein.

Bei schnellaufenden Fahrzeug-Ottomotoren lassen sich solche Eigenschwingungszahlen durch entsprechende Triebwerksgestaltung ohne Schwierigkeit erreichen. Tatsächlich liegen bei neuzeitlichen Motoren die Eigenschwingungszahlen so hoch, daß Resonanz mit der Hauptkritischen kleinster Ordnungszahl im Betriebsdrehzahlbereich nicht auftritt.

Bei schnellaufenden Fahrzeug-Dieselmotoren kann es wegen der größeren Erregerkräfte (Ziff. 2,51) nötig sein, daß auch die nächst höhere Hauptkritische, also die Harmonische der Ordnung

$$x = 2z \quad \text{für Zweitakt,}$$

$$x = z \quad \text{für Viertakt,}$$

im Betriebsdrehzahlbereich nicht in Resonanz kommt.

Ist beispielsweise $n_{max} = 2500$ U/min, so müßte in diesem Fall die Eigenschwingungszahl I. Grades des Vierzylinder-Viertaktmotors

$$n_{e\,I} > n_{max}\, z = 2500 \cdot 4 = 10000 \text{ Schw/min},$$

des Sechszylinder-Viertaktmotors

$$n_{e\,I} > n_{max}\, z = 2500 \cdot 6 = 15000 \text{ Schw/min}$$

sein.

Gelingt es, die Eigenschwingungszahl des Triebwerks so hoch zu legen, daß die Resonanzstellen mit den erwähnten Hauptkritischen oberhalb des Betriebsdrehzahlbereichs liegen, so ist im allgemeinen die Gefahr von Schwingungsbrüchen beseitigt.

Wir wollen nun die konstruktiven Möglichkeiten, die zu dem oben gesteckten Ziel einer möglichst hohen Eigenschwingungszahl führen, besprechen.

Die Eigenschwingungszahl hängt in erster Linie von der Steifigkeit der Kurbelwelle und der Größe der Triebwerksmassen und in gewissem Maße auch von der Steifigkeit des Kurbelgehäuses ab. Sie wird um so höher, je steifer die Kurbelwelle und je kleiner die schwingenden Massen sind.

Die Forderung nach drehsteifer Welle wird erfüllt durch kurze, drehsteife Kurbel- und Wellenzapfen, kräftige Wangen und kurzhubige Bauart der Maschine. Man legt zunächst den Durchmesser des Kurbelzapfens fest. Hierbei kann man durch geringfügige Vergrößerung des Zapfendurchmessers bereits viel erreichen, da das polare Trägheitsmoment und damit die Drehsteifigkeit mit der vierten Potenz des Durchmessers wächst. Dem Wellenzapfen gibt man im allgemeinen den gleichen oder einen größeren Durchmesser wie dem Kurbelzapfen.

Bei der Festlegung der Zapfendurchmesser und der Wangenstärken ist man an die Hauptabmessungen der Kurbelwelle gebunden, die durch die Leistung und die Drehzahl des Motors, seine Zylinderzahl und Anordnung in gewissen Grenzen vorgegeben sind. Diese Grenzen werden durch Lagerzahl und Lageranordnung noch weiter eingeschränkt. Die Lagerbeanspruchungen wird man im

Hinblick auf eine möglichst steife Kurbelwelle so hoch legen, wie man das unbedenklich tun kann. Die Lagerlänge soll 0,5 d nicht wesentlich unterschreiten, weil sonst durch das Herauspressen des Öles die Wirkung der tragenden Ölschicht gefährdet wird.

Die weitere Forderung nach kleinen schwingenden Massen wird erfüllt durch leichte Pleuelstangen und Kolben sowie durch kurzhubige Bauart. Der Einfluß der Triebwerksmassen wächst mit dem Quadrat des Kurbelhalbmessers.

Verstimmung des Systems „Motor-Luftschraube". Bei Flugmotoren liegen infolge des großen Trägheitsmoments der Luftschraube die Eigenschwingungszahlen im allgemeinen niedriger als bei Fahrzeugmotoren. Die Eigenschwingungszahl I. Grades n_{eI} bei Motoren mit starr gekuppelter Luftschraubennabe und mit Getriebe liegen im allgemeinen zwischen 4000 und 7000 Schw/min, ohne Getriebe zwischen 6000 und 12000 Schw/min. Eine Verstärkung der Kurbelwelle zur Erhöhung der Drehsteifigkeit und damit der Eigenschwingungszahl n_{eI} hat erhöhtes Gewicht und größeren Raumbedarf zur Folge. Bei Flugmotoren geht man daher den umgekehrten Weg. Man setzt die Grundschwingungszahl n_{eI} so weit herab, daß ihre Resonanzstelle mit der niedrigsten Drehkraftharmonischen unterhalb des Betriebsdrehzahlbereichs bleibt. Eine solche Erniedrigung von n_{eI} erreicht man durch Zuschaltung einer möglichst weich federnden Verbindung im Schwingungsknoten zwischen Luftschraube und Motor. Diese Lösung, n_{eI} nach unten zu verlagern, hat jedoch die unangenehme Folge, daß beim Anfahren gefährliche kritische Drehzahlen durchfahren werden müssen. Das Durchfahren dieser Kritischen unterhalb des Betriebsdrehzahlbereichs muß rasch geschehen, um ein Aufschaukeln der Schwingungen und damit eine unzulässig hohe Beanspruchung der Kurbelwelle zu vermeiden. Eine einmalige Überbeanspruchung kann u. U. bereits einen Dauerbruch einleiten.

Die Verwirklichung eines solchen federnden Zwischengliedes ist aus Raum- und Gewichtsgründen konstruktiv nicht ganz einfach. Bei Triebwerken mit Übersetzungsgetriebe ist die Unterbringung der Federung in den Getrieberädern naheliegend; bei direktem Antrieb wird sie in die Luftschraubennabe zu verlegen sein.

Am Beispiel eines Vierzylinder-Reihenmotors hat K. Lürenbaum [66] die Wirkung einer elastischen Luftschraubennabe mit Torsionsfedern untersucht. Durch den Einbau der federnden Luftschraubennabe wird die Grundschwingungszahl von 11000 auf 1290 [Schw/min] erniedrigt. Die Eigenschwingungszahl II. Grades beträgt 24000 [Schw/min], also sehr hoch (mehr als das Doppelte der ursprünglichen Grundschwingungszahl bei starr gekuppelter Luftschraube). Gefährliche Resonanzen mit der Eigenschwingung II. Grades treten daher nicht auf. In Abb. 89 sind die Schwingungsformen und Resonanzkurven für starren und federnden Luftschraubenantrieb dargestellt. Man sieht, daß das System Kurbelwelle-Luftschraube durch Einschaltung eines passend abgestimmten federnden Zwischengliedes zwischen Kurbelwelle und Luftschraube innerhalb des Betriebsdrehzahlbereichs in hohem Maße schwingungsfrei wird.

Verstimmung des Systems „Motor-Schwungscheibe und anschließende Massen". Systeme „Motor-Schwungscheibe und anschließende Massen" liegen z. B. vor bei Schiffsanlagen und Generatoranlagen. An Hand der Schwingungsformen läßt sich auch bei solchen Anlagen leicht beurteilen, durch welche Änderungen eine wesentliche Verstimmung des Systems erreicht werden kann. Zu beachten ist, daß nicht nur die Eigenschwingung I. Grades, sondern auch die II. Grades und manchmal sogar die III. Grades eine Rolle spielen.

Beispiel: Schiffsanlage mit langer Schraubenwelle. Das Ersatzsystem einer Schiffsanlage mit langer drehelastischer Welle zwischen der Elektromaschine und der Schraube sowie die zugehörigen Schwingungsformen I., II. und III. Grades der Anlage zeigt Abb. 90.

Die Schwingungszahl I. Grades ist vorwiegend beeinflußt durch die Schraubenwelle und die Masse der Schraube, da der Schwingungsknoten I. Grades zwischen Rotor und Schraube liegt und der verhältnismäßige Schwingungsausschlag der Schraube groß ist. Eine geringe Änderung der Elastizität der Schraubenwelle oder aber der Größe der Schraubenmasse hat bereits eine fühlbare Verlagerung der Eigenschwingungszahl zur Folge. Eine Änderung der Masse des Rotors wirkt

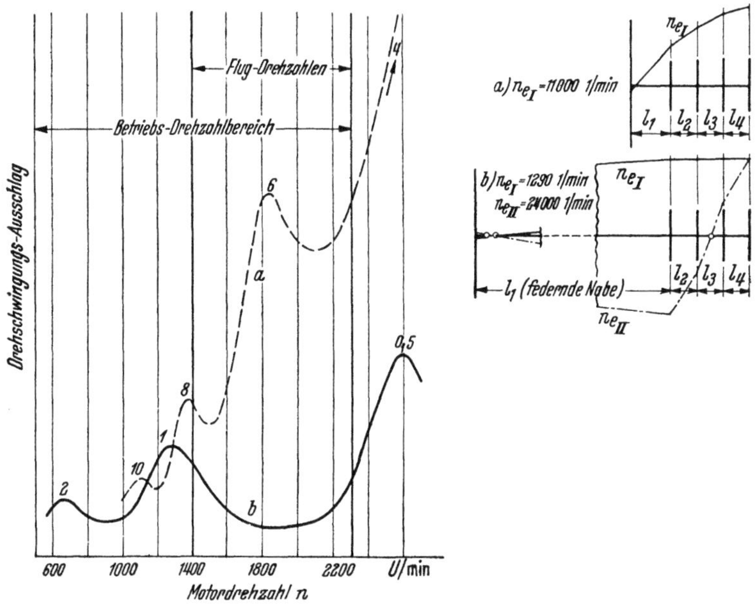

Abb. 89. Resonanzkurven und Schwingungsformen eines Flugmotors (nach LÜRENBAUM).
a Resonanzkurve der Schwingung I. Grades mit starrer Luftschraubennabe,
b Resonanzkurve der Schwingung I. Grades mit federnder Luftschraubennabe.

sich dagegen nur in geringem Maße auf die Eigenschwingungszahl I. Grades aus, da der Knoten nahe beim Rotor liegt.

Ist der Schraubenausschlag groß gegenüber dem Ausschlag am freien Kurbelwellenende, dann werden die Schwingungen u. U. so stark gedämpft, daß die Hauptkritische der Ordnung $x = z/2$ nicht zur Geltung kommt und somit keine hohen Drehbeanspruchungen der Wellenleitung auftreten. Wie aus der Abb. 90 ersichtlich, sind bei der Eigenschwingung I. Grades die Ausschläge an den einzelnen Kröpfungen nur wenig verschieden, d. h. es tritt keine nennenswerte Verdrehung bzw. Beanspruchung der Kurbelwelle auf.

Die Eigenschwingungszahl II. Grades ist im wesentlichen abhängig vom System „Motor-Kupplung 1-Rotor". Durch Änderung der Massen des Triebwerks und des Rotors, deren verhältnismäßige Ausschläge groß sind, kann somit eine Verstimmung des Gesamtsystems erreicht werden. Die beiden Schwingungsknoten II. Grades liegen zwischen Kupplung und Rotor sowie zwischen Rotor und Schraube. Durch Änderung der Drehsteifigkeit der Welle zwischen Kupplung und Rotor und der Schraubenwelle kann man also ebenfalls eine nennenswerte Verlagerung der Eigenschwingungszahl II. Grades erzielen.

Die Eigenschwingungszahl III. Grades ist ebenfalls wie die II. Grades im wesentlichen vom System „Motor-Kupplung 1-Rotor" abhängig. Eine brauchbare Verstimmung kann hier durch Änderung der Triebwerksmassen sowie der Drehsteifigkeit der Kurbelwelle und des Wellenstücks zwischen Kupplung und Rotor erreicht werden. Eine Änderung der Drehsteifigkeit der Schraubenwelle wirkt sich dagegen nur unbedeutend auf die Eigenschwingungszahl III. Grades aus, da die Beanspruchung in diesem Wellenteil infolge geringer Verdrehung bei der Schwingung III. Grades verhältnismäßig klein ist.

Zusammenfassend kann man sagen: Bei Schiffsanlagen der vorliegenden Anordnung mit langer Schraubenwelle wirkt sich eine Veränderung der Drehsteifigkeit der Schraubenwelle oder eine Änderung der Schraubenmasse wesentlich auf die Schwingungszahl I. Grades aus, weniger auf die Eigenschwingungszahl

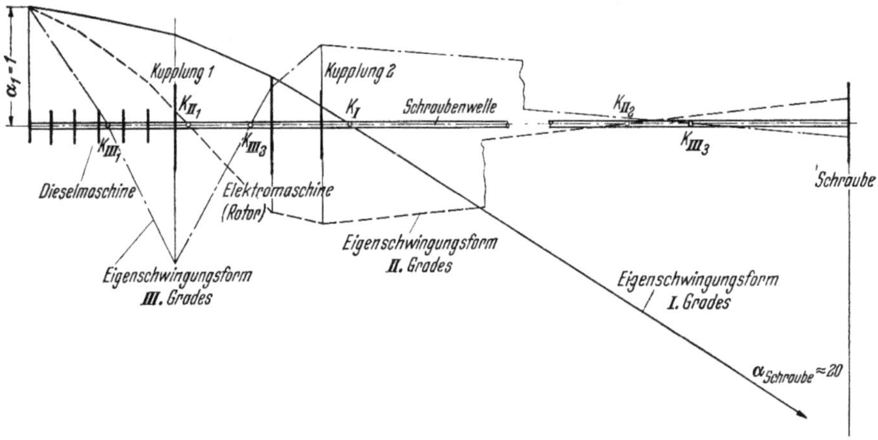

Abb. 90. Ersatzsystem und Eigenschwingungsformen einer Schiffsanlage mit langer Schraubenwelle.

II. Grades, praktisch überhaupt nicht auf die Schwingung III. Grades. Dagegen beeinflußt eine Vergrößerung oder Verkleinerung der Massen des Motors wesentlich die Eigenschwingungszahl II. Grades und III. Grades und nur unbedeutend die Eigenschwingungszahl I. Grades.

Beispiel: Fahrzeugmotorenprüfstand. Das schwingungsfähige System eines Fahrzeugmotorenprüfstands (Abb. 56) besteht aus dem Motor (mit Schwungscheibe) und der Bremsvorrichtung (z. B. einem Pendelgenerator). Bei der Messung der Eigenschwingungszahlen und der Schwingungsausschläge des Motors (mit Hilfe eines Torsiographen) muß man dafür sorgen, daß das Massenträgheitsmoment des Generatorrotors das zu untersuchende System „Motor-Schwungscheibe" im Drehzahlbereich des Motors nicht nennenswert beeinflußt. Man erreicht dies, indem man eine möglichst weiche Kupplung zwischen der Schwungscheibe und dem Generator anordnet. Wählt man erfahrungsgemäß die Drehfederzahl c_K der Kupplung so, daß

$$\frac{\sqrt{c_K/\Theta_R}}{\omega_0} \leqq \frac{1}{5},$$

wobei

ω_0 die Winkelgeschwindigkeit der Kurbelwelle bei der kleinsten Motordrehzahl und
Θ_R das Massenträgheitsmoment des Rotors

ist, dann wird die Eigenschwingungszahl I. Grades der Gesamtanlage sehr niedrig und die Eigenschwingungszahl II. Grades stimmt praktisch mit der Eigenschwingungszahl I. Grades des Motors (ohne Generator) überein. (Der Einfluß der Federzahl c_K und der Drehmasse Θ_R auf die zu messende Eigenschwingungszahl und Schwingungsform des Motors läßt sich durch eine einfache Frequenzrechnung leicht nachprüfen.) Da die Kupplung das maximale Motordrehmoment übertragen muß, ist die Verwirklichung der geforderten geringen Drehsteifigkeit nicht ganz einfach. Eine brauchbare Konstruktion ist z. B. die *Markuskupplung* [1].

3,32. Verstimmung des Systems durch drehfedernde Kupplungen mit nichtlinearen Federkennlinien.

In den letzten Jahren sind verschiedene drehfedernde Kupplungen gebaut worden, die eine *gekrümmte Federkennlinie* haben, bei denen sich die Drehsteifigkeit der Kupplung mit wachsendem Drehmoment vergrößert (überlineare Federkennlinie). Dadurch wird das Aufschaukeln der Schwingungen im Gebiet der Resonanzdrehzahlen zwar nicht gänzlich unterbunden, aber doch stark behindert, weil sich mit der Änderung der Drehsteifigkeit der Kupplung natürlich auch die Eigenfrequenz der Gesamtanlage ständig ändert. Man erhält statt der reinen sinusförmigen Schwingungen nichtharmonische, nichtlineare Schwingungen, deren Frequenz vom jeweiligen Ausschlag bzw. Drehmoment abhängig ist. Bei solchen Kupplungen beobachtet man häufig beim langsamen Hochfahren, daß die Ausschläge stetig anwachsen und bei einer bestimmten Drehzahl plötzlich einen kleineren Wert annehmen. Diese Erscheinung („*Kippen* der Schwingung" genannt) ist charakteristisch für den Schwinger mit gekrümmter Federkennlinie.

Die schwingungsvermindernde Wirkung von federnden Kupplungen beruht schließlich noch auf deren dämpfenden Eigenschaften, wenn durch besondere bauliche Vorkehrungen die Relativbewegung der beiden gegeneinander schwingenden Kupplungshälften abgebremst wird. Die Dämpfung kann dabei durch trockene oder flüssige Reibung hervorgerufen werden. Die Kupplung dämpft naturgemäß um so mehr, je größer die Relativverdrehung der beiden Kupplungshälften ist. (Die eigentlichen Dämpfer werden in Ziff. 3,6 behandelt.)

Eine erprobte Ausführungsform ist z. B. die Hülsenfederkupplung der Maschinenfabrik Augsburg-Nürnberg (siehe Pielstick [73]). Über konstruktive Einzelheiten sowie die federnden und dämpfenden Eigenschaften einer Anzahl anderer gebräuchlicher Bauformen hat F. G. Altmann [1] berichtet.

W. Benz [7] hat gezeigt, wie man mit verhältnismäßig geringem Aufwand die Beanspruchung von drehelastischen Kupplungen berechnen kann. Um unzulässige Beanspruchung der Kupplungen zu vermeiden, werden häufig Anschläge angebracht, die zweckmäßig nachgiebig ausgebildet werden. Hohe Beanspruchungen können auch, wie schon darauf hingewiesen wurde, durch möglichst rasches Überfahren der kritischen Drehzahl vermieden werden. Es ist dann gar keine Zeit dafür vorhanden, daß sich die Schwingungen voll aufschaukeln und Werte annehmen, die bei längerem Verbleiben in der kritischen Drehzahl auftreten würden. Manche Kupplungen sind so konstruiert, daß sie nur ein bestimmtes Drehmoment übertragen, bei dessen Überschreitung rutschen und somit ein weiteres Aufschaukeln der Schwingungen verhindern. Ferner gibt es schaltbare Reibungskupplungen, die bei sorgfältiger Einstellung der Kupplung auf richtiges Reibungsmoment die gleiche Wirkung wie eine Rutschkupplung haben. Man kann außerdem den Antriebsmotor entkuppelt hochfahren und erst nach Überwinden der kritischen Drehzahl kuppeln, so daß das Aufschaukeln der Schwingungen ganz vermieden wird.

3,4. Beeinflussung der Erregerkräfte.

Die Erregung der Drehschwingungen in Kolbenmaschinenanlagen erfolgt im allgemeinen durch die wechselnden Gas- und Massenkräfte. In Sonderfällen können auch andere Erregungen in Frage kommen. So gehen bei Schiffsanlagen auch von der Schraube erregende Impulse aus, deren Frequenz von der Flügelzahl abhängt; z. B. kann eine dreiflügelige Schraube Schwingungen 3. Ordnung auslösen. Aus diesem Grunde verwendet man zweckmäßig beim Sechszylinder-Motor vierflügelige und beim Achtzylinder dreiflügelige Schrauben, damit die von der Schraube herrührenden Erregerkräfte nicht mit den Hauptkritischen des Motors zusammenfallen. Bei Generatoranlagen können Schwingungen durch einen Drehstromgenerator erregt werden. Diese Sondererregungen müssen gegebenenfalls beachtet werden.

Die wirksamste Art der Schwingungsbekämpfung besteht darin, die Drehkraftharmonischen des Motors möglichst klein zu halten. Betrachten wir irgendein Vektorpolygon der Erregerkräfte der i Zylinder (Abb. 80), so erkennen wir, daß die Größe der Ersatzerregerkraft R_x durch folgende Maßnahmen beeinflußt werden kann:

1. Verkleinerung der Amplituden der Erregenden $\mathfrak{D}_x^{(i)}$ der einzelnen Zylinder, d. h. Veränderung des Indikatordiagramms.

2. Vertauschen der Vektoren $\mathfrak{D}_x^{(i)}\,\alpha^{(i)}$ untereinander (im Vektorstern), d. h. Änderung der Kurbelanordnung und der Zündfolge unter Beibehaltung gleichmäßiger Zündabstände.

3. Änderung der Richtung der Vektoren $\mathfrak{D}_x^{(i)}\,\alpha^{(i)}$, d. h. Änderung der Kurbelversetzungswinkel im Kurbelstern und damit der Zündabstände.

4. Änderung der Anzahl der Vektoren $\mathfrak{D}_x^{(i)}\,\alpha^{(i)}$, d. h. Änderung der Zylinderzahl i.

5. Änderung der verhältnismäßigen Ausschläge $\alpha^{(i)}$ (Schwingungsform) durch Verlegen der Schwungmassen, Änderung ihrer Größe sowie Änderung der Drehsteifigkeit der Wellen.

Die Maßnahme 4 haben wir der Vollständigkeit halber mit angeführt. Sie hat jedoch keine praktische Bedeutung, da für die Wahl der Zylinderzahl andere Gesichtspunkte maßgebend sind [82]. Die Anwendbarkeit der Maßnahme 5 hängt von der Art der Anlage ab. Ihre Auswirkung läßt sich durch Berechnung der Eigenschwingungszahl und Schwingungsform leicht nachprüfen. Auf die Maßnahmen 1, 2 und 3 gehen wir im folgenden noch näher ein.

3,41. Beeinflussung der Erregerkräfte durch Veränderung des Indikatordiagramms.

Durch Änderung der Indikatordiagramme der einzelnen Zylinder ließen sich die harmonischen Drehkräfte wohl beeinflussen. Um eine Verkleinerung der Amplituden der harmonischen Erregerkräfte zu erzielen, müßte man jedoch das Arbeitsvermögen einzelner Zylinder, etwa durch Beeinflussung der Verbrennung, herabsetzen, was bei wirtschaftlicher Arbeitsweise nicht tragbar erscheint. Eine Veränderung der Indikatordiagramme durch Änderung von Hub und Bohrung einzelner Zylinder wird man schließlich im Hinblick auf Massenausgleich und Gleichgang des Motors sowie aus Fertigungsgründen nicht vornehmen.

In diesem Zusammenhang sei noch auf folgendes hingewiesen:

Bei der Bildung der Ersatzerregerkraft R_x gleicher Zylinder haben wir vorausgesetzt, daß die Drehkraftlinien der einzelnen Zylinder untereinander gleich sind.

Wie jedoch gleichzeitige Aufnahmen von Indikatordiagrammen aller Zylinder eines Motors zeigen, sind diese und damit die Drehkraftlinien, insbesondere bei Vergaserbetrieb, verschieden. Der Grund hierfür liegt im wesentlichen in ungleicher Verteilung des Gemisches auf die einzelnen Zylinder infolge von Schwingungen der Gassäulen in den Ansaugleitungen. Die Folge hiervon ist, daß die unter der Annahme gleicher Erregender $D_x^{(i)}$ aller Zylinder gebildete Ersatzerregerkraft R_x von den tatsächlich auftretenden abweicht. Die theoretisch sich gegenseitig aufhebenden Drehkraftharmonischen gewisser Ordnungen ergänzen sich nicht mehr zu Null, sondern es verbleiben Restbeträge. Bei nicht einwandfreier Verbrennung oder Aussetzen der Zündung kann u. U. eine Harmonische besonders stark hervortreten, eine andere dafür abgeschwächt werden.

3,42. Änderung der Kurbelanordnung und der Zündfolge unter Beibehaltung gleichmäßiger Zündabstände.

Eine Veränderung der Erregerkraft R_x kann auch durch Vertauschen der Erregerkräfte $\mathfrak{D}_x^{(i)}\,\alpha^{(i)}$ (im Vektorstern) untereinander erreicht werden. Dies bedeutet praktisch einen Wechsel der Zündfolge, der im allgemeinen eine Änderung der Kurbelanordnung erforderlich macht. Lediglich bei Viertaktmotoren ist eine Änderung der Zündfolge ohne Beeinflussung der Kurbelanordnung möglich. Mit der Zündfolge ändern sich die Ziffern in den Richtungssternen der Harmonischen und somit ihr Vektorstern, was u. U. zu einem kleineren R_x führt. Es kann also durch Änderung der Zündfolge die Gefahr einer bestimmten Kritischen verringert werden. Dabei erhöht sich im allgemeinen die Gefahr einer anderen Kritischen (Abb. 82).

Der Einfluß der Zündfolge auf die Drehschwingungen wurde von M. Scheuermeyer [80] untersucht. Wählt man die Zündfolge derart, daß die Zylinderfolge *ungradzahlig steigend — geradzahlig fallend* ist, z. B. beim Sechszylinder: 135642, beim Achtzylinder 13578642 usw., dann ergeben sich Kleinstwerte für die Zwischenharmonischen (das sind die Harmonischen der Ordnung $x = \frac{z}{2}, \frac{3z}{2}, \frac{5z}{2}$ usw. bei Zweitakt, $x = \frac{z}{4}, \frac{3z}{4}, \frac{5z}{4}$ usw. bei Viertakt). Dies gilt sowohl für Viertakt einfachwirkend, wie für Zweitakt einfach- und doppeltwirkend. Die Hauptharmonischen (das sind die Harmonischen der Ordnung $x = z$, $2z$, $3z$ usw. bei Zweitakt, $x = \frac{z}{2}$, z, $\frac{3z}{2}$ usw. bei Viertakt) werden durch die Zündfolge nicht beeinflußt.

Bei der Wahl der Zündfolge müssen mehrere Gesichtspunkte beachtet werden. So wird man neben der Erreichung tragbarer Verhältnisse im Hinblick auf Schwingungen möglichst vollkommenen Massenausgleich und günstigste Lagerbelastung anstreben. Allen Anforderungen zugleich vermag wohl keine Zündfolge zu entsprechen. Vielfach ist es so, daß bei gleichen Zündabständen durch eine Änderung der Zündfolge einerseits eine Verringerung der Drehschwingungen erreicht werden kann, andererseits aber eine Verschlechterung des Massenausgleichs in Kauf genommen werden muß. Bei Viertaktmotoren mit symmetrischer Kurbelwelle ergibt die Zündfolge „ungeradzahlig steigend — geradzahlig fallend“ neben vorteilhafter Resonanzkurve günstigen Massenausgleich, bei Zweitaktmotoren dagegen wohl die günstigste Resonanzkurve, aber schlechten Massenausgleich (s. Schrön [82]).

3,43. Änderung der Zündabstände.

Die erregenden Drehkräfte können in bestimmten Drehzahlbereichen günstig beeinflußt werden durch Änderung der Zündabstände unter Beibehaltung der Zündfolge, also durch *ungleichmäßige* Zündabstände.

Bei *Einreihenmotoren* ist dies nur möglich durch Vergrößerung oder Verkleinerung der Kurbelversetzungswinkel im Kurbelstern. Dieser Weg hat außer den unregelmäßigen Zündabständen unsymmetrische Kurbelwellen mit schlechtem Massenausgleich zur Folge und ist daher nicht zu empfehlen.

Bei *Mehrreihenmotoren* (V-, W-, X-Anordnung) wird durch Änderung des üblichen Gabelwinkels (V-Winkels) zwischen zwei Zylinderreihen eine Änderung der Zündabstände erreicht. Die symmetrische Kurbelwellenform kann hier beibehalten werden.

Der Gabelwinkel wird gewöhnlich so gewählt, daß die Zündabstände zwischen den einzelnen Zündungen gleichmäßig werden. Danach wird für Viertaktmotoren der Winkel $\delta_V = 720°/z$, wobei z die Zylinderzahl ist. Für Achtzylinder-V-Motoren ergibt sich somit der V-Winkel $\delta_V = 90°$, für Zwölfzylinder-V-Motoren $\delta_V = 60°$. Um an Bauhöhe oder Breite zu sparen, findet man mitunter V-Winkel, die kleiner sind als $720°/z$. Die Zündabstände werden dann ungleichmäßig und es ändern sich vor allem die schwingungserregenden Kräfte und damit die Drehbeanspruchung der Kurbelwelle.

Der günstigste V-Winkel vom schwingungstechnischen Standpunkt aus ist nun derjenige, bei dem die Resultierende der Ersatzerregerkräfte der einzelnen Zylinderreihen für die kritischen Ordnungen möglichst klein wird. Wie man diesen Winkel bestimmen kann, soll im folgenden gezeigt werden.

Wir untersuchen zunächst V-Motoren mit Zylinderreihen gleicher Zündfolge. Angenommen sei ferner, daß die Pleuelstangen beider Reihen unmittelbar (zentrisch) am Kurbelzapfen angreifen. Der Zündabstand zwischen den Zündungen im Gabelelement (Abb. 91), also von zwei Zylindern, die auf dieselbe Kurbelkröpfung arbeiten, beträgt in der Regel ($360° \pm \delta_V$), da man die Zylinder eines Gabelelements im Hinblick auf die Lagerbelastung nicht unmittelbar nacheinander zünden läßt. Bildet man nach Ziff. 2,542 die Ersatzerregerkräfte R_{x1} und R_{x2} der harmonischen Drehkräfte x-ter Ordnung jeweils für die einzelnen Zylinderreihen *1* und *2* getrennt, so ergeben sich dem Betrage nach gleich große Kraftvektoren ($R_{x1} = R_{x2} = R_x$). Den Phasenverschiebungswinkel ψ_x zwischen beiden erhält man [entsprechend Gl. (141)] zu $\psi_x = x\,(360° + \delta_V)$.

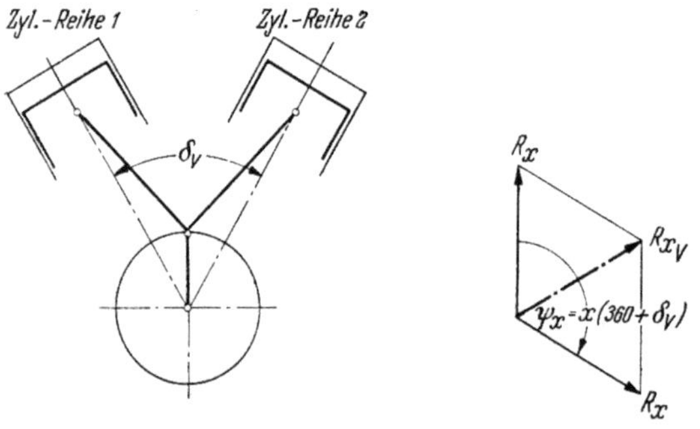

Abb. 91. Ermittlung der resultierenden Erregerkraft R_{xV} beim V-Motor.

Maßgebend für den Gesamtausschlag der Kurbelwelle ist der Summenvektor R_{xV}. Nach Abb. 91 ist:

$$R_{xV} = 2\,R_x \cos \frac{x\,(360° + \delta_V)}{2}. \tag{155}$$

Aus dieser Beziehung lassen sich für bestimmte Werte von R_{xV} die Gabelwinkel δ_V errechnen. Der *Kleinstwert* $R_{xV} = 0$ ergibt sich, wenn der Kosinus gleich Null wird, also

$$x\,(360^\circ + \delta_V) = (2m + 1)\cdot 180^\circ,$$

worin $m = 0, 1, 2, \ldots$ ist.

Daraus folgt für den Gabelwinkel

$$(156) \qquad \delta_V = \left(\frac{2m+1}{x} - 2\right)\cdot 180^\circ.$$

Der *Höchstwert* von $R_{xV} = 2\,R_x$ ergibt sich, wenn der Kosinus $= 1$ wird, also

$$x\,(360 + \delta_V) = 2m\cdot 180^\circ,$$

und somit

$$(157) \qquad \delta_V = \left(\frac{2m}{x} - 2\right)\cdot 180^\circ.$$

Beispiel. Bei einem V-Motor soll die resultierende harmonische Drehkraft 4. Ordnung zum Verschwinden gebracht werden.

Wir wählen $m = 4$ und erhalten nach Gl. (156) für

$$\delta_V = \left(\frac{2\cdot 4+1}{4} - 2\right)\cdot 180^\circ = 45^\circ.$$

Bevor man nun diesen Gabelwinkel ausführt, wird man erst nachprüfen, ob sich mit diesem Winkel nicht besonders ungünstige Resultierende R_{xV} anderer Ordnungen x ergeben.

Im allgemeinen wird man für δ_V den Wert aufsuchen, bei dem die größte im Betriebsdrehzahlbereich auftretende kritische Erregerkraft R_{xV} möglichst klein wird. Hierbei ist jedoch zu bedenken, daß bei der Wahl des Gabelwinkels nicht allein das schwingungstechnische Verhalten, sondern auch der Gleichgang der Maschine und der Massenausgleich mitberücksichtigt werden müssen.

Als Hilfsmittel zum Aufsuchen des Bestwertes von δ_V haben K. Schlaefke [81] und B. Frank [28] Schaubilder angegeben, während H. Schrön [82] die Auswertung der Gln. (156) und (157) in einer Tabelle zusammengestellt hat.

In der Abb. 92 ist das Schaubild von Frank dargestellt, in dem für jeden V-Winkel δ_V und für jede Ordnung $x = 0{,}5$ bis $x = 12$ das Verhältnis R_{xV}/R_x in Abhängigkeit von δ_V sofort abzulesen ist.

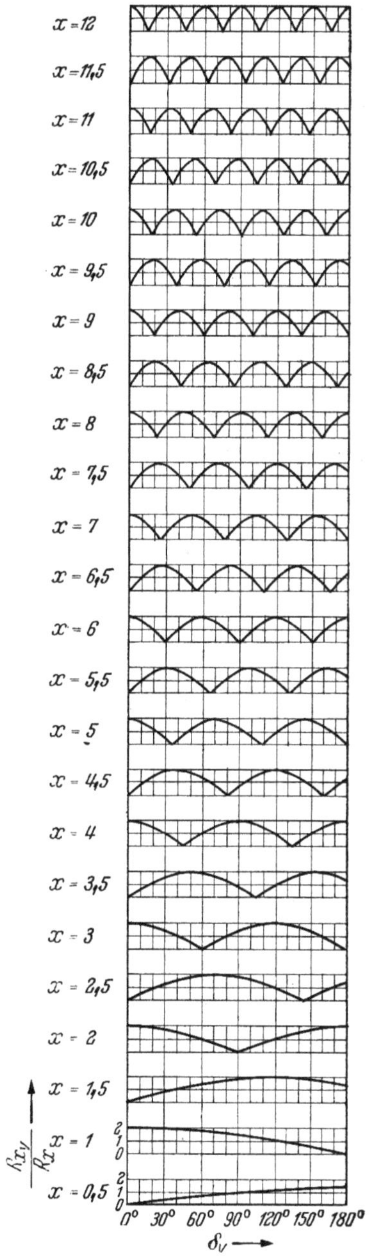

Abb. 92. Verhältnis der resultierenden Erregerkraft R_{xV} des V-Motors zur Ersatzerregerkraft R_x einer Zylinderreihe für verschiedene V-Winkel δ_V (nach Frank).

Beispiel. Für einen im Viertakt arbeitenden Zwölfzylinder-V-Motor sollen die Hauptkritischen beseitigt werden. Wir entnehmen aus Gl. (145), daß die Hauptkritischen des Sechszylinder-Einreihenmotors und somit auch die des Zwölfzylinder-V-Motors die Harmonischen der Ordnung $x = 3, 6, 9, \ldots$ sind.

Aus dem Schaubild (Abb. 92) entnehmen wir, daß mit dem Gabelwinkel

$\delta_V = 60°, 180°$ die Kritische 3. Ordnung verschwindet,
$\delta_V = 30°, 90°, 150°$ die Kritische 6. Ordnung verschwindet,
$\delta_V = 20°, 60°, 100°, 140°, 180°$ die Kritische 9. Ordnung verschwindet.

Wir erkennen, daß die Hauptkritischen nicht alle gleichzeitig beseitigt werden können. Der übliche V-Winkel von 60°, der gleichmäßige Zündabstände ergibt, ist schwingungstechnisch nur dann günstig, wenn vor allem die sehr starke Kritische 3. Ordnung beseitigt werden soll; die Kritische 6. Ordnung erreicht dann jedoch ihren Größtwert. Die Wahl des Winkels $\delta_V = 30°$ läßt sich besonders für solche Motoren rechtfertigen, bei denen die Kritische 6. Ordnung noch innerhalb und die Zwischenharmonische $4\frac{1}{2}$. Ordnung bereits außerhalb des Betriebsdrehzahlbereichs liegt. Letztere hat, wie aus Abb. 92 ersichtlich, bei $\delta_V = 30°$ nahezu ihren Größtwert und muß, wie alle übrigen Zwischenharmonischen, bei der Wahl des V-Winkels wohl beachtet werden.

Die Darstellung von Frank (Abb. 92) gestattet, die verschieden große „Gefährlichkeit" der einzelnen Erregerordnungen sehr anschaulich aufzuzeigen, indem man die Kurven $R_{xV} = f(\delta_V)$ aufträgt. In der Arbeit [28] ist das Vorgehen an Hand von Beispielen (2 × Achtzylinder-V-Motor und 3 × Achtzylinder-W-Motor) erläutert.

Die Gl. (156) gilt nur für V-Motoren, deren Zylinderreihen gleiche Zündfolge haben. Ist die Zündfolge der Reihen verschieden und $R_{x1} \neq R_{x2}$, so geht die Einfachheit dieser Beziehung verloren. In diesem Fall geht man zweckmäßig zeichnerisch vor.

Ganz allgemein läßt sich die resultierende Erregerkraft R_{xm} von m Zylinderreihen auf zwei Arten bestimmen:

1. Man ermittelt die Ersatzerregerkräfte R_x der einzelnen Reihen getrennt und setzt diese, entsprechend ihrem gegenseitigen von der Zündfolge abhängigen Phasenverschiebungswinkel, geometrisch zur Resultierenden R_{xm} zusammen.
2. Man bestimmt die Resultierende R_{xm} für m Zylinderreihen unmittelbar.

Nach dem ersten Verfahren ist z. B. R. Brandt [15] vorgegangen. Zweckmäßiger ist das zweite Verfahren, insbesondere dann, wenn die Zündfolge der einzelnen Reihen verschieden ist, wie H. Schrön [82] gezeigt hat.

In den bisherigen Darlegungen war angenommen, daß die beiden Pleuelstangen eines Gabelelements unmittelbar (zentrisch) am Kurbelzapfen angreifen. Diese Bauart ist für hochbeanspruchte Motoren der Bauart mit Haupt- und Nebenstange vorzuziehen. Für die Nebenstange ergibt sich ein anderes Bewegungsgesetz, was sich auf die erregenden Drehkräfte auswirkt. Untersuchungen von A. Kimmel [50] haben ergeben, daß sich bei V-Motoren mit mittelbarer (exzentrischer) Anlenkung des Nebenpleuels die Ausschläge bei den meisten Kritischen von denen bei unmittelbarer Anlenkung nicht sehr stark unterscheiden. Eine Ausnahme bilden jedoch bei ganzzahlig in 360° enthaltenem V-Winkel δ_V die Kritischen der Ordnungen

$$x = \left(\frac{180°}{\delta_V}\right)(2m - 1) \quad \text{mit} \quad m = 1, 2, 3, \ldots \tag{158}$$

Die Ausschläge dieser Kritischen verschwinden bei unmittelbarer Anlenkung vollständig, können aber bei mittelbarer Anlenkung der Nebenpleuel große Werte annehmen. Während z. B. bei V-Motoren mit einem Gabelwinkel $\delta_V = 45°$ und unmittelbarer Anlenkung der Pleuelstangen nach Gl. (156) die resultierende harmonische Drehkraft 4. Ordnung verschwindet, ist diese dagegen, wie aus Gl. (158) folgt, bei mittelbarer Anlenkung wohl zu beachten.

3,5. Berücksichtigung der Werkstoffdämpfung bei der Auswahl von Kurbelwellenwerkstoffen.

Unter der Werkstoffdämpfung versteht man die Fähigkeit des Werkstoffes, bei wechselnder Beanspruchung einen gewissen Energiebetrag durch plastische Verformung in Wärme umzusetzen. Bei schwingender Belastung z. B. eines Prüfstabes ergibt sich als Spannungs-Dehnungs-Schaubild die bekannte Hysteresisschleife, deren Flächeninhalt die Arbeit darstellt, die im Probestab je Schwingung und Volumeneinheit in Wärme umgesetzt wird.

Über die Bedeutung der Werkstoffdämpfung und ihre praktische Auswertung war man lange Zeit geteilter Meinung. Der Grund hierfür lag darin, daß sehr widersprechende Versuchsergebnisse über die Werkstoffdämpfung vorlagen. So fanden P. Ludwik und R. Scheu [65], daß die Dämpfung eines Werkstoffes im Laufe der Dauerbeanspruchung immer kleiner werden und schließlich dem Wert Null zustreben würde und infolgedessen für die Auswahl eines Werkstoffes bedeutungslos sei. Im Gegensatz hierzu haben A. Esau und R. Kortum [19] nachgewiesen, daß die Werkstoffdämpfung noch nach vielen Millionen Schwingungen erhalten bleibt. Umfangreiche Untersuchungen über Dämpfungsfähigkeit von Kurbelwellenstählen hat A. Appenrodt [2] durchgeführt. Appenrodt stellte fest, daß die Dämpfungsfähigkeit infolge der Wechselbeanspruchung allmählich einem Grenzwert zustrebt, der von Null wesentlich verschieden ist. Er kommt zu dem Ergebnis, daß die Werkstoffdämpfung bei der Auswahl der Kurbelwellenwerkstoffe zu berücksichtigen ist, da sie eine zwar veränderliche, aber bleibende Eigenschaft ist, von der die Haltbarkeit der Kurbelwelle im Dauerbetrieb wesentlich abhängt.

Die Dämpfungsfähigkeit ist bei hochlegierten Chrom-Nickel-Stählen geringer als bei normalen unlegierten Kohlenstoffstählen. Ein besonders gut dämpfender Werkstoff ist Gußeisen. Dem Vorteil der größeren Dämpfungsfähigkeit steht allerdings der Nachteil gegenüber, daß der Gleitmodul von Gußeisen nur etwa halb so groß ist wie der Gleitmodul von Stahl. Die Eigenschwingungszahlen des Motors werden mithin bei Verwendung einer Gußeisenwelle an Stelle einer Stahlwelle gleicher Abmessungen um rund 30% erniedrigt, wodurch die Anzahl der im Betriebsdrehzahlbereich auftretenden Resonanzdrehzahlen erhöht wird. Es können nunmehr gefährliche Resonanzen in den Betriebsdrehzahlbereich fallen, die vorher nicht in Erscheinung traten, wie Abb. 93 veranschaulicht. Wesentlich drehsteifer als Wellen aus Gußeisen sind Wellen aus Temperguß. Der Gleitmodul von Temperguß liegt mit 680000 kg/cm² um etwa 18% unter dem von Stahl. Die Eigenschwingungszahlen der Tempergußwelle sind daher nur etwa 10% niedriger als die der Stahlwelle.

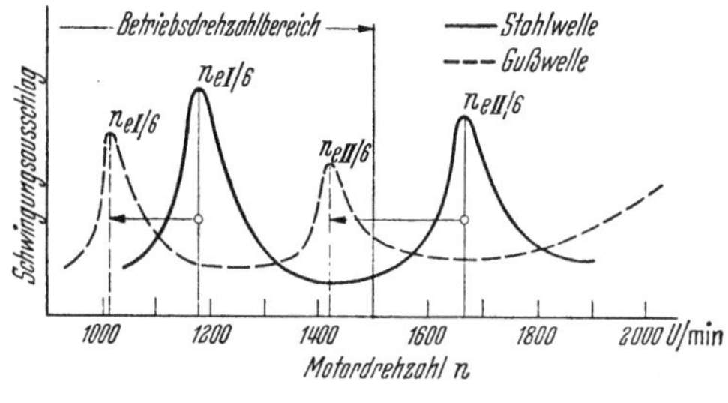

Abb. 93. Vergleich der Resonanzkurven (Hauptkritische) eines Schiffsmotors mit Stahl- bzw. Gußeisen-Kurbelwelle.

Die Dämpfung von metallischen Werkstoffen ist von der Größe des Spannungsausschlags abhängig (Abb. 94). Während bei Gußeisen bereits bei niedriger Beanspruchung die Dämpfung verhältnismäßig groß ist und diese sich mit zunehmender Wechselbeanspruchung nur wenig erhöht, nimmt die Dämpfung bei allen für Kurbelwellen in Betracht kommenden Stählen von sehr kleinen Werten an zuerst langsam und dann immer stärker zu. Die Zunahme ist besonders stark bei unlegierten Kohlenstoffstählen. Hieraus ergibt sich, daß bei gleichem Spannungsausschlag bestimmte Stahlsorten dämpfungsfähiger sind als Gußeisen, wenn die Beanspruchung relativ hoch ist. Die Werkstoffdämpfung muß also im Zusammenhang mit der Beanspruchung erörtert werden. Die Dämpfung bei den hochwertigen Tempergußsorten ist bei Beanspruchungen von 800 kg/cm² an aufwärts höher als bei Gußeisen und nimmt mit der Beanspruchung stärker zu als bei Stahl [34].

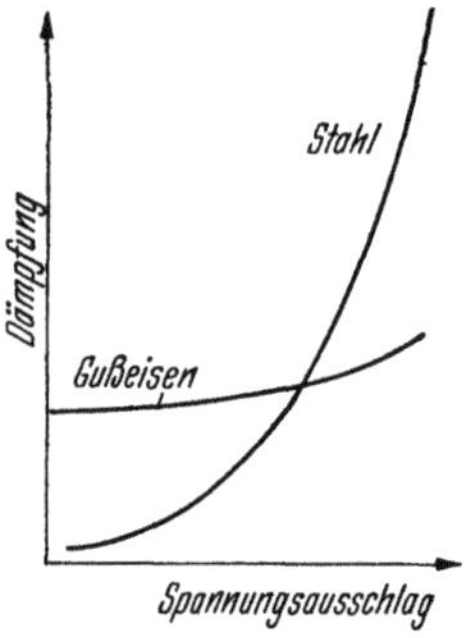

Abb. 94. Werkstoffdämpfung, abhängig von der Beanspruchung (Vergleich zwischen Stahl und Gußeisen).

In den letzten Jahren sind verschiedene legierte Gußeisen- und Tempergußsorten mit hoher Dämpfungsfähigkeit, geringer Kerbempfindlichkeit und guten Laufeigenschaften entwickelt worden, die in vielen Fällen die Verwendung der billiger herzustellenden Gußwelle an Stelle der geschmiedeten Stahlwelle ermöglichten [64].

J. Geiger [31] hat an verschiedenen Großdieselmotoren die Dämpfung untersucht und dabei festgestellt, daß mehr als 60% der Schwingungsdämpfung auf die Werkstoffdämpfung der Kurbelwelle entfällt. Bei Flugmotoren soll dagegen nach K. Lürenbaum [66] die Werkstoffdämpfung höchstens 30% der Gesamtdämpfung im Motor betragen. Es muß jedoch berücksichtigt werden, daß die Gesamtdämpfung aus einer Reihe von Teildämpfungen besteht und die Ermittlung der einzelnen Beträge aus Versuchen sehr unsicher ist.

3,6. Schwingungsdämpfer.

3,61. Einführung.

Bei Schiffsmaschinen, Fahrzeug- und Flugmotoren mit ihrem weiten Drehzahlbereich lassen sich durch Maßnahmen in der Gestaltung, wie z. B. starre Ausbildung der Kurbelwelle, günstige Massenverteilung, Wahl der Zündfolge usw., gefährliche Resonanzschwingungen oft nicht verhindern. Sind alle diese in Ziff. 3,3 und Ziff. 3,4 behandelten Maßnahmen erschöpft, sind also die Systemkonstanten c und Θ und die Erregerkräfte endgültig festgelegt, so tritt die Frage auf, welche Möglichkeiten noch zur Verfügung stehen, um die gefährlichen Resonanzausschläge in zulässigen Grenzen zu halten.

In Ziff. 1,232 haben wir festgestellt, daß bei den stationären erzwungenen Schwingungen mit geschwindigkeitsproportionaler Dämpfung Gleichgewicht herrscht zwischen dem Moment infolge Trägheit, dem Rückstellmoment der Feder, dem Erregermoment und dem Dämpfungsmoment. Im Sonderfall der Resonanz ($\Omega=\omega$) stellt sich ein Gleichgewicht zwischen dem Moment infolge Trägheit und dem Rückstellmoment der Feder ein, so daß dem erregenden äußeren Moment nur das Dämpfungsmoment ausgleichend entgegenwirken kann. Die Schwingungsausschläge steigern sich so lange, bis die im schwingenden System durch Dämpfung vernichtete Arbeit gleich der Erregungsarbeit ist. Die Ausschläge, die ohne Dämpfung im Resonanzfall unendlich groß würden, werden durch die Dämpfung in endlichen Grenzen gehalten. Je größer die Dämpfung, desto kleiner sind die Amplituden der Schwingungen. Demzufolge wird man die Dämpfung möglichst groß machen.

Die obige Frage läßt sich also dahingehend beantworten, daß man, um unzulässig hohe Schwingungsausschläge zu vermeiden, dafür Sorge tragen muß, daß dem erregenden äußeren Moment ein gleich großes Moment entgegenwirkt. Zwei

Wege sind es, die uns hier zur Verfügung stehen: erstens Vergrößerung der Eigendämpfung des Systems und zweitens zusätzliche Einrichtungen, die ein dem äußeren erregenden Moment entgegenwirkendes Moment hervorbringen.

Die *Eigendämpfung* der bewegten Teile des Wellensystems wurde schon in Ziff. 2,8 erwähnt. Sie wird u. a. hervorgerufen durch Reibwirkungen verschiedener Art, wie Kolbenreibung, Reibung an den Kurbel- und Wellenzapfen sowie innere Reibung der Wellenleitung (Werkstoffdämpfung). Im Hinblick auf Verschleiß und Wirkungsgrad vermeidet man nach Möglichkeit alle Reibungsdämpfungen, die bei der Bewegung der Teile des Kurbeltriebs in den Lagern und Führungsbahnen entstehen. Dagegen wird man eine große Dämpfung infolge innerer Reibung in der Welle anstreben und dementsprechend für Kurbelwellen möglichst gut dämpfende Werkstoffe verwenden (s. Ziff. 3,5).

Wirksamer ist es, das dem Erregermoment entgegengerichtete ausgleichende Moment durch zusätzliche Einrichtungen zu erzeugen. Es handelt sich um Zusatzmassen, die entweder durch Reibung *und* eine Feder, *nur* durch Reibung oder *nur* über eine Feder mit dem Kurbelwellensystem zusammenhängen. Die Art der Verbindung der Zusatzmasse mit dem ursprünglichen System bezeichnet man mit *Kopplung.* Der grundsätzliche Unterschied zwischen der Reibungskopplung und der Federkopplung besteht darin, daß im ersten Falle die Schwingungsausschläge der Welle begrenzt werden, indem durch Reibung dem System Energie entzogen wird; im zweiten Falle dagegen wird das Entstehen gefährlicher Schwingungen verhütet, ohne daß Energie verzehrt wird. Vorrichtungen, bei denen Reibungswirkung mit hereinspielt, also in beabsichtigter Weise dem Schwingungssystem Energie entzogen und in Wärme umgesetzt wird, nennen wir *Schwingungsdämpfer.*

Vorrichtungen mit Federkopplung allein, bei denen praktisch keine Energie verlorengeht, bezeichnen wir als *Schwingungstilger* (im Schrifttum oft „ungedämpfte dynamische Dämpfer" oder auch „Schwingungsdämpfer ohne Reibung" genannt, indem man den Tilger als einen Extremfall des Dämpfers mit Feder- und Reibungskopplung betrachtet). Die Schwingungstilger werden in Ziff. 3,7 behandelt.

In den folgenden Abschnitten werden wir zunächst die Berechnungsgrundlagen für die verschiedenen Dämpferarten besprechen. Wir gehen dabei von dem einfachsten System, dem Einmassensystem aus, das durch ein harmonisches Moment zu erzwungenen Schwingungen erregt wird, die durch Anbringung eines Dämpfers in zulässigen Grenzen gehalten werden sollen. Dieses einfachste System läßt sich noch verhältnismäßig leicht behandeln. Die sich ergebenden rechnerischen Zusammenhänge sind nicht ohne weiteres auf Mehrmassensysteme, wie sie von Kolbenmaschinen gebildet werden, übertragbar. Trotzdem ist es nützlich, die Zusammenhänge am Einmassensystem zu studieren. An Hand des einfachsten Systems lassen sich nämlich zumindest qualitative Aussagen über verwickeltere Systeme machen. Insbesondere gelingt es unter bestimmten Voraussetzungen, die Mehrmassensysteme mit einiger Annäherung auf das Einmassensystem zurückzuführen, so daß die Formeln für das Einmassensystem auch beim Mehrmassensystem zum Ziele führen. In Ziff. 3,67 wird erläutert, wie die Reduktion eines Mehrmassensystems auf ein Einmassensystem zu erfolgen hat.

Eine exakte mathematische Vorausberechnung der Dämpfergrößen wäre eine überaus verwickelte Angelegenheit. Bei Mehrmassensystemen würde die Rechnung für die Praxis jedenfalls zu umfangreich. Es kommt hinzu, daß die Annahme einer geschwindigkeitsproportionalen oder konstanten Dämpfung doch nicht genau den wirklichen Verhältnissen entspricht.

In Ziff. 3,68 wird an einem Zahlenbeispiel gezeigt, wie man bei der Berechnung der Dämpfergrößen zweckmäßig vorgeht.

3,62. Schwingungsdämpfer mit geschwindigkeitsproportionaler Reibung und Federkopplung.

Im folgenden wollen wir die Wirkungsweise des allgemeinen dynamischen Dämpfers untersuchen, der aus einer Zusatzmasse besteht, die über eine Feder und geschwindigkeitsproportionale Reibung mit dem zu dämpfenden System gekoppelt ist. Wir gehen dabei von dem einfachen Fall des Einmassensystems aus, das durch ein harmonisches Moment $M \sin \Omega t$ zu erzwungenen Schwingungen erregt wird, die durch einen Dämpfer vermindert werden sollen. In Abb. 95 ist das unseren Betrachtungen zugrunde liegende System, das durch die angekuppelte Dämpfermasse zu einem Zweimassensystem wird, dargestellt.

Schwingungsdifferentialgleichungen des Systems nach Abb. 95.

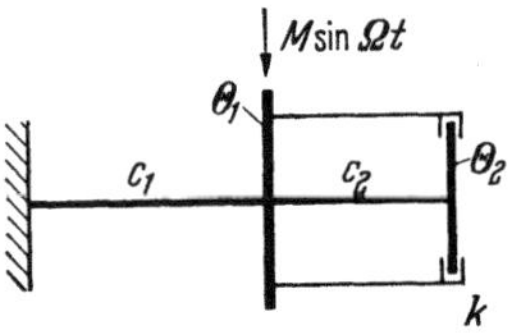

Abb. 95. Dämpfer mit Feder- und Reibungskopplung am Einmassensystem (schematisch).

Bezeichnen wir mit:

Θ_1 Massenträgheitsmoment des zu dämpfenden Systems (Hauptsystem),
Θ_2 Massenträgheitsmoment des Schwingungsdämpfers (Zusatzsystem),
c_1 Drehfederzahl des Hauptsystems,
c_2 Drehfederzahl des Dämpfers,
k Dämpfungsbeiwert des Dämpfers,
φ_1 Winkelausschlag der Masse des Hauptsystems,
φ_2 Winkelausschlag der Masse des Dämpfers,
M Amplitude des harmonischen Erregermoments,
Ω Erregerkreisfrequenz,

so lauten die Schwingungsdifferentialgleichungen:

$$(159) \quad \begin{cases} \Theta_1 \ddot{\varphi}_1 + k(\dot{\varphi}_1 - \dot{\varphi}_2) + c_1 \varphi_1 + c_2(\varphi_1 - \varphi_2) = M \sin \Omega t, \\ \Theta_2 \ddot{\varphi}_2 + k(\dot{\varphi}_2 - \dot{\varphi}_1) + \qquad + c_2(\varphi_2 - \varphi_1) = 0. \end{cases}$$

Dabei ist vorausgesetzt, daß das Hauptsystem selbst keine Eigendämpfung besitzt. Mit Berücksichtigung der Eigendämpfung wird die rechnerische Behandlung etwas umständlicher. Es ergeben sich etwas geringere Ausschläge; man rechnet also ohne Eigendämpfung etwas zu ungünstig. Auf die günstigste Dämpferabstimmung und die Wahl des Dämpfungsbeiwerts k ist jedoch der Einfluß der Eigendämpfung im allgemeinen vernachlässigbar klein.

Wie man bei der Lösung der Differentialgleichungen (159) vorgeht, haben wir bereits mehrfach kennengelernt (vgl. Ziff. 1,2 u. 1,3). Wir wollen uns hier im einzelnen nicht mit dem Gang der Rechnung befassen, sondern nur das Ergebnis diskutieren.

Für das *Vergrößerungsverhältnis* V (Resonanzfunktion) erhält man:

$$(160\text{a}) \quad V = \frac{A_1}{A_{stat}} = \sqrt{\frac{c_1^2[(c_2 - \Theta_2 \Omega^2)^2 + k^2 \Omega^2]}{[(c_1 - \Theta_1 \Omega^2)(c_2 - \Theta_2 \Omega^2) - c_2 \Theta_2 \Omega^2]^2 + k^2 \Omega^2 [c_1 - \Theta_1 \Omega^2 - \Theta_2 \Omega^2]^2}}.$$

A_1 bedeutet hierin die Amplitude der Hauptmasse, $A_{stat} = \frac{M}{c_1}$ den statischen Ausschlag der Hauptmasse bei Einwirkung eines Moments von der Größe M.

Die Amplitude A_2 der Masse des Dämpfers ist für die folgenden Betrachtungen unwesentlich; wir werden uns aber noch mit dem maximalen Relativausschlag $A_2 - A_1$ zu beschäftigen haben, der die maximale Beanspruchung der Dämpferfeder c_2 bestimmt.

Aus Gl. (160a) entnehmen wir, daß V eine Funktion von sieben Veränderlichen ist, nämlich $c_1, c_2, \Theta_1, \Theta_2, k, M$ und Ω. Wir vermindern die Zahl der Veränderlichen, indem wir folgende Abkürzungen einführen:

$\omega_1 = \sqrt{\frac{c_1}{\Theta_1}}$ Eigenkreisfrequenz des Hauptsystems,

$\omega_2 = \sqrt{\frac{c_2}{\Theta_2}}$ Eigenkreisfrequenz des Zusatzsystems (als Teilsystem ohne Dämpfung),

$\varepsilon = \frac{\Theta_2}{\Theta_1}$ Verhältnis der Trägheitsmomente,

$\nu = \frac{\omega_2}{\omega_1}$ Verhältnis der Eigenkreisfrequenzen (Abstimmung des Dämpfers gegen das Hauptsystem),

$\eta = \frac{\Omega}{\omega_1}$ Abstimmung des Hauptsystems,

$\mathsf{d} = \frac{k}{2\,\Theta_2\,\omega_2}$ Dämpfungsmaß des Schwingungsdämpfers.

Mit diesen Verhältniswerten lautet die Gl. (160a):

$$V = \frac{A_1}{A_{stat}} = \sqrt{\frac{(2\,\mathsf{d}\,\eta)^2 + (\eta^2 - \nu^2)^2}{(2\,\mathsf{d}\,\eta)^2\,(\eta^2 - 1 + \varepsilon\,\eta^2)^2 + [\varepsilon\,\nu^2\,\eta^2 - (\eta^2 - 1)\,(\eta^2 - \nu^2)]^2}}. \tag{160b}$$

Die Vergrößerungsfunktion V der Hauptmasse können wir in üblicher Weise abhängig von η für verschiedene Dämpfungen d auftragen, wenn wir für ε und ν feste Werte annehmen. Abb. 96 zeigt den Verlauf von $V = f(\eta)$ für ein System, dessen Hauptmasse 20mal so groß wie die Dämpfermasse ist, also $\varepsilon = 1/20$, und dessen Eigenfrequenzverhältnis $\nu = 1$ ist. Bei näherer Betrachtung der V-Kurven (Resonanzkurven) erkennen wir folgende Gesetzmäßigkeiten:

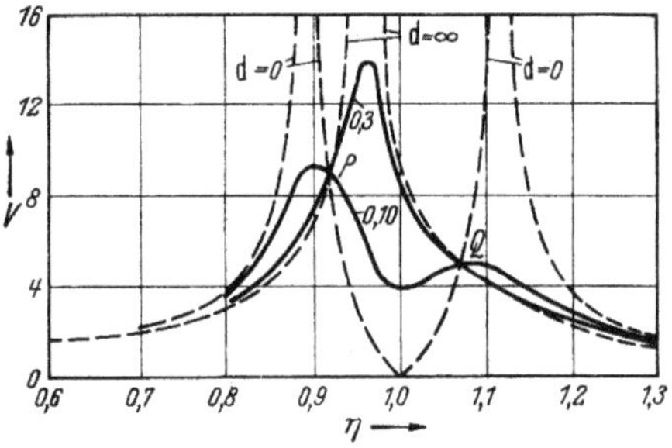

Abb. 96. Vergrößerungsfunktion V der Hauptmasse Θ_1 des Systems nach Abb. 95 für verschiedene Dämpfungen d ($\nu = 1$ und $\varepsilon = 1/20$).

1. Grenzfall: $\mathsf{d} = \infty$, bedeutet, daß wegen $k = \infty$ die Masse des Dämpfers Θ_2 starr mit der Hauptmasse Θ_1 verbunden ist. Die V-Kurve entspricht in diesem Fall der eines ungedämpften einfachen Schwingers (vgl. Ziff. 1,22), dessen Feder c_1 und dessen Drehmasse $(\Theta_1 + \Theta_2)$ ist. Die Eigenkreisfrequenz ist niedriger als die des Systems ohne Dämpfer und beträgt $\omega = \sqrt{\frac{c_1}{\Theta_1 + \Theta_2}}$.

2. Grenzfall: $\mathsf{d} = 0$, also $k = 0$, d. h. die Reibungskopplung ist Null. Die Masse des Dämpfers ist also nur über die Feder c_2 mit dem Hauptsystem verbunden. Nach unserer Definition (Ziff. 3,61) ist also das Zusatzsystem kein Dämpfer mehr, sondern ein Tilger. Die V-Kurve entspricht der eines ungedämpften Zweimassensystems mit Einspannstelle bzw. eines Dreimassensystems mit einer unendlich großen Drehmasse. In Ziff. 1,332 hatten wir das frei drehbare Dreimassensystem (ohne Einspannstelle) behandelt. Setzen wir in den unter Ziff. 1,332 angeführten Gleichungen $\Theta_1 = \infty$, so erhalten wir die hier geltenden Gesetzmäßigkeiten. Es ergibt sich insbesondere eine Tilgungsstelle bei $\eta = \Omega/\omega_1 = 1$ und zwei Unendlichkeitsstellen.

Beste Dämpferabstimmung ν_{opt}. In den beiden Grenzfällen $\mathsf{d} = 0$ und $\mathsf{d} = \infty$ werden also die Ausschläge für bestimmte Erregerfrequenzen unendlich groß.

Es muß also zwischen $\mathsf{d} = 0$ und $\mathsf{d} = \infty$ einen Bestwert des Dämpfungsmaßes geben, für den die höchste Spitze, d. h. das absolute Maximum der V-Kurve, einen geringsten Wert annimmt. Diesen „günstigsten" Dämpfungswert wollen wir im folgenden berechnen. Hierbei ist eine bemerkenswerte Eigentümlichkeit von Wichtigkeit. Wie aus Abb. 96 ersichtlich, gehen alle V-Kurven durch die beiden Punkte P und Q. Dies sind also von der Dämpfung unabhängige Festpunkte. (Beweis siehe z. B. DEN HARTOG [41], wo sich auch die Ableitungen der im folgenden diskutierten Formeln finden.) Dies bedeutet aber, daß es *keine* Dämpfung gibt, für die das absolute Maximum der V-Kurve tiefer liegt als der höhere der beiden Festpunkte. Geht die V-Kurve mit waagerechter Tangente durch den höher gelegenen der beiden Festpunkte, so ist die zugehörige Dämpfung die günstigste. Die Ordinate dieses Punktes ist das kleinste erreichbare Vergrößerungsmaximum für gegebene Systemkonstanten c_1, c_2, Θ_1 und Θ_2, also für gegebene Werte von ε und ν.

Es liegt nun nahe, durch Wahl geeigneter Werte für ε und ν die Festpunkte P und Q so zu beeinflussen, daß beide möglichst tief liegen. Eine Änderung des Frequenzverhältnisses $\nu = \omega_2/\omega_1$ (Abstimmung des Dämpfers gegen das Hauptsystem) hat jedoch eine gegensinnige Verschiebung von P und Q zur Folge; steigt P, so fällt Q und umgekehrt. Die beiden Punkte bewegen sich dabei auf der V-Kurve für $\mathsf{d} = 0$. Der günstigste Fall ist erreicht, wenn beide Punkte auf gleicher Höhe liegen. Dieser Fall tritt ein, wenn

$$\nu = \frac{1}{1+\varepsilon} = \nu_{opt} \tag{161}$$

ist [41]. Bei gegebenem Verhältnis der Trägheitsmomente $\varepsilon = \Theta_2/\Theta_1$ ist nach dieser einfachen Formel die beste Abstimmung des Dämpfers gegen das Hauptsystem festgelegt.

Für einen relativ sehr kleinen Dämpfer, wenn also $\varepsilon \to 0$, ist die beste Abstimmung $\nu = 1$. Nur in diesem Fall ist es demnach günstig, die Eigenfrequenz ω_2 des Dämpfers gleich der Eigenfrequenz ω_1 des Hauptsystems zu machen, d. h. den Dämpfer auf Resonanz abzustimmen. Ist z. B. $\varepsilon = {}^1/_{20}$, die Drehmasse des Hauptsystems also 20mal so groß wie die des Dämpfers, dann ist $\nu_{opt} = {}^{20}/_{21}$, d. h. die Eigenfrequenz ω_2 des Dämpfers muß um 5% geringer sein als die Eigenfrequenz ω_1 des Hauptsystems. In jedem Fall liegt die günstigste Eigenfrequenz des Dämpfers tiefer als die Eigenfrequenz des Hauptsystems.

Optimales Vergrößerungsverhältnis V_{opt}. Es läßt sich beweisen, daß nicht gleichzeitig beide Maxima der V-Kurve mit den beiden Festpunkten P bzw. Q zusammenfallen können, sondern daß immer nur einer der Festpunkte mit waagerechter Tangente berührt werden kann. Bestimmt man nun zu der besten Abstimmung ν_{opt} die Dämpfung d so, daß die Maxima der V-Kurve gleich sind und ihren kleinsten Wert annehmen, so findet man, daß diese dicht neben den beiden Punkten P bzw. Q liegen.

Der zur besten Abstimmung ν_{opt} gehörige optimale Wert der Vergrößerungsfunktion ist also praktisch gleich der Ordinate von P und Q. Diese errechnet sich mit genügender Näherung aus:

$$V_{opt} = \sqrt{1 + \frac{2}{\varepsilon}}. \tag{162}$$

Die Abszissen der Festpunkte P und Q ergeben sich allgemein aus der quadratischen Gleichung in η^2:

$$\eta^4 - 2\,\eta^2\,\frac{1 + \nu^2 + \varepsilon\nu^2}{2+\varepsilon} + \frac{2\,\nu^2}{2+\varepsilon} = 0, \tag{163}$$

die für $\nu = \nu_{opt}$ die Wurzeln

$$\eta^2_{P,Q} = \frac{1}{1+\varepsilon}\left\{1 \mp \sqrt{\frac{\varepsilon}{2+\varepsilon}}\right\}$$

hat.

Maximum des Vergrößerungsverhältnisses V_{oR} für Resonanzabstimmung und günstigste Dämpfung. Mit $\nu = 1$ ergibt sich aus Gl. (163)

$$\eta^4 - 2\eta^2 + \frac{2}{2+\varepsilon} = 0 \tag{164}$$

mit den Lösungen

$$\eta^2_{1,2} = 1 \mp \sqrt{\frac{\varepsilon}{2+\varepsilon}}.$$

Das Maximum liegt im Festpunkt P mit der Abszisse

$$\eta = +\sqrt{1 - \sqrt{\frac{\varepsilon}{2+\varepsilon}}} \tag{165}$$

und der Ordinate

$$V_{oR} = \frac{1}{(1+\varepsilon)\sqrt{\frac{\varepsilon}{2+\varepsilon}} - \varepsilon}. \tag{166}$$

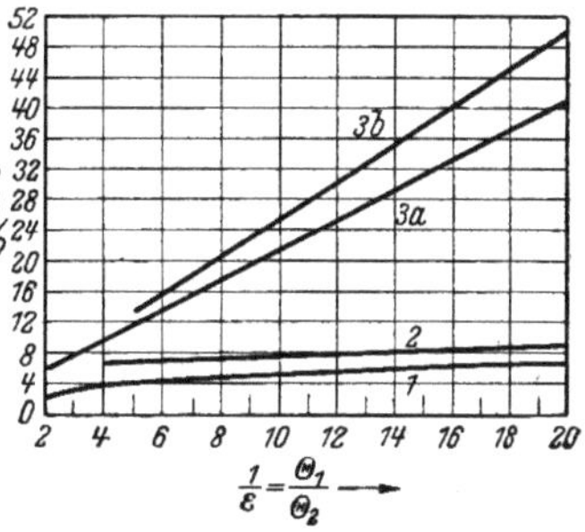

Abb. 97. Größtwerte $V_o = f(\varepsilon)$ der Vergrößerungsfunktion V bei jeweils günstigster Dämpfung. (Nach DEN HARTOG.)
1 bei bester Abstimmung ν_{opt},
2 bei Resonanzabstimmung $\nu = 1$,
3a bei federlosem Dämpfer mit geschwindigkeitsproportionaler Reibung,
3b bei federlosem Dämpfer mit trockener Reibung.

Die Kurven *1* und *2* in Abb. 97 veranschaulichen die Tatsache, daß bei Resonanzabstimmung ($\nu = 1$) und günstigster Dämpfung das Maximum der Resonanzfunktion V_o größere Werte erreicht als bei bester Abstimmung ν_{opt} [nach Gl. (161)]. Aus der Abbildung entnehmen wir ferner, daß mit wachsendem Dämpferträgheitsmoment Θ_2 das maximale Vergrößerungsverhältnis V_o kleiner wird, die Dämpferwirkung also allgemein günstiger wird. Bei optimaler Abstimmung (Kurve *1*) und bei Resonanzabstimmung (Kurve *2*) ist jedoch der Einfluß der Größe des Dämpferträgheitsmoments verhältnismäßig gering.

Günstigste Dämpfung $\mathfrak{d}_o$. Zur unmittelbaren Bestimmung der jeweils günstigsten Dämpfung müßte man die Gl. (160b) nach η differenzieren, die Ableitung im Punkte P bzw. Q gleich Null setzen und aus der so erhaltenen Gleichung $\mathfrak{d}$ errechnen. Dieser Weg ist jedoch äußerst umständlich. DEN HARTOG [41] gibt deswegen ein Näherungsverfahren an, welches schnelleres Rechnen ermöglicht. Das Ergebnis ist in Abb. 98 dargestellt. Die Kurven *1*, *2* und *3* zeigen den Verlauf der günstigsten Dämpfung $\mathfrak{d}_o$ für die beste Abstimmung ν_{opt}, für Resonanzabstimmung ($\nu = 1$) und für den federlosen Dämpfer ($\nu = 0$) als Funktion des Verhältnisses $\Theta_1/\Theta_2 = 1/\varepsilon$.

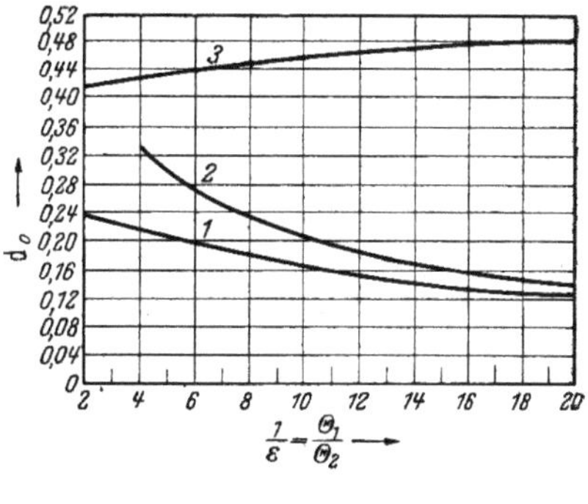

Abb. 98. Günstigstes Dämpfungsmaß $\mathfrak{d}_o$. (Nach DEN HARTOG.)
1 bei bester Abstimmung $\left(\nu_{opt} = \frac{1}{1+\varepsilon}\right)$,
2 bei Resonanzabstimmung ($\nu = 1$),
3 bei federlosem Dämpfer ($\nu = 0$).

Beanspruchung der Dämpferfeder. Die maximale Beanspruchung der Dämpferfeder ist durch die größte Relativverdrehung $(A_2 - A_1)$ der Dämpfermasse gegenüber der Hauptmasse gegeben. Die unmittelbare Bestimmung der Amplituden A_1 und A_2, ausgehend von den Gln. (159), ist umständlich. Ein einfacherer Weg ist folgender: Man geht davon aus, daß an der Stelle der größten Relativverdrehung, die *nahe* der Resonanz auftritt, der Phasenverschiebungswinkel zwischen Erregermoment und Ausschlag praktisch 90° beträgt. Diese Annäherung ist durchaus zulässig.

Die vom Erregermoment $M \sin \Omega t$ über eine volle Schwingung geleistete Arbeit ist [s. Gl. (48)]

$$L_M = \pi A_1 M \sin 90^\circ = \pi A_1 M. \tag{167}$$

Das Dämpfungsmoment ist mit der Relativgeschwindigkeit in Phase, also um 90° gegen den Relativausschlag $A_{rel} = A_2 - A_1$ versetzt.

Die vom Dämpfer vernichtete Arbeit während einer vollen Schwingung ist also [s. Gl. (49)]

$$L_D = \pi k \Omega A_{rel}^2. \tag{168}$$

Durch Gleichsetzen der beiden Arbeiten ergibt sich:

$$A_{rel} = \sqrt{\frac{M A_1}{k \Omega}},$$

oder für das relative Vergrößerungsverhältnis in dimensionsloser Schreibweise (Abkürzungen s. S. 150 u. 151):

$$V_{rel} = \frac{A_{rel}}{A_{stat}} = \sqrt{\frac{A_1}{A_{stat}} \frac{1}{2 \varepsilon \eta d}}. \tag{169}$$

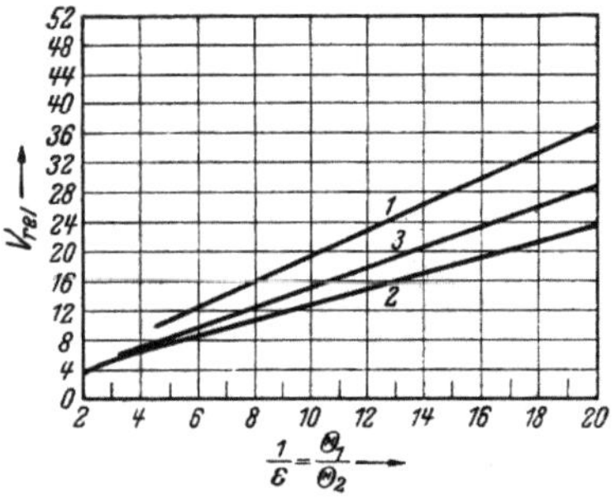

Abb. 99. Relative Vergrößerungsfunktion V_{rel}. (Nach DEN HARTOG.)

1 bei bester Abstimmung $\left(\nu_{opt} = \frac{1}{1+\varepsilon}\right)$,
2 bei Resonanzabstimmung ($\nu = 1$),
3 bei federlosem Dämpfer ($\nu = 0$).

Setzt man in diese Gleichung die entsprechenden Werte für A_1, A_{stat}, ε, η und d ein, so erhält man die relative Vergrößerungsfunktion V_{rel} und damit die Beanspruchung der Dämpferfeder. Das Ergebnis ist in Abb. 99 dargestellt. Die Kurven *1*, *2* und *3* zeigen den Verlauf von V_{rel} für die beste Abstimmung ν_{opt}, für Resonanzabstimmung ($\nu = 1$) und für den federlosen Dämpfer ($\nu = 0$) abhängig vom Verhältnis $\Theta_1/\Theta_2 = 1/\varepsilon$.

Durch Vergleich der entsprechenden Ordinaten der Abb. 99 und 97 (Kurven *1* und *2*) erkennt man, daß die größte relative Amplitude ($A_2 - A_1$) drei- bis viermal so groß ist wie die Amplitude A_1 des Hauptsystems. Die Beanspruchung der Feder ist deswegen sehr groß. Bei beschränkten Raumverhältnissen ist es schwierig, die Dämpferfeder so zu gestalten, daß ihre Beanspruchung in den Dauerfestigkeitsgrenzen bleibt. Darin ist vor allem der Grund zu suchen, daß man häufig den viel weniger wirksamen federlosen Dämpfer (eigentlicher Reibungsdämpfer) verwendet.

3,63. Schwingungsdämpfer mit geschwindigkeitsproportionaler Reibung ohne Federkopplung.

Entfernt man im System nach Abb. 95 die Dämpferfeder c_2, so erhält man ein System nach Abb. 100. Die Dämpfermasse ist nur durch Reibung mit der Hauptmasse gekoppelt. Das Charakteristische dieses *eigentlichen* Reibungsdämpfers ist die Tatsache, daß das gewünschte, dem Erregermoment entgegenwirkende Moment allein unter Energieverlust zustande kommt.

Bestimmung von V_0 und A_0: Zur Bestimmung des optimalen Vergrößerungsverhältnisses V_0 bzw. der optimalen Amplitude A_0 der Hauptmasse können zwei Wege eingeschlagen werden.

Erstes Verfahren. Für den Sonderfall, daß $c_2 = 0$, wird auch $\omega_2 = 0$ und ebenfalls $\nu = 0$. Somit lautet die Gl. (163):

$$\eta^4 - 2\eta^2 \frac{1}{2+\varepsilon} = 0. \tag{170}$$

Eine Lösung dieser Gleichung ist $\eta^2 = 0$, d. h. die Abszisse des Festpunkts P ist gleich Null. Die Lösung

$$\eta^2 = \frac{2}{2+\varepsilon} \tag{171}$$

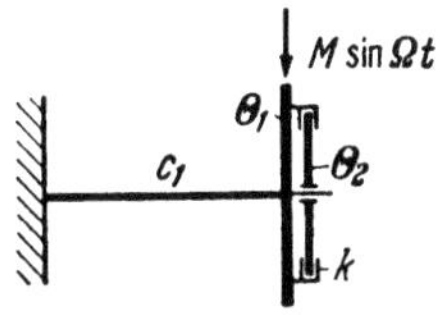

Abb. 100. Dämpfer ohne Federkopplung am Einmassensystem (schematisch).

entspricht der Abszisse des Festpunkts Q. Die Kurven für verschiedene Werte von d schneiden sich alle in Q. In der Abb. 101 sind für die Grenzfälle d $= \infty$ und d $= 0$ die Kurven eingezeichnet. Man erkennt, daß die Ordinate von Q die optimale Resonanzamplitude A_0 bzw. das optimale Vergrößerungsverhältnis V_0 ist. Setzt man in Gl. (160b) die Dämpfung d $= \infty$ und ferner η^2 nach Gl. (171) ein, so findet man:

$$V_0 = \frac{A_0}{A_{stat}} = 1 + \frac{2}{\varepsilon}. \tag{172}$$

Der Verlauf von V_0 bzw. A_0, abhängig von $1/\varepsilon$, ist durch die Kurve *3a* in Abb. 97 gegeben.

Die Kurve *3b* in Abb. 97 enstpricht dem Sonderfall des Dämpfers mit Reibung festen Betrags (trockene Reibflächen), der in Ziff. 3,64 ausführlich behandelt wird.

Durch Vergleich der Kurven *1* und *2* mit den Kurven *3a* und *3b* erkennt man, daß federlose Dämpfer bei gleichem Massenverhältnis ε viel weniger wirksam sind als Dämpfer mit Federkopplung. Es ist jedoch zu beachten, daß es oft schwierig ist, die hohe Beanspruchung der Dämpferfedern in den Dauerfestigkeitsgrenzen zu halten. Hierauf wurde schon in Ziff. 3,62 hingewiesen.

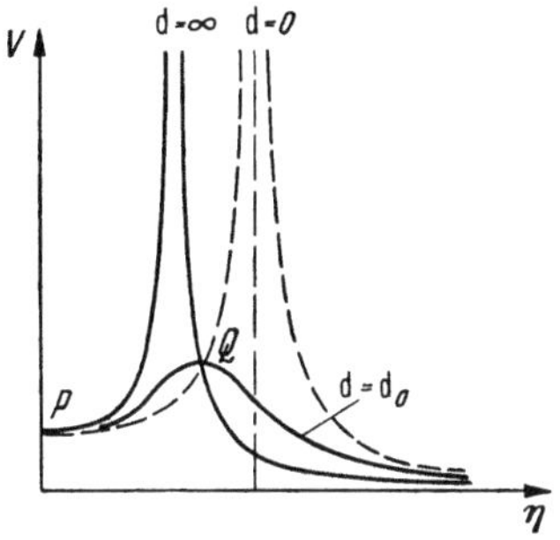

Abb. 101. Vergrößerungsfunktion V der Hauptmasse Θ_1 des Systems nach Abb. 100 bei günstigster Dämpfung d $=$ d$_0$, bei d $= \infty$ und d $= 0$ (P und Q dämpfungsunabhängige Festpunkte).

Zweites Verfahren: *Methode des Arbeitsgleichgewichts.* Die bisherigen Ausführungen bezogen sich auf das einfache eingespannte System nach Abb. 99. Ein Verfahren, das sich unmittelbar auf Mehrmassensysteme anwenden läßt, ist folgendes: Man bestimmt die Arbeit der erregenden Kraft und die vom Dämpfer verzehrte Arbeit. Diese beiden Arbeiten müssen sich im stationären Zustand gegenseitig aufheben (wenn man die Eigendämpfung vernachlässigt). Demzufolge setzt man beide Arbeiten einander gleich und errechnet daraus das Trägheitsmoment Θ_D der Dämpfermasse (bisher mit Θ_2 bezeichnet) bei vorgeschriebener Amplitude A_1 der Welle (Stelle, an der der Dämpfer angebracht werden soll).

Für das Einmassensystem ist die Erregungsarbeit im Resonanzfall innerhalb einer vollen Schwingung

$$L_{Err} = \pi M A_1.$$

Die maximale Dämpfungsarbeit bei geschwindigkeitsproportionaler Dämpfung ist angenähert, wie DEN HARTOG [41] nachweist, gleich:

(173) $$L_{D\max} = \frac{\pi}{2}\,\Theta_D\,A_1^2\,\omega_e^2,$$

wobei ω_e die Eigenschwingungszahl des Systems ohne Dämpfer bedeutet[1].

Durch Gleichsetzen der beiden Arbeiten ergibt sich für das Trägheitsmoment Θ_D der Dämpfermasse des Einmassensystems ($\omega_e = \omega_1$)

(174) $$\Theta_D = \frac{2\,M}{A_1\,\omega_1^2},$$

und das optimale Vergrößerungsverhältnis ist mit $A_{stat} = \frac{M}{c_1}$, $\varepsilon = \frac{\Theta_D}{\Theta_1}$ und $\omega_1^2 = \frac{c_1}{\Theta_1}$

(175) $$V_0 = \frac{A_1}{A_{stat}} = \frac{2\,c_1}{\Theta_D\,\omega_1^2} = \frac{2}{\varepsilon}.$$

Die Amplitude des Reibungsmoments, bei dem die größte Dämpfungsarbeit $L_{D\max}$ geleistet wird, ist nach DEN HARTOG:

(176) $$M_R = \Theta_D\,A_1\,\omega_e^2.$$

Der Vergleich von Gl. (172) und Gl. (175) zeigt, daß sich die Ergebnisse nach den beiden angegebenen Verfahren nicht unerheblich unterscheiden. Bei Betrachtung der Abb. 96 erklärt sich jedoch der Unterschied sofort. Der tatsächliche Maximalausschlag liegt nicht bei ω_1, wie beim zweiten Verfahren angenommen, sondern bei einer kleineren Frequenz. Das zweite Verfahren liefert also einen zu kleinen Wert für V_0. Der Vorteil des zweiten Verfahrens liegt jedoch darin, daß es auch unmittelbar bei Mehrmassensystemen angewandt werden kann. Das Mehrmassensystem braucht hierbei nicht auf das Einmassensystem reduziert zu werden (vgl. Ziff. 3,68).

Aus der Gl. (173) entnehmen wir, daß die Arbeit des Dämpfers mit dem Quadrat des Ausschlags A_1 wächst. Um eine möglichst große Dämpferarbeit zu erzielen, muß also der Dämpfer an der Stelle der größten Schwingungsamplitude des Systems angebracht werden (im Schwingungsknoten wäre der Dämpfer wirkungslos). Bei Fahrzeugmotoren tritt der Größtausschlag stets am freien Kurbelwellenende auf (Abb. 82). Bei Flugmotoren und Schiffsanlagen kann die Stelle des größten Ausschlags auch an anderer Stelle liegen (s. z. B. Abb. 89 und 90).

3,64. Schwingungsdämpfer mit konstanter Reibung ohne Federkopplung.

Einführung. Im Gegensatz zu den Dämpfern mit geschwindigkeitsproportionaler Dämpfung (Flüssigkeitsreibung) hat die Kopplung der Dämpfermasse durch konstante Reibung (trockene Reibung) grundsätzlich andere Wirkungen zur Folge. Wegen des unstetigen Verlaufs des Reibungsmomentes ist der Bewegungsvorgang nicht ganz einfach zu übersehen. Die Untersuchungen von G. JENDRASSIK [46], F. SÖCHTING [87] und DEN HARTOG [41] haben zur Klärung der hier auftretenden Fragen beigetragen. Eine umfassende Darstellung der dynamischen Vorgänge ist in der Arbeit von K. KLOTTER [53] enthalten.

Die Besonderheit des Reibungsdämpfers mit trockener Reibung ist die gleichzeitige Wirkung als

1. energieverzehrendes Element (eigentliche Dämpferwirkung) und als
2. gleitende Masse (dadurch veränderliche Eigenschwingungszahl des gesamten Systems).

[1] Wir schreiben ω_e, da die Formel auch für Mehrmassensysteme gilt. In den Formeln, die sich auf das Einmassensystem beziehen, bezeichnen wir, wie bisher, die Eigenschwingungszahl mit ω_1.

Die Abb. 102 zeigt einen Reibungsschwingungsdämpfer (sog. Lanchesterdämpfer) am freien Kurbelwellenende. Der Dämpfer besteht im wesentlichen aus der frei drehbaren eigentlichen Dämpfermasse Θ_D (zwei Scheiben), der auf der Welle festsitzenden Mitnehmermasse Θ_M, den Bremsbelägen und den Dämpferfedern.

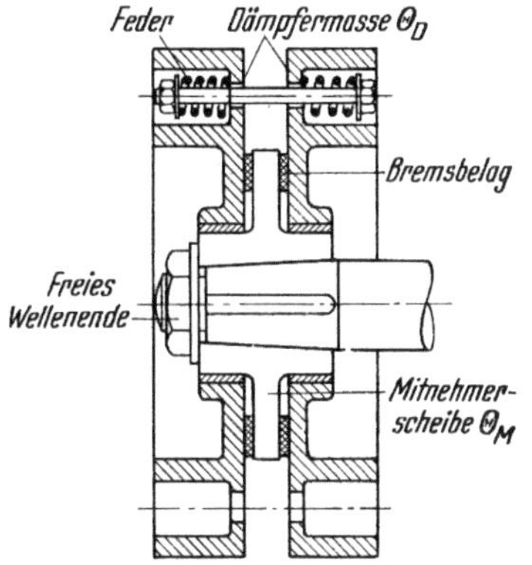

Abb. 102. Reibungsschwingungsdämpfer (sog. Lanchesterdämpfer).

Die *Wirkungsweise* ist folgende: Solange die Welle gleichförmig umläuft, bleibt Θ_D mit Θ_M infolge des Federdrucks fest verbunden; die Dämpfermasse macht also die gleichförmige Drehbewegung mit. Die Eigenfrequenz ω_D des Kurbelwellensystems mit Dämpfer ist naturgemäß niedriger als die Eigenfrequenz ω_e des Systems ohne Dämpfer. Führt nun die Welle Drehschwingungen aus, so übersteigt bei Überschreitung eines bestimmten Größtausschlags der Welle das Moment infolge der Trägheit der Dämpfermasse das Reibungsmoment, die Masse Θ_D löst sich mithin von Θ_M, dabei gleiten die Reibflächen aufeinander, wodurch Energie vernichtet und in Wärme umgesetzt wird. Gleichzeitig wird infolge des Gleitens der Dämpfermasse Θ_D die wirksame Masse verringert und daher die Eigenfrequenz des Systems erhöht. Es ist hervorzuheben, daß die Dämpfermasse Θ_D nicht etwa plötzlich stets gleitet, sondern daß Θ_D mit wachsender Erregerfrequenz zuerst wenig, dann immer mehr ins Rutschen gerät. Ein dauerndes Gleiten würde bedeuten, daß die Vergrößerungskurve *ohne* Dämpfermasse gelten würde (Abb. 103). Infolge des Gleitens während eines Teils der Periode verläuft jedoch die Vergrößerungskurve vom Augenblick des Rutschbeginns an weder nach der Kurve mit Dämpfer noch nach der ohne Dämpfer, sondern nach der in Abb. 103 gezeigten Weise. Die Resonanzkurve steigt zunächst an bis zu einem Maximalwert, dessen Höhe von der Abstimmung und Einstellung des Dämpfers abhängt. Von da ab verringern sich im allgemeinen mit größer werdender Erregerfrequenz die Ausschläge, es tritt in umgekehrter Reihenfolge zunächst geringes, dann immer stärkeres Haften ein, bis bei einem bestimmten Ausschlag die Dämpfermasse Θ_D wieder fest mit der Mitnehmerscheibe Θ_M verbunden bleibt. Zwischen Dämpfermasse und Kurbelwelle tritt keine Relativverdrehung mehr auf und es gilt wieder die niedrigere Eigenfrequenz ω_D des Systems mit Dämpfermasse.

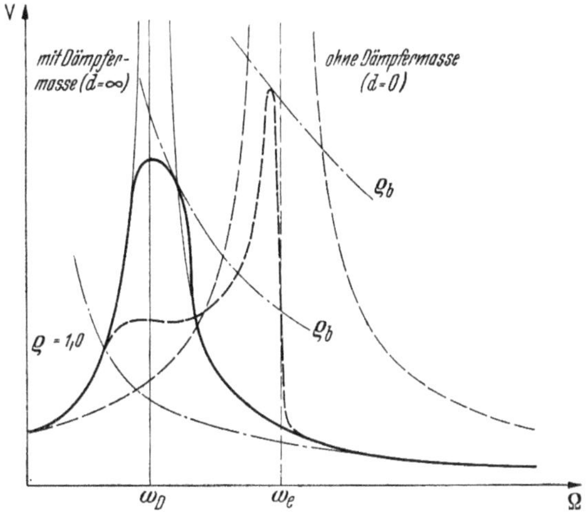

Abb. 103. Vergrößerungsfunktion V bei konstantem Reibungsmoment (nach KLOTTER).
(Ausgezogene Kurve: $M_R/M > 2$; gestrichelte Kurve: $M_R/M = 0{,}8$.)

Der Reibungsdämpfer ist also durch zwei Größen festgelegt, nämlich durch die Dämpfermasse Θ_D und durch das Reibungsmoment M_R, das bei einer Relativbewegung der Dämpfermasse Θ_D gegen das zu dämpfende System entsteht. Die Dämpfermasse beeinflußt die Lage der Resonanzstelle des Systems (mit blockiertem Dämpfer) und naturgemäß die Größe des Moments infolge ihrer Trägheit, das dem Reibungsmoment entgegenwirkt. Ist das Reibungsmoment M_R zu klein, dann kommt die Dämpfermasse Θ_D schon bei geringen Schwingungsschlägen zum Gleiten, wodurch einerseits die Leistung des Motors durch vorzeitigen Energieentzug unnötig herabgesetzt wird, andererseits wird im Resonanzfall zu wenig Schwingungsenergie vernichtet. Ein zu großes Reibungsmoment ist wiederum gefährlich, weil der Dämpfer zu spät in Tätigkeit tritt. Es muß also einen günstigsten Wert des Reibungsmoments geben, bei dem der Dämpfer am wirksamsten ist.

Die *Dämpfermasse* Θ_D und das *Reibungsmoment* M_R sind also zweckmäßig festzulegen.

Berechnung von Θ_D und M_R. Die Berechnung der Dämpfermasse Θ_D und des Reibungsmomentes M_R ist nach zwei Verfahren möglich, nämlich:

1. nach der Theorie von K. KLOTTER,
2. nach der Methode des *Arbeitsgleichgewichts* in Resonanz.

Nach beiden Verfahren lassen sich die Dämpfergrößen (Θ_D und M_R) nur näherungsweise berechnen.

1. Anwendung der Theorie von K. KLOTTER.

Diese *Theorie* (siehe [53]) beruht auf nicht ganz einfachen Überlegungen, doch ist unter gewissen Voraussetzungen eine Näherungsrechnung möglich. Wir beschränken uns im folgenden auf die Wiedergabe der für die praktische Rechnung wichtigen Ergebnisse, ohne auf Einzelheiten der Theorie einzugehen. Unseren Betrachtungen legen wir das in Abb. 100 schematisch dargestellte Einmassensystem mit Dämpfer zugrunde. An der Masse Θ_1 greife ein harmonisches Erregermoment $M_E = M \sin \Omega t$ an.

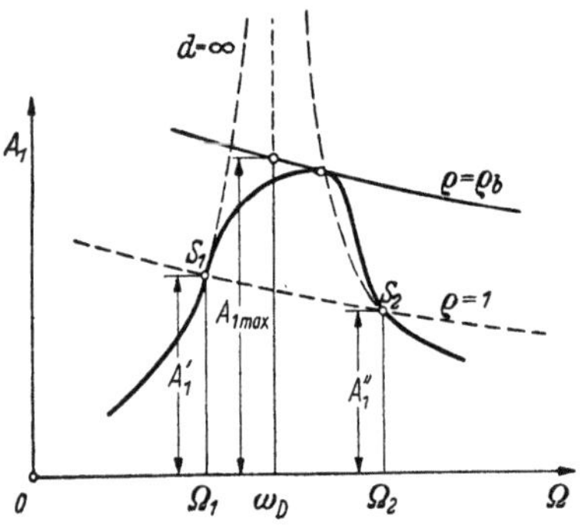

Abb. 104. Ausschlagkurve mit blockiertem (gestrichelte Kurve) und gleitendem (ausgezogene Kurve) Reibungsdämpfer (nach KLOTTER).
$\varrho = 1$ Hyperbel im Grenzfall,
$\varrho = \varrho_b$ Berührhyperbel.

In der Abb. 104 ist die Vergrößerungskurve bzw. die Ausschlagkurve dieses Systems mit blockiertem ($\mathsf{d} = \infty$) und teilweise gleitendem Dämpfer (bei $M_R > 2M$) eingezeichnet. Die Dämpfermasse Θ_D beginnt zu gleiten, wenn das Moment infolge ihrer Trägheit das Reibungsmoment M_R übersteigt. Ist die Amplitude der Drehmasse Θ_1 gleich A_1, dann lautet die Voraussetzung für das dauernde Haften der Dämpfermasse:

$$\varrho \equiv \frac{M_R}{A_1 \Theta_D \Omega^2} > 1\,.$$

Zeichnet man in das (A_1, Ω)-Diagramm (Abb. 104) für den Grenzfall $\varrho = 1$ die entsprechende Kurve, das ist eine gleichseitige Hyperbel mit der Gleichung

$$A_1^{(h)} \equiv A_1 = \frac{M_R}{\Theta_D \Omega^2}, \tag{177}$$

ein (in Abb. 104 gestrichelt gezeichnet), so schneidet diese die Resonanzkurve (für $\mathsf{d} = \infty$) in den beiden Punkten S_1 und S_2. Im Punkt S_1 beginnt die Dämpfermasse Θ_D zu gleiten, im Punkt S_2 haftet sie wieder. Zwischen den beiden Punkten

S_1 und S_2 ist die Voraussetzung für haftende Dämpfermasse nicht mehr erfüllt. Es gilt die Ausschlagkurve bzw. Vergrößerungskurve bei gleitender Dämpfermasse.

Nach K. KLOTTER [53] kann die Kurve zwischen S_1 und S_2 mit beliebiger Genauigkeit bestimmt werden, doch ist dies etwas umständlich. Im allgemeinen ist es nicht erforderlich, den Verlauf der Kurve festzulegen. Praktisch genügt die Kenntnis des Maximalausschlages $A_{1\,\max}$, der ja durch die Anbringung des Dämpfers begrenzt werden soll, um die Beanspruchung der Feder (Kurbelwelle) in zulässigen Grenzen zu halten.

K. KLOTTER hat gezeigt, daß beim Verhältnis $M_R/M = \pi/4$ die Ausschläge des Schwingers unendlich groß werden und daß für $1 > M_R/M > \pi/4$ die Vergrößerungsfunktion V in der Nähe der Eigenschwingungszahl ohne Dämpfer hoch ansteigt, während für M_R/M etwa $\gtreqless 2$ das Maximum der Vergrößerungsfunktion in die Nähe der Eigenschwingungszahl des Schwingers mit haftendem Dämpfer fällt (Abb. 104). Da man aber in der Praxis das Reibungsmoment nicht mit Sicherheit beherrscht, empfiehlt er, das Verhältnis M_R/M nicht unter 2 zu wählen. Wir kümmern uns daher nicht um jene Fälle, bei denen $M_R/M < 2$ ist.

Unter der Voraussetzung, daß das Reibungsmoment mindestens doppelt so groß wie die Amplitude M des Erregermoments ist, läßt sich mit genügender Näherung eine obere Schranke für $A_{1\,\max}$ angeben.

Die Untersuchungen von K. KLOTTER ergaben nämlich, daß für

$$\frac{M_R}{M} = \frac{\text{Reibungsmoment}}{\text{Amplitude des Erregermoments}} \text{ etwa } \geqq 2$$

die größte Amplitude in der Nähe der Eigenfrequenz des Systems mit blockiertem Dämpfer auftritt und etwa den Wert

$$A_{1\,\max} = \frac{M_R}{\varrho_b\,\Theta_D\,\omega_D^2} \tag{178}$$

annimmt. ϱ_b ist der Parameter für die Berührungshyperbel an die Ausschlagkurve mit gleitender Dämpfermasse (Abb. 104). ϱ_b ist eine Funktion von M_R/M; sie ist in Abb. 105 dargestellt.

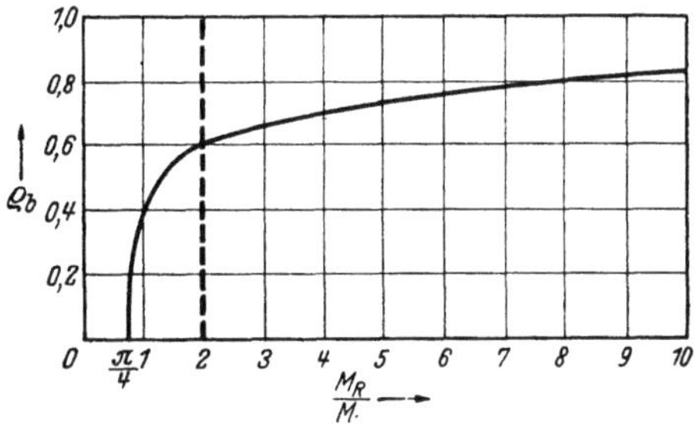

Abb. 105. Parameter ϱ_b der Berührhyperbel in Abhängigkeit von M_R/M (nach KLOTTER).

$A_{1\,\max}$ ist die Ordinate der Berührungshyperbel für die Abszisse $\Omega = \omega_D$. Wie die Abb. 104 zeigt, liegt der Größtwert der Ausschlagkurve bei gleitender Dämpfermasse etwas niedriger als der nach Gl. (178) sich ergebende Wert $A_{1\,\max}$. Wir rechnen also nach der sicheren Seite.

Praktisch ist es nun so, daß ein zulässiger Größtausschlag $A_{1\,\max}$ einzuhalten ist. Gesucht sind das Reibungsmoment M_R und die Dämpfermasse Θ_D.

Das Reibungsmoment M_R läßt sich nach Gl. (178) berechnen, wenn Θ_D (wir bestimmen dies weiter unten) bekannt ist. Zunächst schreiben wir diese Formel anders. Die zulässige Vergrößerungsfunktion ist

$$V_{\max} = \frac{A_{1\,\max}}{A_{stat}} = \frac{A_{1\,\max}}{M}\,c_1$$

oder

$$A_{1\,\max} = V_{\max}\,\frac{M}{c_1}.$$

Führt man diesen Wert in Gl. (178) ein, so ergibt sich:

$$V_{\max} = \frac{M_R}{M} \frac{c_1}{\varrho_b \Theta_D \omega_D^2}.$$

Da nun $\omega_D^2 = \frac{c_1}{\Theta_1 + \Theta_D}$ ist, kann hierfür geschrieben werden:

$$V_{\max} = \frac{M_R}{M} \frac{1}{\varrho_b} \left(1 + \frac{\Theta_1}{\Theta_D}\right).$$

Mit Einführung der Verhältniszahlen

$$\frac{M_R}{M} = \sigma \quad \text{und} \quad \frac{\Theta_D}{\Theta_1} = \varepsilon$$

ergibt sich:

(179) $$\varrho_b(\sigma) = \frac{\sigma}{V_{\max}} \left(1 + \frac{1}{\varepsilon}\right).$$

Das Reibungsmoment M_R läßt sich nun auf folgende einfache Weise berechnen: Man bestimmt zunächst die Dämpfermasse Θ_D in der Erkenntnis, daß die Resonanzverlagerung infolge des Hinzutretens der Dämpfermasse Θ_D einen Mindestwert überschreiten muß. Die Eigenfrequenz ω_D des Systems mit blockiertem Dämpfer ist also um einen bestimmten Betrag niedriger als die Eigenfrequenz ω_e des Systems ohne Dämpfer zu wählen. Der Unterschied, ausgedrückt durch die Größe

$$\nu^* = \frac{\omega_e - \omega_D}{\omega_e},$$

wird als *Verstimmung* bezeichnet. Diese soll erfahrungsgemäß $\approx 15 \div 25\,\%$ betragen, d. h.

(180) $$\begin{cases} \nu^* = 0{,}15 \div 0{,}25, \\ \omega_D = (0{,}85 \div 0{,}75)\, \omega_e. \end{cases}$$

Für das Einmassensystem ist damit die Dämpfermasse festgelegt. Es ist

(181) $$\Theta_D = (0{,}39 \div 0{,}79)\, \Theta_1.$$

Mit Θ_D ist auch $\varepsilon = \Theta_D/\Theta_1$ bekannt. Nun berechnet man aus dem vorgegebenen einzuhaltenden Größtausschlag $A_{1\max}$ die zulässige Vergrößerung $V_{\max}$.

Für die beiden Werte ε und $V_{\max}$ kann schließlich aus Gl. (179) und Abb. 105 das Verhältnis $\sigma = M_R/M$ ermittelt werden. Damit ist $M_R = \sigma M$ bekannt.

2. Die Methode des Arbeitsgleichgewichts.

Entsprechend den Ausführungen beim Reibungsdämpfer mit geschwindigkeitsproportionaler Dämpfung (s. Ziff. 3,63) bestimmt man die Erregerarbeit sowie die maximale Dämpferarbeit. Beide Arbeiten setzt man einander gleich und errechnet daraus das Trägheitsmoment Θ_D der Dämpfermasse bei vorgeschriebener Amplitude A_1 der Welle (Stelle, an der der Dämpfer angebracht werden soll).

Für das Einmassensystem ist die Erregungsarbeit innerhalb einer vollen Schwingung im Resonanzfall

$$L_{Err} = \pi M A_1.$$

Die maximale Dämpferarbeit bei konstanter Reibung (trockene Reibflächen) ist angenähert, wie DEN HARTOG [41] nachweist:

(182) $$L_{D\max} = \frac{4}{\pi} \Theta_D A_1^2 \omega_e^2.$$

Durch Gleichsetzen der beiden Arbeiten ergibt sich für das Trägheitsmoment Θ_D der Dämpfermasse des Einmassensystems ($\omega_e = \omega_1$)

(183) $$\Theta_D = \frac{\pi^2 M}{4 A_1 \omega_1^2},$$

und das optimale Vergrößerungsverhältnis ist mit $A_{stat} = \frac{M}{c_1}$, $\varepsilon = \frac{\Theta_D}{\Theta_1}$ und $\omega_1^2 = \frac{c_1}{\Theta_1}$

(184) $$V_0 = \frac{A_1}{A_{stat}} = \frac{\pi^2}{4\,\varepsilon} = \frac{2{,}46}{\varepsilon}.$$

Das maximale Reibungsmoment festen Betrages, bei dem die größte Dämpfungsarbeit $L_{D\max}$ geleistet wird, ist:

(185) $$M_R = \pm \frac{\sqrt{2}}{\pi}\, \Theta_D\, A_1\, \omega_e^2.$$

Verwirklichung des errechneten Reibungsmomentes. Das nach dem einen oder dem anderen Verfahren bestimmte Reibungsmoment M_R ist durch geeignete Wahl der Zahl und Größe der Reibflächen und Federn des Dämpfers zu verwirklichen. Mit den Bezeichnungen:

R Reibungskraft,
r_0 mittlerer Radius der Reibfläche,
N Normalkraft,
μ Reibungszahl,
P Druckkraft *einer* Feder,
m Zahl der Federn,
F Größe *einer* Reibfläche,
p zulässiger Flächendruck,
q Zahl der Reibflächen,

gilt:

$$M_R = R\,r_0 = \mu\,N\,r_0$$

oder

$$N = \frac{M_R}{\mu\,r_0}.$$

Somit ist:

$$P = \frac{N}{m}$$

und

$$F = \frac{N}{p\,q}.$$

μ und p hängen von der Beschaffenheit der Reibflächen ab. Bei trockenen Flächen ist $\mu = 0{,}2 \div 0{,}3$, bei geschmierten Flächen ist $\mu = 0{,}1 \div 0{,}15$. Mit der Änderung von μ während des Betriebes ist zu rechnen. Hierin liegt eine gewisse Unsicherheit. Für p kann man etwa $1{,}5 \div 3$ kg/cm² annehmen. Es empfiehlt sich, μ und p durch Versuche zu prüfen.

3,65. Schwingungsdämpfer mit Ausnutzung der Werkstoffdämpfung (Gummidämpfer).

Es ist bekannt, daß Verformungen von Werkstoffen, auch wenn sie sehr klein sind, nie rein elastisch erfolgen, d. h. der bei Entlastung zurückgewonnene Energiebetrag ist nicht gleich dem bei der Verformung hineingesteckten. Ein Teil der Formänderungsenergie wird in Wärme umgesetzt und geht verloren. Diese Erscheinung der Energiezerstreuung bezeichnet man allgemein mit „*Werkstoffdämpfung*".

Die Vorgänge, die sich bei der Energieumwandlung im Gefüge des Werkstoffs abspielen, sind äußerst vielfältig und nur sehr schwer zu erfassen. Es ist auch nicht möglich, einem Werkstoff feste Dämpfungsbeiwerte zuzuschreiben (wie dies z. B. im Hinblick auf die Elastizitätsgrenze, die Streckgrenze usw. geschieht), da sich die Dämpfung erfahrungsgemäß mit der Höhe und der Dauer der Beanspruchung (Zahl der Lastwechsel) sowie der Temperatur mitunter in sehr weiten Grenzen ändert. Dies ist vor allem der Grund dafür, daß bis heute auf dem Gebiet der Werkstoffdämpfung noch manche Fragen ungeklärt sind.

Die Dämpfungsfähigkeit der Werkstoffe kann man sich beim Bau von Schwingungsdämpfern zunutze machen, indem man den Werkstoff selbst als Dämpfungselement wählt. Für solche sog. Werkstoffdämpfer eignet sich am besten Gummi. Dieser kann einerseits große Formänderungen ausführen (ohne die zulässigen Spannungen zu überschreiten) und andererseits einen erheblichen Betrag seiner Formänderungsenergie in Wärme überführen. Als Dämpfungskenngröße benutzt man die „*verhältnismäßige Dämpfung*"

$$\psi = \frac{S}{E_{\max}},$$

wobei S die während einer Schwingung vernichtete (in Wärme umgewandelte) Dämpfungsarbeit (Inhalt der *Hysteresisschleife*, die bei periodischer Belastung des Werkstoffs erhalten wird) und $E_{\max}$ die im verlustfreien Schwinger mit gerader Federkennlinie bei der maximalen Auslenkung aufgespeicherte Formänderungsenergie ($E_{\max} = cA^2/2$, Dreieckfläche s. Abb. 11) bedeutet. Wir bemerken, daß ψ vor allem von der Höhe der Beanspruchung (s. S. 148) und von der Temperatur abhängt und nur in den seltensten Fällen als konstant angesehen werden kann.

Der Vorschlag, Dämpfer mit Ausnutzung der Werkstoffdämpfung zu bauen, stammt von O. FÖPPL. Die Theorie dieser Dämpfer wurde von G. BOCK [12] entwickelt. Weitere Untersuchungen über diese Dämpferbauart wurden von P. BOSSE [14], E. KÜCHLER [57], H. BOSSE [13] und H. BRAUER [16] veröffentlicht.

Im folgenden werden wir nur die grundsätzlichen Fragen, die beim Bau von Werkstoffdämpfern auftreten, behandeln und im übrigen auf die eben genannten Arbeiten verweisen.

Wirkungsweise des Dämpfers mit Werkstoffdämpfung.

Wir erläutern die Wirkungsweise des Werkstoffdämpfers an Hand der im Fahrzeugmotorenbau gebräuchlichen Bauform (Abb. 106).

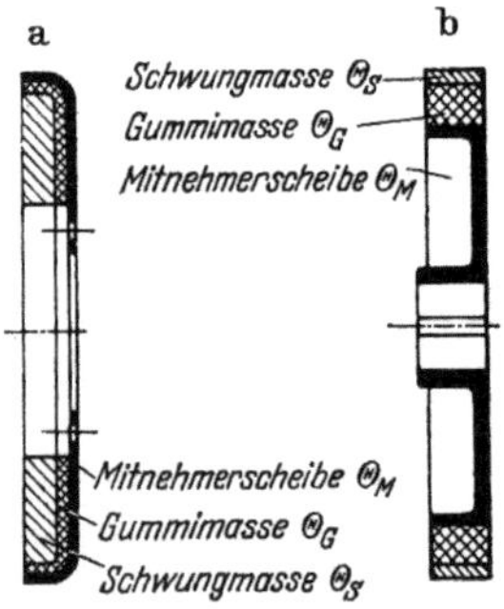

Abb. 106. Werkstoffdämpfer, Ringform. Gebräuchliche Bauarten im Fahrzeugmotorenbau.

Auf der fest mit der Kurbelwelle verschraubten oder verkeilten Mitnehmerscheibe Θ_M ist die Gummimasse Θ_G aufvulkanisiert, die ihrerseits eine aufvulkanisierte Schwungmasse Θ_S trägt. Führt die Masse Θ_S gegen die Scheibe Θ_M Relativbewegungen aus, dann wird der Gummiring Θ_G verformt und absorbiert auf diese Weise infolge seiner Dämpfungsfähigkeit einen gewissen Teil der auf ihn übertragenen Schwingungsenergie, was sich in einer Temperaturerhöhung des Gummis äußert. Die in Wärme umgesetzte Energie wird dem zu dämpfenden Schwingungssystem (z. B. Fahrzeugmotor) entzogen, wodurch dessen Schwingungsausschläge verringert werden.

Um zu vermeiden, daß der Dämpfer bereits im Bereich *un*gefährlicher Schwingungsausschläge in Tätigkeit tritt, stimmt man den Dämpfer auf Resonanz mit dem zu dämpfenden System ab ($\nu = 1$, ***Resonanzschwingungsdämpfer***). Im allgemeinen kommt es nur auf die Dämpfung der Ausschläge bei Resonanz mit der Schwingung I. Grades an. Die Abstimmung des Dämpfers auf diese gefährliche Eigenfrequenz des Kurbelwellensystems kann durch geeignete Bemessung der Gummimasse Θ_G und der Schwungmasse Θ_S erreicht werden. In Sonderfällen kann der Dämpfer auch so ausgebildet werden, daß er gleichzeitig auf die Eigenschwingungszahl I. und II. Grades der Kurbelwelle abgestimmt werden kann (Abb. 111a).

Wir machen noch darauf aufmerksam, daß bei Zuschaltung eines Dämpfers die ursprünglich zu dämpfende Resonanzstelle sich in zwei aufspaltet. Die *Resonanzverschiebung*, das ist der Abstand der beiden Resonanzstellen, hängt von der Dämpfergröße ab, wie Abb. 109 veranschaulicht. Dieses Hinzutreten einer weiteren Resonanz ist jedoch nicht gefährlich, da die zugehörigen Ausschläge durch den Dämpfer in zulässigen Grenzen gehalten werden.

Bauarten der Werkstoffdämpfer.

Entsprechend ihrem Verwendungszweck wurden verschiedene Bauarten von Werkstoffdämpfern entwickelt:

1. Stabform:

a) einseitig eingespannt mit frei schwingendem Ende (Abb. 110),

b) beiderseits eingespannt mit frei schwingendem Mittelteil (Abb. 111a),

c) Lamellendämpfer (Abb. 111b).

2. Ringform, innen oder außen eingespannt (Abb. 106).

3. Scheibenform, zentrisch eingespannt (Abb. 112).

1a) Der einseitig eingespannte stabförmige Gummidämpfer. Für den einseitig eingespannten stabförmigen Gummidämpfer gab G. Bock [12] an Hand einer ausführlich entwickelten Theorie Formeln für die Berechnung an. Wir geben diese im folgenden ohne die Ableitung wieder.

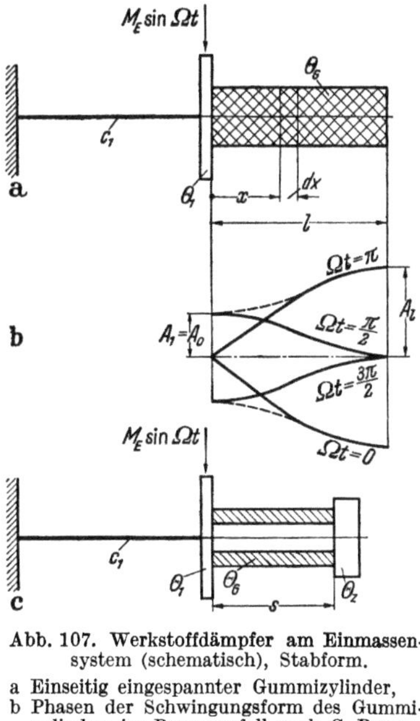

Abb. 107. Werkstoffdämpfer am Einmassensystem (schematisch), Stabform.
a Einseitig eingespannter Gummizylinder,
b Phasen der Schwingungsform des Gummizylinders im Resonanzfall nach G. Bock,
c verkürzter Dämpfer gleicher Eigenfrequenz mit Zusatzmasse.

Bezeichnen wir mit l die Länge des Gummizylinders, mit G den Gleitmodul und mit μ die Massendichte des Gummis, so ist die Eigenfrequenz des stabförmigen Gummizylinders (Abb. 107a)

$$\omega_D = \frac{\pi}{2l}\sqrt{\frac{G}{\mu}}, \tag{186}$$

woraus sich bei vorgegebenen ω_D (im Resonanzfall gleich der gefährlichen Frequenz des zu dämpfenden Systems) die erforderliche Länge l errechnet.

Die zugehörigen Phasen der Eigenschwingungsformen (für $\Omega t = \pi/2,\ \pi,\ 3\pi/2, \ldots$) sind in Abb. 107b dargestellt. Der Resonanzausschlag A_l des freien Dämpferendes ist hierbei:

$$A_l = A_0 \frac{8}{\psi}, \tag{187}$$

wenn A_0 die Amplitude des eingespannten Endes ist. Aus dieser Formel lesen wir das bemerkenswerte Ergebnis ab, daß man zur Erreichung einer möglichst hohen Dämpferwirkung, die ja mit der Schubspannung wächst, einen Gummi mit geringer verhältnismäßiger Dämpfung ψ wählen muß. Ist z. B. $\psi = 0{,}4$, so erhalten wir ein sog. *Aufschaukelungsverhältnis*

$A_l/A_0 = 20$ und damit eine für die Dämpfungsarbeit maßgebende Relativverdrehung $A_l - A_0 = 19\,A_0$.

G. Bock behandelt auch den *verkürzten Dämpfer*, der sich in den meisten Fällen als zweckmäßiger erweist, da die in der äußeren Stabhälfte (freischwingendes Ende) gelegenen Gummiteilchen relativ gering beansprucht sind und so nur wenig zur Dämpfung beitragen. Man ersetzt deshalb diesen Teil durch eine metallische Zusatzmasse Θ_Z (s. Abb. 107c), die so gewählt wird, daß die Eigenfrequenzen des unverkürzten und des verkürzten Dämpfers übereinstimmen.

Da die Verformung und damit der Dämpfungsanteil mit dem Abstand vom Mittelpunkt wächst, die inneren Teile des Gummizylinders also im Verhältnis zu den äußeren nur wenig zur Gesamtdämpfung beitragen, kann man diese weglassen und den Gummidämpfer als Hohlzylinder ausbilden, was auch wärmetechnisch günstiger ist.

Bezeichnen wir mit Θ_G die Drehmasse des verkürzten Gummizylinders und mit

$$\lambda = \frac{s}{l}$$

das *Verkürzungsverhältnis*, so berechnet sich Θ_Z aus:

(188)
$$\Theta_Z = \Theta_G \frac{2}{\lambda\pi} \operatorname{ctg} \frac{\lambda\pi}{2}.$$

Θ_G ist so festzulegen, daß die Abmessungen des verkürzten Dämpfers groß genug werden, um im Betrieb unzulässige Wärmebeanspruchungen des Gummis zu vermeiden. Die *aufzunehmende Wärmeenergie* ist gleich der Dämpferarbeit. Diese ist, wenn

(189)
$$M = \frac{G J_p}{l} A_0 \frac{4\pi}{\psi} \frac{\lambda\pi}{\lambda\pi + \sin\lambda\pi}$$

die Amplitude des Erregermoments an der Einspannstelle $x = 0$ bedeutet, pro Periode im Resonanzfall

(190)
$$L_M = \pi M A_0 = \frac{G J_p}{l} A_0^2 \frac{4\pi^2}{\psi} \frac{\lambda\pi}{\lambda\pi + \sin\lambda\pi}.$$

Genaue Berechnungsformeln stehen allerdings für die Wärmeberechnung des Gummis nicht zur Verfügung. Man ist deshalb weitgehend auf den Versuch und die Erfahrung angewiesen.

Durch die Verkürzung wird das Aufschaukelungsverhältnis etwas verringert, was wegen der kleineren Länge des Gummizylinders einleuchtet, trotzdem wird aber infolge der Vergrößerung der relativen Verdrehung die Dämpfungsenergie erhöht.

Der Resonanzausschlag A_1 des zu dämpfenden Systems (= Ausschlag A_0 an der Einspannstelle des Dämpfers) berechnet sich mit den oben erhaltenen Werten aus:

(191)
$$A_1 = A_0 = \frac{M}{c_1} \frac{2\pi}{\psi\sqrt{(2\varkappa + 2)(\sqrt{a^2 + 2a} - a) + \varkappa^2 - 1}}.$$

Hierin ist:

(191a)
$$\varkappa = \frac{k}{\Theta_1 \omega_I} \frac{2\pi}{\psi},$$

(191b)
$$a = \frac{\Theta_G}{\Theta_1} \frac{1}{1 + \varkappa} \frac{32}{\lambda\psi^2} \frac{\pi}{\lambda\pi + \sin\lambda\pi},$$

k = Dämpfungsbeiwert
Θ_1 = Drehmasse
c_1 = Federzahl
ω_I = Eigenkreisfrequenz I. Grades
M = Amplitude des Erregermoments

} des auf ein Einmassensystem reduzierten Systems, dessen Resonanzausschlag in zulässigen Grenzen gehalten werden soll.

Ergibt sich bei dieser Rechnung für die Amplitude A_1 ein größerer als der zulässige Wert (der durch Gründe der Festigkeit oder auch der Geringhaltung von Geräuschen begrenzt sein kann), dann ist ein weniger dämpfungsfähiger Gummi mit noch kleinerem ψ zu wählen.

Der Faktor von M/c_1 ist das Vergrößerungsverhältnis

$$V_D = \frac{A_0}{A_{stat}} = \frac{A_1 c_1}{M}. \tag{192}$$

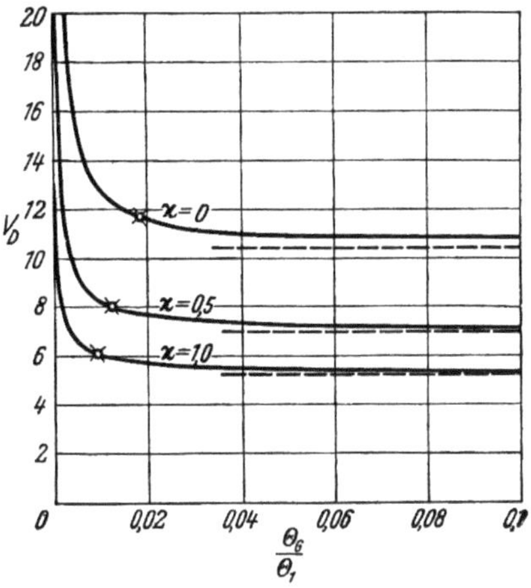

Abb. 108. Vergrößerungsverhältnis V_D in Abhängigkeit von der relativen Dämpfergröße Θ_G/Θ_1 für verschiedene Dämpfungswerte $\varkappa$ (nach G. Bock).

V_D hängt im wesentlichen von den Dämpfungswerten k und ψ sowie dem Verhältnis Θ_G/Θ_1 ab. Die Abhängigkeit zwischen V_D und Θ_G/Θ_1 ist für verschiedene Werte von $\varkappa$ in Abb. 108 dargestellt. Aus dem Verlauf der Kurven erkennt man, daß von einem bestimmten Wert $(\Theta_G/\Theta_1)_{opt}$ ab V_D, also die Amplitude $A_0 = A_1$, durch Vergrößerung des Dämpfers praktisch nicht mehr vermindert werden kann, wie die strichpunktierte Kurve in Abb. 109 veranschaulicht. Diesen Grenzwert erhält man etwa für $a = 4/(1+\varkappa)^2$ und damit aus Gl. (191 b) für das optimale Verhältnis:

$$\left(\frac{\Theta_G}{\Theta_1}\right)_{opt} = \frac{4}{1+\varkappa}\,\frac{\lambda\psi^2}{32}\,\frac{\lambda\pi + \sin\lambda\pi}{\pi}. \tag{193}$$

Die angegebene Rechnung liefert nur die Hauptabmessungen für den ersten Entwurf. Die Brauchbarkeit und insbesondere die Abstimmung des Dämpfers ist schließlich auf dem Prüfstand nachzuprüfen. Die genaue Resonanzabstimmung kann in einfacher Weise durch Anbringung von veränderlichen Zusatzmassen (aufgesetzte Ringe), wie die Abb. 110 und 111a zeigen, erreicht werden.

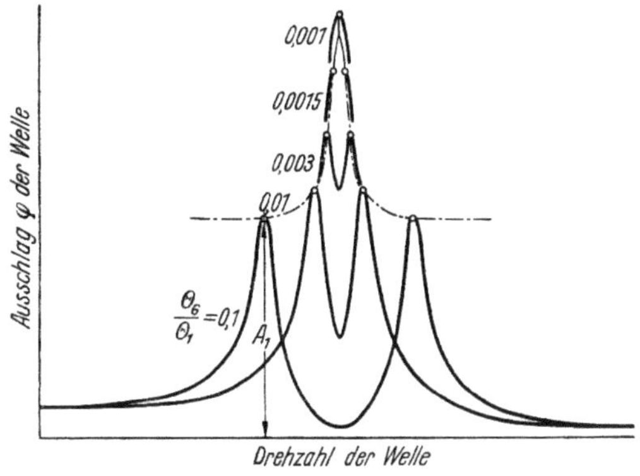

Abb. 109. Resonanzkurven eines Einmassensystems in Abhängigkeit von der relativen Dämpfergröße Θ_G/Θ_1 (nach G. Bock).

1b) Der beiderseits eingespannte stabförmige Gummidämpfer. Für den beiderseits eingespannten stabförmigen Gummidämpfer gilt das unter 1a) Gesagte sinngemäß. Er besitzt bei gleicher Eigenfrequenz die doppelte Länge und setzt bei gleichem Durchmesser die doppelte Energiemenge in Wärme um. Ein Ausführungsbeispiel zeigt die Abb. 111a. Mit Hilfe der ringförmigen Zusatzmassen veränderlicher Größe lassen sich diese Dämpfer in einfacher Weise auf Resonanz abstimmen. Bei Verwendung von zwei Zusatzmassen kann der Dämpfer gleichzeitig auf die Eigenschwingungszahl I. und II. Grades der Kurbelwelle abgestimmt werden.

1c) Der Lamellendämpfer. Durch Hintereinanderschaltung von zwei oder mehreren Dämpferelementen erhält man den sog. Lamellendämpfer. Das einzelne Dämpferelement besteht aus einem Gummizylinder, der auf den beiden Stirnflächen auf Eisenplatten aufvulkanisiert ist. Zwischen je zwei Dämpferelementen ist ein Zwischenraum, der durch Zusatzmassen zwecks richtiger Abstimmung des Dämpfers ausgefüllt werden kann. Eine Versuchsausführung zeigt Abb. 111b.

2. und 3. Der Ringdämpfer und der Scheibendämpfer. Der Ringdämpfer (Abb. 106) und der Scheibendämpfer (Abb. 112) sind Weiterentwick-

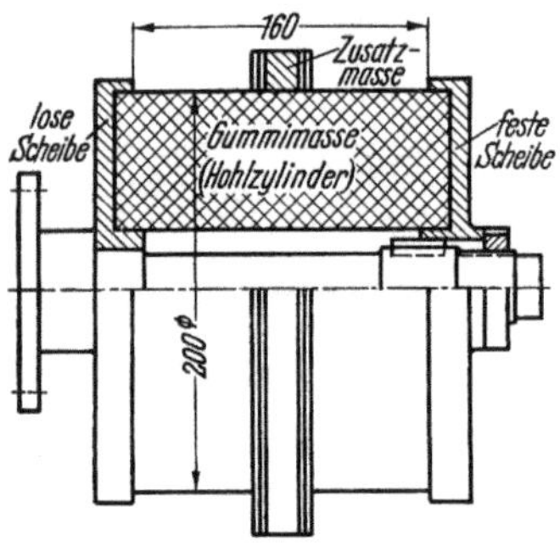

Abb. 110. Werkstoffdämpfer, stabförmig, einseitig eingespannt (nach O. Föppl).

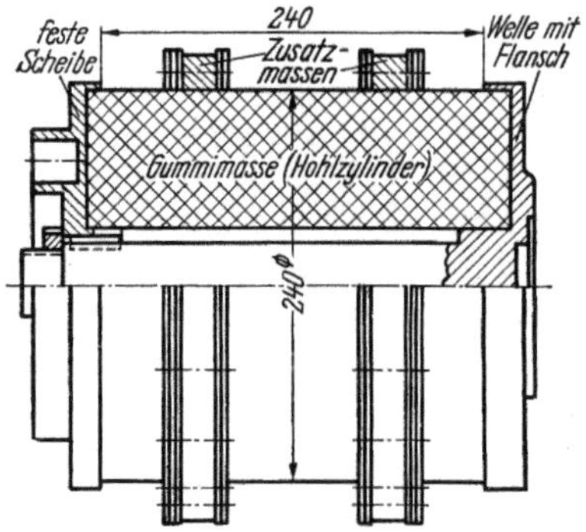

Abb. 111a. Werkstoffdämpfer, stabförmig, beiderseits eingespannt (nach O. Föppl).

lungen der eben besprochenen Dämpferformen. Die örtlichen Beanspruchungen sind natürlich entsprechend anderer Befestigungsweise und Form des Gummis verschieden. Die Frage, welche von den angeführten Dämpferformen verwendet werden soll, kann nur von Fall zu Fall beantwortet werden. Es hängt dies sehr oft von den vorhandenen Raumverhältnissen ab. Bezüglich Einzelheiten sei auf die einschlägigen Arbeiten von H. Bosse [13], E. Küchler [57] und O. Föppl [20÷27] verwiesen.

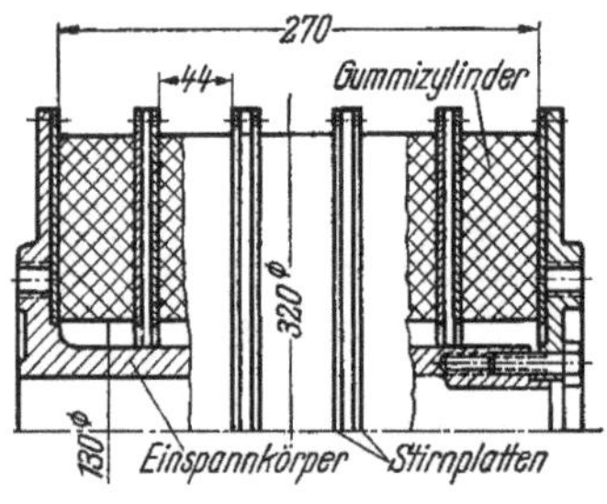

Abb. 111b. Werkstoffdämpfer, Lamellenbauart.

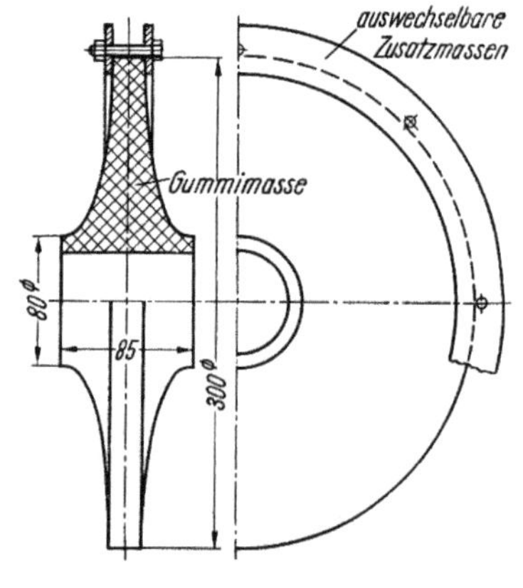

Abb. 112. Werkstoffdämpfer, Scheibenform (nach E. Küchler).

3,66. Sonderbauarten von Schwingungsdämpfern.

1. Hülsenfederdämpfer der MAN. Der MAN-Hülsenfederdämpfer nach Abb. 113 ist ein Dämpfer mit Feder- *und* Reibungskupplung. Er besteht aus dem fest mit dem freien Kurbelwellenende (Stelle des größten Schwingungsausschlags) verbundenen Teil Θ_M (Mitnehmerscheibe) und der Dämpfermasse Θ_D, die über Hülsenfederpakete elastisch mit der Mitnehmerscheibe bzw. dem Kurbelwellensystem gekuppelt ist. Bei Relativbewegungen zwischen Welle und Dämpfermasse werden diese Federn auf Biegung beansprucht. Die Besonderheit dieser Dämpferbauart liegt in der Gestaltung der Federn. Die Hülsenfedersätze (Abb. 113) bestehen aus mehreren ineinandergesteckten Federstahl-Zylindern, die in Achsrichtung geschlitzt sind. Damit die einzelnen Federblätter annähernd gleich beansprucht werden, nimmt ihre Stärke nach außen hin zu. In jedem Federpaket ist ein Bolzen mit Begrenzungsleiste eingebaut. An diesen Bolzen legt sich die Feder mit zunehmender Durchbiegung immer mehr an, bis sie schließlich an der Begrenzungsleiste anschlägt. Auf diese Weise wird die wirksame Federlänge fortlaufend verkürzt; ein solcher Federsatz hat demzufolge eine *gekrümmte Kennlinie* (Abb. 114).

Durch die Änderung der Steifigkeit der Feder mit wachsender Verdrehung ändert sich naturgemäß auch die Eigenschwingungszahl des Systems, und die Ausbildung von gefährlichen Resonanzausschlägen wird gestört. Bei der Beanspruchung der Federn gleiten die einzelnen Federblätter aufeinander, wodurch Schwingungsenergie in Wärme umgesetzt wird (Dämpfungsarbeit infolge der Blattreibung s. Abb. 114). Eine merkliche Abnutzung der Federpakete ist nicht vorhanden, da diese dauernd in Öl arbeiten. Weitere Einzelheiten bezüglich Konstruktion, Berechnung und Bewährung dieser Dämpferbauart siehe G. Pielstick [73] und L. Geislinger [37].

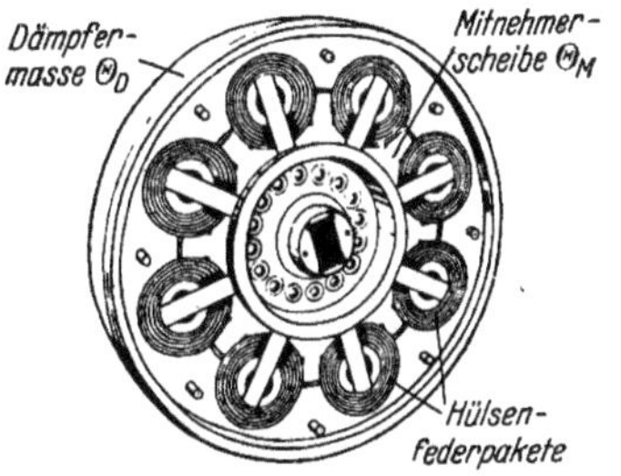

Abb. 113. Hülsenfederdämpfer der MAN.

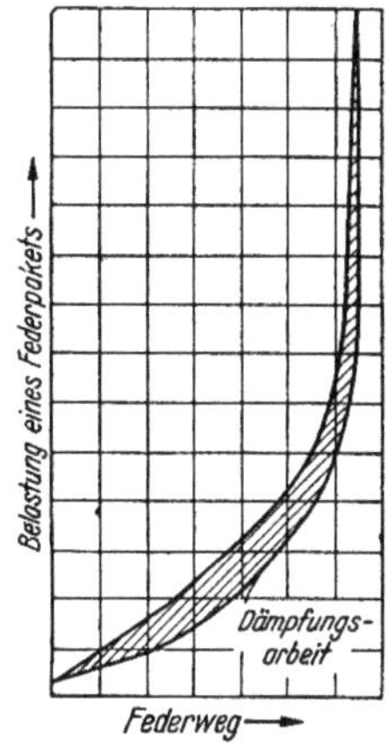

Abb. 114. Kennlinie eines Hülsenfederpakets des MAN-Dämpfers.

2. Blattfederdämpfer der Adam Opel A.-G. Ein weiteres Beispiel für einen Dämpfer mit Feder- und Reibungskopplung ist der Opel-Schwingungsdämpfer (Abb. 115). Hier ist die Dämpfermasse Θ_D über Blattfederpakete mit der Mitnehmerscheibe Θ_M gekoppelt.

Die Mitnehmerscheibe sitzt fest am freien Kurbelwellenende und kann zugleich als Riemenscheibe zum Antrieb der Hilfsaggregate ausgebildet werden. Zur Mitnehmerscheibe gehören eine Deckplatte und vier symmetrisch angeordnete Bolzen, die auf der Scheibe vernietet sind. Die Dämpfermasse Θ_D besitzt vier symmetrisch angeordnete Bohrungen, in die je zwei Blattfederpakete mit etwa 2×15 Federblättern eingelegt sind. Durch Änderung der Zahl der Federblätter wird die Abstimmung des Dämpfers erreicht. Die Adam Opel A.-G. benutzt zur Abstimmung eine besondere Versuchseinrichtung. Die Blattfedern sind gegen Herausfallen gesichert, einerseits durch die Mitnehmerscheibe, andererseits durch die Deckplatte, die an die Bolzen genietet ist.

Bei Belastung legen sich die Federblätter um die Bolzen, wodurch die wirksame Federlänge mit zunehmender Belastung verkürzt wird. Die Blattfederpakete haben deshalb eine *gekrümmte Kennlinie* (Abb. 116). Es ändert sich also die Federzahl c und damit die Eigenfrequenz des Systems, wodurch gefährliche

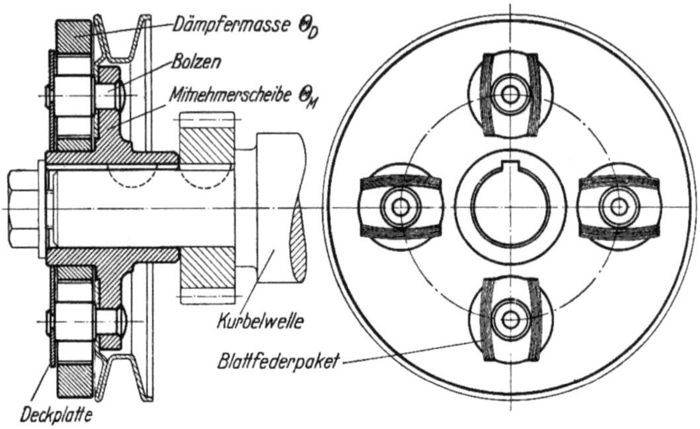

Abb. 115. Blattfederdämpfer der Adam Opel A.-G.

Resonanzausschläge vermieden werden. Zugleich wird auch hier durch die Federblattreibung Schwingungsenergie in Wärme umgesetzt, was aus der Fläche zwischen Belastungs- und Entlastungskurve der Federkennlinie in Abb. 116 zu ersehen ist. Eine nennenswerte Abnützung der Federpakete tritt dabei nicht auf, da diese beim Zusammenbau eingeölt werden.

Die Wirkung des Opel-Dämpfers hat der Verfasser untersucht. Die an einem Sechszylinder - Viertakt - Otto - Fahrzeugmotor (Daten des Motors s. Ziff. 2,95) mit einem DVL-Torsiographen aufgenommenen Resonanzkurven mit und ohne Schwingungsdämpfer zeigt Abb. 117.

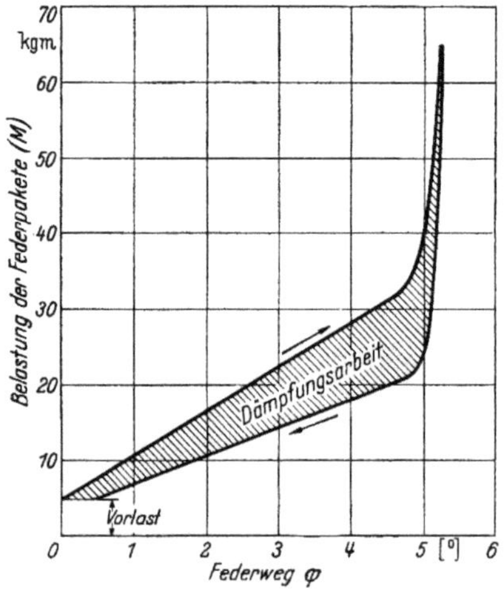

Abb. 116. Kennlinie eines Blattfederpakets des Opel-Dämpfers.

3. Flüssigkeitsdämpfer von Sandner. Der Dämpfer besteht im wesentlichen aus einem fest mit der Welle verschraubten Teil, dem Dämpfergehäuse, und einer Schwungmasse (Dämpfermasse), die auf hydraulische Weise über das Dämpfergehäuse derart an das freie Kurbelwellenende angekuppelt ist, daß das übertragbare Drehmoment einen bestimmten Wert nicht überschreiten kann. Sobald sich Resonanzschwingungen ausbilden, kommt nach Überschreitung des zulässigen Schwingungsausschlages die Dämpfermasse gegenüber der Welle zum Rutschen, während nach Durchfahren des Resonanzbereichs die Masse wieder mit der Welle festgekuppelt wird. Dieser Vorgang spielt sich in jedem gefährlichen Resonanzbereich selbsttätig ab. Die Übertragung der Kräfte von der Dämpfermasse auf die Welle und umgekehrt geschieht, wie oben erwähnt, auf hydraulischem Wege. Die Trägheitskräfte der Dämpfermasse erzeugen durch Pumpenelemente einen den Kräften verhältnisgleichen Öldruck. Durch ein Ventil, das bei einem bestimmten Druck wie ein Sicherheitsventil selbsttätig öffnet, wird dieser Öldruck und damit das übertragbare Drehmoment begrenzt. Beim Ansprechen des Druckventils tritt eine Pumpwirkung ein, durch welche Schwingungsenergie vernichtet wird. Diese eigentliche Dämpferwirkung tritt also erst nach dem Abschalten der Dämpfermasse ein, genau wie beim Reibungsschwingungsdämpfer. Der Dämpfer gestattet ein dauerndes Fahren in kritischen Drehzahlen, weil das Rutschmoment nur von der Federspannung des Druckventils abhängt, im Betrieb also keinerlei Änderung durch Abnutzung und dergleichen erfährt, ein wesentlicher Vorteil gegenüber dem Reibungsschwingungsdämpfer.

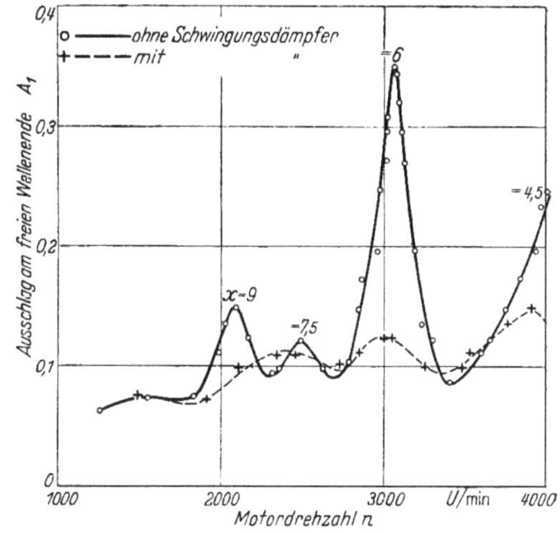

Abb. 117. Resonanzkurven eines Sechszylinder-Viertakt-Otto-Fahrzeugmotors mit und ohne Schwingungsdämpfer. Ausschlag A_1 in Grad.

Die Pumpenelemente können entweder als Flügelpumpen, Kolbenpumpen, Zahnradpumpen oder sonstige Verdrängerpumpen ausgebildet werden. Konstruktive Einzelheiten siehe z. B. bei L. Strunz [90].

4. Flüssigkeitsdämpfer von Junkers. Für Flugmotoren ist von Junkers [72] ein Dämpfer ausgebildet worden, bei dem die Dämpfung durch Flüssigkeitswirbelung hervorgerufen wird. Abb. 118 zeigt den geöffneten Dämpfer. Am freien Kurbelwellenende oder auch an anderer geeigneter Stelle der Wellenanlage (vgl. hierzu Abb. 119) ist die Mitnehmerscheibe Θ_M befestigt, die eine Anzahl Schaufeln a trägt. Das auf der Welle drehbar gelagerte Gehäuse Θ_D, die Dämpfermasse, ist mit Gegenschaufeln b versehen. Das Gehäuse Θ_D wird durch zwei Federn von der Scheibe Θ_M mitgenommen, wobei es infolge der Elastizität der Federn um einen bestimmten Betrag vor- oder nacheilen kann. Der Raum zwischen der Scheibe Θ_M und der Dämpfermasse Θ_D ist mit Öl ausgefüllt. Die Scheibe Θ_M macht naturgemäß die Schwingbewegung der Welle mit, während die Dämpfermasse Θ_D praktisch gleichförmig umläuft. Infolge der Relativbewegung zwischen Θ_M und Θ_D verändern die mit Öl gefüllten Kammern zwischen den Schaufeln a und b ihren Inhalt. Das Öl strömt von den sich verengenden zu den sich erweiternden Hohlräumen, und es entstehen Wirbelverluste, durch welche die Schwingungen der Welle abgedämpft werden. Die dabei vernichtete Energie wird als Wärme mit dem Dämpferöl abgeführt, das durch die Motorpumpe dauernd im Umlauf gehalten wird. Bei zähflüssigem Öl ist die Energievernichtung verhältnismäßig

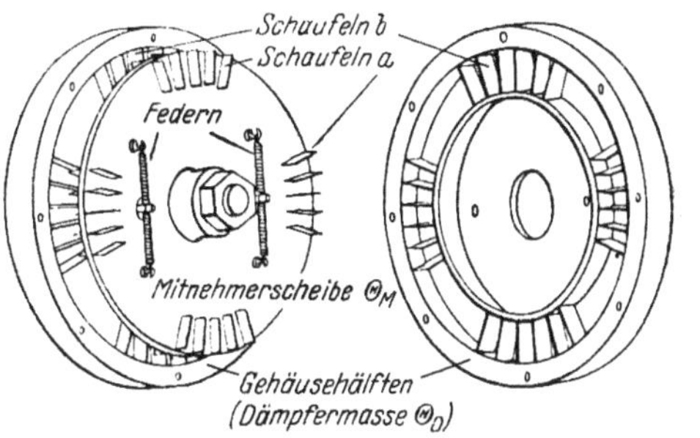

Abb. 118. Flüssigkeitsdämpfer von Junkers.

gering, weil dann keine nennenswerte Relativbewegung zwischen dem Gehäuse Θ_D und der Scheibe Θ_M auftritt. Über die Berechnung der Energievernichtung hat F. NEUGEBAUER [72] berichtet.

Der Junkers-Dämpfer bedarf keiner Wartung, da im Betrieb Änderungen durch Abnutzung und dergleichen nicht eintreten. Diesem Vorteil steht der Nachteil gegenüber, daß der Dämpfer auf sämtliche Beschleunigungen der Welle anspricht, also nicht nur bei unzulässig hoher Drehwechselbeanspruchung der Kurbelwelle. Der Dämpfer vernichtet also auch dann einen Teil der Energie, wenn die Wellenanlage im ganzen beschleunigt oder verzögert wird.

5. Reibungsschwingungsdämpfer im Flugmotorenbau. Die beschränkten Raumverhältnisse und die Forderung nach geringem Gewicht führten im Flugmotorenbau zu besonderen Dämpferanordnungen, wie die Abb. 119a bis d zeigen.

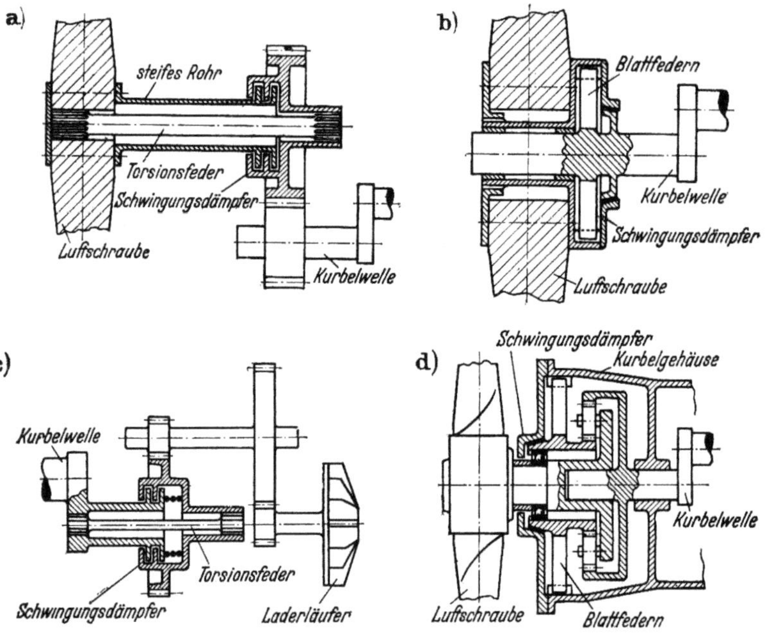

Abb. 119. Beispiele verschiedener Anordnung des Dämpfers bei Flugmotoren (nach KER WILSON).

Man benutzt als Dämpfermasse die Luftschraube oder das Laufrad des Laders, dessen (auf die Kurbelwelle) reduziertes Massenträgheitsmoment mit dem Quadrat der Übersetzung des Zahnradgetriebes zunimmt (vgl. S. 80). Im Fall a ist die Luftschraube durch eine elastische Welle (Torsionsstabfeder), im Fall b durch sternenförmig angeordnete Blattfedern und im Fall d über ein Planetengetriebe mit der Kurbelwelle verbunden. Das elastische Glied (Blattfederstern) ist im Fall d zwischen der Sonnenwelle des Planetengetriebes und dem Kurbelgehäuse angebracht. Bei diesen drei Anordnungen werden die Reibflächen (Plattensätze oder Konus) der Dämpfer durch den Axialschub der Luftschraube belastet. Im Fall c ist das Laufrad des Laders durch eine Torsionsstabfeder mit der Kurbelwelle gekuppelt; die Kraft auf die Reibflächen wird durch Federn erzeugt. Beim Auftreten von Kurbelwellenschwingungen treten Relativverdrehungen zwischen der nahezu gleichförmig umlaufenden Luftschraube bzw. dem Laderläufer und der Kurbelwelle auf, die Reibflächen gleiten aufeinander und die Schwingungen werden gedämpft.

3,67. Mehrmassensysteme mit Schwingungsdämpfer.

Die Ausführungen in den Ziff. 3,62 bis 3,65 bezogen sich auf das eingespannte Einmassensystem. Wie schon in Ziff. 3,61 erwähnt, lassen sich die für das Einmassensystem gewonnenen Erkenntnisse nicht ohne weiteres auf Mehrmassensysteme, wie sie von Kolbenmaschinen gebildet werden, übertragen. Die exakte Behandlung der Vorgänge in Mehrmassensystemen mit Dämpfer ist schwierig. Man wird sich daher stets bemühen, das Mehrmassensystem auf ein Einmassensystem zurückzuführen — was nur näherungsweise möglich ist —, um die Berechnung nach den für das Einmassensystem gültigen Formeln durchführen zu können.

Reduktion eines Mehrmassensystems auf ein Einmassensystem.

Die Reduktion eines Mehrmassensystems (Ersatzsystems einer Kolbenmaschine) auf ein Einmassensystem hat so zu erfolgen, daß beide Systeme dynamisch gleichwertig sind.

An das Einmassensystem stellen wir daher folgende *drei Bedingungen:*

1. Bei gleichem Ausschlag der Ersatzmasse Θ_{Ersatz} des Einmassensystems und der Masse Θ_M des Mehrmassensystems, an der der Dämpfer angebracht werden soll, muß in den Federn der beiden Systeme die gleiche potentielle Energie aufgespeichert werden.

2. Das Einmassensystem soll die gleiche Eigenfrequenz besitzen wie die Schwingung I. Grades des Mehrmassensystems.

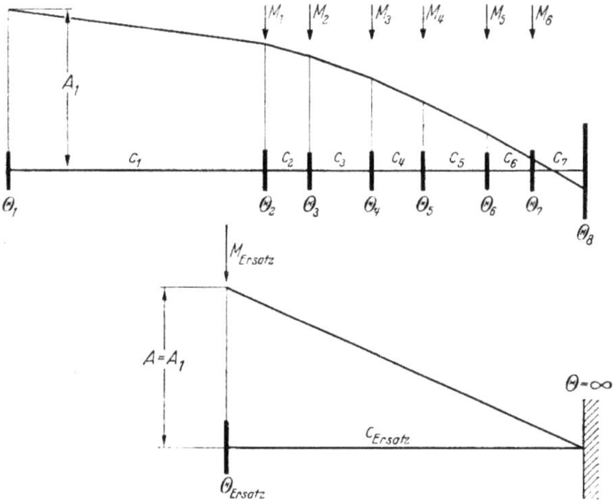

Abb. 120. Zur Reduktion des Achtmassensystems auf ein Einmassensystem.

3. Bei gleichem Ausschlag der Ersatzmasse Θ_{Ersatz} und der Masse Θ_M soll das Erregermoment des Einmassensystems so groß sein, daß es die gleiche Arbeit leistet wie die Erregermomente des Mehrmassensystems.

Bei der Reduktion setzen wir voraus, daß sich die Schwingungsform des Systems unter dem Einfluß der Dämpfung nicht ändert. Unseren Betrachtungen legen wir die Eigenschwingungszahl und Eigenschwingungsform I. Grades des vorliegenden Mehrmassensystems zugrunde.

Aus der Bedingung 1 ergibt sich die Drehfederzahl c_{Ersatz} der Feder des Einmassensystems (Abb. 120). In jedem Wellenstück k des Mehrmassensystems wird eine potentielle Energie

$$E_p = \frac{1}{2} c_k (A_k - A_{k+1})^2$$

aufgespeichert. c_k ist hierbei die Drehfederzahl des betrachteten Wellenstücks und $A_k - A_{k+1}$ der Relativausschlag zwischen zwei benachbarten Massen k und $k+1$. Die gesamte in der Wellenleitung des Mehrmassensystems (n Massen) aufgespeicherte Energie ist demnach:

$$E_p = \sum_{k=1}^{k=n-1} \frac{1}{2} c_k (A_k - A_{k+1})^2.$$

Laut *Bedingung 1* muß sein:

$$\sum_{k=1}^{k=n-1} \frac{1}{2} c_k (A_k - A_{k+1})^2 = \frac{1}{2} c_{Ersatz} A_{Ersatz}^2. \tag{194}$$

Bei der Berechnung der Eigenschwingungen erhielten wir zunächst nicht die wirklichen Ausschläge A_k, sondern die verhältnismäßigen Ausschläge $\alpha_k = A_k/A_1$, bezogen auf den Ausschlag A_1 am freien Wellenende.

Setzen wir voraus, daß der Dämpfer am freien Wellenende angebracht werden soll, dann muß $A_1 = A_{Ersatz}$ sein, also auch $\alpha_1 = \alpha_{Ersatz}$. Mit Einführung der verhältnismäßigen Ausschläge α_k folgt aus Gl. (194) für die Drehfederzahl des Einmassensystems

$$c_{Ersatz} = \sum_{k=1}^{k=n-1} c_k (\alpha_k - \alpha_{k+1})^2. \tag{195}$$

Aus der *Bedingung 2*, daß die Eigenfrequenzen beider Systeme gleich sein sollen, also daß

$$\omega_{Ersatz} = \sqrt{\frac{c_{Ersatz}}{\Theta_{Ersatz}}} = \omega_e,$$

ergibt sich das Massenträgheitsmoment des Einmassensystems:

$$\Theta_{Ersatz} = \frac{c_{Ersatz}}{\omega_e^2}. \tag{196}$$

Aus der *Bedingung 3* folgt das Erregermoment M_{Ersatz} des Einmassensystems. Die Erregungsarbeit für z gleiche Zylinder irgend einer harmonischen Erregenden x-ter Ordnung während einer Schwingung ist im Resonanzfall:

$$L_{Err} = \pi F r A_1 R_x = \pi F r A_1 D_x R_{\alpha_x}. \tag{197}$$

Hierin bedeuten:

- F Kolbenfläche,
- r Kurbelhalbmesser,
- R_x Amplitude der Ersatzerregerkraft x-ter Ordnung der z Zylinder,
- D_x Amplitude der harmonischen Erregerkraft x-ter Ordnung eines Zylinders, bezogen auf die Kolbenfläche,
- $R_{\alpha_x} = \sum_{i=1}^{i=z} \alpha^{(i)} \sin \beta_x^{(i)}$ spezifische Ersatzerregerkraft [Gl. (139)].

Die Arbeit des Erregermomentes M_{Ersatz} des Einmassensystems ist im Resonanzfall ($\sin \alpha = 1$) nach Gl. (48):

$$L_{M_{Ersatz}} = \pi M_{Ersatz} A_{Ersatz}. \tag{198}$$

Aus der Bedingung 3, daß $L_{Err} = L_{M_{Ersatz}}$ sein muß, ergibt sich also mit $A_{Ersatz} = A_1 = 1$ das Erregermoment des Einmassensystems:

$$M_{Ersatz} = F r D_x R_{\alpha_x}. \tag{199}$$

In Ziff. 3,68 wird noch an einem Zahlenbeispiel gezeigt, wie man bei der Reduktion eines Mehrmassensystems auf ein dynamisch gleichwertiges Einmassensystem vorgeht.

3,68. Zahlenbeispiel zur Berechnung von Schwingungsdämpfern.

In Ziff. 2,95 haben wir die resultierende *Drehwechselbeanspruchung* der Kurbelwelle eines Sechszylinder-Viertakt-Einreihen-Otto-Fahrzeugmotors berechnet. Die bei Resonanz der Hauptharmonischen 6. Ordnung (gefährlichste Erregende) auftretende Höchstspannung ergab sich zu $\tau_{na} = 4{,}2$ kg/mm². Die Dauerhaltbarkeit der Kurbelwelle ist $\tau_{nw} = 8{,}6$ kg/mm² (durch Dauerversuche ermittelt). Aus Festigkeitsgründen ist also eine Herabsetzung der Schwingungsausschläge nicht nötig. Im Betrieb traten jedoch bei der Hauptharmonischen 6. Ordnung bzw. der zugehörigen Resonanzdrehzahl $n_6 = 3078$ U/min störende Geräusche auf (Schlagen der Antriebsräder der Nockenwelle, Zittern des Motors). Aus diesem Grunde wurde der Motor mit einem Schwingungsdämpfer versehen, mit dem Erfolg, daß der durch torsiographische Messung ermittelte Größtausschlag A_1 am freien Kurbelwellenende von 0,35° auf 0,15° herabgesetzt und dadurch auch das Geräusch zum Verschwinden gebracht und ein ruhiger Lauf des Motors erzielt wurde.

Im folgenden wollen wir die Abmessungen des Dämpfers bestimmen, und zwar wollen wir drei verschiedene Dämpferarten durchrechnen:

1. Einen Dämpfer mit geschwindigkeitsproportionaler Reibung und *mit* Federkopplung.
2. Einen Dämpfer mit geschwindigkeitsproportionaler Reibung *ohne* Federkopplung.
3. Einen Dämpfer mit konstanter Reibung.

Daten des Motors und seines Ersatzsystems. Die Daten des Sechszylinder-Viertakt-Einreihen-Otto-Fahrzeugmotors, für den wir die verschiedenen Dämpfer berechnen wollen, sind unter Ziff. 2,95 angegeben. Die Abb. 88 zeigt das Ersatzsystem (Massenträgheitsmomente Θ_k, Drehfederzahlen c_k) sowie die Eigenschwingungsform I. Grades. Für die Eigenschwingungszahl I. Grades ergab sich $\omega_{\mathrm{I}} = 1934\ \mathrm{s}^{-1}$.

Wir berechnen die Dämpfer für die gefährlichste Resonanzdrehzahl. Diese tritt in unserem Beispiel bei der Resonanz der Hauptharmonischen 6. Ordnung mit der Eigenschwingung des Systems auf und beträgt:

$$n_6 = \frac{n_e}{6} = \frac{30}{\pi}\frac{\omega_{\mathrm{I}}}{6} = \frac{30}{\pi}\cdot\frac{1934}{6} = 3078\ \mathrm{U/min}.$$

Der Größtausschlag am freien Wellenende bei dieser Drehzahl wurde in Ziff. 2,95 errechnet zu:

$A_1 = 0{,}0289$ cm (gemessen auf dem Kreis vom Kurbelhalbmesser $r = 4{,}1$)

oder im Winkelmaß:

$$A_1 = \frac{0{,}0289}{4{,}1}\cdot\frac{180^\circ}{\pi} = 0{,}404^\circ.$$

Im Hinblick auf Geräusche, die im Betriebe auftraten, soll nur ein Ausschlag von $A_1 = 0{,}15^\circ$ zugelassen werden.

Unsere Aufgabe lautet mithin:

Es ist ein Dämpfer so zu berechnen, daß der Ausschlag am freien Kurbelwellenende bei der Resonanzdrehzahl von $n_6 = 3078$ U/min (Resonanz der Erregenden 6. Ordnung mit der Eigenschwingungszahl I. Grades) auf $A_1 = 0{,}15^\circ$ beschränkt bleibt.

1. Berechnung des Dämpfers mit geschwindigkeitsproportionaler Dämpfung und Federkopplung. Wir reduzieren zunächst das vorliegende Mehrmassensystem auf ein dynamisch gleichwertiges Einmassensystem, um die hierfür gültigen einfachen Formeln anwenden zu können.

Die Drehfederzahl c_{Ersatz} des Einmassensystems ist nach Gl. (195):

$$c_{Ersatz} = \sum_{k=1}^{k=n-1} c_k (\alpha_k - \alpha_{k+1})^2 = 0{,}864 \cdot 10^6 \text{ cmkg}.$$

Die Auswertung des Summenausdrucks geschieht zweckmäßig nach folgender Tabelle (α_k und c_k s. S. 130):

Masse k	α_k	$\alpha_k - \alpha_{k+1}$	$(\alpha_k - \alpha_{k+1})^2$	c_k [cmkg]	$c_k(\alpha_k - \alpha_{k+1})^2$ [cmkg]
1	+1,0000				
		0,2155	$4{,}644 \cdot 10^{-2}$	$1{,}212 \cdot 10^6$	$0{,}056 \cdot 10^6$
2	+0,7845				
		0,0738	$0{,}545 \cdot 10^{-2}$	$6{,}807 \cdot 10^6$	$0{,}037 \cdot 10^6$
3	+0,7107				
		0,1374	$1{,}888 \cdot 10^{-2}$	$4{,}994 \cdot 10^6$	$0{,}093 \cdot 10^6$
4	+0,5733				
		0,1433	$2{,}053 \cdot 10^{-2}$	$5{,}964 \cdot 10^6$	$0{,}122 \cdot 10^6$
5	+0,4300				
		0,2034	$4{,}137 \cdot 10^{-2}$	$4{,}824 \cdot 10^6$	$0{,}200 \cdot 10^6$
6	+0,2266				
		0,1545	$2{,}387 \cdot 10^{-2}$	$6{,}732 \cdot 10^6$	$0{,}161 \cdot 10^6$
7	+0,0721				
		0,1835	$3{,}367 \cdot 10^{-2}$	$5{,}779 \cdot 10^6$	$0{,}195 \cdot 10^6$
8	−0,1114				
					$c_{Ersatz} = 0{,}864 \cdot 10^6$

Das Massenträgheitsmoment Θ_{Ersatz} des Einmassensystems ist nach Gl. (196)

$$\Theta_{Ersatz} = \frac{c_{Ersatz}}{\omega_1^2} = \frac{0{,}864 \cdot 10^6}{1934^2} = 0{,}231 \text{ cmkgs}^2,$$

die Amplitude des Erregermoments des Einmassensystems nach Gl. (199)

$$M_{Ersatz} = F\, r\, D_6\, R_{\alpha_6}.$$

Mit den Werten (s. Ziff. 2,95)

$F = \frac{\pi \cdot 80^2}{4} = 50{,}2 \text{ cm}^2$ Kolbenfläche,
$r = 4{,}1$ cm Kurbelhalbmesser,
$D_6 = 0{,}202 \text{ kg/cm}^2$ Erregende 6. Ordnung,
$R_{\alpha_6} = 2{,}797$ Spezifische Ersatzerregerkraft

ergibt sich für:

$$M_{Ersatz} = 50{,}2 \cdot 4{,}1 \cdot 0{,}202 \cdot 2{,}797 = 116{,}3 \text{ cmkg}.$$

Der Ausschlag des Einmassensystems unter der Wirkung des statischen Moments M_{Ersatz} beträgt:

$$A_{stat} = \frac{M_{Ersatz}}{c_{Ersatz}} = \frac{116{,}3}{0{,}864 \cdot 10^6} = 1{,}346 \cdot 10^{-4} \text{ rad}.$$

Entsprechend der Aufgabenstellung ist der zulässige Ausschlag $A_{1_{zul}} = 0{,}15^\circ = 2{,}62 \cdot 10^{-3}$ rad. Somit ist die zulässige Vergrößerung:

$$V_{zul} = \frac{A_{1_{zul}}}{A_{stat}} = \frac{2{,}62 \cdot 10^{-3}}{1{,}346 \cdot 10^{-4}} \approx 20.$$

Nach Zurückführung des Mehrmassensystems auf das Einmassensystem lassen sich nunmehr die für das Einmassensystem gültigen Formeln anwenden.

Die zur besten Abstimmung ν_{opt} gehörige Vergrößerungsfunktion V_{opt} errechnet sich aus Gl. (162):

$$V_{opt} = \sqrt{1 + \frac{2}{\varepsilon}}.$$

Wir setzen $V_{opt} = V_{zul} = 20$ und erhalten für

$$\varepsilon = \frac{\Theta_D}{\Theta_1} = \frac{\Theta_D}{\Theta_{Ersatz}} = \frac{2}{20^2 - 1} = 0{,}005.$$

Hieraus ergibt sich für das Massenträgheitsmoment der Dämpfermasse:

$$\Theta_D = \Theta_{Ersatz} \cdot 0{,}005 = 0{,}231 \cdot 0{,}005 = 1{,}155 \cdot 10^{-3}\,\text{cm kg s}^2.$$

Die beste Abstimmung ν_{opt} ist nach Gl. (161):

$$\nu_{opt} = \frac{1}{1+\varepsilon} = \frac{1}{1 + 0{,}005} \approx 0{,}995,$$

d. h. der Dämpfer ist praktisch auf Resonanz abzustimmen.

Die Federzahl der Dämpferfeder errechnet sich zu:

$$c_D = \Theta_D\,\omega_D^2 = 1{,}155 \cdot 10^{-3} \cdot (1934 \cdot 0{,}995)^2 = 4277\ \text{cm kg}.$$

Die Verwirklichung der Feder stößt auf bauliche Schwierigkeiten. Die Federn müssen so bemessen werden, daß ihre Dauerbeanspruchung in zulässigen Grenzen liegt, eine Bedingung, die sich bei Verwendung von Stabfedern wegen des beschränkten Raumes nicht erfüllen läßt. Wie schon in Ziff. 3,61 erwähnt, ist das der Grund, warum sehr häufig der viel weniger wirksame federlose Dämpfer verwendet wird. Erst durch Anwendung besonderer Federbauarten konnten Dämpfer mit Federkopplung konstruktiv verwirklicht werden. Die MAN benutzt Hülsenfederpakete, die Firma Adam Opel A.-G. Blattfederpakete. Diese Dämpferbauarten haben wir bereits in Ziff. 3,66 als Beispiele angeführt.

2. Berechnung des Dämpfers mit geschwindigkeitsproportionaler Dämpfung ohne Federkopplung. Erster Weg. Nach Zurückführung des Mehrmassensystems auf das dynamisch möglichst gleichwertige Einmassensystem lassen sich die hierfür gültigen einfachen Formeln anwenden.

Das optimale Vergrößerungsverhältnis ist nach Gl. (172)

$$V_o = 1 + \frac{2}{\varepsilon}.$$

Wir setzen $V_o = V_{zul} = 20$ und erhalten für

$$\varepsilon = \frac{\Theta_D}{\Theta_{Ersatz}} = \frac{2}{20 - 1} = 0{,}105.$$

Hieraus ergibt sich für das Massenträgheitsmoment der Dämpfermasse:

$$\Theta_D = \Theta_{Ersatz}\,\varepsilon = 0{,}231 \cdot 0{,}105 = 0{,}0243\ \text{cm kg s}^2.$$

Zweiter Weg. Die Erregungsarbeit für z Zylinder der Harmonischen x-ter Ordnung während einer Schwingung ist im Resonanzfall nach Gl. (197):

$$L_{Err} = \pi\, F\, r\, A_1\, D_x\, R_{\alpha x}.$$

Die maximale Dämpferarbeit bei geschwindigkeitsproportionaler Dämpfung ist andererseits nach Gl. (173) angenähert:

$$L_{D\max} = \frac{\pi}{2}\,\Theta_D\,A_1^2\,\omega_e^2.$$

Durch Gleichsetzen der beiden Arbeiten folgt für das Massenträgheitsmoment der Dämpfermasse:

$$\Theta_D = \frac{2 F r D_x R_{\alpha x}}{A_1 \omega_e^2}.$$

Nach Einsetzen der Zahlenwerte unseres Beispiels ergibt sich:

$$\Theta_D = \frac{2 \cdot 50{,}2 \cdot 4{,}1 \cdot 0{,}202 \cdot 2{,}797}{2{,}62 \cdot 10^{-3} \cdot 1934^2} = 0{,}0237 \text{ cmkgs}^2.$$

Anmerkung. Dasselbe Ergebnis erhalten wir aus Gl. (175), wenn wir — wie auf S. 174 bereits durchgeführt — das Mehrmassensystem zuerst auf das Einmassensystem reduzieren. Es ist dann:

$$\Theta_D = \frac{2 A_{stat} \Theta_1}{A_1} = \frac{2 \cdot 1{,}346 \cdot 10^{-4} \cdot 0{,}231}{2{,}62 \cdot 10^{-3}} = 0{,}0237 \text{ cmkgs}^2.$$

3. Berechnung des Dämpfers mit konstanter Reibung. Erster Weg. *Ermittlung der Dämpfermasse.* Zur Festlegung der erforderlichen Dämpfermasse wählen wir eine Verstimmung von 20%. Damit ergibt sich nach Gl. (180) die Eigenfrequenz I. Grades des vorliegenden *Achtmassensystems mit blockierter Dämpfermasse* zu:

$$\omega_D = 0{,}8 \cdot \omega_I = 0{,}8 \cdot 1934 = 1547 \text{ s}^{-1}.$$

Mit diesem Wert wird nun das System nach dem Verfahren von HOLZER-TOLLE durchgerechnet[1].

Der Dämpfer soll am freien Wellenende angebracht werden. Beginnen wir die Rechnung bei der Schwungradmasse $\Theta_n = \Theta_8$ mit $\alpha_n = \alpha_8 = -1$, so erhalten wir aus der Bedingung, daß die Summe der Momente aller Massenkräfte Null sein muß, die Gleichung:

$$\alpha_1 \Theta_{1_{ges}} = \sum_{k=n=8}^{k=2} \alpha_k \Theta_k = 0.$$

Daraus folgt für die Gesamtmasse $\Theta_{1_{ges}}$ am freien Kurbelwellenende:

$$\Theta_{1_{ges}} = \frac{1}{\alpha_1} \sum_{k=n=8}^{k=2} \alpha_k \Theta_k.$$

Die gesuchte Dämpfermasse ist dann (unter Vernachlässigung des geringen Massenträgheitsmomentes der Mitnehmerscheibe):

$$\Theta_D = \Theta_{1_{ges}} - \Theta_1,$$

wobei Θ_1 das bekannte Massenträgheitsmoment der Massen am freien Kurbelwellenende ohne Dämpfer ist.

In der folgenden Tabelle (s. Rechenschema Abb. 29) ist mit $\omega_D = 1547 \text{ s}^{-1}$ die Zahlenrechnung durchgeführt:

---

[1] Bei dem unserem Beispiel zugrunde liegenden Motor befindet sich am freien Kurbelwellenende die Riemenscheibe für den Antrieb der Lichtmaschine und der Wasserpumpe. Es ist dadurch die Möglichkeit gegeben, den Dämpfer in Verbindung mit der Riemenscheibe anzubringen (siehe z. B. Abb. 115). Endet das Wellensystem jedoch mit dem äußersten Zylinder, dann ist ein zusätzliches Wellenstück zwischen diesem und dem Dämpfer erforderlich, das zunächst konstruktiv festzulegen ist. Der Dämpferrechnung ist dann das um dieses Wellenstück erweiterte System zugrunde zu legen.

Masse k	Θ_k	c_k	$\frac{\omega_D^2}{c_k}$	α_k	$\alpha_k\,\Theta_k$	$\sum \alpha_k\,\Theta_k$	$\frac{\omega_D^2}{c_k} \sum \alpha_k\,\Theta_k$
8	2,5392	$5{,}779 \cdot 10^6$	0,4141	$-1{,}0000$	$-2{,}5392$	$-2{,}5392$	$-1{,}0515$
7	0,0828	$6{,}732 \cdot 10^6$	0,3554	$+0{,}0515$	$+0{,}0043$	$-2{,}5349$	$-0{,}9009$
6	0,0692	$4{,}824 \cdot 10^6$	0,4961	$+0{,}9524$	$+0{,}0659$	$-2{,}4690$	$-1{,}2249$
5	0,0786	$5{,}964 \cdot 10^6$	0,4012	$+2{,}1773$	$+0{,}1711$	$-2{,}2979$	$-0{,}9219$
4	0,0786	$4{,}994 \cdot 10^6$	0,4792	$+3{,}0992$	$+0{,}2436$	$-2{,}0543$	$-0{,}9844$
3	0,0692	$6{,}807 \cdot 10^6$	0,3515	$+4{,}0836$	$+0{,}2826$	$-1{,}7717$	$-0{,}6227$
2	0,0821	$1{,}212 \cdot 10^6$	1,9745	$+4{,}7063$	$+0{,}3864$	$-1{,}3853$	$-2{,}7353$
1	$\Theta_{1_{ges}}$			$+7{,}4416$			

$$\Theta_{1_{ges}} = \frac{1}{7{,}4416} \cdot 1{,}3853 = 0{,}1861 \text{ cmkgs}^2,$$

$$\Theta_1 \quad = 0{,}0698 \text{ cmkgs}^2 \quad \text{gegeben},$$

$$\Theta_D \quad = 0{,}1861 - 0{,}0698 \approx 0{,}116 \text{ cmkgs}^2.$$

Reduktion auf ein Einmassensystem. Das Maximum der Vergrößerung $V = \frac{A_{dyn}}{A_{stat}}$ ist nach S. 159 etwa bei der Eigenfrequenz ω_D des Systems zu erwarten.

Zur Vereinfachung der Rechnung reduzieren wir unser Achtmassensystem mit blockierter Dämpfermasse auf ein Einmassensystem von gleicher Eigenfrequenz ω_D.

Für die Reduktion gelten nach Gl. (195) und Gl. (196) die beiden folgenden Formeln:

$$c^*_{Ersatz} = \sum_{k=1}^{k=n-1} c_k\,(\alpha_k - \alpha_{k+1})^2,$$

$$\Theta^*_{Ersatz} = \frac{c_{Ersatz}}{\omega_D^2}.$$

Die Drehfederzahlen c_k und die verhältnismäßigen Ausschläge α_k entnehmen wir aus obenstehender Tabelle. Die α_k-Werte sind jedoch auf $\alpha_1 = 1$ zu beziehen, also entsprechend umzurechnen.

Die Zahlenrechnung ergibt:

Masse k	α_k	$\alpha_k - \alpha_{k+1}$	$(\alpha_k - \alpha_{k+1})^2$	c_k	$c_k\,(\alpha_k - \alpha_{k+1})^2$
1	$+1{,}0000$				
		0,3676	$13{,}513 \cdot 10^{-2}$	$1{,}212 \cdot 10^6$	$0{,}1638 \cdot 10^6$
2	$+0{,}6324$				
		0,0837	$0{,}701 \cdot 10^{-2}$	$6{,}807 \cdot 10^6$	$0{,}0477 \cdot 10^6$
3	$+0{,}5487$				
		0,1322	$1{,}748 \cdot 10^{-2}$	$4{,}994 \cdot 10^6$	$0{,}0873 \cdot 10^6$
4	$+0{,}4165$				
		0,1239	$1{,}535 \cdot 10^{-2}$	$5{,}964 \cdot 10^6$	$0{,}0915 \cdot 10^6$
5	$+0{,}2926$				
		0,1646	$2{,}709 \cdot 10^{-2}$	$4{,}824 \cdot 10^6$	$0{,}1307 \cdot 10^6$
6	$+0{,}1280$				
		0,1211	$1{,}466 \cdot 10^{-2}$	$6{,}732 \cdot 10^6$	$0{,}0987 \cdot 10^6$
7	$+0{,}0069$				
		0,1413	$1{,}996 \cdot 10^{-2}$	$5{,}779 \cdot 10^6$	$0{,}1153 \cdot 10^6$
8	$-0{,}1344$				
					$0{,}7350 \cdot 10^6$

Es ist also

$$c^*_{Ersatz} = \sum_{k=1}^{k=n-1} c_k\,(\alpha_k - \alpha_{k+1})^2 = 0{,}735 \cdot 10^6 \text{ cmkg},$$

$$\Theta^*_{Ersatz} = \frac{0{,}735 \cdot 10^6}{1547^2} = 0{,}307 \text{ cmkgs}^2.$$

Dämpferrechnung für das Einmassensystem. Die Amplitude des Erregermoments, welches an der Ersatzmasse Θ_{Ersatz} angreift, errechnet sich für die Harmonische der gefährlichsten Ordnung $x = 6$ nach Gl. (199) zu:

$$M^*_{Ersatz} = F\,r\,D_6\,R^*_{\alpha_6} = 50{,}2 \cdot 4{,}1 \cdot 0{,}202 \cdot 2{,}025 = 84{,}2 \text{ cmkg}.$$

Bei der Bestimmung von $R^*_{\alpha x}$ sind hier die $\alpha^{(i)}$-Werte der vorigen Tabelle einzusetzen. Für die Harmonische 6. Ordnung gilt (vgl. S. 131):

$$R^*_{\alpha_6} = \sum_{i=1}^{i=z=6} \alpha^{(i)} = 0{,}6324 + 0{,}5487 + 0{,}4165 + 0{,}2926 + 0{,}1280 + 0{,}0069 = 2{,}025.$$

Der zulässige Ausschlag am freien Wellenende ist

$$A_{1_{zul}} = 0{,}15° = 2{,}62 \cdot 10^{-3} \text{ rad}.$$

Damit ergibt sich das zulässige Vergrößerungsverhältnis zu:

$$V_{zul} = \frac{A_{1_{zul}}}{A_{stat}} = \frac{A_{1_{zul}}\,c^*_{Ersatz}}{M^*_{Ersatz}} = \frac{2{,}62 \cdot 10^{-3} \cdot 0{,}735 \cdot 10^6}{84{,}2} \approx 23.$$

Für das Einmassensystem gilt angenähert die Formel (179):

$$\varrho_b(\sigma) = \frac{\sigma}{V_{\max}}\left(1 + \frac{1}{\varepsilon}\right),$$

wobei in unserem Fall $V_{\max} = V_{zul} \approx 23$ ist und $\varepsilon \approx \Theta_D/\Theta^*_{Ersatz} = 0{,}116/0{,}307$ gesetzt werden kann.

Mit diesen Zahlenwerten ergibt sich:

$$\varrho_b(\sigma) = \frac{\sigma}{23}\left(1 + \frac{0{,}307}{0{,}116}\right) = 0{,}159\,\sigma.$$

Die Gerade $\varrho_b = 0{,}159 \cdot \sigma$ schneidet die gegebene $\varrho_b(\sigma)$-Kurve nach Abb. 105 in zwei Punkten mit den Abszissen $\sigma = 0{,}8$ und $\sigma = 4{,}5$. Der Wert 0,8 scheidet aus, weil er unterhalb der Sicherheitsgrenze $\sigma = 2$ und zu nahe an dem Wert $\pi/4$ liegt (vgl. hierzu S. 159).

Aus $\sigma = \frac{M_R}{M} = \frac{M_R^*}{M_{Ersatz}} = 4{,}5$ folgt für das gesuchte Reibungsmoment: $M_R = 84{,}2 \cdot 4{,}5 \approx 380$ cmkg.

Zweiter Weg. Die Erregungsarbeit für z Zylinder der Harmonischen x-ter Ordnung während einer Schwingung ist nach Gl. (197)

$$L_{Err} = \pi\,F\,r\,A_1\,D_x\,R_{\alpha x} \text{ [cmkg/Schw]}.$$

Die maximale Dämpferarbeit bei konstanter Reibung ist nach Gl. (182) angenähert:

$$L_{D\max} = \frac{4}{\pi}\,\Theta_D\,A_1^2\,\omega_e^2.$$

Durch Gleichsetzen der beiden Arbeiten folgt für das Trägheitsmoment der Dämpfermasse:

$$\Theta_D = \frac{\pi^2\,F\,r\,D_x R_{\alpha_x}}{4\,A_1\,\omega^2}.$$

Setzen wir die Zahlenwerte unseres Beispiels ein, so ergibt sich:

$$\Theta_D = \frac{\pi^2 \cdot 50{,}2 \cdot 4{,}1 \cdot 0{,}202 \cdot 2{,}797}{4 \cdot 2{,}62 \cdot 10^{-3} \cdot 1934^2} = 0{,}0292 \text{ cmkgs}^2.$$

Das maximale Reibungsmoment festen Betrags, bei dem die größte Dämpferarbeit $L_{D\max}$ geleistet wird, ist nach Gl. (185):

$$M_R = \pm\frac{\sqrt{2}}{\pi}\,\Theta_D\,A_1\,\omega_e^2 = \pm\frac{\sqrt{2}}{\pi}\cdot 0{,}0292\cdot 2{,}62\cdot 10^{-3}\cdot 1934^2 \approx 130\ \text{cmkg}.$$

Anmerkung: Dasselbe Ergebnis erhalten wir aus Gl. (184), wenn wir — wie auf S. 174 bereits geschehen — das Mehrmassensystem zuerst auf das Einmassensystem reduziert hätten. Es ist dann:

$$\Theta_D = \frac{2{,}46\cdot A_{stat}\,\Theta_{Ersatz}}{A_1} = \frac{2{,}46\cdot 1{,}346\cdot 10^{-4}\cdot 0{,}231}{2{,}62\cdot 10^{-3}} = 0{,}0292\ \text{cmkgs}^2.$$

Die nach den beiden angegebenen Näherungsverfahren ermittelten Werte für die Dämpfergrößen bei konstanter Reibung weichen nicht unerheblich voneinander ab. Im ersten Fall ergab sich das Dämpferträgheitsmoment zu $\Theta_D = 0{,}116$ cmkgs² und das Reibungsmoment zu $M_R = 380$ cmkg, im zweiten Fall dagegen ergab sich $\Theta_D = 0{,}0292$ cmkgs² und $M_R = 130$ cmkg. Welche Werte sollen nun konstruktiv verwirklicht werden? Wir gehen den sicheren Weg, wenn wir ein möglichst großes Θ_D und ein möglichst kleines M_R wählen. Die Dämpfermasse beginnt dann allerdings schon recht frühzeitig zu gleiten, und es tritt schon vorzeitig ein Energieentzug ein, was nicht erwünscht ist. Das ist mit ein Grund, das Trägheitsmoment Θ_D nicht unnötig groß zu wählen. Als praktisch brauchbar hat sich, wie schon angegeben, eine Verstimmung von 15 ÷ 25 % durch Zuschaltung der Dämpfermasse erwiesen. Wir wählten bei unserer ersten Berechnung eine Verstimmung von 20 % und erhielten für das Dämpferträgheitsmoment den Wert $\Theta_D = 0{,}116$ cmkgs². Dieser Wert ist dem auf dem zweiten Weg bestimmten kleineren Wert nach dem eben Gesagten vorzuziehen.

Das für $\Theta_D = 0{,}116$ cmkgs² errechnete M_R von 380 cmkg kann kleiner gewählt werden, und zwar kann man, wie in Ziff. 3,64 erläutert, unbedenklich bis zu $\sigma = M_R/M_{Ersatz} = 2$ gehen. Daraus folgt für

$$M_R = \sigma\,M_{Ersatz} = 2\cdot 84{,}2 \approx 170\ \text{cmkg}.$$

Das Reibungsmoment darf also bei $\Theta_D = 0{,}116$ cmkgs² zwischen den beiden Werten $M_R = 380$ und $M_R = 170$ cmkg schwanken. In Anbetracht der unsicheren Beherrschung des Reibungsmomentes festen Betrags im Betrieb ist diese große Sicherheitsspanne sehr erwünscht. Es sei nochmals darauf hingewiesen, daß es sich hier um eine überschlägige Bestimmung der Dämpfergrößen handelt und eine Nachprüfung der Wirkungsweise des Dämpfers bzw. eine Anpassung von Dämpfermasse und Reibungsmoment durch Versuche nicht zu umgehen ist.

3,69. Ermittlung der Dämpfergrößen durch Versuch.

Auf die Notwendigkeit des Versuchs zur Nachprüfung der Rechenergebnisse bzw. Festlegung der endgültigen Dämpfergrößen wurde soeben hingewiesen. Ein Bericht über die versuchsmäßige Anpassung von Dämpfermasse und Reibungsmoment eines Reibungsschwingungsdämpfers wurde von F. Müller [71] veröffentlicht. Zur Erläuterung des Vorgehens sei auf das von Müller untersuchte Beispiel kurz eingegangen:

Ein Sechszylinder-Fahrzeugdieselmotor von 240 PS_e wies im Betriebsdrehzahlbereich bei etwa 900 U/min starke Drehschwingungsausschläge, hervorgerufen durch die harmonische Erregerkraft 6. Ordnung, auf. Durch einen Reibungsdämpfer (trockene Reibung) sollten die Ausschläge in zulässigen Grenzen gehalten werden. Zur Ermittlung der günstigsten Dämpfergrößen wurden die

Dämpfermasse und das Reibungsmoment stufenweise verändert und hierbei die Ausschläge des freien Kurbelwellenendes mit einem elektrischen Torsiographen über einen Kathodenstrahl-Oszillographen beobachtet. Es ergab sich ein Gebiet des günstigsten Reibungsmomentes (mit kleinstem Verdrehungsausschlag) für alle untersuchten Dämpferträgheitsmomente, was durchaus den theoretischen Überlegungen entspricht. Ebenfalls mit der Theorie übereinstimmend ist die Tatsache, daß mit wachsendem Trägheitsmoment des Dämpfers die Ausschläge (bei Besteinstellung) abnehmen (vgl. Abb. 97, Kurve $3b$, mit Abb. 121, Kurve a). Aus der Abb. 121, Kurve b, ist zu ersehen, daß man bei kleiner werdender Dämpfermasse mit kleinerem Reibungsmoment auskommt. Gleichzeitig wird aber auch das Gebiet des günstigsten Reibungsmomentes schmaler. Das ergibt bei Dämpfern mit kleiner Schwungmasse eine größere Empfindlichkeit gegen Abnutzung der Reibbeläge als bei Dämpfern mit größerer Schwungmasse. Um dieser Tatsache Rechnung zu tragen, wird man bei Neueinstellung des Dämpfers die obere Grenze des schraffierten Bereichs (Abb. 121b) wählen. Bezüglich der Abstimmung sei erwähnt, daß bei dem vorliegenden Beispiel sich günstige Ergebnisse bei $\nu^* = 18 \div 22{,}5\,\%$ ergaben.

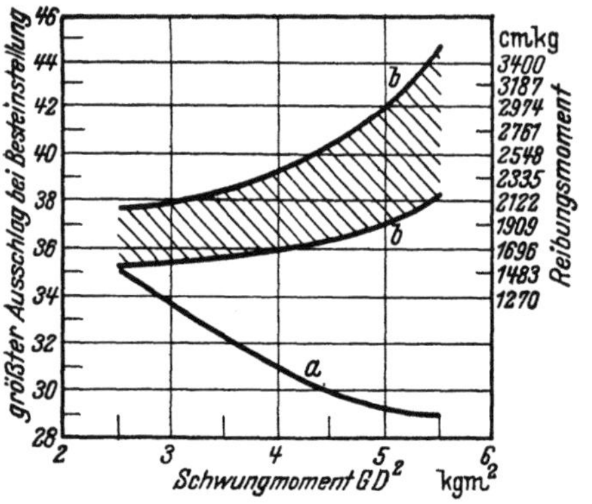

Abb. 121. a Schwingungsausschläge (Teilstriche am Meßgerät) bei jeweiliger Besteinstellung des Dämpfers und b Bereich des brauchbaren Reibungsmoments jeweils in Abhängigkeit vom Schwungmoment des Dämpfers (nach Versuchen von MÜLLER).

3,7. Schwingungstilger.

3,71. Einführung.

Durch die in Ziff. 3,6 behandelten Schwingungsdämpfer werden die kritischen Ausschläge zum Teil durch Reibungswirkungen (trockene Reibung, Flüssigkeitsreibung) oder durch Werkstoffdämpfung begrenzt. Die Wirkung der Dämpfer tritt erst ein, wenn Schwingbewegungen vorhanden sind, dabei wird dem zu dämpfenden System Energie entzogen. Grundsätzlich anders ist die Wirkungsweise der *Schwingungstilger*. Hier handelt es sich um Einrichtungen (Zusatzschwinger), die bereits die Entstehung unerwünschter Drehschwingungen verhindern. Diese Unterdrückung der Schwingungen erfolgt *ohne* Energieverzehr. Die Schwingungstilger übertreffen in ihrer Wirksamkeit, baulichen Einfachheit und hinsichtlich der Betriebssicherheit alle bisher bekannten schwingungsbekämpfer den Vorrichtungen und verdienen deshalb besondere Beachtung.

Einfache Schwinger als Schwingungstilger. Die schwingungstilgende Wirkung einer an ein Zweimassensystem mittels einer Feder angekoppelten Zusatzmasse haben wir bereits in Ziff. 1,332 bei der Betrachtung der möglichen Schwingungsformen des periodisch erregten Dreimassensystems kennengelernt. Unter den Schwingungsformen zeigte sich eine von besonders überraschendem Aussehen. Dieser ausgezeichnete Schwingungszustand tritt ein, wenn die Erregerfrequenz Ω übereinstimmt mit der Eigenfrequenz $\omega_{23} = \sqrt{c_2/\Theta_3}$ des aus der Feder c_2 und der Masse Θ_3 gedachten einfachen Schwingers. In diesem Falle führt nur die Masse Θ_3 erzwungene Schwingungen aus, während die Massen Θ_1 und Θ_2 in Ruhe bleiben.

Bei einem Zweimassensystem — dies möge z. B. das Ersatzsystem eines Flugzeug-Sternmotors mit Luftschraube sein — hätte man demzufolge lediglich einen auf die gefährliche Erregerfrequenz abgestimmten einfachen Schwinger anzukoppeln, um völlige Schwingungsruhe und damit Beanspruchungsfreiheit in der Wellenleitung vom Motor bis zur Luftschraube zu erhalten.

Dieser wünschenswerte Schwingungszustand tritt jedoch nur bei einer einzigen Drehzahl des Motors ein, denn die Erregerfrequenz $\left(\Omega_x = x\,\omega_0 = x\frac{n\pi}{30}\right)$ ist mit der Drehzahl n veränderlich, während die Eigenfrequenz des angekoppelten einfachen Schwingers $\left(\omega_{23} = \sqrt{c_2/\Theta_3}\right)$ konstant ist. Die Abb. 33 veranschaulicht die Tatsache, daß die Bedingung für den Tilgungseffekt $\Omega_x = \omega_{23}$ nur bei einer bestimmten Drehzahl erfüllt ist.

Die tilgende Wirkung einer angekoppelten Masse bei einer einzigen Drehzahl wird unverhältnismäßig teuer erkauft durch die Tatsache, daß sie eine weitere Eigenschwingungszahl und damit neue Resonanzmöglichkeiten zur Folge hat. Für praktische Bedürfnisse genügt daher ein solcher Tilger keineswegs.

Kreispendel im Fliehkraftfeld. Um die Wirkung einer gefährlichen Erregenden über den ganzen Drehzahlbereich zu tilgen, müßte man einen Schwinger ankoppeln, dessen Eigenfrequenz nicht konstant, sondern genau wie die Erregerfrequenz Ω_x geradlinig von der Drehzahl (bzw. von ω_0) abhängt. Bei entsprechender Abstimmung des Schwingers ließe sich dann nämlich die Bedingung für den Tilgungseffekt $\Omega_{Erregung} = \omega_{Tilger}$ bei jeder Drehzahl erzielen.

Ein solches schwingungsfähiges System ist das *Kreispendel im Fliehkraftfeld.* Seine Bedeutung für die Beruhigung von Kurbelwellenschwingungen ist erstmals von SARAZIN [79] erkannt und zur praktischen Reife entwickelt worden. Die häufig anzutreffende Bezeichnung „*Taylor-Pendel*“ für das schwingungstilgende Fliehkraftpendel ist daher nicht gerechtfertigt. Wir bezeichnen es im folgenden als „*Sarazin-Pendel*“ oder „*Sarazin-Tilger*“.

Rollpendel im Fliehkraftfeld. Die gewünschte schwingungstilgende Wirkung kann auch auf andere Weise erzielt werden, wie SALOMON [77] gezeigt hat. Im Gegensatz zum Kreispendel (das um einen Punkt drehbar gelagert ist) benutzt SALOMON rollende Massen (Rollpendel, siehe Ziff. 3,73).

3,72. Schwingungstilger nach SARAZIN.

Physikalische Grundlagen des „Sarazin-Pendels“. Die Urform des Sarazin-Pendels ist, wie erwähnt, das Kreispendel im Fliehkraftfeld, wie in Abb. 122 dargestellt. An einer mit der Winkelgeschwindigkeit ω_0 umlaufenden Scheibe ist im Abstand L von der Drehachse 0 im Punkt A ein mathematisches Pendel angehängt. Die Punktmasse des Pendels sei m, seine Länge l.

Wir nehmen nun an, die Masse m werde durch Drehschwingungen der Scheibe aus ihrer radialen Lage um den Winkel ψ ausgelenkt. Dann erfährt die Punktmasse m nach einem bekannten Satz der Mechanik die Beschleunigungen des Aufhängepunktes A sowie die Beschleunigungen von m um A. Die dabei entstehenden Massenkräfte sind in der Abb. 122 der Größe und Richtung nach eingezeichnet. Nicht eingetragen sind die Schwerkraft und die bei der Drehung der Scheibe und gleichzeitiger Schwingbewegung der Masse m auftretenden Corioliskräfte, da diese bei großem ω_0 und kleinem ψ gegenüber den übrigen Massenkräften vernachlässigt werden können. Aus dem Gleichgewicht der senkrecht zum Pendelarm $\overline{AP}$ wirkenden Kraftkomponenten ergibt sich

$$m\,l\,\ddot{\psi} + m\,L\,\omega_0^2 \sin\psi = 0$$

oder bei kleinen Ausschlägen ($\sin\psi = \psi$ gesetzt)

$$l\ddot{\psi} + L\,\omega_0^2\,\psi = 0.$$

Dies ist die Bewegungsgleichung eines harmonischen Schwingers [vgl. Gl. (20)]. Hieraus folgt für die Eigenkreisfrequenz des Fliehkraftpendels

(200) $$\omega_P = \omega_0 \sqrt{\frac{L}{l}}.$$

ω_P nimmt also im geradlinigen Verhältnis mit der Drehgeschwindigkeit ω_0 zu. Das Sarazin-Pendel ist also ein Schwinger mit der erwünschten Eigenschaft, daß seine Eigenfrequenz ω_P sich mit der Drehzahl geradlinig verändert. Soll nun das Pendel bei der zu tilgenden gefährlichen Erregenden x-ter Ordnung wirksam werden, d. h. soll völlige Schwingungsruhe in der ganzen Wellenanlage herrschen, während nur das Pendel Schwingungen ausführt, so muß sein:

$$\Omega_x = \omega_P$$

oder

$$x\,\omega_0 = \omega_0 \sqrt{\frac{L}{l}}.$$

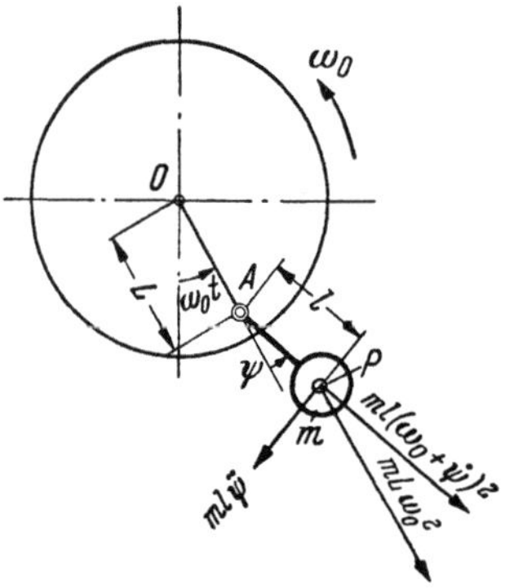

Abb. 122. Grundgestalt des Fliehkraftpendels und die daran wirkenden Kräfte (Schwerkraft und Corioliskräfte vernachlässigt).

Hieraus folgt für die *Abstimmung* des Pendels:

(201) $$\frac{L}{l} = x^2.$$

Das Verhältnis $\frac{L}{l}$ (Anlenkradius : Pendellänge) ist also gleich dem Quadrat der Ordnung x der zu tilgenden gefährlichen Erregenden zu machen. Dies ist jedoch nicht die einzige Bedingung für ein wirkungsvolles Tilgungspendel. Es ist ohne weiteres einleuchtend, daß auch die Größe der Pendelmasse, die in Gl. (201) nicht erscheint, von Einfluß sein muß. Diese richtet sich vor allem nach ihren Relativausschlägen ψ (s. Tab. 10). Je größere Ausschläge ψ zugelassen werden, desto kleiner kann man die Pendelmasse selbst wählen. Dabei ist zu beachten, daß bei großen Ausschlägen die oben gemachten Voraussetzungen nicht mehr erfüllt sind. In diesem Fall besitzt das Pendel eine andere Abstimmung als nach Gl. (201). Man wird eine möglichst große Pendelmasse anstreben, um kleine Ausschläge ψ zu erhalten.

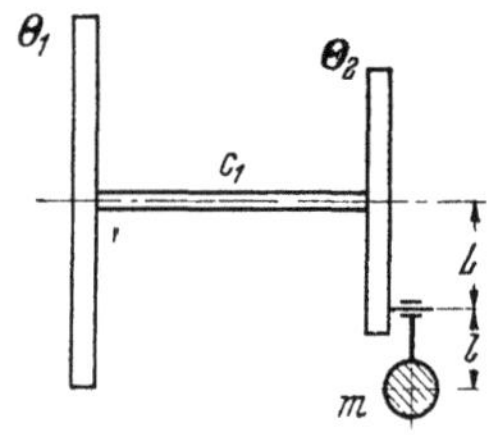

Abb. 123. Zweimassensystem mit Fliehkraftpendel.

Praktische Ausführung des Sarazin-Pendels. Bei der praktischen Ausführung des Fliehkraftpendels als Schwingungstilger von Kolbenmotoren hat man zwei Bedingungen zu erfüllen:

1. ein großes Verhältnis L/l,
2. eine möglichst große Pendelmasse m.

Betrachten wir ein Zweimassensystem mit angekoppeltem Pendel (Abb. 123). Es möge das Ersatzsystem eines Neunzylinder-Viertakt-Sternmotors mit Luftschraube darstellen. Für den Fall, daß beispielsweise die Hauptkritische der Ordnung $x = z/2 = 4{,}5$ getilgt werden soll, ist das Pendel mit $L/l = 4{,}5^2 = 20{,}25$ auszuführen.

Aus konstruktiven Gründen kann L nicht größer als der Kurbelhalbmesser gemacht werden, also z. B. bei Flugmotoren nicht größer als 10 cm. Damit ergibt sich für die Pendellänge $l = \frac{10}{20{,}25} \approx 0{,}5$ cm.

Tabelle 10. Zusammenstellung der wichtigsten Beziehungen für verschiedene Pendelmassen im Fliehkraftfeld.

enennung	Abmessungen	Resonanzabstimmung	Auslenkung der Pendelmasse	Neigungswinkel der Auflagerkraft
athemat. Pendel	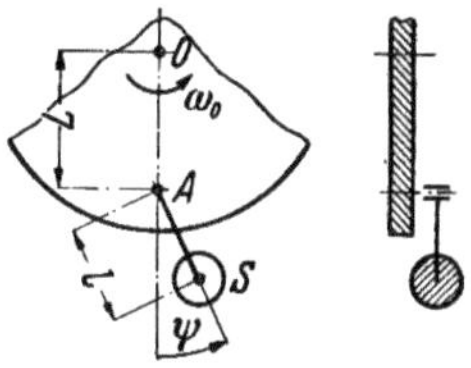	$x^2 = \frac{L}{l}$	$\psi = \frac{D_x}{m L \omega_0^2}$	—
Physikalisches Pendel	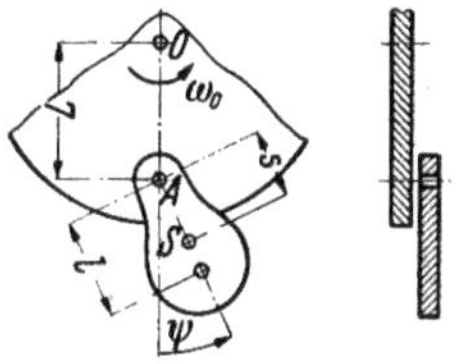	$x^2 = \frac{L}{s\left(1 + \frac{\Theta_S}{m s^2}\right)}$	$\psi = \frac{D_x\left(1 + \frac{\Theta_S}{m s^2}\right)}{m L \omega_0^2}$	—
Sarazin-Pendel	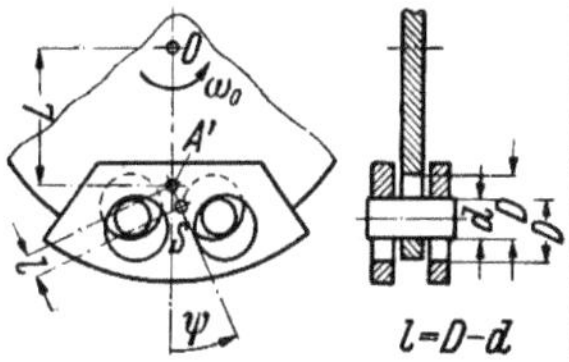	$x^2 = \frac{L}{l}$	$\psi = \frac{D_x}{m L \omega_0^2}$	$\varepsilon = 0$
ußenrolle nach SALOMON	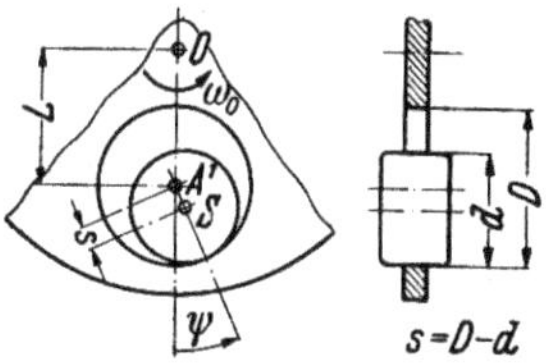	$x^2 = \frac{L}{s\left(1 + \frac{4\,\Theta_S}{D^2 m}\right)}$	$\psi = \frac{D_x\left(1 + \frac{4\,\Theta_S}{D^2 m}\right)}{m L \omega_0^2}$	$\varepsilon = \frac{L}{L+s} \cdot \frac{\psi}{1 + \frac{D^2 m}{4\,\Theta_S}}$
nnenrolle nach SALOMON	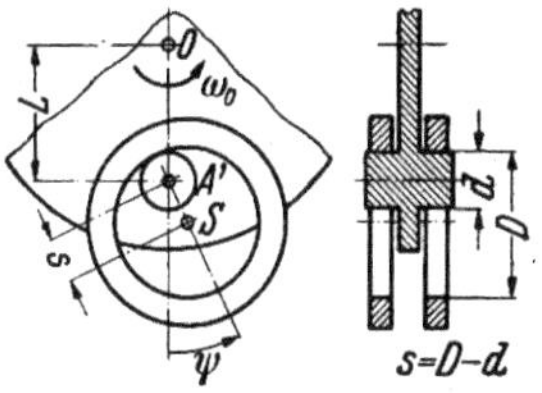	$x^2 = \frac{L}{s\left(1 + \frac{4\,\Theta_S}{d^2 m}\right)}$	$\psi = \frac{D_x\left(1 + \frac{4\,\Theta_S}{d^2 m}\right)}{m L \omega_0^2}$	$\varepsilon = \frac{L}{L+s} \cdot \frac{\psi}{1 + \frac{d^2 m}{4\,\Theta_S}}$
Pendel-nasse mit wei Frei-eitsgraden Außenrolle und nnenrolle)	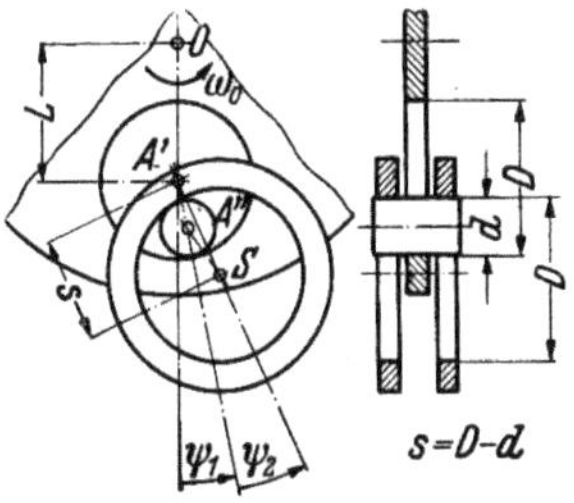	Fall 1: Verschiebebewegung ($\psi_2 = 0$)		
		$x^2 = \frac{L}{s}$	$\psi_1 = \frac{D_x}{m L \omega_0^2}$	$\varepsilon = 0$
		Fall 2: Drehbewegung um S ($\psi_1 = 0$)		
		$x^2 = \left(1 + \frac{L}{s}\right)\left(\frac{D^2 m}{4\,\Theta_S}\right)$	$\psi_2 = \frac{D_x}{m \frac{D}{2} \omega_0^2}$	$\varepsilon = \psi_2$

Diese Forderung kann unter Anwendung eines einfachen physikalischen Pendels aus räumlichen Gründen praktisch nicht verwirklicht werden. Beim Ersatz des mathematischen Pendels mit der Punktmasse m und der Fadenlänge l durch ein physikalisches Pendel gleicher Frequenz ergibt sich nämlich für die sog. *reduzierte Pendellänge*

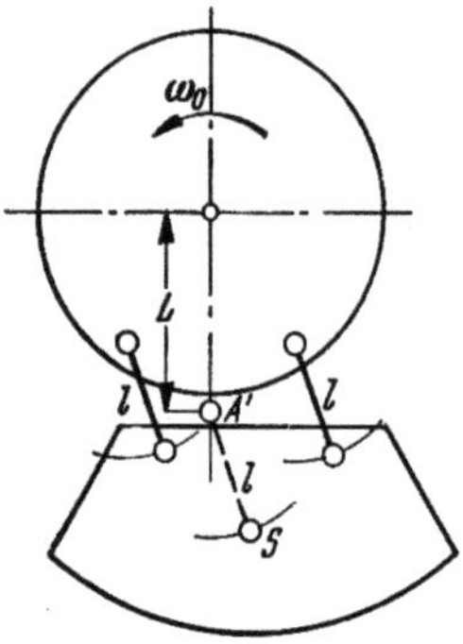

Abb. 124. Zweifadenpendel (Viergelenkpendel).

$$l_r = s\left(1 + \frac{\Theta_S}{m\,s^2}\right). \tag{202}$$

Θ_S bedeutet dabei das Massenträgheitsmoment des Pendelkörpers um seine Schwerpunktachse parallel zur Schwingachse und s den Abstand des Aufhängepunktes A vom Schwerpunkt S. Der Kleinstwert für l_r liegt bei $s = \sqrt{\Theta_S/m}$, wovon man sich durch Nullsetzen der Ableitung von Gl. (202) überzeugt. Es ist

$$l_{\min} = 2\sqrt{\frac{\Theta_S}{m}}. \tag{203}$$

Bei Pendelkörpern, wie sie für ein befriedigendes Tilgungspendel erforderlich sind (etwa in der Größenordnung eines Gegengewichts), ergeben sich hiernach für die Pendellänge l viel zu große Werte.

Um l entsprechend klein zu erhalten, hat man an Stelle des einfachen physischen Pendels ein Zweifadenpendel (Viergelenkpendel) nach Abb. 124 gewählt. Bei einer solchen bifilaren Aufhängung der Pendelmasse bewegen sich alle ihre Punkte, also auch der Schwerpunkt S, auf kongruenten Kreisbahnen. Das Zweifadenpendel entspricht daher einem mathematischen Pendel von der Masse m und der Länge l, das im Punkte A' aufgehängt zu denken wäre.

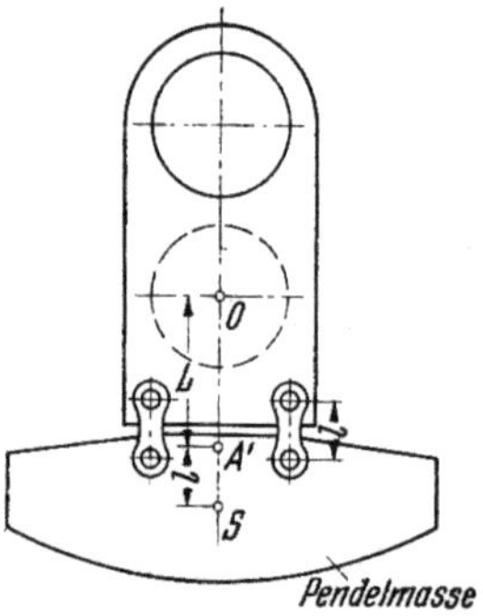

Abb. 125. Zweifadenpendel an einer Kurbelwange (schematisch).

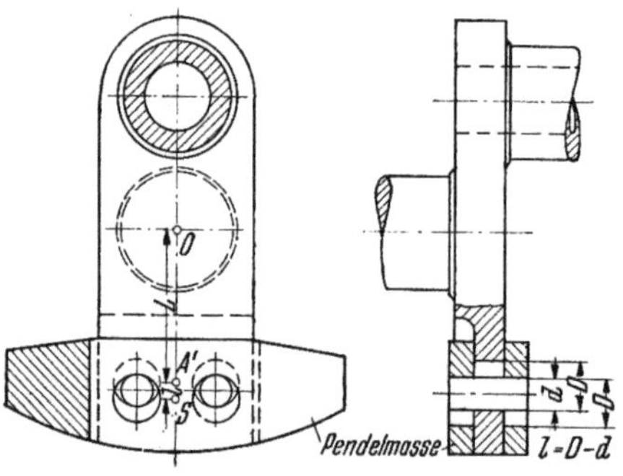

Abb. 126. Fliehkraftpendel nach Sarazin (Pendelmasse gleichzeitig Gegengewicht).

Die in Abb. 125 schematisch dargestellte Anordnung eines Zweifadenpendels an einer Kurbelwange läßt sich etwa unter Verwendung von Bolzen und Laschen praktisch nicht ausführen, denn auf diese Weise erreicht man noch nicht genügend kleine Pendellängen, ganz abgesehen von der störenden Reibung, die infolge der großen Fliehkräfte in den Bolzenlagern auftreten würde.

Eine endgültige und in der Praxis bewährte Lösung ist erstmals von Sarazin [79] angegeben worden. Wie die Abb. 126 schematisch zeigt, wird die Pendelmasse an zwei zylindrischen Bolzen vom Durchmesser d aufgehängt, die in etwas größeren Bohrungen vom Durchmesser D abrollen. Die Pendelmassen können in dieser Weise als pendelnd aufgehängte Gegengewichte ausgebildet werden und so gleichzeitig dem Massenausgleich und der Schwingungstilgung dienen. Sie können aber auch an irgendeiner anderen Stelle der Kurbelwelle angebracht werden, wobei man durch paarweise gegenüberliegende Anordnung der Pendelmassen Unwuchten vermeidet. Eine so aufgehängte Pendelmasse kann nur eine reine Verschiebebewegung ausführen, wobei jeder Massenpunkt einen Kreis mit dem Halbmesser $l = D - d$ beschreibt. Es liegen also dieselben Bewegungsverhältnisse wie beim Viergelenkpendel vor. Ein solches Pendel entspricht mithin dynamisch einem mathematischen Pendel, dessen Länge $l = D - d$, also gleich ist dem Unterschied zwischen Bohrungs- und Rollendurchmesser. Die Anordnung gestattet kleinste Pendellängen zu verwirklichen, wobei durch Anwendung von Wälzbewegungen der gegeneinander beweglichen Bauteile jegliche gleitende Reibung vermieden wird.

Einfluß des Sarazin-Pendels auf die Resonanzdrehzahlen. Durch die Anbringung eines Fliehkraftpendels wird die Anzahl der Massen des ursprünglichen Systems um eine vermehrt, wodurch eine weitere Eigenschwingungszahl hinzukommt. So erhält man z. B. durch Anhängen eines Fliehkraftpendels an ein Zweimassensystem mit einer Eigenfrequenz ein Dreimassensystem mit zwei Eigenfrequenzen. Die beiden Eigenfrequenzen ω_{I} und ω_{II} eines so gebildeten Dreimassensystems, bei dem die Rückstellkraft eines Gliedes (nämlich des Pendels) von der Drehgeschwindigkeit ω_0 des Systems abhängt, sind natürlich ebenfalls mit ω_0 veränderlich.

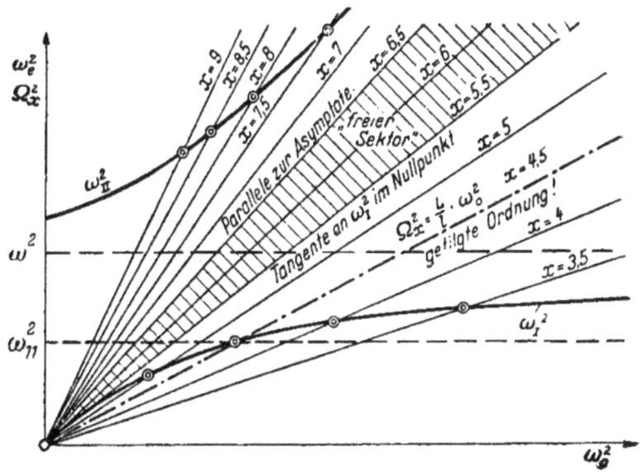

Abb. 127. Resonanzstellen und getilgte Ordnungen beim Dreimassensystem (dritte Masse als Fliehkraftpendel) nach KRAEMER.

ω_{I} = Eigenkreisfrequenz I. Grades,
ω_{II} = Eigenkreisfrequenz II. Grades,
ω = Eigenkreisfrequenz des Systems ohne Pendel
$\omega_{11} = c_1/\Theta_1$ (siehe Abb. 123).

Man könnte nun annehmen, daß sich mit der Vermehrung (in unserem Beispiel Verdoppelung) der Zahl der Eigenfrequenzen auch die Anzahl der Resonanzmöglichkeiten bzw. der kritischen Drehzahlen vermehrt (verdoppelt) haben müßte. Tatsächlich ist das aber nicht so. *Die Anzahl der Resonanzmöglichkeiten wird nicht vermehrt, sondern vermindert!* Diese überraschende Eigentümlichkeit veranschaulicht Abb. 127. Die beiden Hyperbeläste und das Strahlenbündel kennzeichnen die Abhängigkeit der Eigenfrequenzen (ω_{I}, ω_{II}) und der Erregerfrequenzen ($\Omega_x = x\,\omega_0$) von der Drehgeschwindigkeit ω_0. Die Schnittpunkte der Ω_x-Strahlen mit den Hyperbelästen ergeben die Resonanzstellen ($\Omega_x^2 = \omega_{\mathrm{I}}^2$ oder $\Omega_x^2 = \omega_{\mathrm{II}}^2$). Man erkennt, daß keine der Ω_x-Strahlen *beide* Eigenfrequenzkurven schneidet. Es treten sogar Erregerfrequenzstrahlen auf, die weder mit $\omega_{\mathrm{I}}^2 = f(\omega_0^2)$ noch mit $\omega_{\mathrm{II}}^2 = f(\omega_0^2)$ zum Schnitt gelangen. Alle diese in dem *„resonanzfreien Sektor"* liegenden Erregerordnungen rufen im ganzen Drehzahlbereich keine Resonanzausschläge hervor. Damit ist die obige Behauptung bewiesen, daß durch Ankoppeln eines Fliehkraftpendels die Anzahl der Resonanzstellen nicht vermehrt, sondern im Gegenteil vermindert wird.

Wie aus der Abb. 127 ersichtlich, werden die Resonanzstellen der einzelnen Erregerordnungen verlagert, und zwar nicht etwa alle nach unten, wie man zunächst annehmen möchte, sondern es verlagern sich nur einige nach unten, die übrigen nach oben. Das Fliehkraftpendel könnte also auch als Mittel zur Verlegung von gefährlichen Resonanzen außerhalb des Betriebsdrehzahlbereichs herangezogen werden.

3,73. Schwingungstilger nach Salomon.

Die Anwendung des *Rollpendels im Fliehkraftfeld* zur Tilgung von Drehschwingungen ist, wie schon erwähnt, von Salomon [77] patentiert worden. Die Rollmasse wird nach Tab. 10 entweder durch einen Ring (Außenrolle) gebildet, der auf einem Zapfen abrollt oder als Walze (Innenrolle) ausgeführt, die innerhalb einer Bohrung rollend schwingen kann. Der Zapfen bzw. die Bohrung befinden sich im festen Abstand L von der Drehachse 0 in irgendeinem Flansch der Kurbelwelle oder in den Kurbelwangen. Das Rollpendel hat ebenso wie das Sarazin-Pendel nur einen Freiheitsgrad, wenn man von der Möglichkeit des Abhebens von der Abstützung absieht, die durch die Fliehkräfte verhindert wird. Lagert man nun bei der Außenrolle nach Salomon den Stützzapfen selbst wieder rollend, so entsteht ein System von zwei Freiheitsgraden. Ein solches Rollensystem (Kombination von Außenrolle und Innenrolle) besitzt zwei verschiedene Eigenfrequenzen sowie zwei verschiedene Abstimmungen. Mit einem solchen System können demzufolge zwei verschiedene Ordnungen gleichzeitig beeinflußt werden. Die pendelnde Masse (d. i. die Außenrolle — die Masse der Innenrolle wird vernachlässigt —) führt entweder eine Verschiebebewegung aus (wie das Sarazin-Pendel) oder eine Drehbewegung um ihren Schwerpunkt S. Diese beiden möglichen Fälle ergeben sich aus der Abbildung für die Pendelmasse mit zwei Freiheitsgraden in Tab. 10, wenn man einmal $\psi_2 = 0$, das andere Mal $\psi_1 = 0$ setzt.

Die Bewegungsverhältnisse sowohl des Kreispendels als auch des Rollpendels im Fliehkraftfeld hat A. Stieglitz [89] eingehend untersucht und die für den Entwurf erforderlichen Beziehungen aufgestellt. Für den praktisch wichtigen Fall $\Omega_{Erregung} = \omega_{Tilger}$ (Resonanzabstimmung des Tilgers) sind in Tab. 28 die für den Entwurf erforderlichen Werte angegeben. Maßgebend für die Wahl der Größe der Rollmassen ist vor allem die Kenntnis der zu erwartenden Relativausschläge ψ, des Pendelschwerpunkts S um seinen Bahnmittelpunkt A bzw. A' (Aufhängepunkt beim einfachen Pendel) und des Neigungswinkels ε der Auflagerkraft gegenüber der Berührungsfläche von Rollkörper und Rollbahn. Der Neigungswinkel ε muß immer kleiner als der Reibungswinkel sein, um ein Gleiten der Rolle zu verhindern. Man wird hier im äußersten Fall $\mu = 0{,}1$ entsprechend einem Winkel von 6° zulassen können. Wenn die Rollenmassen in unkontrollierbarer Weise auf ihren Laufbahnen gleiten, ist die Abstimmung der Tilgerfrequenz schwierig [91]. Gegenüber dem Schwingungstilger nach Salomon hat die Ausführung nach Sarazin den großen Vorteil, daß nur rollende Reibung auftritt. (Der Neigungswinkel ε ist stets gleich Null, siehe Tab. 10.)

3,74. Mehrmassensysteme mit mehreren Fliehkrafttilgern.

Die in Ziff. 3,71 an dem einfachen Beispiel eines Dreimassensystems gezeigten Tilgerwirkungen sind in ähnlicher Weise auch am Mehrmassensystem erzielt worden. Für die verschiedenen Eigenfrequenzen $\omega_e = f(\omega_0)$ erhält man bei Mehrmassensystemen (an Stelle der Hyperbeläste beim Dreimassensystem) mehrere übereinanderliegende Kurvenäste höherer Ordnung. Aus dem resonanz*freien* Sektor beim Dreimassensystem wird ein resonanz*armer* Sektor. Bei einem vielgliedrigen System mit mehreren verschieden abgestimmten Fliehkraftpendeln ergeben sich mehrere resonanzarme Sektoren. Unter Umständen überdecken sich diese Sektoren, so daß auch hier *mehrere* Resonanzstellen ausfallen können.

In Einsternmotoren erreicht man mit einem auf die wichtigste Hauptkritische abgestimmten Pendel nahezu völlige Schwingungsfreiheit. In Reihenmotoren kann man durch Ausnutzung der Resonanzverlagerungen, die durch mehrere gleich oder verschieden abgestimmte Pendel hervorgerufen werden, das Schwingungsverhalten wesentlich verbessern.

Sonderuntersuchungen über die Wirkung und Abstimmung von Fliehkraftpendeln bei Mehrzylinder-Reihenmotoren geben Auskunft über weitere Einzelheiten. (A. Stieglitz [89], W. Schick [84], A. Kimmel und J. Lutzweiler [48], R. Lambrich [59], H. Kammerer [47].)

3,75. Ausgeführte Tilger-Bauformen.

Es sind zahlreiche Bauformen von Schwingungstilgern bekanntgeworden. Sowohl das Sarazin-Pendel als auch das Salomon-Pendel wurden im praktischen Motorenbau, insbesondere im Flugmotorenbau, vielfach angewandt. Eine Anzahl von ausgeführten Bauformen zeigen die Abb. 128 bis 133.

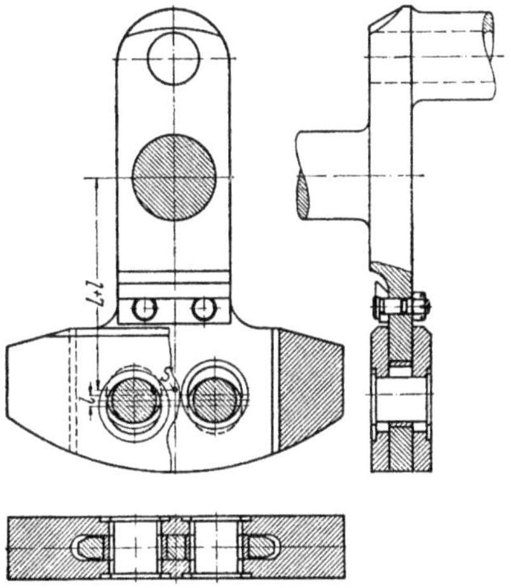

Abb. 128. Sarazin-Tilger des Wright-Cyclone 9-Zylinder-Sternmotors Ausführung nach Taylor und Chilton.

Abb. 129. Sarazin-Tilger am freien Kurbelwellenende eines 12-Zylinder-V-Motors. Ausführung Hispano-Suiza.

Abb. 130. Sarazin-Tilger eines Doppelsternmotors. Ausführung Hispano-Suiza.

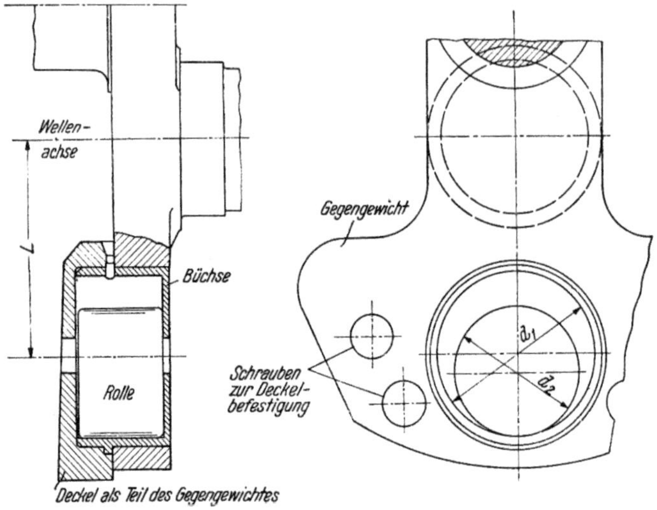

Abb. 131. Salomon-Tilger (Innenrolle) eines Doppelsternmotors mit 2×7 Zylindern. Ausführung PRATT and WITNEY (nach SCHRÖN).

Abb. 132. Salomon-Tilger (Innenrolle). Amerikanische Ausführung.

Abb. 133. Salomon-Tilger (Außenrolle und Innenrolle) des Gipsy-6-Zylinder-Flugmotors (je ein Tilger an der 2., 4., 6., 7., 9. und 11. Kurbelwange). Ausführung De Havilland Aircraft Company.

Anhang.

Beweis zum Verfahren von Baranow[1].

Einführung. Die Verfahren zur Aufsuchung der Eigenschwingungszahlen von n-Massensystemen lassen sich in zwei Gruppen einteilen. In die erste Gruppe gehören die Verfahren, welche unmittelbar von den Schwingungs(differential)-gleichungen (60) bzw. von den aus diesen hervorgehenden algebraischen Gleichungen (62) ausgehen, wie z. B. das Verfahren von Holzer-Tolle. Die zweite Gruppe macht von der Möglichkeit der Aufteilung des n-Massensystems in Teilsysteme gleicher Eigenfrequenz Gebrauch (vgl. S. 36). Zu dieser Gruppe gehört das Verfahren von Baranow.

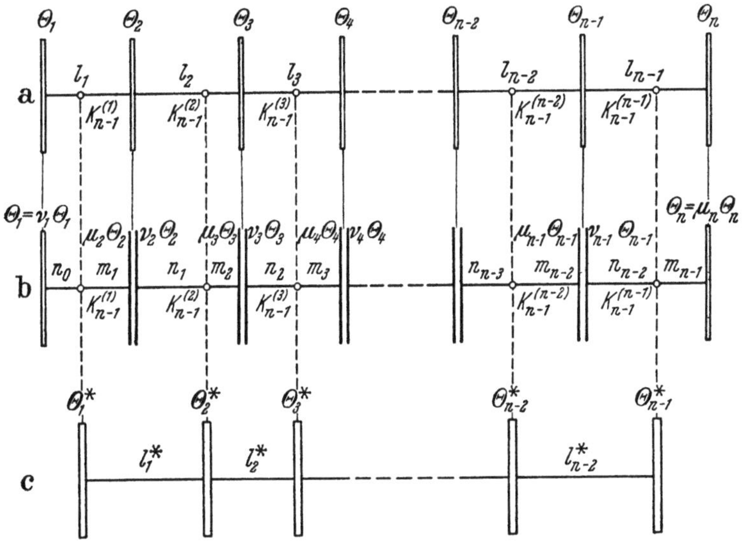

Abb. 134. a n-Massensystem, b seine Aufteilung in $2(n-1)$ Ein-Massensysteme und c sein nach Baranow reduziertes System.

Wie schon auf S. 82 gesagt, geht Baranow von dem Verfahren von Kutzbach aus, das die Aufteilung des n-Massensystems in Teilsysteme gleicher Eigenfrequenz mit Hilfe des „Kraft- und Seilecks" vornimmt. Baranow benutzt das Kutzbachsche Verfahren nur insoweit, als dieses streng richtig ist, nämlich zur Bestimmung der höchsten Frequenz des jeweils vorliegenden n-Massensystems und der zugehörigen $(n-1)$ Knoten K_{n-1}. Während Kutzbach zur Ermittlung

[1] In der deutschen Veröffentlichung [4] wird das Verfahren an Hand des Vier-Massensystems erläutert und bezüglich des Beweises auf die russische Originalarbeit [3] verwiesen. Diese Arbeit konnte der Verfasser bisher nicht auffinden und somit nicht feststellen, ob Baranow den Beweis für n Massen geliefert hat. Da das Verfahren fälschlicherweise als Näherungsverfahren in die deutsche Literatur eingegangen ist, sei hier der allgemeine Beweis für seine Exaktheit skizziert.

der übrigen Frequenzen einen Näherungsweg einschlägt, geht BARANOW einen exakten Weg, dem ein grundsätzlich neuer Gedanke zugrunde liegt: Wie wir in Ziff. 2,41 gesehen haben, bildet er nämlich nach Ermittlung der höchsten Frequenz und der Lage der Knoten einen reduzierten Schwinger mit $(n-1)$ Massen, indem er in den Knoten jeweils die Summe der links und rechts von diesen befindlichen Teilmassen anbringt. Es werden also die n Massen des ursprünglichen Systems, von denen, mit Ausnahme der ersten und letzten (Θ_1 und Θ_n), alle in zwei Teilmassen zerlegt sind, zu $(n-1)$ Massen zusammengefaßt (Abb. 134). Für den so gebildeten reduzierten Schwinger wird wieder in derselben Weise nur die höchste Frequenz bestimmt, dann ein Schwinger mit $(n-2)$ Massen gebildet, dessen höchste Frequenz ermittelt, usw.

Beweis. Das Baranowsche Verfahren ist also als exakt für die Bestimmung sämtlicher Frequenzen nachgewiesen, wenn wir zeigen können, daß jeweils das reduzierte System dieselben Frequenzen besitzt wie das vorangehende System, dessen gerade abgespaltene höchste Frequenz natürlich ausgenommen.

In der folgenden Beweisführung bedeuten:

$\Theta_1, \Theta_2, \ldots, \Theta_n$	Drehmassen	des ursprünglichen Systems
$l_1, l_2, \ldots, l_{n-1}$	Federlängen	
μ_k, ν_k	Aufspaltungskoeffizienten der k-ten Drehmasse	
$\Theta_1^*, \Theta_2^*, \ldots, \Theta_{n-1}^*$	Drehmassen	des reduzierten Systems
$l_1^*, l_2^*, \ldots, l_{n-2}^*$	Federlängen	

Aus der Abb. 134 entnehmen wir dann die Beziehungen:

(A 1) $\quad l_k = n_{k-1} + m_k \qquad (k = 1, 2, \ldots, n-1)$

(A 2) $\quad l_k^* = m_k + n_k \qquad (k = 1, 2, \ldots, n-2)$

(A 3) $\quad \nu_1 = \mu_n = 1$

(A 4) $\quad \mu_k + \nu_k = 1 \qquad (k = 2, 3, \ldots, n-1)$

(A 5) $\quad \Theta_k^* = \nu_k\Theta_k + \mu_{k+1}\Theta_{k+1}$

Für die höchste Eigenfrequenz des n-Massensystems ist nach Gl. (114), S. 86:

$$\omega_{n-1} = \sqrt{\frac{GJ}{z_{n-1}H}} = \sqrt{\frac{GJ}{l\Theta}},$$

wobei für l und Θ die Längen bzw. Drehmassen der bei der Aufspaltung des Schwingers erhaltenen $2(n-1)$ Ein-Massensysteme gleicher Frequenz einzusetzen sind. Mit Einführung von $Z_{n-1} = z_{n-1}H$ gilt also:

(A 6) $\quad Z_{n-1} = n_0\nu_1\Theta_1 = m_1\mu_2\Theta_2 = n_1\nu_2\Theta_2 = \cdots = n_{n-2}\nu_{n-1}\Theta_{n-1} = m_{n-1}\mu_n\Theta_n$

und somit:

(A 7) $\quad n_0 = \frac{Z_{n-1}}{\nu_1\Theta_1}, \quad n_1 = \frac{Z_{n-1}}{\nu_2\Theta_2}, \quad \ldots, \quad n_{n-2} = \frac{Z_{n-1}}{\nu_{n-1}\Theta_{n-1}}$

(A 8) $\quad m_1 = \frac{Z_{n-1}}{\mu_2\Theta_2}, \quad m_2 = \frac{Z_{n-1}}{\mu_3\Theta_3}, \quad \ldots, \quad m_{n-1} = \frac{Z_{n-1}}{\mu_n\Theta_n} = \frac{Z_{n-1}}{\Theta_n}$

(A 9) $\quad m_{k-1}\mu_k = n_{k-1}\nu_k$

und schließlich mit Benutzung von (A 4):

(A 10) $\quad \mu_k = \frac{n_{k-1}}{m_{k-1} + n_{k-1}} \quad$ und $\quad \nu_k = \frac{m_{k-1}}{m_{k-1} + n_{k-1}}.$

Mit den gewählten Bezeichnungen ergibt sich nach dem auf S. 38 skizzierten Vorgehen die Frequenzgleichung des n-Massensystems und daraus mit Einführung der nach Gl. (114) definierten Größen $Z = z\,H = GJ/\omega^2$ die folgende Gleichung $(n-1)$-ten Grades in Z:

$$f(Z) = C_1 Z^{n-1} + C_2 Z^{n-2} + \cdots + C_{n-1} Z + C_n = 0\,, \tag{A 11}$$

wobei:

$$C_1 = \Theta_1 + \Theta_2 + \cdots + \Theta_n$$

$$\begin{aligned} -C_2 = {} & l_1\Theta_1(\Theta_2 + \Theta_3 + \cdots + \Theta_n) + l_2(\Theta_1 + \Theta_2)(\Theta_3 + \Theta_4 + \cdots + \Theta_n) + \cdots + \\ & + l_{n-1}(\Theta_1 + \Theta_2 + \cdots + \Theta_{n-1})\,\Theta_n \end{aligned}$$

$$\begin{aligned} C_3 = {} & l_1 l_2 \Theta_1\Theta_2(\Theta_3 + \cdots + \Theta_n) + l_1 l_3 \Theta_1(\Theta_2 + \Theta_3)(\Theta_4 + \cdots + \Theta_n) + \cdots + \\ & + l_1 l_{n-1}\Theta_1(\Theta_2 + \cdots + \Theta_{n-1})\,\Theta_n + l_2 l_3(\Theta_1 + \Theta_2)\Theta_3(\Theta_4 + \cdots + \Theta_n) + \cdots + \\ & l_2 l_{n-1}(\Theta_1 + \Theta_2)(\Theta_3 + \cdots + \Theta_{n-1})\,\Theta_n + \cdots + \\ & l_{n-2} l_{n-1}(\Theta_1 + \cdots + \Theta_{n-2})\,\Theta_{n-1}\Theta_n \end{aligned}$$

$$\begin{aligned} (-1)^{n-2} C_{n-1} = {} & l_1 l_2 \cdots l_{n-2}\Theta_1\Theta_2 \cdots \Theta_{n-2}(\Theta_{n-1} + \Theta_n) + \cdots + \\ & + l_1 l_2 \cdots l_{n-3} l_{n-1}\Theta_1\Theta_2 \cdots \Theta_{n-3}(\Theta_{n-2} + \Theta_{n-1})\,\Theta_n + \cdots + \\ & + l_2 l_3 \cdots l_{n-1}(\Theta_1 + \Theta_2)\Theta_3 \cdots \Theta_{n-1}\Theta_n \end{aligned}$$

$$(-1)^{n-1} C_n = l_1 l_2 \cdots l_{n-1}\Theta_1 \cdots \Theta_n$$

Für die Bildung des k-ten Koeffizienten gilt folgende Regel: Man forme die Summe über alle $\binom{n-1}{k-1}$ möglichen Produkte aus $k-1$ verschiedenen Längen l_i, die ihrerseits multipliziert sind mit k Summen von verschiedener Gliederzahl aus den Drehmassen Θ. Die Gliederzahl der ersten $k-1$ dieser Θ-Summen ergibt sich einfach als Differenz der Indizes zweier im Produkt nacheinanderfolgender l_i, während sich die letzte Θ-Summe stets bis Θ_n erstrecken muß. In Formelzeichen lautet das *Bildungsgesetz:*

$$C_k = (-1)^{k-1} \sum_{1 \leqq i_1 < \ldots < i_{k-1} \leqq n-1} \left[\left(\prod_{\varrho=1}^{k-1} l_{i_\varrho} \sum_{\sigma = i_{\varrho-1}+1}^{i_\varrho} \Theta_\sigma \right) \sum_{\tau = i_{k-1}+1}^{n} \Theta_\tau \right], \tag{A 12}$$
$$(k = 2, 3, \ldots, n)\,,$$

wobei über alle möglichen Kombinationen $1 \leqq i_1 < \cdots < i_{k-1} \leqq n-1$ zu summieren ist.

Ganz entsprechend ergeben sich die Koeffizienten C_k der Gleichung $(n-2)$-ten Grades in Z

$$f^*(Z) = C_1^* Z^{n-2} + C_2^* Z^{n-3} + \cdots + C_{n-2}^* Z + C_{n-1}^* = 0\,, \tag{A 13}$$

des nach BARANOW gebildeten reduzierten Systems aus den Federlängen $l_1^*, l_2^*, \ldots, l_{n-2}^*$ und den Drehmassen $\Theta_1^*, \Theta_2^*, \ldots, \Theta_{n-1}$.

Der Beweis für die Exaktheit des BARANOW-Verfahrens ist erbracht, wenn allgemein nachgewiesen werden kann, daß

$$f(Z) = (Z - Z_{n-1})\,f^*(Z) \tag{A 14}$$

ist. Wenn diese Gleichung stimmen soll, so muß, wie man durch Ausmultiplizieren sieht, sein:

$$C_1 = C_1^* \tag{A 15a}$$

$$C_k = C_{\cdot}^* - C_{k-1}^* Z_{n-1} \tag{A 15b}$$

$$C_n = -C_{n-1}^* Z_{n-1} \tag{A 15c}$$

Es sind dann die $(n-2)$ Lösungen der Gl. (A 13) des reduzierten Systems zugleich Lösungen der Gl. (A 12) des ursprünglichen Systems, also

$$Z^*_{n-2} = Z_{n-2}, \; Z^*_{-3} = Z_{n-3}, \ldots, \; Z^* = Z_1$$

und damit wegen Gl. (114) auch

$$\omega_{n-2} = \omega_{n-2}, \; \omega_{n-3} = \omega_{n-3}, \ldots, \; \omega_1^* = \omega_1,$$

was ja gezeigt werden soll.

Wir skizzieren nunmehr den Beweis der Gln. (A 15). Zunächst ergibt sich unmittelbar, daß

$$C_1 = C_1^*,$$

denn die Summe der Massen des Schwingers wird bei der Reduktion nicht geändert. In der Tat haben wir nach den Gln. (A 5) und (A 4):

$$\begin{aligned}
&\Theta_1^* + \cdots + \Theta_{n-1}^* = \\
&= (\nu_1\Theta_1 + \mu_2\Theta_2) + (\nu_2\Theta_2 + \mu_3\Theta_3) + \cdots + (\nu_{n-1}\Theta_{n-1} + \mu_n\Theta_n) \\
&= \nu_1\Theta_1 + (\mu_2\Theta_2 + \nu_2\Theta_2) + (\mu_3\Theta_3 + \nu_3\Theta_3) + \cdots + (\mu_{n-1}\Theta_{n-1} + \nu_{n-1}\Theta_{n-1}) + \mu_n\Theta_n \\
&= \Theta_1 + \Theta_2 + \cdots + \Theta_{n-1} + \Theta_n. \qquad \text{w. z. z. w.}
\end{aligned}$$

Die Richtigkeit der Gl. (A 15c) läßt sich ebenfalls leicht nachweisen. Es ist:

$$\begin{aligned}
&(-1)^{n-2} C_{n-1}^* = l_1^* l_2^* \cdots l_{n-2}^* \Theta_1^* \Theta_2^* \cdots \Theta_n^* \\
&= (m_1 + n_1) \cdots (m_{n-2} + n_{n-2}) (\nu_1\Theta_1 + \mu_2\Theta_2)(\nu_2\Theta_2 + \mu_3\Theta_3) \cdots (\nu_{n-1}\Theta_{n-1} + \mu_n\Theta_n) \\
&= (m_1 + n_1) \cdots (m_{n-2} + n_{n-2}) \left(\frac{Z_{n-1}}{n_0} + \frac{Z_{n-1}}{m_1}\right)\left(\frac{Z_{n-1}}{n_1} + \frac{Z_{n-1}}{m_2}\right) \cdots \left(\frac{Z_{n-1}}{n_{n-2}} + \frac{Z_{n-1}}{m_{n-1}}\right) \\
&= Z_{n-1}^{n-1} (m_1 + n_1) \cdots (m_{n-2} + n_{n-2}) \frac{(m_1 + n_0)(m_2 + n_1) \cdots (m_{n-1} + n_{n-2})}{n_0 m_1 n_1 m_2 n_2 m_3 \cdots m_{n-2} n_{n-2} m_{n-1}} \\
&= Z_{n-1}^{n-1} (m_1 + n_1) \cdots (m_{n-2} + n_{n-2}) \frac{l_1 l_2 \cdots l_{n-1}}{n_0 m_1 n_1 m_2 \cdots n_{n-2} m_{n-1}}
\end{aligned}$$

und mit Gl. (A 7)

$$= (m_1 + n_1) \cdots (m_{n-2} + n_{n-2}) \, l_1 \cdots l_{n-1} \frac{1}{m_1 m_2 \cdots m_{n-1}} \nu_1 \cdots \nu_{n-1} \Theta_1 \cdots \Theta_{n-1}.$$

Unter Berücksichtigung von Gln. (A 3) und (A 10) folgt weiter:

$$\begin{aligned}
&(-1)^{n-2} C_{n-1}^* = \\
&= \frac{m_1 + n_1}{m_1} \frac{m_2 + n_2}{m_2} \cdots \frac{m_{n-2} + n_{n-2}}{m_{n-2}} \frac{1}{m_{n-1}} \frac{m_1}{m_1 + n_1} \cdots \frac{m_{n-2}}{m_{n-2} + n_{n-2}} l_1 \cdots l_{n-1} \Theta_1 \cdots \Theta_{n-1} \\
&= \frac{1}{m_{n-1}} l_1 \cdots l_{n-1} \Theta_1 \cdots \Theta_{n-1}
\end{aligned}$$

und schließlich wegen Gl. (A 8):

$$(-1)^{n-2} C_{n-1} = l_1 \cdots l_{n-1} \Theta_1 \cdots \Theta_{n-1} \Theta_n \frac{1}{Z_{n-1}} = \frac{(-1)^{n-1} C_n}{Z_{n-1}},$$

also: $\qquad C_n = -Z_{n-1} C_{n-1}^* \qquad$ w. z. z. w.

Es bleibt nun noch zu zeigen, daß die Beziehungen (A 15b) gelten, die wir für die Beweisführung in der folgenden rekursiven Form schreiben:

$$C_k^* = C_k + Z_{n-1} C_{k-1} + Z_{n-1}^2 C_{k-2} + \cdots + Z_{n-1}^{k-1} C_1.$$

Hierin ist für den letzten Term $Z_{n-1}^{k-1} C_1$ bereits davon Gebrauch gemacht worden, daß $C_1 = C_1^*$, wie wir oben gezeigt haben.

Diese Beziehung wird durch vollständige Induktion nach k bewiesen. Da auch dieses Verfahren hier noch ziemlich umständlich ist, zeigen wir das Vorgehen am Beispiel des Induktionsansatzes, also für $k = 2$. In diesem Fall muß sein:

$$C_2^* = C_2 + Z_{n-1} C_1 .$$

Nach dem Bildungsgesetz (A 12) ist:

$$-C^* = l^* \Theta_1^* (\Theta_2^* + \Theta_3^* + \cdots + \Theta_{n-1}^*) + l_2^* (\Theta_1^* + \Theta_2^*)(\Theta_3^* + \cdots + \Theta_{n-1}^*) + \cdots + \\ + l_{n-3}^* (\Theta_1^* + \cdots + \Theta_{n-3}^*)(\Theta_{n-2}^* + \Theta_{n-1}^*) + l_{n-2}^* (\Theta_1^* + \cdots + \Theta_{n-2}^*) \Theta_{n-1}^* .$$

Diesen Koeffizienten formen wir unter Benutzung der Gln. (A 1) bis (A 10) und der unmittelbar aus (A 4) und (A 10) folgenden Beziehung

$$\frac{m_i}{m_i + n_i} = 1 - \frac{n_i}{m_i + n_i}$$

laufend um. Es ist:

$$l_1^* \Theta_1^* (\Theta_2^* + \cdots \Theta_{n-1}) =$$

$$= (m_1 + n_1)\left(\Theta_1 + \frac{n_1}{m_1 + n_1}\Theta_2\right)\left(\frac{m_1}{m_1 + n_1}\Theta_2 + \Theta_3 + \cdots + \Theta_n\right)$$

$$= [(m_1 + n_1)\Theta_1 + n_1 \Theta_2]\left(\frac{m_1}{m_1 + n_1}\Theta_2 + \Theta_3 + \cdots + \Theta_n\right)$$

$$= [m_1 \Theta_1 + n_1(\Theta_1 + \Theta_2)]\left(\frac{m_1}{m_1 + n_1}\Theta_2 + \Theta_3 + \cdots + \Theta_n\right)$$

$$= n_1(\Theta_1 + \Theta_2)(\Theta_3 + \cdots + \Theta_n) + n_1 \frac{m_1}{m_1 + n_1}(\Theta_1 + \Theta_2)\Theta_2 + \\ + m_1 \Theta_1 (\Theta_2 + \Theta_3 + \cdots + \Theta_n) - m_1 \frac{n_1}{m_1 + n_1}\Theta_1 \Theta_2$$

$$= n_1(\Theta_1 + \Theta_2)(\Theta_3 + \cdots + \Theta_n) + m_1 \Theta_1 (\Theta_2 + \Theta_3 + \cdots + \Theta_n) + \\ + \underbrace{\frac{n_1 m_1}{m_1 + n_1}[(\Theta_1 + \Theta_2)\Theta_2 - \Theta_1 \Theta_2]}_{n_1 \nu_2 \Theta_2^2}$$

$$= n_1(\Theta_1 + \Theta_2)(\Theta_3 + \cdots + \Theta_n) + m_1 \Theta_1 (\Theta_2 + \Theta_3 + \cdots + \Theta_n) + \Theta_2 Z_{n-1} .$$

In gleicher Weise erhalten wir:

$$l_2^* (\Theta_1^* + \Theta_2^*)(\Theta^* + \cdots + \Theta_{n-1}^*) =$$

$$= n_2(\Theta_1 + \Theta_2 + \Theta_3)(\Theta_4 + \cdots + \Theta_n) + m_2(\Theta_1 + \Theta_2)(\Theta_3 + \cdots + \Theta_n) + \Theta_3 Z_{n-1}$$

usw.,

schließlich ist:

$$l_{n-2}^* (\Theta_1^* + \cdots + \Theta_{n-2}^*)\Theta_{n-1}^* =$$

$$= n_{n-2}(\Theta_1 + \cdots + \Theta_{n-1})\Theta_n + m_{n-2}(\Theta_1 + \cdots + \Theta_{n-2})(\Theta_{n-1} + \Theta_n) + \\ + \Theta_{n-1} Z_{n-1} .$$

Dann folgt durch Addition der eben ausgerechneten Summanden nach geeigneter Umstellung und Zusammenfassung der Glieder:

$$-C_2^* = m_1 \Theta_1 (\Theta_2 + \cdots + \Theta_n) + \underbrace{(n_1 + m_2)}_{l_2}(\Theta_1 + \Theta_2)(\Theta_3 + \cdots + \Theta_n) + \\ + \underbrace{(n_2 + m_3)}_{l_3}(\Theta_1 + \Theta_2 + \Theta_3)(\Theta_4 + \Theta_5 + \cdots + \Theta_n) + \cdots +$$

$$+ \underbrace{(n_{n-3} + m_{n-2})}_{l_{n-2}} (\Theta_1 + \cdots + \Theta_{n-2}) (\Theta_{n-1} + \Theta_n) +$$
$$+ n_{n-2}(\Theta_1 + \cdots + \Theta_{n-1}) \Theta_n + Z_{n-1}(\Theta_2 + \cdots + \Theta_{n-1}).$$

Um die Glieder mit m_1 und n_{n-2} ebenfalls auf l_1 bzw. l_{n-1} zu ergänzen, fügen wir auf der rechten Seite

$$n_0\Theta_1(\Theta_2 + \cdots + \Theta_n) - n_0\Theta_1(\Theta_2 + \cdots + \Theta_n) + m_{n-1}(\Theta_1 + \cdots + \Theta_{n-1})\Theta_n -$$
$$- m_{n-1}(\Theta_1 + \cdots + \Theta_{n-1})\Theta_n$$

hinzu und erhalten:

$$- C_2^* = \underbrace{(n_0 + m_1)}_{l_1} \Theta_1(\Theta_2 + \cdots + \Theta_n) + l_2(\Theta_1 + \Theta_2)(\Theta_3 + \cdots + \Theta_n) +$$
$$+ l_3(\Theta_1 + \Theta_2 + \Theta_3)(\Theta_4 + \Theta_5 + \cdots + \Theta_n) + \cdots +$$
$$+ l_{n-2}(\Theta_1 + \cdots + \Theta_{n-2})(\Theta_{n-1} + \Theta_n) +$$
$$+ \underbrace{(n_{n-2} + m_{n-1})}_{l_{n-1}} (\Theta_1 + \cdots + \Theta_{n-1})\Theta_n - \underbrace{n_0}_{Z_{n-1}}\Theta_1(\Theta_2 + \cdots + \Theta_n) -$$
$$- \underbrace{m_{n-1}}_{Z_{n-1}}\Theta_n(\Theta_1 + \cdots + \Theta_{n-1}) + Z_{n-1}(\Theta_2 + \cdots + \Theta_{n-1})$$
$$= l_1\Theta_1(\Theta_2 + \cdots + \Theta_n) + l_2(\Theta_1 + \Theta_2)(\Theta_3 + \cdots + \Theta_n) + \cdots +$$
$$+ l_{n-1}(\Theta_1 + \cdots + \Theta_{n-1})\Theta_n - Z_{n-1}(\Theta_1 + 2\Theta_2 + \cdots + 2\Theta_{n-1} + \Theta_n) +$$
$$+ Z_{n-1}(\Theta_2 + \cdots + \Theta_{n-1})$$
$$= l_1\Theta_1(\Theta_2 + \cdots + \Theta_n) + \cdots + l_{n-1}(\Theta_1 + \cdots + \Theta_{n-1})\Theta_n -$$
$$- Z_{n-1}(\Theta_1 + \cdots + \Theta_n)$$
$$= - C_2 - Z_{n-1}\, C_1 \qquad \text{w. z. z. w.}$$

In entsprechender Weise kann man durch geeignetes Aufspalten und Zusammenfassen der in C_{k+1}^* auftretenden Terme auch den Induktionsschritt von k auf $k+1$ vornehmen; seine ausführliche Darstellung würde hier zu weit führen, wird sich aber in einer demnächst geplanten Veröffentlichung des Gesamtbeweises finden.

Schrifttum.

1. ALTMANN, F. G.: Drehfedernde Kupplungen. Z. VDI Bd. 80 (1936) S. 245—252.
2. APPENRODT, A.: Die Dämpfungsfähigkeit von Kurbelwellenstählen im kalten und warmen Zustand bei Anlieferung und im Dauerbetrieb. Mitt. Wöhler-Inst. Heft 24 Braunschweig: Vieweg & Sohn 1935.
3. BARANOW, G.: Metal. Ind. Herald Moscow Bd. 11 (1931) S. 60.
4. — Zur Berechnung der Drehschwingungszahlen. Z. VDI Bd. 76 (1932) S. 184.
5. BEHRENS, H.: Näherungsrechnung der Drehschwingungszahlen von Mehrzylinder maschinen. Werft Reed. Hafen 1930 S. 55, 141, 489; 1931 S. 94.
6. BEHRMANN, W.: Ermittlung der Drehschwingungszahlen und -formen mehrzylindriger, mit zwei Massen gekuppelter Reihenmotoren. Werft Reed. Hafen 1936 S. 41—43.
7. BENZ, W.: Zur Berechnung drehelastischer Kupplungen. MTZ Bd. 3 (1941) S. 3—11.
8. — Der Gummischwingungsdämpfer. MTZ Bd. 5 (1943) S. 249—252.
9. BIBER, W.: Schwingungsdämpfung an Dieselmotoranlagen. Z. Verbrennungsmotor (Beilage zu Brennstoff und Wärmewirtschaft). Bd. 21 (1939) S. 193—194, 211—213, 227—229.
10. BIEZENO, C. B., und R. GRAMMEL: Techn. Dynamik. Berlin: Springer 1939.
11. BIOT, M. A.: Vibration of Crankshaft-Propeller Systems. New Method of Calculation. J. Aeronaut. Sciences, Januar 1940 S. 107—112.
12. BOCK, G.: Schwingungsdämpfer unter Ausnutzung der Werkstoffdämpfung. ZAMM Bd. 12 (1932) S. 261—274.
13. BOSSE, H.: Die Wirkung von Resonanzschwingungsdämpfern und die Entwicklung einer Maschine zur Prüfung solcher Dämpfer. Mitt. Wöhler-Inst. Heft 36. Braunschweig: Vieweg & Sohn 1939.
14. BOSSE, P.: Resonanz-Drehschwingungsdämpfer mit Werkstoffdämpfung für Triebwerke von Automobil- und Flugzeugmotoren. Mitt. Wöhler-Inst. Heft 13. Braunschweig: Vieweg & Sohn 1932.
15. BRANDT, R.: Untersuchung über die Erregung von Drehschwingungen in Reihenmotoren. DVL-Jahrbuch 1931 S. 343—357.
16. BRAUER, H.: Zur Messung und Dämpfung von Kurbelwellenschwingungen. Autom.-techn. Z. Bd. 42 (1939) S. 434—437.
17. CARTER, B. C.: An empirical formula for crankshaft stiffness in torsion. Engineering Bd. 126 (1928) S. 3, 6—39, 133 u. 424.
18. DENKHAUS, G.: Über Werkstoffdämpfung bei Biegeschwingungen. Ing.-Arch. Bd. 17 (1949) S. 300—307.
19. ESAU, A., und H. KORTUM: Die Veränderlichkeit der Werkstoffdämpfung. Z. VDI Bd. 77 (1933) S. 1133—1135.
20. FÖPPL, O.: Schwingungsdämpfer für Kurbelwellen. Ing.-Arch. Bd. 1 (1930) S. 223—231.
21. — Schwingungsdämpfer für Kurbelwellen. Forsch. Ing.-Wes. Bd. 2 (1931) S. 124—128.
22. — Resonanzschwingungsdämpfer. Ing.-Arch. Bd. 2 (1931) S. 347—352.
23. — Theorie der Resonanzschwingungsdämpfer. ZAMM Ed. 12 (1932) S. 257—260.
24. — Kritische Betrachtungen zur Berechnung von Resonanzschwingungsdämpfern. Autom.-techn. Z. Bd. 41 (1938) S. 265—267.
25. — Grundzüge der Technischen Schwingungslehre. Berlin: Springer 1931.
26. — Aufschaukelung und Dämpfung von Schwingungen. Berlin: Springer 1939.
27. — und H. BOSSE: Dämpfungsfähigkeit der Werkstoffe, Resonanzschwingungsdämpfer für Kurbelwellen. Mitt. Wöhler-Inst. Heft 30. Braunschweig: Vieweg & Sohn 1937.

28. Frank, B.: Abgekürzte Drehschwingungsrechnungen mit Hilfe der Ersatzmasse und Ersatzkraft. Ing.-Arch. Bd. 10 (1939) S. 371—394.

29. — Gabelwinkel von V- und W-Motoren. MTZ Bd. 1 (1939) S. 194—198.

30. Geiger, J.: Mechanische Schwingungen und ihre Messung. Berlin: Springer 1927.

31. — Die Dämpfung der Drehschwingungen von Brennkraftmaschinen. Mitt. Forsch.-Anst. Gutehoffn., Nürnberg Bd. 3 (1934) S. 147.

32. — Über die Dämpfung bei Gußeisen mit besonderer Berücksichtigung gegossener Kurbelwellen. Gießerei Bd. 27 (1940) S. 1—9 u. 30—32; Bd. 50 (1940) Heft 1 u. 2 S. 1 u. 30.

33. — Verdrehungsversuche an Kurbelwellen. MTZ Bd. 3 (1941) S. 88—89.

34. — Untersuchung verschiedener Tempergußsorten bezüglich ihrer Drehwechselfestigkeiten im ungekerbten und gekerbten Zustand und ihrer Dämpfungsfähigkeit. Gießerei Bd. 30 (1943) Heft 6 S. 85—92.

35. Geislinger, L.: Theorie der Resonanzschwingungsdämpfer. Ing.-Arch. Bd. 5 (1934) S. 146.

36. — Drehschwingungen von Systemen mit gleichmäßig verteilter Masse. Werft Reed. Hafen (1937) S. 334.

37. — Die Berechnung von Drehschwingungsdämpfern. MTZ Bd. 3 (1941) S. 326.

38. Grammel, R.: Über die Torsion von Kurbelwellen. Ing.-Arch. Bd. 4 (1933) S. 287—299.

39. — Die Schüttelschwingungen der Brennkraftmaschinen. Ing.-Arch. Bd. 6 (1935) S. 59—68.

40. — Klotter, K., und K. von Sanden: Die elastischen Verformungen von Kurbelwellen bei Torsionsschwingungen. Ing.-Arch. Bd. 7 (1936) S. 439.

41. Den Hartog, J. P.: Mechanische Schwingungen. Deutsche Bearbeitung von G. Messmer. Berlin: Springer 1936.

42. Haug, K.: Vergleichende Untersuchungen über das Einheitsmoment der Kurbelwelle eines Fahrzeugmotors. Autom.-techn. Z. Bd. 43 (1940) S. 393—402.

43. — Über einige Drehschwingungsprobleme bei Verbrennungsmotoren. Autom.-techn. Z. Bd. 45 (1942) S. 407—414.

44. Hoizer, H.: Die Berechnung der Drehschwingungen. Berlin: Springer 1921.

45. Hussmann, A.: Rechnerische Verfahren zur harmonischen Analyse und Synthese. Berlin: Springer 1938.

46. Jendrassik, G.: Theorie des Reibungsschwingungsdämpfers. Z. VDI Bd. 77 (1933) S. 1009—1012.

47. Kammerer, H.: Die Eigenfrequenzkurven bei Drehschwingungssystemen mit Fliehkraftpendeln. Jb. 1940 dtsch. Luftf.-Forschg. S. II 80—II 91.

48. Kimmel, A.: Grundsätzliche Untersuchungen über die bei Drehschwingungen von Kurbelwellen maßgebende Drehsteifigkeit. Ing.-Arch. Bd. 10 (1939) S. 196—221.

49. — Die erregenden Drehkräfte bei Flugmotoren mit mittelbarer Nebenpleuelanlenkung. Luftf.-Forschg. Bd. 18 (1941) S. 262—274.

50. — Der Einfluß der Pleuelanlenkung auf das Drehschwingungsverhalten von V-Motoren. MTZ Bd. 3 (1941) S. 18—22.

51. — Die Erweiterung des Verfahrens von Holzer-Tolle auf die Berechnung von Drehschwingungszahlen nach Torsion zweiter Art. Ing.-Arch. Bd. 12 (1941) S. 320—325.

52. — und J. Lutzweiler: Zur Wirkung des Fliehkraftpendels beim Reihenmotor. Ing.-Arch. Bd. 12 (1941) S. 100—108.

53. Klotter, K.: Theorie des Reibungsschwingungsdämpfers. Ing.-Arch. Bd. 1 (1938) S. 137—162.

54. — Einführung in die Techn. Schwingungslehre Bd. 1. Berlin: Springer 1938.

55. — Analyse der verschiedenen Verfahren zur Berechnung der Torsionseigenschwingungen von Maschinenwellen. Ing.-Arch. Bd. 17 (1949) S. 1—61.

56. Kraemer, O.: Schwingungstilgung durch das Taylor-Pendel. Z. VDI Bd. 82 (1938) S. 1297—1300; Bd. 83 (1939) S. 901.

57. Küchler, E.: Untersuchungen an scheibenförmigen Resonanz-Drehschwingungsdämpfern bei höheren Schwingungszahlen. Mitt. Wöhler-Inst. Heft 23. Braunschweig: Vieweg & Sohn 1934.

58. KUTZBACH, K.: Untersuchungen über Wirkung und Anwendungen von Pendeln und Pendelketten im Maschinenbau. Z. VDI Bd. 61 (1917) S. 917 u. 940; Bd. 62 (1918) S. 100.

59. LAMBRICH, R.: Das Fliehkraft-Resonanzpendel. Jb. 1940 dtsch. Luftf.-Forschg. S. II 70 bis II 79.

60. LEHR, E.: Schwingungstechnik. Bd. I und II. Berlin: Springer 1930 u. 1934.

61. — und A. SKIBA: Dauerprüfmaschine zur Ermittlung der Drehwechselfestigkeit großer Konstruktionsteile. MTZ Bd. 5 (1943) S. 175—182.

62. — und F. RUEF: Beitrag zur Frage der Dauerhaltbarkeit der Kurbelwellen von Groß-Dieselmotoren. MTZ 1943 Heft 11—12 S. 349—357.

63. LEHR, G.: Sur une méthode permettant de simplifier le calcul des fréquences propres de torsion et d'analyser les répercussions exercées sur ces dernières par les modifications des éléments du systeme oscillant. Sixième Congrès International de Méchanique appliquée. S.D.I.T. Paris 1946.

64. LOVE, R. J.: Cast Crankshafts — Á Survey of Published Information. J. Iron Steel Inst. Bd. 159 (1948) S. 247—274.

65. LUDWIK, P. und R. SCHEU: Die Veränderlichkeit der Werkstoffdämpfung. Z. VDI Bd. 76 (1932) S. 683—686.

66. LÜRENBAUM, K.: Hauptversammlung der Lilienthalgesellschaft 1937.

67. — Schwingungen des Systems Kurbelwelle-Luftschraube. Luftf.-Forschg. Bd. 13 (1936) S. 346—356.

68. MADER, O.: Ein einfacher harmonischer Analysator mit beliebiger Basis. (Hersteller A. Ott, Kempten, Allgäu) ETZ Bd. 30 (1909) S. 847—849.

69. MEYER, W. ZUR CAPELLEN: Mathematische Instrumente. Leipzig, Akadem. Verlagsgesellschaft Becker & Erler K.-G., 1941.

70. MICKEL, E., P. SOMMER und H. WIEGAND: Berechnung und Gestaltung der Triebwerke schnellaufender Kolbenkraftmaschinen. Berlin: Springer 1939.

71. MÜLLER, F.: Untersuchungen über Schwungmasse und Reibungsmoment eines Drehschwingungsdämpfers. Autom.-techn. Z. Bd. 42 (1939) S. 409—410.

72. NEUGEBAUER, F.: Schwingungsdämpfung bei endlicher Dämpferträgheit mit Anwendung auf die Drehschwingungen von Kurbelwellen für Flugzeugmotoren. Techn. Mech. Thermodyn. Bd. 1 (1930) S. 137—147 u. 184—197.

73. PIELSTICK, G.: Schwingungsdämpfende Hülsenfedern. Mitt. Forsch.-Anst. Gutehoffn., Nürnberg 4 (1936) S. 123—128.

74. PÖSCHL, TH., und L. COLLATZ: Über die Berechnung und Darstellung der Eigenfrequenzen homogener Maschinen mit Zusatzdrehmassen. ZAMM Bd. 18 (1938) S. 186—194.

75. RAYLEIGH, J. W. STRUTT LORD: The Theory of Sound, Second Edition. London 1894.

76. RUNGE-KÖNIG: Numerisches Rechnen. Berlin 1934. (Grundlehren der mathematischen Wissenschaften Bd. 11.)

77. SALOMON, B.: Sur certaines classes de réducteurs d'oscillations des abres de machines. Comptes rendus des séances de l'Académie des Sciences. Bd. 203 (1936) S. 1315—1317.

78. SANDNER, E., und J. BARRAJA, J.: Practical experiences with devices for damping torsional vibrations. J. Soc. automot. Engrs. Bd. 29 (1931) S. 458.

79. SARAZIN, R.: D.R.P. 597091 vom 11. Juli 1931.

80. SCHEUERMEYER, M.: Einfluß der Zündfolgen auf die Drehschwingungen von Reihenmotoren. Dissertation T.-H. München 1932.

81. SCHLAEFKE, K.: Der Einfluß des V-Winkels auf die Kurbelwellen-Drehschwingungen von V-Motoren. Z. VDI Bd. 80 (1936) S. 1253—1254.

82. SCHRÖN, H.: Die Zündfolge. München u. Berlin: R. Oldenburg 1938.

83. — Die Dynamik der Verbrennungskraftmaschinen. Berlin: Springer 1941.

84. SCHICK, W.: Wirkung und Abstimmung von Fliehkraftpendeln am Mehrzylindermotor. Ing.-Arch. Bd. 10 (1939) S. 303—312.

85. SEELMANN: Die Reduktion der Kurbelkröpfung. Z. VDI Bd. 69 (1925) S. 601—03.

86. SMITH, J.: A Provisional Formula for Estimating the Stiffness of Crankshafts of Commercial Oil Engines. Gas and Oil Power, Sept. 1950, S. 220—222.

87. SÖCHTING, F.: Zur Berechnung des Reibungsschwingungsdämpfers. ZAMM Bd. 15 (1935) S. 286—289.

88. SÖCHTING, F.: Erzwungene gedämpfte Schwingungen von Mehrmassensystemen. Sitzungsberichte der mathem.-naturw. Kl., Abt. IIa, 144. Bd., 9. und 10. Heft (1935).
89. STIEGLITZ, A.: Beeinflussung von Drehschwingungen durch pendelnde Massen. Dissertation T.-H. Dresden 1937.
90. STRUNZ, L.: Die Drehschwingungen in Kolbenmaschinen. Berlin: R. Schmidt 1938.
91. STUMPP, H., und H. KAMMERER· Das einfache Rollenpendel als Drehschwingungstilger. Jb. 1940 dtsch. Luftf.-Forschg. S. II 92—II 96.
92. SÜSS, G.: Drehschwingungen in der Triebwerksanlage von Lastkraftwagen. Fördertechn. Bd. 28 (1935) Heft 5—6 S. 49—52.
93. TEREBESI, P.: Rechenschablonen für harmonische Analyse und Synthese. Berlin: Springer 1930.
94. TESSAROTTO, M.: Un nouvo metodo per l'ánalisi armonica speditira delle curve periodiche. Ingegnere Rom Jg. 14 (1940) S. 356—59.
95 TIMOSCHENKO, S.: Schwingungsprobleme der Technik. Ins Deutsche übertragen von Dr. I. Malkin und Dr. Elise Helly. Berlin: Springer 1932.
96. TOLLE. M.: Regelung der Kraftmaschinen. Berlin: Springer 1921.
97. TUPLIN. W. A.: The torsional rigidity of crankshafts. Engineering Bd. 144 (1937) S. 275 bis 277.
98. KER WILSON, W.: Practical Solution of Torsional Vibration Problems. London: Chapman and Hall 1935.
99. WYDLER. H.: Die Drehschwingungen in Kolbenmaschinenanlagen. Berlin: Springer 1921.
100. ZIPPERER, L.: Tafeln zur harmonischen Analyse periodischer Kurven. Berlin: Springer 1922.

Sachverzeichnis.

Die schräggedruckten Zahlen verweisen auf die Definition des betreffenden Begriffes, die fettgedruckten auf Tabellen.

MIX
Papier aus verantwortungsvollen Quellen
Paper from responsible sources
FSC® C105338
FSC
www.fsc.org

If you have any concerns about our products,
you can contact us on
ProductSafety@springernature.com

In case Publisher is established outside the EU,
the EU authorized representative is:
Springer Nature Customer Service Center GmbH
Europaplatz 3, 69115 Heidelberg, Germany

Printed by Libri Plureos GmbH
in Hamburg, Germany